"十三五"职业教育系列教材

普通高等教育"十一五"国家级规划教材（高职高专教育）

热力过程自动化
（第三版）

闫瑞杰　刘雪斌　赵美凤　付爱彬　李海香　　编
刘文军　王学厚　主审

中国电力出版社

CHINA ELECTRIC POWER PRESS

内 容 提 要

本书介绍了热工测量的基本知识及温度、压力、流量、水位、氧量等常用参数的概念、测量原理和测量仪表。在此理论基础上,介绍了自动控制的基本知识以及调节规律,同时结合电厂实际介绍了分散控制系统、单元机组自动控制系统、炉膛安全监控系统、顺序控制系统、汽轮机数字式电-液控制系统、再热机组的旁路控制系统。本书在编写中注重理论联系实际,通过现场图片和微课、视频运行人员实际使用的操作软件、3D 动画等来辅助解释相关知识,力争将繁杂深奥的理论知识形象化,使读者容易理解。

本书可作为高等职业教育专科热能与发电工程类热能动力工程技术、发电运行技术专业教材,以及高等职业教育本科热能动力工程专业教材,也可作为发电厂运行与检修相关岗位的培训教材。

图书在版编目(CIP)数据

热力过程自动化/闫瑞杰等编 . —3 版 . —北京:中国电力出版社,2019.10(2024.7 重印)
"十三五"职业教育规划教材 普通高等教育"十一五"国家级规划教材 . 高职高专教育
ISBN 978 - 7 - 5198 - 3821 - 8

Ⅰ.①热… Ⅱ.①闫… Ⅲ.①发电厂-热力系统-生产自动化-高等职业教育-教材
Ⅳ.①TM621.4

中国版本图书馆 CIP 数据核字(2019)第 242170 号

出版发行:中国电力出版社
地　　址:北京市东城区北京站西街 19 号(邮政编码 100005)
网　　址:http://www.cepp.sgcc.com.cn
责任编辑:吴玉贤(010 - 63412540)
责任校对:黄　蓓　常燕昆
装帧设计:郝晓燕
责任印制:吴　迪

印　　刷:北京雁林吉兆印刷有限公司
版　　次:2006 年 1 月第一版　2019 年 10 月第三版
印　　次:2024 年 7 月北京第十二次印刷
开　　本:787 毫米×1092 毫米　16 开本
印　　张:20.5
字　　数:507 千字
定　　价:48.00 元

前　言

　　中国特色职业教育进入了新时代，新时代职业教育对教材编写也提出了新要求，本书在编写过程中以习近平新时代中国特色社会主义思想为指导，全面贯彻党的教育方针，落实立德树人根本任务。认真贯彻落实《国家职业教育改革实施方案》精神，积极开展"三教"（教师、教材、教法）改革，采用校企双元合作方式开发教材。本书配备了照片、动画、微课等大量数字资源，请扫码获取。

　　本书在编写过程中注重知行合一、学以致用的原则，努力将工匠精神、劳动精神和团队合作精神等贯穿其中。通过现场照片、视频、运行人员实际使用的 DCS 和制作的 3D 动画、微课等数字资源来解释相关知识原理及运用。尽力将繁杂深奥的理论知识，通过以上手段，演绎成易于读者理解和接受的概念，进而提升其技术技能水平。大数据、云计算、物联网、智能终端正在快速地进入到生产现场、日常生活的各个领域，这些技术在电厂中的应用更是无所不及，本书探索将新兴技术应用于教材，改革传统教材编写过程，期望能抛砖引玉，使专业核心课程教材能更多、更好地利用这些技术，快速高效地进行专业知识介绍，以适应现代大容量、高参数、环保机组控制技术的教学和培训要求。本书不但适合于高等职业技术学院热能与发电工程类专业在校学生"1＋X"证书学习需要，也可作为相关专业领域培训学员的培训教材和自学用书。

　　本书共分十四章，绪论、第二、三、十、十一、十二章由山西电力职业技术学院闫瑞杰编写；第一、四 、六章由山西电力职业技术学院赵美凤编写；第五、九章由山西电力职业技术学院李海香编写；第七、八章由山西电力职业技术学院付爱彬编写；第十三、十四章由大唐山西发电有限公司太原第二热电厂刘雪斌编写，本书由闫瑞杰统稿。

　　山西漳电蒲洲热电有限公司刘文军高级工程师、山东鲁能控制工程有限公司王学厚高级工程师对本教材做了详细审核，并结合现场工作实践提出许多非常权威的修改意见，在此表示真诚的感谢。现场收集资料过程中，曾得到国电山西太原第一热电厂周尚周等的大力支持和帮助，在此表示衷心感谢。

　　由于编者水平所限，加之现场经验不足，疏漏之处在所难免，真诚欢迎读者批评指正。

编　者

2022 年 8 月

第二版前言

本书为普通高等教育"十一五"国家级规划教材。

计算机技术进入到日常生活的各个领域,计算机控制技术在电厂中的应用更是无所不及。本书在编写过程中,理论联系实际,采用多媒体教学的手段,结合现场图片和录像、运行人员实际使用的操作软件、3D动画、幻灯片等来解释相关知识,力争将繁杂深奥的理论知识,演绎成通俗易懂易于读者接受的概念。书后附多媒体课件供读者参考。

本书将计算机技术应用于传统教材,期望能抛砖引玉,使专业课教材能更多、更好地利用计算机技术,快速高效地进行专业知识介绍,以适应现代大容量、高参数机组控制技术培训要求。

本书共分十四章,绪论由保定电力职业技术学院黄桂梅编写;第一、四、六章由山西电力职业技术学院赵美凤编写;第二章由山西电力职业技术学院冀福生编写;第三章和第五章由山西电力职业技术学院闫瑞杰编写;第七、八章和第十二章由山西电力职业技术学院付爱彬编写;第九~十一章及第十三章由山西电力职业技术学院李铁苍编写;第十四章由冀福生、黄桂梅编写。本书由李铁苍主编,付爱彬、黄桂梅副主编,华北电力大学自动化学院博士生导师韩璞教授、山西阳光发电责任有限公司教授级高级工程师张培华主审。

韩璞教授、张培华高级工程师对本教材做了详细审核,并提出许多非常宝贵的修改意见,编者表示真诚的感谢。

在资料收集过程中,曾得到山西太原第一热电厂周尚周、王保良、刘永岩,大同二电厂秦志国、温源、李霞等同志的大力支持和帮助。在教材编写过程中还得到山西电力职业技术学院武斌老师的大力帮助,在此表示感谢!

由于编者水平所限,书中疏漏之处在所难免,真诚欢迎读者批评指正。

编　者

2009 年 7 月

目　　录

绪　　论

一、电厂实现自动控制的必要性

热力过程是指电厂热力设备生产运行的过程，自动化是指机器或装置在无人干预的情况下按规定的程序或指令自动地进行操作或运行。自动控制就是使用自动化装置代替运行人员的操作，对现场的设备进行管理、控制。一般运行人员认为自动控制的最大优点是减轻运行人员的劳动强度，其实这仅是自动控制的目的之一，并非自动控制的实际内涵。电厂的自动控制在其发展初期，由于机组容量较小，被控对象的输出量变化比较慢，控制操作项数目比较少，运行人员完全有时间、有能力控制对象。但随着机组容量和参数的不断增加，电厂发电机组从过去的高压、亚临界参数向超高压、超临界参数过渡。被控对象输出量变化速度的加快，控制操作项目数量的增加，尤其是机组启停过程，如果没有自动控制系统，要完成对机组的控制是绝对不可能的。另外，考虑到机组运行过程中有大量数据需要监视，各操作项目的相互影响等因素，自动控制系统成为所有发电机组必需的选择。

此外，自动控制系统能使机组运行稳定，延长机组使用寿命，还可以提高自动管理水平，提高经济效益。

对于热力设备运行人员来讲，掌握一定的自动控制知识是十分必要的。从目前电厂的大机组运行情况来看，无论是设备操作或者是监视对象的输出变化，无一例外均通过自动控制装置来进行。控制现场的情况可以用千变万化来形容，不掌握一定自动化知识的运行人员肯定不能"驾驭"好这样复杂的工业机器。

二、热工过程自动控制仪表的发展及其在电厂中的地位

我国自动控制仪表的发展从无到有，共经历了以下几个阶段。

1. 基地式仪表阶段

20 世纪 50 年代前后是我国自动控制仪表发展的初期阶段，相应的机组容量较小，热力生产过程主要靠运行人员手动控制来完成。当机组进入正常运行过程后，投入气动或机电式控制仪表实现自动控制。这些自动控制仪表各自分散在热力生产过程的现场，相互之间没有任何信号联系，绝大多数处于手动控制状态。例如，水位测量就是通过守候在汽包旁边，利用简单的就地式水位测量仪表来观察水位，然后"司水"员使用语言将水位信号传递给运行车间的"司炉"，以控制水位等于设定数值。

2. 分离元件仪表阶段

20 世纪 60 年代，随着电子管和晶体管的出现，将现场的物理量变成电信号成为可能，使得基地式仪表向分离元件仪表阶段过渡。和基地式仪表最大的不同是，分离元件仪表可以将现场的物理量就地处理后转换成相应的电信号，传送到远方的控制室，在控制室内显示所有被控设备的相关信息。这样，可以在控制室内对机、炉、电进行集中控制，从而使机、炉、电运行更加协调。DDZ-Ⅱ（电动单元组合仪表）仪表是此期间的典型代表。

DDZ-Ⅱ仪表的出现，使得电厂中的一些重要控制对象如汽包水位、主蒸汽温度等比较重要的参数，在额定工况运行时均由自动控制仪表进行控制。这个时期自动控制仪表的作用

主要体现在减轻运行人员劳动强度方面，自动控制仍处于可有可无时期，即使解除自动控制，热力生产过程照样能够在运行人员手动控制下进行，但 DDZ-Ⅱ仪表的出现，使控制方式发生了巨大的变化，即由原来的分散式就地控制，变成了在控制室内进行的集中控制。

3. 集成电路组装仪表阶段

20 世纪 70 年代，随着集成电路技术迅速发展，在世界范围内出现了如 SPEC200、TF、MZ-Ⅲ等组装仪表，其中 TF、MZ-Ⅲ组装仪表是我国在借鉴国外技术的基础上自行研制开发的仪表产品。组装仪表特点是控制功能模块化，需要的控制功能可以用搭积木方式来构成。

20 世纪 70 年代，随着高参数、大容量机组的出现，操作、控制项目和需要控制仪表的数量剧增，DDZ-Ⅱ仪表的控制方式难以满足复杂系统的控制要求。组装控制仪表之所以能适应其控制，不仅在于控制功能的增加，关键在于组装仪表各系统之间有良好的协调能力和对信号的复杂计算功能。例如，组装仪表可以实现给水全程控制（额定、非额定工况都可以进行控制）就是例证。组装仪表的函数运算等功能是 DDZ-Ⅱ仪表绝对不能实现的功能。

组装仪表时代，运行人员对控制仪表的依赖程度明显增加。有些运行工况如机组启停过程等，必须控制仪表的参与，否则运行过程难以进行。

4. 计算机控制仪表阶段

从 20 世纪 80 年代至今，随着计算机性能价格比不断提高，大量使用计算机控制仪表对电厂机组进行控制成为可能，计算机控制仪表得以迅速发展和应用。目前，所有新建电厂全部使用计算机控制仪表，简称 DCS（分散控制系统），即使小电厂的改造也几乎全部选择了DCS，可以说目前已经形成了有电厂必有 DCS 的局面。

计算机控制仪表使电厂的控制运行发生了巨大的变化。在控制上由于编制程序的灵活性，控制仪表实现了智能控制。过去在其他仪表上难以实现的控制方式，使用计算机控制仪表可以方便地实现；其他仪表无法控制的对象，使用计算机控制仪表，可以得到满意的控制结果。

5. 现场总线仪表阶段

现场总线是一种应用于生产现场，在现场设备之间、现场设备和控制装置之间实行双向、串行、多节点的数字通信技术。可见，现场总线的核心在于，依据实际需要使用不同的传输介质把不同的现场设备或者现场仪表相互关联。现场总线仪表具有与其他设备进行数字通信的能力。现场总线仪表在电厂中的应用已经十分普遍。

目前世界上存在着大约四十余种现场总线，如法国的 FIP，英国的 ERA，德国西门子公司 Siemens 的 ProfiBus，基金会现场总线 FF 等。这些现场总线大都用于过程自动化、医药领域、加工制造、交通运输、国防、航天、农业和楼宇等领域，不到十种的总线占有80% 左右的市场。

随着现场总线仪表不断发展和完善，自动控制的水平会越来越高。现代电厂的机组控制，离开计算机控制技术和仪表通信技术寸步难行。

三、热力过程自动化内容

热力过程自动化内容十分广泛，不同视角有不同分类，和运行人员关系密切的有如下内容。

1. 自动检测

自动检测是本书第一～六章要讲解的内容。

将现场各种物理量如温度、压力、流量、液位等转换成控制仪表或显示仪表能接受的电信号，以供自动控制仪表和参数显示仪表的使用，这个测量过程称为自动检测。如果把电厂的自动控制系统比拟成一个"运行人员"，则自动检测就是"运行人员"的眼睛。自动控制系统的控制结果正确与否和自动检测密切相关。

2. 自动控制原理

使用一套自动控制仪表代替运行人员的操作就称为自动控制。自动控制原理是研究自动控制仪表和被控对象参数变化时，对自动控制过程如何影响，当电厂现场控制系统出现故障时能快速准确地进行事故判断。本书第七、八章专门研究自动控制系统工作原理。

3. 自动控制系统

本书第九～十四章介绍电厂常见的自动控制系统。自动控制系统一般可以分成两大类。一类称为模拟量控制系统，另一类称为开关量控制系统。

单元机组的协调控制系统就是典型的模拟量控制系统，如电厂现场的燃料量控制系统、磨煤机控制系统、风量控制系统等都属于模拟量控制系统，该内容在第十章详细介绍。

开关量控制系统也称为顺序控制系统。按预先拟定的顺序或预先设定的预期数值，控制系统有计划、有步骤、自动地对生产过程进行一系列操作称为顺序控制。如汽轮机或磨煤机的自动启停、锅炉的自动排污、锅炉的自动点火、设备的自动保护等都属于开关量控制系统的范畴，该内容在第十二章和相关章节予以介绍。

其他章节介绍 DEH、旁路系统等相关内容。DEH、旁路系统既包含模拟量控制系统也包含开关量控制系统。

四、自动控制系统的组成与工作原理

使用自动控制仪表进行自动调节的系统称为自动控制系统。一般如工业生产过程中对温度、液位等进行自动调节的系统，即模拟量控制系统是本书研究的重点内容，下面分析其组成和工作原理。

人工控制锅炉汽包水位示意如图 0-1 所示。为了保证锅炉的安全运行，运行人员应该通过给水阀门的调节来保证汽包中水位在一定的范围内变化。当汽包水位由于某种原因变化时，人工干预调节过程如下。

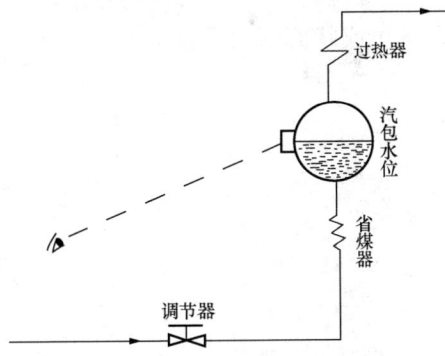

图 0-1　人工控制锅炉汽包水位示意

首先，运行人员通过水位指示仪表，用眼睛观察被控量（水位），然后用大脑计算（大脑中期望的水位数值称为给定值）水位偏差，根据偏差大小和方向确定给水调节阀门开度的大小和方向，然后通过手实施调节。调节完成后还要观察水位以继续同上的调节过程。对应调节过程的原理框图见图 0-2。

如果使用自动控制仪表来代替人的操作就构成自动控制系统，如图 0-3 所示。运行人员的眼睛由检测机构代替，运行人员的大脑用调节器取代，自动控制系统的"手"就是图中的执行器。自动控制仪表的发展就是不断地更换其"大脑"，以提高控制仪表的控制精确度并增加控制仪表的控制功能。

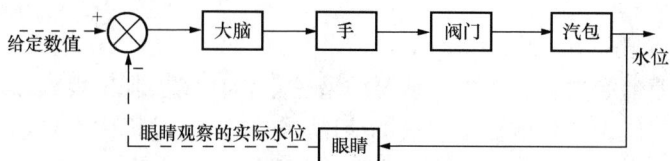

图 0-2 人工调节系统的等效系统框图

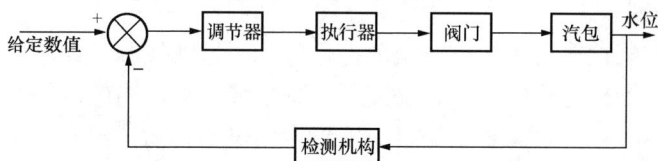

图 0-3 汽包水位自动控制系统原理框图

由图 0-3 可知，自动控制系统一般由以下几部分组成。

（1）检测机构：将现场物理量转换成可以远传的电信号的测量仪表，或称为变送器。

（2）调节器：也称为控制器，将给定数值和检测机构传送来的信号进行比较，根据比较的结果输出控制信号给执行器，在执行器作用下开大或关小阀门以调节被控量（水位）。

（3）给定单元：产生给定数值的环节。按生产要求被控量（水位）必须维持的希望数值，该数值称为给定值。

（4）执行器：按调节器输出的大小开大或关小调节阀门。执行器将调节器输出的携带很小功率的电信号转换成能够驱动现场阀门和调节器输出信号对应的大功率电信号。

（5）被控对象：系统所要控制的设备或生产过程，它的输出就是被控量。

（6）被控量：被控对象的输出量，也称为被调量。所谓被控量就是表征设备或生产过程运行情况或状态的物理量。

第一章 热工测量基本知识

第一节 测量与测量方法

一、测量及测量过程

无论过去、现在或者是将来，运行人员总是坐在控制室内和测量数据打交道。也许是控制操作台上或者是控制操作台后立盘上面对的仪表，更有可能的是计算机屏幕，无论哪种控制方式都需要各种各样的检测数据。没有这些检测数据就无法控制被控对象，离开检测数据，运行人员将无法正确操作，甚至酿成大祸。可见检测数据之重要，而检测数据由测量而来，所以研究测量是了解自动控制的第一步。

测量就是利用专用的设备，通过实验的方法，将被测量和与所选用的测量单位进行比较，求得被测量包含测量单位多少的数值，得到的数值和测量单位合称测量结果。例如，用米尺丈量某路段的长度，实际上就是将路段和"米"单位进行比较，最后求得路段共有多少个米单位。数值和具体单位相结合才具有实际的物理意义，例如，56km、300MW 等。不过，不是所有的测量都像米尺丈量长度那样，有些测量的具体过程难以看到。电厂中的温度、压力等测量就是如此，测量的单位及测量的具体过程都是不可见的。测量结果的数学表达式为

$$x \approx \alpha U \tag{1-1}$$

式中：x 为被测量的物理量；α 为被测量包含测量单位的个数；U 为测量单位。

近似等于号说明任何测量过程都存在误差，准确是相对的，误差存在是绝对的。只不过准确度等级高的测量设备得到的测量结果误差会更小些，而准确度等级低的测量设备得到的测量结果误差会比较大。可见，测量不仅要获得测量的结果，而且要知道其误差。只有这样方能评估测量结果的可信程度。例如，运行现场共有三块准确度等级不同的水位指示仪表，当它们的指示数值均不相等时，该选择哪个作为测量结果？答案是肯定的，准确度等级高的那块仪表的数据作为测量结果。用测量过程来分析，三块仪表的指示值就是各自的 α 数值大小，α 表示用各自仪表测量得到的水位高度包含测量单位的个数。由于仪表的准确度等级不同，测量结果也不相同，还必须考虑误差后方能确定测量结果。由此可以得到：仪表的指示值只是测量结果的一部分，考虑误差因素后才能得到较为准确的结果。平时我们选择准确度等级高的仪表作为可信的测量结果，实际上就是考虑误差对测量结果的修正。

测量单位是人为规定的，测量同类量时可以选择不同的测量单位。用不同的测量单位来表示同一个被测量时必然会出现不同的结果。例如，汽包水位一般使用毫米水柱来表示其高低，当然也可以用米来表示水位高低，显然两者数值大小会大不相同。为了便于对测量结果进行研究分析以及相互交流，我国政府专门以法令的形式明确规定了全国统一的法定计量单位。

综上所述，测量结果由三部分组成，即数值、误差和单位。

二、测量的基本方法

研究测量方法的目的是客观地分析仪表的示值误差，从而得到较为准确的测量结果。

一般地说，依据获得测量结果的方式不同，测量的基本方法可分为直接测量和间接测量。

直接测量就是将被测物理量直接和测量单位进行比较以求得测量结果。用天平称量物体的质量是直接测量的典型事例。天平的砝码是质量的测量单位，用测量单位和被测量的物体直接在天平上进行比较，最后求得用砝码质量表示的物体质量。电厂炉膛火焰监视测量也是直接测量的例证，不过测量结果只有两个，即"着火"和"灭火"。

间接测量是先用直接测量的方法测得某些和被测量有关的中间被测量，然后利用数学方法求得被测量和中间被测量的对应关系，进而得到被测量的方法。例如，汽包云母水位计就是间接测量的实例。云母水位计利用管路将汽包水位引出到云母水位计中，根据流体力学原理，在一定的条件下，云母水位计中的水位和汽包中水位高度相等，所以读出的云母水位计高度就是汽包水位高度。间接测量在电厂的热工参数测量中应用最为广泛，几乎所有的热工参数都是间接测量得到的。间接测量和直接测量相比较，间接测量增加了中间的换算环节，前文说过任何测量过程必然存在误差，中间换算环节也是一个测量过程，所以间接测量必然会增加测量误差，尤其是当中间环节故障时会使测量结果完全失效，这一点运行人员一定要高度注意。例如，电厂利用计算机进行测量，当计算机"死机"后其输出的数据会稳定显示不再变化，如果不懂计算机采样原理会误以为被控制的对象运行十分稳定，实际这里潜藏着巨大的事故隐患。间接测量是热工测量不得已而采用的唯一选择方案。热工检测希望将所有测量都变成直接测量，但这不可能实现。

第二节　测　量　误　差

由测量过程可知，测量结果不是仅由测量得到的数值能完全描述的，要准确描述必须考虑误差的大小。换句话讲，我们在运行现场将仪表的示值作为测量结果是不准确的，还必须用误差对示值进行修正后，方可作为准确数值以供使用。仪表示值可以直接从仪表上观察得到，而误差与测量过程、使用的设备以及环境干扰等有关。因此要分析误差必须首先了解误差产生的原因和分类。

一、误差的表示

1. 示值的绝对误差

仪表的指示值（测量值）x 和被测量的真实值（真值）x_0 之间的代数差，称为该示值的绝对误差 Δx，即

$$\Delta x = x - x_0 \tag{1-2}$$

用文字表示：示值误差等于测量值减去真值。

求取示值的绝对误差存在两个问题：一是真值从何而来；二是此计算式如何应用。

先研究真值的求取方法。从理论上讲，任何测量过程都存在误差，即无论用什么方法都不可能得到被测量的真值，但是要研究误差，真值又是必需的，否则误差不可求得。一般有两种方法来求取真值：一是将准确度等级高（比使用仪表的准确度等级高）的仪表的指示作为真值；二是将相同等级仪表的多次测量示值的平均值作为被测量的真值。

从真值的求取方法上可见，误差计算式无法用于运行实践。在运行现场不可能为了求取误差而另增加一块高等级仪表，也不可能使用仪表对某被测量进行重复多次测量。

这个误差计算公式不能直接使用于运行现场，以求取准确的测量结果，而是应用于实验室对测量仪表进行等级标定。例如，在实验室利用专门设备产生一个被测量，用准确度等级高的仪表和被校验的仪表各自对被测量进行测量，用式（1-2）计算误差结果，称为被校验仪表在相应示值的绝对误差。再根据其他计算公式标定出仪表的准确度等级，运行人员根据仪表的准确度等级来分析仪表示值的可信程度。虽然绝对误差和运行人员的测量示值没法直接联系（不可能将仪表的每一点绝对误差都标明在仪表上），但是绝对误差是研究其他误差的基础，这里研究绝对误差仍具有实际意义。

绝对误差的表示由式（1-2）所决定。从表达式可知，绝对误差可能为正，也可能为负。正的绝对误差说明测量值大于真值；反之，测量值小于真值。因此绝对误差不仅反映测量值和真值的差别，而且反映了它们之间的大小关系，测量的绝对误差也是一种向量。当绝对误差为正时，说明仪表示值比实际数值偏大；当绝对误差为负时，说明仪表示值比实际数值偏小。

绝对误差的大小不能说明仪表测量结果的准确程度。例如，假设某医用体温表在测量37℃的人体体温时出现了3℃绝对误差，而某工业用测量炉膛温度的温度计在测量2000℃时出现了30℃绝对误差。哪种表计测量结果比较准确？显然是绝对误差为30℃的工业温度计，因为30℃和2000℃比较，绝对误差微不足道，而体温表虽然只有3℃的绝对误差，当测量正常人体温时可能示值为40℃，显然示值已严重歪曲事实。从数值角度来看，3℃在37℃中的比例要比30℃在2000℃中的比例大得多。可见绝对误差数值的大小并不能直接反映测量结果的准确程度。所以在实际使用过程中，一般不用绝对误差来表示测量的准确程度。

2. 示值的相对误差

相对误差正是为了克服绝对误差描述误差的缺陷而引入的另一种误差表达方式。示值的相对误差是示值的绝对误差与所取的参考值（约定值）的比值，常用百分数表示。按所选择的参考值不同，可以分为以下三种表示方法。

（1）实际相对误差。示值的绝对误差与被测量的真实值（真值）的比值，称为示值的实际相对误差，常用百分数表示，即

$$\delta_{x_n} = \frac{\Delta x}{x_0} \times 100\% \qquad (1-3)$$

（2）标称相对误差。示值的绝对误差与被测量的仪表示值（测量值）的比值，称为示值的标称相对误差，常用百分数表示，即

$$\delta_{x_c} = \frac{\Delta x}{x} \times 100\% \qquad (1-4)$$

（3）引用相对误差。示值的绝对误差与仪表示值的量程（刻度范围）的比值，称为示值的引用相对误差，常用百分数表示，即

$$\delta_{x_m} = \frac{\Delta x}{x_{max} - x_{min}} \times 100\% \qquad (1-5)$$

以上三种形式都是示值的相对误差表示方式。在已知被测量真值 x_0 的情况下，实际相对误差是仪表误差最准确的表达形式，但是真值一般不容易得到，这就限制了这种准确表达式的使用；标称相对误差虽然准确程度稍差，但测量值容易得到，是一种实用的相对误差表达方式；引用相对误差由于考虑了绝对误差对测量范围的比值，是反映仪表准确程度的一种理想表示方法，常用的仪表准确度等级就是以引用相对误差为基础，经过简单演化而来的。

【例 1 - 1】　某体温计的测量范围是 $20\sim50℃$，在测量 $37℃$ 的人体体温时，体温表的示值为 $34℃$，求测量示值的绝对误差、实际相对误差、标称相对误差和引用相对误差。

解：根据式（1 - 2）可得

绝对误差　　$\Delta x = x - x_0 = 34 - 37 = -3(℃)$

实际相对误差　　$\delta_{x_n} = \dfrac{\Delta x}{x_0} \times 100\% = \dfrac{-3}{37} \times 100\% = -8\%$

标称相对误差　　$\delta_{x_c} = \dfrac{\Delta x}{x} \times 100\% = \dfrac{-3}{34} \times 100\% = -8.8\%$

引用相对误差　　$\delta_{x_m} = \dfrac{\Delta x}{x_{max} - x_{min}} \times 100\% = \dfrac{-3}{50-20} \times 100\% = -10\%$

答：体温表在 $34℃$ 示值时的绝对误差是 $-3℃$，实际相对误差是 -8%，标称相对误差是 -8.8%，引用相对误差是 -10%。

【例 1 - 2】　某工业用温度计显示仪表的测量范围为 $1500\sim2500℃$，在测量 $2000℃$ 高温时其指示数值为 $2030℃$，求测量示值的绝对误差、实际相对误差、标称相对误差和引用相对误差。

解：绝对误差　　$\Delta x = x - x_0 = 2030 - 2000 = 30(℃)$

实际相对误差　　$\delta_{x_n} = \dfrac{\Delta x}{x_0} \times 100\% = \dfrac{30}{2000} \times 100\% = 1.5\%$

标称相对误差　　$\delta_{x_c} = \dfrac{\Delta x}{x} \times 100\% = \dfrac{30}{2030} \times 100\% = 1.48\%$

引用相对误差　　$\delta_{x_m} = \dfrac{\Delta x}{x_{max} - x_{min}} \times 100\% = \dfrac{30}{2500-1500} \times 100\% = 3\%$

答：工业温度计在 $2000℃$ 示值时的绝对误差是 $30℃$，实际相对误差是 1.5%，标称相对误差是 1.48%，引用相对误差是 3%。

综观两例，体温表虽然仅有 $-3℃$ 的绝对误差，但其结果已经完全不可使用；工业仪表的绝对误差虽然高达 $30℃$，但是由于测量温度的数值较大，反而是一个比较可信的工业仪表。

二、测量误差的分类

按照测量误差产生的原因及其性质不同，测量误差可分为疏失误差、系统误差和偶然误差。只要掌握了各种误差的产生原因和表现特点后，就可以在运行操作时及时发现仪表的故障，以便进行正确操作。

1. 疏失误差

明显地歪曲了测量结果的误差称为疏失误差，疏失误差也称粗大误差或疏忽误差。

疏失误差的产生分两种情况，一种情况是人为的读数误差，另一种情况是人为地造成仪表测量环境的错误而引起的指示误差。

人为误差的产生是由于测量者对设备性能和环境认识不足，或因疲劳、思想不集中，甚至粗心大意导致不正确的行为而引起的。测量条件的突然变化也会引起疏失误差，对应疏失误差的测量值称为坏值，直接利用坏值进行的操作可能会导致事故发生。疏失误差是人为的误差，因此通过提高运行人员本身的素质、加强有关仪表原理的技术训练、提高运行操作时的责任心可以避免产生疏失误差。

仪表疏失误差的产生可能是由于安装不当，或仪表相关电路出现故障而引起。

无论属于哪种情况，误差的特点是其示值明显偏离正常数值，或者其变化和实际情况明显不相符。例如，由于测量仪表本身的故障，使得测量数值明显偏大或者明显偏小。再如，计算机测量仪表在"死机"后，数值不再变化等。这些都是明显违背常规的现象，也是疏失误差最典型的表现。测量仪表出现疏失误差后应该立即针对情况予以修正。

2. 系统误差

在相同条件下用同一仪表多次测量同一个被测物理量时，误差的绝对值和符号保持不变，或者遵循某种规律变化的误差称作系统误差。测量系统和测量环境不变时，增加测量次数并不能减少测量误差，因为系统误差的符号不变，多次测量等于误差的多次累加，求平均值后误差大小没有变化。

系统误差通常是由于仪表使用不当，以及测量外界条件变化等原因引起的。例如，仪表零位或者量程未调整好就会引起一个固定的系统误差，其大小和方向都是不变的。对这类误差的校正，往往通过检验仪表求得系统误差的大小，然后在测量数值上，加上或减去一个固定误差。例如，某测量电压的仪表，在被测量电压为零时仪表指示为 10V，则测量 10V 电压时仪表指示就是 20V，被测电压为 20V 时仪表指示就是 30V……此仪表的系统误差就是10V。校正的方法是读数减去 10V 即可。

另一种情况是变动的系统误差。当仪表的实际使用环境温度和仪表校验时的温度不相同且不断变化时，就会给测量值上带来一个变动的系统误差。变动误差的误差校正不能通过简单运算来实现。这类误差可通过实验或理论计算，找出误差和造成误差原因之间的确定关系式，然后在仪表的附加补偿线路上加以校正。如热电偶测温系统的温度显示不仅与被测热电偶热端（被测量物体的温度）温度有关，而且与热电偶冷端温度的变化也有关系，当冷端温度变化时，即使被测量物体的温度没有变化，其温度显示也会变化，这就是典型的变动的系统误差。克服的方法是增加冷端补偿器。

系统误差是引起示值绝对误差增加的主要原因，而相对误差又和绝对误差成正比关系，所以仪表示值误差主要取决于系统误差。如果系统误差很小，测量结果的准确程度就会很高。

消除系统误差是热工仪表人员的工作，但是发现仪表的系统误差是运行人员和热工人员的共同责任。

3. 偶然误差

偶然误差又称随机误差，当相同条件下用同一仪表多次测量同一个被测量时，误差的大小和符号均无规律，也不能事前估计，这种误差称为偶然误差。

偶然误差的产生总是有其根源的，只不过受限于现阶段人类对客观世界的认识，还没有找到相关原因。况且在测量过程中变化的因素太多，各种因素的影响太微小或太复杂，以致无法掌握其具体规律，所以将偶然误差的产生归于偶然因素的影响，其大小和符号都不固定，而且是不可预知的。但事实上，在相同条件下对同一被测量进行多次重复测量时，可以发现其规律性。在这一系列测量中出现的偶然误差具有一定的统计规律。大多数情况下，绝对值相等的正负误差个数相等，这一规律称为正态分布规律。或者说只要将多次测量结果相加，则测量过程中的偶然误差就会相互抵消。这正是式（1-2）中被测量真值用多次测量平均值取代的原因。使用这一规律时，要注意正态分布条件的成立，是建立在测量次数无限多的基础上的，测量次数越多，就越符合正态分布规律。另外，测量误差在数值大小的分布上也有规律可遵循，绝对值小的误差出现的次数较多，而绝对数值较大的误差出现的次数较少。这是误差正态分布的第二大特点。

　　所有测量系统都存在偶然误差，其示值表现为以某数值为中心上下变动。即使测量数值的上下变动是由于被测对象本身输出变化而引起，只要其变化符合正态分布便可以按偶然误差规律来处理。例如，炉膛负压的示值波动比较频繁，究其原因是负压本身就在波动，但是示值变化符合正态分布，所以完全可以用偶然误差规律来分析测量的准确性。即使被测对象输出不变化，但由于测量现场的复杂环境也肯定会使测量示值发生波动。综合来看，测量系统存在偶然误差是必然的，所以应当对偶然误差有所了解。

　　对于连续显示仪表而言，数字大小变化（或指针左右摇摆）的幅度越大，说明偶然误差干扰越强烈，仪表示值的精密程度就越低；反之精密度就越高。即仪表示值变化越小，仪表就越精密。实际上运行人员平时就是这样认为的，这一结论的得出似乎和理论分析毫无关系，不过如果我们继续分析以上结论就会发现偶然误差的实用价值。按照平时的经验，在被测量不变化情况下，仪表的示值变化范围越小，仪表就越精密，据此推理仪表的示值如果不变化，则仪表的精密度就应该是最高的。其实不然，因为按偶然误差理论分析的结论可知，所有测量系统都存在偶然误差，即测量示值必须有摆动，只不过摆动的大小有所区别，当示值真的一点都不变化时往往意味着测量系统发生了故障。

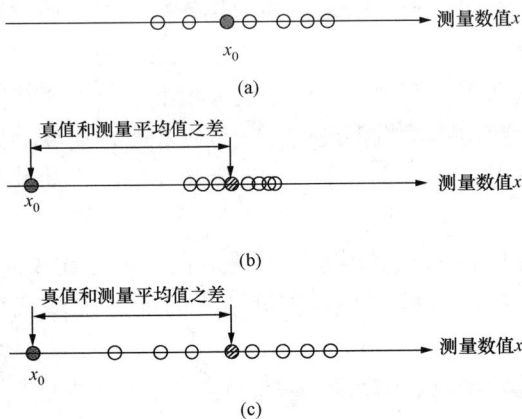

图 1-1　仪表精密度和正确度的图例示意

　　在测量结果中，系统误差和偶然误差是同时存在的，系统误差主要影响仪表的正确度，而偶然误差影响仪表的精密度。精密度是指重复测量某被测量时所有示值距离其平均值的远近程度（现场的表现为示值的波动程度），具体区别见图 1-1。图 1-1（a）表示某时间段内，对同一固定不变量的仪表测量示值结果，示值不存在系统误差。中间的全黑点代表被测量的真值大小 x_0（真值），多次测量的平均值 $\bar{x}$ 和 x_0 近似相等。当多次测量的数值和平均值 $\bar{x}$ 越靠近时，说明仪表测量的精密度越高。即仪表的偶然误差越小，

仪表的精密度就越高。图 1-1（b）表示某时间段内对同一固定不变量的仪表测量示值结果，示值几乎不存在偶然误差。左侧的全黑点代表被测量的真值大小 x_0，由于测量系统存在着系统误差（所有测量得到的数值和真值都存在差距），所以多次测量平均值 $\bar{x}$ 不等于真值 x_0。可见系统误差存在时，即使对被测量进行多次测量，其平均值也不能代表真值。即系统误差越小时，仪表测量的准确程度越高。图 1-1（c）表示两种误差同时存在时，仪表的示值情况，此时，既存在系统误差，使得多次测量的平均数值远离其对应的真值，又存在偶然误差，使多次测量的示值远离其对应的平均值。当仪表的正确度和精密度都高时称仪表的准确度（精确度）高，可见准确度高表示仪表既精密又准确。

三、工业自动化仪表的主要质量指标

　　前文叙述的误差分类，研究的是仪表某一测量点的属性。而仪表的每一测点误差又不相

同，作为仪表，不可能将每一测点的误差情况随仪表一起传递给使用者。如果真要这样传递误差，一块仪表将附加一本误差手册，这样肯定会失去仪表的实用价值。下面研究仪表如何给使用者传递误差信息。

1. 仪表的基本误差

仪表的基本误差是指在规定的技术条件下（所有影响示值的因素都考虑在内），仪表全量程示值中的最大引用相对误差，即

$$基本误差 = \frac{\Delta x_{\max}}{x_{\max} - x_{\min}} \times 100\% \tag{1-6}$$

式中：$\Delta x_{\max}$ 为仪表全量程中最大的绝对误差。

基本误差是用引用相对误差的形式表示，但是和前文介绍的引用相对误差有本质区别。前文介绍的引用相对误差是某一测点的示值引用相对误差，是测点的属性，离开测点分析误差是毫无意义的。例如，某工业用温度仪表在2000℃示值下的实际相对误差是 0.5%，那么同样是该仪表在1800℃示值下的实际相对误差就未必是 0.5%。严格地讲，仪表的每一测点误差属性都是不相同的，这种误差称为测点误差。

仪表的基本误差和测点误差不同，是代表整个仪表的误差特性。从基本误差定义上可以看出，基本误差是从众多测点（仪表的全量程）的测点误差中选择了一个最大的引用相对误差作为误差信息传递给使用者。所以基本误差是依赖于某测点（最大误差测量点）而产生的，但是，使用者在使用基本误差来估算整个仪表测量示值时和原来测点无关系。

【例1-3】　某工业温度测量仪表的基本误差是 ±2%，仪表的测量范围是1500～2500℃，求仪表的示值为2000℃时对应的实际温度可能是多少？

解： 根据基本误差公式（1-6）得

$$基本误差 = \frac{\Delta x_{\max}}{x_{\max} - x_{\min}} \times 100\% = \pm 2\%$$

$$\frac{\Delta x_{\max}}{2500 - 1500} \times 100\% = \pm \frac{2}{100}$$

$$\Delta x_{\max} = \pm \frac{2}{100} \times 1000 = \pm 20(℃)$$

计算表明，仪表所有测点中最大的绝对误差是 ±20℃。此误差实际出现在仪表的哪个测点，基本误差没有传递此信息，在估算测点的误差时认为最大绝对误差可能出现在仪表的任意测点上。因此2000℃测点的实际数值可能为

$$x_{测量值} - x_{真值} = \pm \Delta x$$

$$x_{真值} = x_{测量值} \pm \Delta x = 2000℃ \pm 20℃$$

答： 仪表2000℃示值点处对应的实际温度可能是1980～2020℃之间的任何一个数值，即最小不会小于1980℃，最大不会超过2020℃。

基本误差是取全量程所有测点中最大的误差作为全量程测量误差使用。这样做可能过分夸大了其他测点的误差，不过充分估计误差对运行有利无害。

基本误差是整个仪表的所有测点的误差属性，由于 $\Delta x_{\max}$ 可能出现在整个量程的所有测量点上，由此估算每个测点的实际相对误差或者标称相对误差会发现，仪表的示值低端，由于示值对应的真值较小，其标称相对误差就比较大；而仪表的高端由于示值较大其标称相对误差就比较小。而测点的标称相对误差（实际相对误差近似等于标称相对误差）越小，其示

值的可信程度就越高。可见仪表的示值越是靠近高端，其正确度就越高。例如，已知某被测压力的示值约为 1.2MPa，如果不考虑其他因素，最好选择测量范围为 0～1.2MPa 的压力仪表。因为从误差角度考虑，示值指示 1.2MPa 刚好在仪表的最高端，标称相对误差最小，示值的可信程度最高。但是若从仪表的机械强度方面考虑是不妥的，如果被测量的压力稍有升高，可能造成仪表损坏。两方面考虑仪表的通常指示应该在仪表的中心部分较好，称这个"中心部分"为仪表的有效量程范围。一般仪表的有效量程范围是仪表量程范围的 $1/3～3/4$ 处。对于压力表应有较大的安全系数，其有效量程范围是仪表量程范围的 $1/3～1/2$ 处。仪表有效量程和仪表测点标称相对误差的关系见图 1 - 2。不过，从运行角度考虑，示值越靠近仪表量程的高端，示值的相对误差就越小。

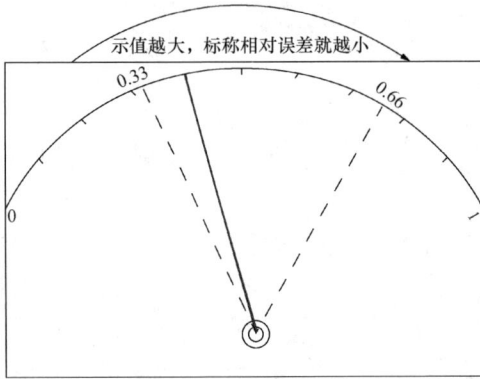

图 1 - 2　仪表的量程范围和标称相对误差的关系

2. 仪表的允许误差

基本误差虽然能够用来估算被测参数的实际大小，但每一块测量仪表就需要一个基本误差，要传递误差参数就意味着每块表上都得标明其基本误差大小，而现场需要检测的参数成千上万，传递如此多误差参数显然不利于对被测参数的误差估算。

允许误差是指生产厂家对出厂的仪表规定了其基本误差不得超过某一允许数值，这一人为规定的允许数值称为仪表的允许误差。仪表基本误差小于允许误差的是合格产品，予以出厂，否则，是不合格产品应予以报废或降低等级使用。仪表出厂时仅标明允许误差的数值。因此允许误差仍然是引用相对误差的形式，但是其描述的不再是一块仪表而是一批仪表的误差特性。如果现场使用的是同批次仪表，仅需记忆一个误差参数就可以对测量结果的实际值进行估算。这就是之所以使用允许误差的原因。允许误差实际上是国家对仪表的规范行为，我国仪器仪表工业目前采用的允许误差等级系列为：$\pm 0.005\%$、$\pm 0.01\%$、$\pm 0.02\%$、$\pm 0.04\%$、$\pm 0.05\%$、$\pm 0.1\%$、$\pm 0.2\%$、$\pm 0.5\%$、$\pm 1.0\%$、$\pm 1.5\%$、$\pm 2.5\%$、$\pm 4.0\%$、$\pm 5.0\%$。生产厂家制造的仪表按基本误差的数值决定其属于允许误差的哪一级别。

【例 1 - 4】　已知某批仪表的绝对误差如下：$\pm 2\%$、$\pm 1.95\%$、$\pm 3\%$、$\pm 4.5\%$、$\pm 0.07\%$，求各仪表的允许误差。

解： 基本误差为 $\pm 2\%$ 的仪表其允许误差是 $\pm 2.5\%$，因为 2% 大于 1.5% 小于 2.5%。

基本误差为 $\pm 1.95\%$ 的仪表其允许误差是 $\pm 2.5\%$，因为 1.95% 大于 1.5% 小于 2.5%。

基本误差为 $\pm 3\%$ 的仪表其允许误差是 $\pm 4.0\%$，因为 3% 大于 2.5% 小于 4.0%。

基本误差为 $\pm 4.5\%$ 的仪表其允许误差是 $\pm 5.0\%$，因为 4.5% 大于 4.0% 小于 5.0%。

基本误差为 $\pm 0.07\%$ 的仪表其允许误差是 $\pm 0.1\%$，因为 0.07% 大于 0.05% 小于 0.1%。

当然如果将以上五类仪表的允许误差定义为 $\pm 5.0\%$，从理论上讲也是可以的。只不过这样做的结果是将高级的仪表当成低级仪表使用，这是对仪表资源的浪费。

另外必须注意，仪表的允许误差大于或等于仪表的基本误差，或者说利用允许误差估算出来的被测参数误差往往大于实际仪表的误差。所以具体到一个被测参数点上，误差被扩大了两次。基本误差是仪表所有测点中出现的最大误差，但使用时认为所有测点误差都等于基本误差，这样大多数测点误差被扩大；允许误差是同批次仪表中某仪表存在的最大基本误差，但使用其估算误差时认为所有同批次仪表基本误差均相等，等于其允许误差，这样多数仪表的基本误差数值被扩大。

3. 仪表准确度等级

工业仪表为了传递误差参数的方便，在仪表的表盘上刻写允许误差时将±号以及％号去掉，仅将中间的有效数值刻写在一个圆形记号内，这个圆形记号内的数值，称为仪表的准确度等级，一般也称为精确度等级。可见准确度等级就是允许误差，只是表达形式稍有差别。

【例 1-5】　某测量仪表的测量范围是 200～500℃，准确度等级为 5.0。求当其示值为 200℃和 500℃时，被测点的真实温度（真值）大约为多少？并求 200℃和 500℃处的标称相对误差。

解：仪表的准确度等级为 5.0，说明仪表的允许误差是±5.0％，估算时将此允许误差数值作为仪表可能出现的最大误差来引用，即在整个仪表的所有测点上均有可能出现±5％的引用相对误差。

（1）求所有测点的最大绝对误差

$$\frac{\Delta x_{max}}{x_{max} - x_{min}} \times 100\% = \pm 5.0\%$$

$$\Delta x_{max} = \pm 5.0\% \times (500 - 200) = \pm 15(℃)$$

计算结果说明，在仪表的每一个示值点上的最大显示偏差是＋15℃或－15℃。

（2）求各测点的真值范围和标称相对误差

示值为 200℃时的真值在（200－15）℃和（200＋15）℃之间。

示值为 500℃时的真值在（500－15）℃和（500＋15）℃之间。

答：示值为 200℃时，对应温度的真值为 185～215℃之间的任意数；仪表示值为 500℃时，对应温度的真值为 485～515℃之间任意数。

示值为 200℃时的标称相对误差 $= \frac{\pm 15}{200} \times 100\% = \pm 7.5\%$；

示值为 500℃时的标称相对误差 $= \frac{\pm 15}{500} \times 100\% = \pm 3\%$。

答：示值为 200℃时仪表标称相对误差为±7.5％；示值为 500℃时仪表标称相对误差为±3％。

【例 1-6】　欲测量 0.5MPa 的压力，要求测量误差不大于±3％，现有两块压力表，一块量程 0～0.6MPa，准确度等级为 2.5；一块量程 0～6MPa，准确度等级为 1.0，问应选用哪一块压力表，并说明理由。

解：量程为 0～0.6MPa，准确度等级为 2.5 的压力表的绝对误差

$$\Delta x_1 = 0.6 \times (\pm 0.025) = \pm 0.015(MPa)$$

量程为 0～6MPa，准确度等级为 1.0 的压力表的绝对误差

$$\Delta x_2 = 6 \times (\pm 0.01) = \pm 0.06(MPa)$$

而需要测量压力的误差要求不大于±3％对应的绝对误差

$$\Delta x = 0.5 \times (\pm 0.03) = \pm 0.015(MPa)$$

比较以上计算结果，应选用量程为 0～0.6MPa，准确度等级为 2.5 的压力表。

【例 1-7】 有两块毫安表，一块量程 0～30mA，准确度等级为 0.2，一块量程 0～150mA，准确度等级为 0.1，现欲测量 25mA 电流，要求测量误差不大于 0.5%，问应选用哪一块毫安表，并说明理由。

解： 量程 0～30mA，准确度等级为 0.2 毫安表的绝对误差为

$$\Delta x_1 = 30 \times (\pm 0.002) = \pm 0.06 \, (\text{mA})$$

量程 0～150mA，准确度等级为 0.1 毫安表的绝对误差为

$$\Delta x_2 = 150 \times (\pm 0.001) = \pm 0.15 \, (\text{mA})$$

而测量 25mA 的绝对误差应小于

$$\Delta x = 25 \times (\pm 0.005) = \pm 0.125 \, (\text{mA})$$

答： 所以应选用量程为 0～30mA、准确度等级为 0.2 的毫安表。

4. 仪表的变差

用一定的方法使某物理量连续缓慢地变化，在物理量逐渐增加过程中用仪表对其进行测量，称为正行程测量；在物理量逐渐减小过程中用仪表进行测量，称为反行程测量。用同一仪表对相同数值的物理量进行正、反行程测量时会发现，仪表正、反行程的示值不相等。例如，使温度从 40℃ 缓慢变化到 60℃，当温度等于 50℃ 时（以准确度高的仪表指示为准），记录被检验仪表的指示数值（一般不会刚好等于 50℃），假设其等于 x'。使温度从 60℃ 缓慢变化到 40℃，被校验仪表在温度为 50℃ 时示值为 x''。x' 和 x'' 分别为正行程和反行程的示值，两者一定不相等。对某一测量点所得到的正、反行程两次示值之差称为该测量点的示值变差，即

$$\Delta_{xb} = x' - x''$$

式中：Δ_{xb} 为测量点的变差。

在整个仪表量程范围内，各测点的最大示值变差称为该仪表的变差。一般用引用相对误差的形式来表示，即

$$Y_{bm} = \frac{\Delta_{xb,max}}{x_{max} - x_{min}} \times 100\%$$

式中：$\Delta_{xb,max}$ 为仪表量程范围内各测点的最大示值变差。

仪表产生变差的原因很多，例如，仪表运动系统的摩擦、间隙，弹性元件的弹性滞后以及电磁元件的磁滞影响等都是变差的来源。合格仪表的变差绝对值必须小于其对应的允许误差的绝对值。

5. 仪表的灵敏度

单位输入信号作用下仪表输出变化的数值称为仪表的灵敏度。假设在 Δx 输入信号作用下，仪表的输出为 Δl，则仪表的灵敏度表示为

$$s = \frac{\Delta l}{\Delta x}$$

仪表输出的变化量 Δl，可以是指针直线位移或偏转角度的变化，也可以是数字显示仪表的数字量变化。

如果仪表的输出为指针的位移，则运行人员肯定希望在显示同样信号范围情况下，仪表的位移越大越好。因为仪表的输出位移越大，使用者就越容易观察其输出。如果仪表的输出

为数字量变化，数字显示位数越多，就越容易观察对象的输出变化。从使用者角度来看，仪表的灵敏度越高，其示值，就越容易分辨；从输入信号角度来看，仪表的灵敏度越高，能反应的最小被测量变化量，就越小。但是实际使用的仪表尺寸不可能无限大，显示位数也不可能无限多，在有限的指针位移和角度变化或有限显示数字位数情况下，若要提高灵敏度只能提高仪表的等效放大倍数。例如，某指针显示仪表和热电偶配接，当温度由 0℃ 变化到 200℃时，显示仪表指针满偏转（其指针位移为 20cm），根据灵敏度定义可得

$$s = \frac{20}{200 - 0} = 0.1 (\text{cm}/℃)$$

即仪表灵敏度为 0.1cm/℃。如果更换热电偶后当温度从 0℃变化到 100℃时，显示仪表就达满偏转，则仪表的灵敏度为

$$s = \frac{20}{100 - 0} = 0.2 (\text{cm}/℃)$$

即仪表的灵敏度为 0.2cm/℃，其灵敏度提高了 2 倍，同样距离下后者比前者更容易观察。

不过不能为了便于观察而无限制地提高其灵敏度，因为仪表灵敏度提高的同时对测量产生了两方面不良的影响：一是在仪表尺寸或数字显示位数固定不变情况下减小了仪表的显示范围，上例当仪表灵敏度提高了 2 倍时其显示范围却变成了原来的 1/2；二是灵敏度的提高会增加仪表的相对误差。

【例 1 - 8】 一块温度显示表，其标尺长度为 40cm，量程为 0～400℃，准确度等级为 0.5。求该仪表的灵敏度。如果通过提高仪表的放大倍数，使灵敏度提高到 0.2cm/℃，仪表的准确度有何变化？

解： 由仪表灵敏度定义可得

$$s = \frac{\Delta l}{\Delta x} = \frac{40}{400 - 0} = 0.1 (\text{cm}/℃)$$

如果将仪表的灵敏度提高到 0.2cm/℃，则仪表的量程范围表示如下：

$$量程范围 = \frac{40}{0.2} = 200 (℃)$$

即仪表的量程范围由原来的 400℃ 减小到 200℃。

根据准确度的定义可以求得更改放大倍数前仪表示值最大绝对误差为 400℃ × （±0.5%）=±2℃。如果更改仪表放大倍数后仪表可能出现的绝对误差仍为 2℃（当仪表灵敏度为正常大小时，继续提高其灵敏度，仪表的示值绝对误差只会增加而不会减小），对应的基本误差为

$$\frac{\pm 2}{200 - 0} = \pm 0.01 = \pm 1\%$$

根据准确度的定义可知仪表的准确度等级由 0.5 降为 1.0，或者说仪表示值的可信程度下降，相对误差数值增加。可见，不适当地提高仪表的灵敏度会导致其准确度下降。对于数字显示仪表，尽管显示位数可以几乎不受仪表尺寸的限制，但显示的最小单位如果远小于仪表的绝对误差，显示结果也会毫无意义。例如，上例的温度显示仪表绝对误差为 2℃，实际显示的有效数字是"百位"和"十位"，其"个位"显示的数字仅为估算的依据。假设仪表显示 245℃，实际被测温度可能是 243～247℃之间的任何数值。若用四位小数的模式显示温度，虽然确实提高了仪表的灵敏度，但由于仪表的"个位"数字

尚且不可靠，所以小数点之后的数字就肯定不会有参考价值。再例如一个人在没有计时工具情况下，让其凭感觉来报时，可以将此人看成是报时的"仪表"，此报时"仪表"的最大误差可能为 15min。这样当其报时 1 小时 15 分钟时，报时结果基本可信，如果当其报时为 1 小时 45 分钟 30 秒 25 毫秒时，虽然其报时的灵敏度比较大，但使用者清楚其报时中"分"尚且值得怀疑，"秒"和"毫秒"根本没有参考价值。不适当的增加仪表的显示位数就类似上例的"报时仪表"。因此通常规定仪表的刻度标尺上的分格值不应小于由仪表允许误差确定的绝对误差数值，对于数字显示仪表而言，最小显示单位应不小于仪表的绝对误差数值。

6. 仪表的分辨率

仪表响应输入量微小变化的能力为仪表的分辨率。仪表分辨率是描述仪表对微小信号的感知能力，即能引起仪表输出变化的最小输入信号为仪表的分辨率。我们熟悉的医学上对眼睛的视力测试，就是在测量眼睛的分辨率。

仪表的分辨率和仪表的测点位置有关，仪表上不同的示值点有不同的分辨率，一般取所有测点中分辨率最大的数值作为仪表的分辨率。仪表的分辨率数值越大，对应仪表的分辨率就越低。例如，两个温度仪表的分辨率分别为 0.2℃ 和 1℃，则前者就比后者分辨率高。

仪表的分辨率不足，会引起分辨误差，即在被测物理量变化到某一数值时，仪表示值（输出）仍不变化，这个不能引起输出变化的输入信号（被测量）的最大幅度就是分辨误差，也可称为仪表的不灵敏区（或死区）。

使用者对仪表分辨率的期望是分辨率对应的数值越小越好，但是提高仪表分辨率的手段往往是提高仪表的等效放大倍数，前文已经介绍不适当地提高仪表放大倍数会降低仪表的准确度。一般要求仪表的分辨率应不大于仪表允许误差所确定的绝对误差的 1/2。例如，某温度显示仪表由允许误差求得的最大绝对误差为 ±2℃，则仪表的分辨率应小于 ±2℃×1/2＝ ±1℃，即仪表分辨率小于 1℃。

一个合格的仪表在基本误差符合准确度规定条件下还必须满足仪表变差、灵敏度、分辨率的要求，尤其是仪表变差条件不满足时就为不合格仪表。

第三节　热工测量系统

一、工业自动化仪表的组成

如果将热工测量系统看成是一座数据加工的工厂，现场的被测量就是该"工厂"的加工原料，控制室内各种数据的显示就是该"工厂"的产品。前文研究了如何鉴别"产品"的质量（估算误差），下面我们将要进入"工厂"参观其加工过程。

我们之所以要研究热工测量系统的工作原理，无非是当测量系统故障后，能迅速作出准确判断，以避免事故的发生。

工业自动化仪表的品种很多，原理和结构各不相同，但从信息处理角度来看，可看成由检测元件（传感器）、传输与变换部件和显示装置三个主要环节组成。这些环节可以分成许多部件，也可以组合为一个整体，就是在有些简单的仪表中，各环节的界限也难以明确划分。工业自动化仪表组成见图 1-3。

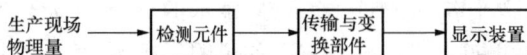

图 1-3　工业自动化仪表组成

1. 检测元件

检测元件是这个数据加工工厂的第一道工序，检测元件将现场的各种物理量如流量、压力、温度等转变成和各种物理量相对应的信号（一般转变成电信号，也有转变成压差等形式的信号），以供传输与变换环节的使用。例如，温度检测元件大多使用热电偶和热电阻，热电偶将温度转换为和温度成比例的电动势信号，热电阻将温度的改变转变成电阻数值的变化。因为检测元件是数据处理的第一道工序，其特性的好坏直接影响整个测量仪表的准确度。一般测量仪表对检测元件有下列要求。

（1）检测元件的输出与被测物理量之间应有稳定的单值函数关系，最好能使其输出和输入的物理量成比例变化（线性关系），而且这种函数关系能按一定工艺准确地复现。这是标准检测元件的三大性能指标，也是对检测元件数据加工的工艺要求。对三大性能指标说明如下：

检测元件的输出与被测物理量之间应有稳定的单值函数关系，是指检测元件的输出和被测量之间应具有一一对应的关系，不允许一个被测量对应检测元件的两个输出或者一个检测元件的输出对应两个被测量数值。例如，用钟表的时针位置来表示太阳在天空的位置，时针指向 12 点时太阳在正南方，但晚上时针指向 12 点时却没有太阳。这就是一个检测元件的输出（位置）对应着两个被测量数值（白天和黑夜），类似这样的指示就不是单值函数关系。需要提醒我们注意的是，在热工人员调整不当时现场有些被测量和检测元件之间会出现非单值函数关系。

检测元件输出和被测量呈线性关系的解释：当被测量增加 x 倍时，检测元件的输出也增加 x 倍。例如，某温度测量部件当被测温度为 100℃时，其输出为 2mV；当温度为 200℃时，检测元件的输出应该是 4mV。检测元件是否为线性，可以通过观察机械指针式仪表的表盘的刻度来辨别，刻度均匀的其检测元件是线性的，否则是非线性的。现场常见的热电偶就是非线性检测元件。非线性最明显的测量是流量测量，通过孔板将流量信号变成差压信号，而流量和差压信号的平方根成正比。如果流量测量信号不作任何处理直接用机械指针仪表显示，这个流量指示仪表的表盘刻度将是非常不均匀的。随着计算机控制技术的发展，可以用程序软件在信号通过传输和变换环节时，对检测元件的非线性特性予以校正，使其呈现线性特性。

函数关系能按一定工艺准确地复现，是指检测元件能在一定的条件下复制，或者说某检测元件不要成为稀世珍宝。当然这种复现工艺越简单，检测元件的成本就越低。

（2）检测元件的输出特性应具有足够的灵敏度和稳定性。

（3）在测量过程中，检测元件应尽量少地消耗被测对象的能量，并尽量避免对被测对象的状态的干扰。

2. 传输与变换部件

传输与变换是将检测元件的输出信号按照显示设备的要求进行加工后传送给显示装置。

目前现场常用两种方式对检测信号进行传送。一是将信号变换成抗干扰能力强的电流信号进行传送；二是采用屏蔽措施后直接传送。后者是近年来计算机采样经常采用的一种方法。

3. 显示装置

显示装置是将传输和变换部件送来的信号，按被测量的物理单位进行一定形式的显示。

测量仪表发展的初期大多采用机械指针式仪表显示被测物理量。后来由于数字电路和计算机仪表的发展又出现了数字显示和图形显示。现将几种显示分别介绍如下。

（1）指针式仪表显示方式又称模拟显示，是用仪表的指针在刻度标尺上的线位移或者角位移的形式来显示被测物理量的数值。所谓模拟显示就是连续显示，"模拟"具有"连续"的含义，它表示任意两个示值之间存在着无穷多个示值。例如，200℃和201℃之间存在着200.1、200.2……

（2）数字显示是以数字方式显示被测量的大小，一般其后还尾随有单位显示，读数非常方便，尤其是计算机仪表几乎将所有数据都以此方式来显示。数字显示和模拟显示不同，它仅能显示有限个数据且在时间上也是间断的。例如，带一位小数仅有三位数据的显示仪表，其显示数据为0.1、0.2、…、1.1、1.2、…、99.9，有时也称这种数据为离散数据。虽然在任意两个示值之间仍存在着无穷多个数据，但显示仪表无法显示。另外，数字显示的数据在时间上也是不连续的，其显示方式是每间隔一段时间变换一次数据。数据变换称为刷新，间隔的时间称为刷新周期。刷新周期数值越小，显示的数值和实际就越接近，但刷新周期越小表明数字变换越快，这和人的视觉相矛盾。一般刷新周期是1s左右。

（3）数字显示和模拟显示都是瞬时显示，不能显示过去的数据。有时希望能将被测量的历史变化趋势利用曲线的形式显示出来，这种显示称为图形显示。

二、工业自动化仪表的分类

由于工业自动化仪表的用途、原理及结构等方面的不同，其分类方法也很多，一般可按下列几种方法进行分类。

（1）按被测量参数类型分类有热工量（包括温度、压力、流量、物体位移等）仪表、机械量（如位移、厚度、应力、振动、速度等）仪表、电工量（如电流、电压等）仪表以及成分分析仪表。

（2）按仪表的显示功能分类有指示式、记录式仪表等。

（3）按仪表采用的信号能源分类有气动式、液动式、电动式仪表等。

（4）按仪表的结构方式分类有基地式和单元组合式仪表。

（5）按仪表的安装地点分类有就地式和远距离传送式仪表。

总的来讲，观察角度不同，分类的结果就不同，随着测量仪表的发展，还会有许多新型仪表的产生并应用在生产过程中。了解了上述的分类方法后，可以快速了解新型仪表的使用特点，以便更好地为运行服务。

复 习 思 考 题

1-1　说明下列测量过程哪些是直接测量，哪些是间接测量。以步长作为测量工具丈量某路段的长度、以米尺作为测量工具丈量某路段的长度、以水准仪为测量工具测量某路段的长度。

1-2　某压力测量仪表的压力测量范围为1～10MPa，已知此仪表的准确度等级为1.0。求仪表的示值为1MPa和10MPa时各自对应的实际值（真值）的大小。

1-3　厂家对某种温度测量仪表进行准确度等级标定时，检测了5块仪表的误差参数如下：

仪表编号	1号	2号	3号	4号	5号
最大绝对误差	−2℃	1.5℃	3℃	0.95℃	−1.25℃

求各仪表的基本误差、允许误差和准确度。（仪表的量程为 200～300℃）

1-4　假定某温度测量仪表的有效量程范围为仪表表盘的 1/2～2/3 处，被测物理量的最高温度为 200℃，求该仪表的量程上限。

1-5　工业自动化仪表的品种很多，原理和结构各不相同，但从信息处理角度来看，可看成由（　　　　　）、（　　　　　）和（　　　　　）三个主要环节组成。

1-6　检测元件将现场的各种（　　　　　）转变成和（　　　　　）的信号，（一般转变成电信号，也有转变成压差等形式的信号）以供传输与变换环节的使用。

第二章 温 度 测 量

电厂热力设备与温度密切相关，设备的安全、经济、稳定的运行都离不开温度测量。温度测量是电厂热工参数测量的重要组成部分。

第一节 国 际 实 用 温 标

温度是表征物体冷热程度的一种物理参数。不同温度两个物体相接触后会有热量在两个物体之间传递，温度高的物体向温度低的物体传递热量，一旦两个物体的温度相同后，两者之间就不会产生传热现象，此时称两者达到热平衡。这仅是对温度概念的定性解释，要准确说明物体温度的高低，必须用数量的大小来表示。将某些特殊温度点数量化（如水的结冰温度等），这些特殊的温度点（称为定义基准点）连同其数值一起称为"温标"。温标即温度的标尺，可以用温标对其他温度进行测量。

1. 世界上最早的温标

华伦海特在 1726 年利用物体受热膨胀原理制造出了世界上第一个有实用价值的华氏水银温度计。华氏水银温度计以当地的"最低温度"为 0 度（℉），以"人体温度"为 100 度，中间等分为 100 等份，每等分称为 1 度，即华氏温标。30 年后，摄西阿斯也制作出了类似的摄氏水银温度计。摄氏水银温度计定义为 1atm 下，稳定的冰水混合物的温度为 0 度（℃），标准压力下水的沸腾温度为 100℃，中间等分刻度，即摄氏温标。由于温标不同，对于同样的温度，表示的数值则不相同。水的冰点用摄氏温标度量其表示数值为 0℃，用华氏温标度量则是 32℉；水的沸点用摄氏温标度量其表示数值为 100℃，用华氏温标度量则是 212℉。

温标既是衡量温度的"标尺"也是温度比较的标准，所以作为温度标准的定义基准点应该是严格不变的。分析华氏温标会发现，0℉是所谓的"最低温度"，本身是不确定的。以人体温度作为 100℉的温度点，更具有随意性。因为根据现代科学理论得知，人体温度随环境温度变化会有所变化。摄氏温标采用的水的冰点和沸点要比华氏温标科学得多。

2. 热力学温标

1848 年威廉、汤姆逊首先提出以热力学定律为基础的热力学温标，又称为开尔文温标，简称开氏温标。开氏温标的特点是温度的定义基准点与使用的物质无关，因为开氏温标的取得是由物质传热的热量计算而来。开氏温标的 0 度是理论上计算出的物质具有的最低温度，在开氏 0 度下，所有的物质将不存在热运动。所以开氏 0 度是至今还未能得到的一个温度状态。开氏温度用符号 K 表示，和摄氏温标的关系是 0℃ 等于 273.15K，100℃ 等于 373.15K，即

$$开氏温度 = 摄氏温度 + 273.15$$

在描述和温度有关的函数表达式中常采用开氏温标。

3. 国际实用温标

温度参数在计量工作中与长度（m）、质量（kg）、时间（s）等一样是七个基本量之一。因此国际上统一这一基本量的单位是极为重要的。为了这一目的，国际权度局于 1898 年决定用摄氏温标作为国际温标，后来又改用气体温标，直到 1927 年第七届国际权度大会决定改用以定点温度为基础的国际温标，经过 1930 年修改，1948 年国际权度局温度咨询委员会规定一个统一的"国际实用温标"。此后国际上的多数国家都采用了这个温标。由于计量仪器的发展和检测技术的改进，以及对低温温标的需要，1968 年又对上述温标进行修正，成为现在国际上通用的"1968 年国际实用温标"（international practical temperature scale）简写为 IPTS—1968。

经过多年实践，逐渐发现了 IPTS—1968 的一系列缺陷。根据第 18 届国际计量大会及第 77 届国际计量委员会的决议，建议从 1990 年起在全世界开始实行新的"1990 国际温标"（简称 IPTS—1990）。我国从 1991 年 7 月 1 日起开始实施该温标。

检测元件根据这些温度标准来推导其输出和温度之间的函数关系。例如，假设某线性温度检测元件在测量 $0℃$ 水（温标）的温度时，输出电动势为 2mV；在测量 $100℃$ 水（温标）的温度时，输出电动势为 12mV。则可以得到其测量 $200℃$ 水的温度时，检测元件的输出应该是 22mV；$300℃$ 时输出 32mV……由此可以看到，这种温度测量方法是间接测量方法的一种。

人们在生产实践中发明和制造了各种各样的温度测量装置，有的虽然结构简单但集检测、变送、显示于一身，本身就是一个完整的测量仪表。如医用的体温表以及家用玻璃温度计，是简单温度测量仪表的典型代表。电厂热工检测仪表结构比较复杂，其准确度和测温范围都是常见温度计无法比拟的。在这些测温仪表中热电阻和热电偶使用最为广泛。图 2-1 常用工业测温仪表的大致测温范围。

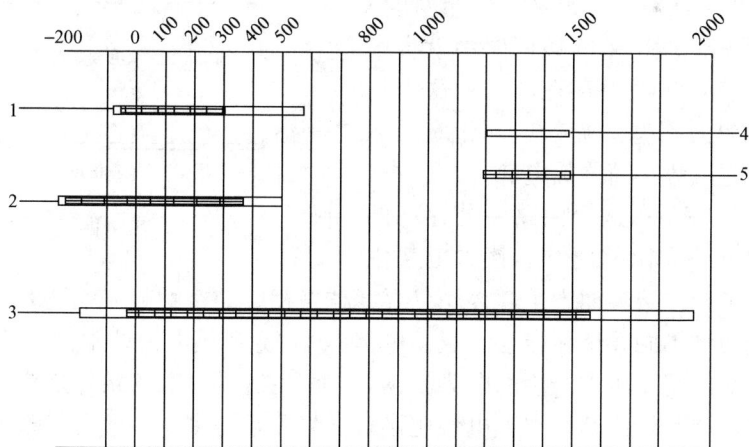

图 2-1 常用工业测温仪表的大致测温范围
1—膨胀式温度计；2—热电阻温度计；3—热电偶温度计；4—可能使用温度；5—常用温度

第二节 热 电 偶 温 度 计

将两根不同的导体或半导体的一端焊接，另外两端作为输出就构成温度检测元件热电

偶。虽然早在 19 世纪就已经使用热电偶进行测温，但热电偶至今仍为工业和科学研究中应

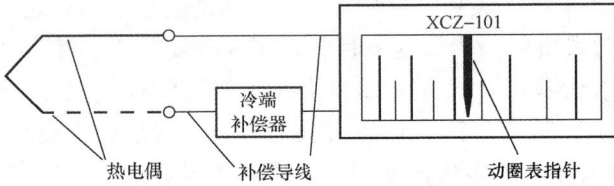

图 2-2　热电偶测温原理示意

用最多的一种温度计，它在很多方面都具备了理想温度计的条件。热电偶结构非常简单，只用两种不同的导体丝和一个动圈表，具体接线见图 2-2。图 2-2 中动圈表仅相当于一块电压表，测量热电偶产生的电势大小，然后指示对应温度。由于计算机仪表的发展，近年来，绝大多数电厂的温度测量都淘汰了动圈表形式，用计算机仪表取而代之。

　　热电偶测温元件的体积可以做得非常小，形状可以任意改变，方便应用于特殊环境中进行温度测量。利用不同的材料可以制作成多种热电偶，其测量范围为 4～3000K。热电偶的准确度和灵敏度还是比较高的，特别是测量示值的相对误差比较小（在一定条件下可测量 ±0.001℃的温差），是理想的温度测量元件。大多数热电偶还具有相当稳定的热电特性，同类热电偶之间具有良好的互换性。

一、热电偶测温的基本原理

　　组成热电偶的两根导体或半导体称为热电极，在实际使用时有正负之分。其焊接端称为热电偶的热端（工作端或测量端），非焊接端称为热电偶的冷端（自由端或参考端）。在进行温度测量时，将热电偶插入被测介质中，使其热端感受被测介质的温度，而冷端需要置于恒定温度之中。这样会在热电偶的两个自由端上输出一定方向的和测量端温度成比例的回路电势。测量此回路电势就可推算出测量端的温度。

　　当两种不同的导体或半导体 A 和 B 接成如图 2-3 所示的闭合回路时，如果测量端温度 t 和冷端温度 t_0 不相同时，则在该回路中就会产生回路电流，这表明回路中存在电势。这个物理现象称为热电效应或塞贝克效应，相应的电势称为塞贝克温差电势，简称热电势。

　　塞贝克理论认为，在这个回路中共存在两类电势，即接触电势和温差电势。接触电势由

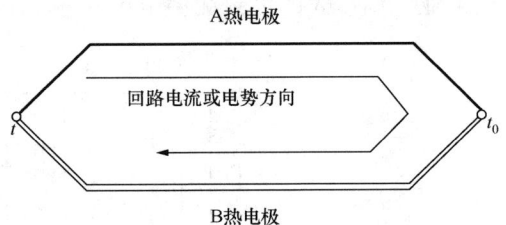

图 2-3　热电偶工作原理示意

两种不同导体或半导体接触而产生，接触点温度越高相应的接触电势就越大，产生这类电势的条件是必须将两种不同导体相接触。温差电势是 A 或 B 热电极两端温度不相同时产生的电势，热电极两端的温差越大产生的电势就越大，产生这类电势的条件是热电极的两端必须存在温差。在热电偶测量回路中温差电势比接触电势要小得多，一般可忽略不计。

　　1. 接触电势

　　（1）接触电势的三种不同的表示方法。接触电势是两种不同材料相接触后所产生的电势，而电势是有方向的，必须使用向量来表示。接触电势一般可以使用三种方法来表示，如图 2-4 所示。按顺序我们称图 2-4 中的三种表示法为几何表示法、字母顺序表示法和数学公式表示法。

　　几何表示法使用箭头表示电势方向，箭头指向高电位。无论电势实际方向如何，几何表示法使用的箭头方向可以随便假设，当假设方向和实际方向相同时，电势的表达数值为正，

否则数值为负。因此，在后续的定律证明过程中可以
根据习惯画出电势的假设方向。

字母顺序表示法使用下标字母顺序表示电势的方
向，前面的字母表示高电位。如 $e_{AB}(T)$ 中 A 字母在
前面表示对应的 A 材料为高电位。

数学公式表示法利用分数的分子和分母区别电势
的高低电位。处于分子位置上的材料为高电位，处于
分母上的材料对应低电位。

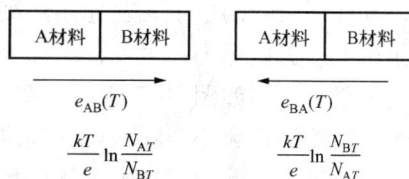

图 2-4　接触电势三种表示方法

在后续相关定律证明过程中，首先使用几何表示法假设热电偶回路电势的方向，然后使
用对应的字母顺序表示法或数学公式表示法来证明相关定律的成立。

（2）接触电势。接触电势的产生原理如图 2-5 所示，由于 A 导体中的"自由"电子密
度大于 B 导体中的电子密度，所以 A 导体中的电子必然会自动地向 B 导体中运动。这种由
于浓度差引发的物质移动称为扩散现象。用物理学观点分析，物质运动状态的改变必然伴随
着力的作用，产生扩散作用的力称为扩散力。浓度差越大，扩散力就越大，扩散作用就越强
烈。扩散现象也是日常生活中常见的现象之一。我们之所以能在距离厨房很远的地方闻到饭
菜的香味，是由于厨房里的饭菜香味浓度较高，在扩散力的作用下香味的扩散所致。香味是
气体，所以这种扩散属于气体扩散。在一盆清水中滴入墨水，过一段时间后一盆清水全部变
色，这是液体中由于浓度差引起的扩散现象。令人难以想象的是，扩散不仅可以在气体和液
体中进行，而且固体分子也同样存在着扩散现象。某科学家曾经用铁变黄金的实验证明了这
一点。实验内容是将表面光滑的铁和黄金块如图 2-6 所示的形式堆放，在其上施加一定压
力，两年后发现铁块表面出现了一定数量的黄金，当然黄金的表面也同样出现了一定数量的
铁。以上不难看出，扩散是自然界普遍存在的现象，不过扩散作用的强弱与物态有关。气体
扩散作用最强烈，液体次之，固体最弱。扩散现象不仅发生在物体的宏观运动之中，也同样
会发生在物体的微观运动之中。

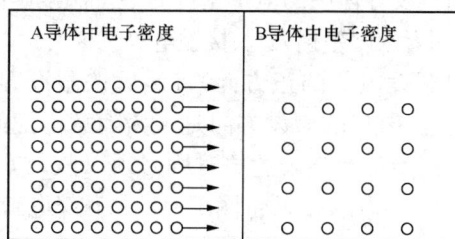

图 2-5　A、B 导体电子浓度示意

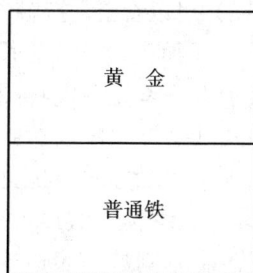

图 2-6　铁变黄金实验堆放示意

接触电势正是扩散力作用的结果。从图 2-5 可以看出，由于 A 导体中的电子密度大于
B 导体中的电子密度，另外 A、B 导体结合处的浓度差最大，所以首先是在结合处，A 导体
中电子向 B 中运动。电子扩散前，组成导体的原子是电中性的，A、B 两种导体均不带电。
当 A 导体中的电子在扩散力作用下运动到 B 导体中后，在 A 导体中的原子带正电（外层电
子数目少于原子核中的正电荷数），在 B 导体中的原子由于增加外来电子带负电，形成的带
电区域如图 2-7 所示。带电区域电荷的排列是左正右负，原来电子密度大的热电极，电子
扩散后是接触电势的正极。接触电势形成后会对原来电子的运动形成阻碍作用。按"同性相

斥，异性相吸"的电子相互作用法则，在带电区域中电子的移动方向是从右到左，一般把这种作用力称为电场力。可见，电场力和扩散力作用下的电子移动方向刚好相反。两种力作用下电子移动方向如图 2-7 所示。在这种互相矛盾的力作用下，电子移动方向究竟指向何方，要看作用的力的大小。在两种导体刚接触瞬间，电荷区域尚未形成或者形成的电荷区域对应的作用力不大，此时扩散力大于电场力，所以电子沿扩散作用力方向移动。电子扩散的结果使得带电区域越来越宽，电场力越来越大，而扩散力越来越小（浓度差随扩散的进行在变小），当扩散力和电场力达到平衡状态时，电荷区域大小不再变化。

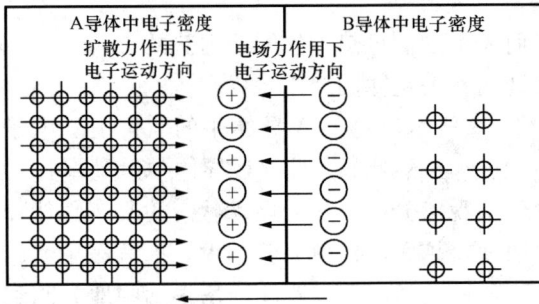

图 2-7　A、B 导体电子扩散后形成的电势示意

两种导体电子浓度差越大，扩散力就越大，生成的带电区域就越宽。带电区域越宽，其接触电势就越大。

扩散作用除了和两种材料的电子浓度差有关外，还和电子热运动相关。在含有"自由"电子的导体或半导体中，电子受正电荷吸引的作用力比较小，使得电子活动范围较大。温度越高时电子活动范围越大，即扩散作用越强烈。可见，温度越高，扩散力就越大，生成的接触电势就越大。实验证明，接触电势是温度和材料电子密度的函数，按图 2-7 下部接触电势假设方向，接触电势的大小可用字母顺序法和数学公式法表示如下：

$$e_{AB}(T) = \frac{kT}{e}\ln\frac{N_{AT}}{N_{BT}} \tag{2-1}$$

式中：e 为单位电荷的荷电量，其值为 4.802×10^{-10} 绝对静电单位；k 为玻尔兹曼常量，等于 1.38×10^{-23}J/K；N_{AT} 为 A 导体在温度 T 下的电子密度；N_{BT} 为 B 导体在温度 T 下的电子密度。

从式（2-1）可以看出，接触电势的大小与温度高低及导体中的电子密度有关。温度越高，接触电势就越大；两种导体电子密度的比值越大（说明两者浓度差越大），接触电势就越大。

电势的表示方法是先在电路图上标出假设方向（假设电势的正方向），然后按假设方向写出数学表达式（字母顺序表达式或数学公式表达式）。电势的假设方向是人为随意标记的，也许假设方向等于实际方向，也许刚好相反，但是，在书写数学表达式时则必须以假设方向为依据。如对应图 2-7 中假设方向下的表达式为式（2-1）。如果将图 2-7 中下部电势的假设方向反向表示，则数学表达式为

$$e_{BA}(T) = \frac{kT}{e}\ln\frac{N_{BT}}{N_{AT}} \tag{2-2}$$

由式（2-2）可知，当假设方向和实际方向相同时，计算结果必然为正，否则计算结果为负。

【例 2-1】　已知 $e=4.802\times10^{-10}$、$k=1.38\times10^{-8}$J/K、$T=373.15$K、N_{AT} 是 N_{BT} 的 3 倍。

求：图 2-7 假设方向下的电势大小。

解：按图 2-7 假设方向有

$$e_{AB}(T) = \frac{kT}{e}\ln\frac{N_{AT}}{N_{BT}}$$

$$= \frac{1.38 \times 10^{-23} \times 373.15}{4.802 \times 10^{-10}} \ln 3$$

$$= 0.107 \times 10^{-10} \times 1.098$$

$$= 0.117 (\text{mV})$$

如果将图 2-7 假设方向旋转 180°，则计算如下：

$$e_{BA}(T) = \frac{kT}{e} \ln \frac{N_{BT}}{N_{AT}}$$

$$= \frac{1.38 \times 10^{-23} \times 373.15}{4.802 \times 10^{-10}} \ln \frac{1}{3}$$

$$= 0.107 \times 10^{-10} \times (-1.098)$$

$$= -0.117 (\text{mV})$$

两者绝对值相等只是符号不同。$e_{AB}(T)$ 计算结果为正，说明假设方向和实际方向相同，电势数值等于 0.117mV；$e_{BA}(T)$ 计算结果为负，说明假设方向和实际方向相反，电势 $e_{BA}(T)$ 数值绝对值和电势 $e_{AB}(T)$ 的绝对值相等。

从以上分析可知，式（2-1）和式（2-2）是同一个电势（向量）在不同假设方向下的表达形式，因为是同一个电势，所以两者必然存在联系。根据前文两个向量比较结论，有

$$e_{AB}(T) = -e_{BA}(T) \qquad 或者 \qquad e_{BA}(T) = -e_{AB}(T) \qquad (2-3)$$

式（2-3）证明如下：

根据对数性质 $\ln X = -\ln \frac{1}{X}$ 可得

$$-e_{BA}(T) = -\frac{kT}{e} \ln \frac{N_{BT}}{N_{AT}} = -\frac{kT}{e} \left(-\ln \frac{1}{\frac{N_{BT}}{N_{AT}}} \right) = -\frac{kT}{e} \left(-\ln \frac{N_{AT}}{N_{BT}} \right) = \frac{kT}{e} \ln \frac{N_{AT}}{N_{BT}} = e_{AB}(T)$$

同理可以证明式（2-3）中后面的等式。

以上证明还说明一个重要问题，无论怎样假设电势的方向，电势计算结果都是相同的（有相同的方向和大小）。

任意假设接触电势的方向，但表达式必须按假设的方向进行书写，即高电位字母在前（或在表达式的分子上），低电位字母在后（或在表达式的分母上）。这样无论怎样假设电势的方向，其对应表达式都表示同一个电势。

2. 温差电势

（1）温差电势三种不同的表示方法。温差电势向量的表示方式和接触电势类似，同样有几何表示法、字母顺序表示法和数学公式表示法三种不同的表示方法，见图2-8。

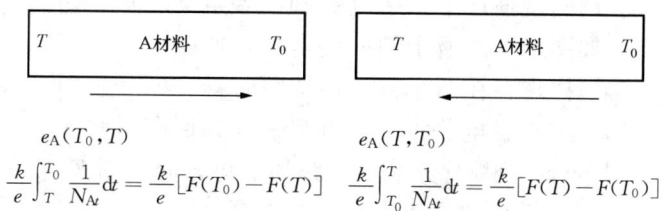

图 2-8　温差电势三种表示方法

几何表示法箭头指向表示高电位。字母顺序表示法利用括号内表示温度高低的字母顺序表示电位的高低，高电位字母在括号中靠前面的位置。数学公式方式法中的积分下限对应低电位，积分上限对应高电位。

在后续相关定律证明过程中，首先使用几何表示法假设热电偶回路电动势的方向，然后

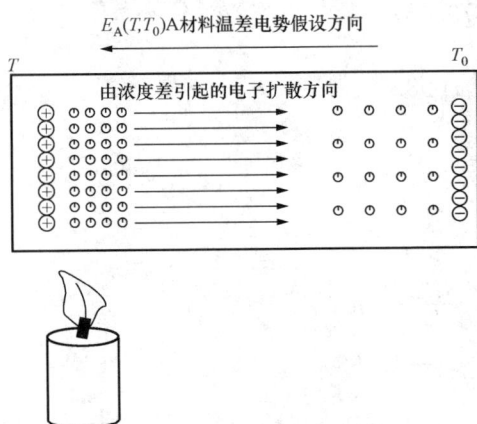

$E_A(T,T_0)$A材料温差电势假设方向

由浓度差引起的电子扩散方向

图 2 - 9　温差电势产生原理示意

使用对应的字母顺序表示法或数学公式表示法来证明相关定律的成立。

（2）温差电势。温差电势产生原理如图2-9所示。A 导体左端被加热后，温度 T 大于 T_0，所以左端的自由电子密度大于右端，左端的电子将向右端扩散。和接触电势相类似，扩散和电场力达到平衡后，生成了温差电势。温差电势表示如下：

$$e_A(T,T_0) = \frac{k}{e}\int_{T_0}^{T}\frac{1}{N_{At}}dt = \frac{k}{e}\left[F(T)-F(T_0)\right] \quad (2-4)$$

式中：k、e 和接触电势中的含义一样；T、T_0 为温度；F 函数是对 A 导体的相关函数积分求出的原函数，同一导体原函数 F 相同。

假设温度 T 端为高电位，所以字母顺序表示法其后面的括号内 T 在前面，T_0 在后面。数学表达式的积分上限为 T，下限为 T_0。如果将图 2-9 中温差电势的假设方向旋转 180°，则温差电势的表达式为

$$e_A(T_0,T) = \frac{k}{e}\int_{T}^{T_0}\frac{1}{N_{At}}dt = \frac{k}{e}\left[F(T_0)-F(T)\right] \quad (2-5)$$

由式（2-4）和式（2-5）可得

$$e_A(T,T_0) = -e_A(T_0,T)$$

上式相等的原因和接触电势类似，不再赘述。当积分结果为正时说明假设方向和实际方向一致，否则假设方向和实际方向相反。另外，由积分性质可以得到，温差电势的积分结果仅与导体两端的温度有关，而与导体上的温度分布无关。例如，在图 2-9 所示的导体中间用高温加热或者将中间用低温冷冻，温差电势不变，均等于式（2-4）或式（2-5）。

在表示温差电势时其方向可以随便假设，但表达式必须按高电位字母在前（或在积分的上限位置），低电位字母在后（或在积分的下限位置）。无论温差电势方向如何假设，其对应表达式表示同一个温差电势。

3. 回路电势

在用向量描述了接触电势和温差电势之后，再来了解如图 2-10 所示的回路电势。回路电势和其他电势一样也存在两个方向，即顺时针方向和逆时针方向。和接触电势、温差电势一样，回路电势也可以用字母排列顺序来表示回路的电势方向。图 2-10 对应的回路电势表达式为

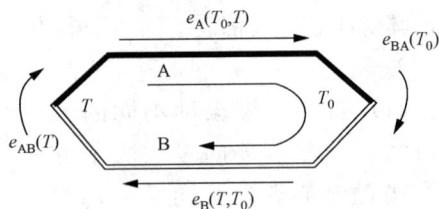

图 2 - 10　热电偶回路电势原理示意

$$回路电势 = E_{AB}(T,T_0) \quad (2-6)$$

式（2-6）表达式称为回路电势的向量表达式。从具体的回路电势方向来看是顺时针旋转方向，其相应的表达式是借鉴接触电势的表达思路，其表达式和接触电势 $e_{AB}(T)$ 相比基本相似，只要将回路电势方向表达式中括号后面的 T_0 去掉就类似接触电势。接触电势 $e_{AB}(T)$ 的方向在接触电势的分析中可知，A 为高电位，B 为低电位，而此处回路电势的方

向在经过 T 温度点时确实如此，但为了和接触电势有所区别在其后加入了冷端温度 T_0，当然加入 T_0 也附带地说明了热电偶回路的另外一端温度为 T_0。所以，按假设回路电势方向书写回路电势方向表达式时，任意选择一个温度点，先写出接触电势表达式，其方向和假设的回路电势方向一致；然后将接触电势前的小写字母改为大写，在其后括号后面增加表示另外温度的字母即可。如图 2-10 所示，若回路电势假设方向改变为逆时针方向，回路电势方向在经过 T 温度点时由 A 指向 B，B 为高电位。因此方向表达式为

$$回路电势 = E_{BA}(T,T_0) \tag{2-7}$$

式（2-6）和式（2-7）表示的是同一热电偶回路在不同假设方向下的回路电势，因此两者绝对值相等，符号相反，其解释可以参照接触电势对负号的解释，两式的关系为

$$E_{AB}(T,T_0) = -E_{BA}(T,T_0)$$

同一回路电势，当其假设方向相反时，只有上式成立方能说明两个回路电势相等。和接触电势、温差电势的原理一样，回路电势的方向表达式也具有方向性，因此多数书籍的回路电势往往不画假设方向，原因就在于此。

【例 2-2】 根据下列回路电势方向表达式画出对应的回路电势假设方向，且证明各表达式之间的关系。回路电势：$E_{AB}(T,T_0)$、$E_{BA}(T,T_0)$、$E_{AB}(T_0,T)$、$E_{BA}(T_0,T)$

解： 画出的回路电势假设方向如图 2-11 所示。图的形式必须符合以括号内前面的字母为观察点时，E 后面的字母排列符合电势指向高电位的原则。

图 2-11 中的（a）和（b）电势表示的是同一个热电偶回路电势，只是假设方向不同，所以有

$$E_{AB}(T,T_0) = -E_{BA}(T,T_0)$$

如果将图 2-11（c）翻转 180°，（c）和（b）完全一样，所以有

$$E_{BA}(T,T_0) = E_{AB}(T_0,T)$$

而图 2-11（c）和（d）表示的是同一电势且假设方向相反，所以有

$$E_{AB}(T_0,T) = -E_{BA}(T_0,T)$$

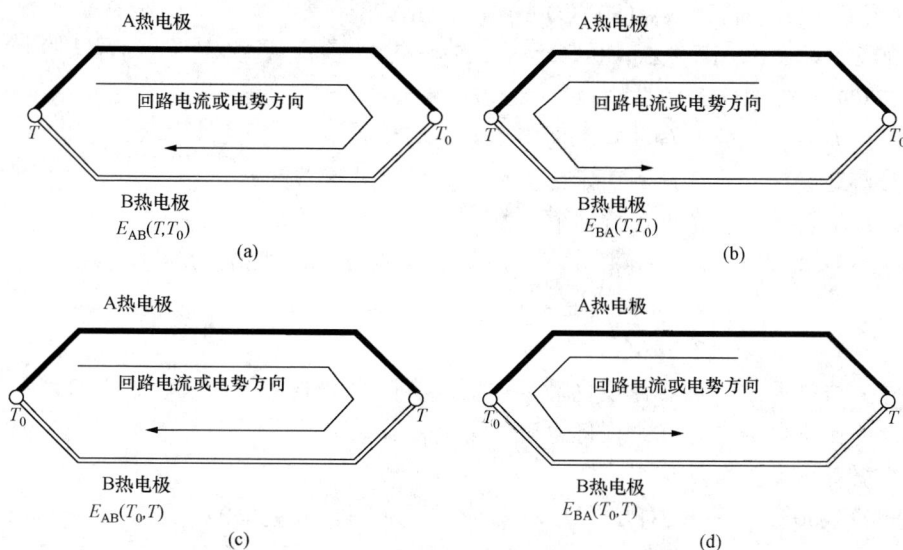

图 2-11 ［例 2-2］表达式对应的回路电势假设方向

观察以上三个等式可以得出一个规律：两个假设的回路电势方向表示同一个回路电势时，表达式的材料字母顺序和温度字母顺序如果仅有一组顺序不同，等式的两边必有一侧为负；如果两者的材料字母顺序和温度字母顺序全部不同时则两者相等。另外，回路电势方向也和接触电势、温差电势一样，假设方向不受任何限制。

有了回路电势的假设方向后，可以根据电工学中的基尔霍夫电压定律（基尔霍夫回路定律），用接触电势和温差电势表示出回路电势的大小。这种回路电势的大小表达式称为回路电势数值表达式。具体过程是：沿假设的回路电势方向绕行整个回路，凡和回路假设方向相同的电势，其表达式前面取"+"号，否则取"−"号。

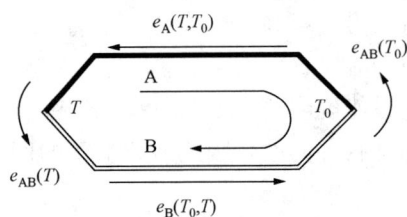

图 2-12　接触电势和温差电势方向和回路电势方向相反的热电偶回路电势示意

依次可以写出图 2-10 的回路电势数值表达式，这里假设回路电势为顺时针方向，其他电势如图所示。由于接触电势和温差电势的假设方向和回路电势假设方向一致，所以有

$$E_{AB}(T,T_0) = e_{AB}(T) + e_A(T_0,T) + e_{BA}(T_0) + e_B(T,T_0) \tag{2-8}$$

如果将所有的接触电势和温差电势假设方向都变成和图 2-10 中的假设方向相反，见图 2-12，则回路电势有

$$E_{AB}(T,T_0) = -e_{BA}(T) - e_A(T,T_0) - e_{AB}(T_0) - e_B(T_0,T)$$
$$= e_{AB}(T) + e_A(T_0,T) + e_{BA}(T_0) + e_B(T,T_0)$$

可见，回路电势的数值表达式与各接触电势和温差电势的假设方向无关。只要回路电势的假设方向确定，无论接触电势和温差电势假设方向如何变化，其表达式数值是唯一的。

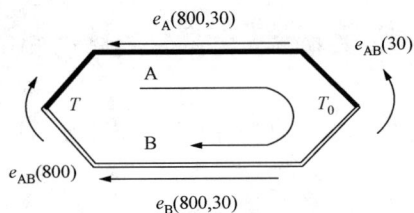

图 2-13　[例 2-3] 热电偶回路电势示意

【例 2-3】　已知接触电势和温差电势的实际方向和大小如图 2-13 所示，$e_{AB}(800℃) = 7.32(mV)$、$e_A(800℃,30℃) = 0.05(mV)$、$e_{AB}(30℃) = 0.173(mV)$、$e_B(800℃,30℃) = 0.04(mV)$。

求：（1）如图所示的回路电势方向下回路电势的数值。

（2）若回路假设电势方向和图示的方向相反时回路电势的数值。

解：（1）根据基尔霍夫电压定律有

$$E_{AB}(800℃,30℃) = e_{AB}(800℃) - e_A(800℃,30℃) - e_{AB}(30℃) + e_B(800℃,30℃)$$
$$= 7.32 - 0.05 - 0.173 + 0.04$$
$$= 7.146(mV)$$

回路电势结果为正，说明假设电动势方向和实际方向相同。如果在这个回路中接入显示仪表，假设的回路电势方向就是实际电流流动的方向。

（2）根据基尔霍夫电压定律有

$$E_{BA}(800℃,30℃) = -e_{AB}(800℃) + e_A(800℃,30℃) + e_{AB}(30℃) - e_B(800℃,30℃)$$
$$= -7.32 + 0.05 + 0.173 - 0.04$$
$$= -7.146(mV)$$

回路电势为负，说明假设的回路电势方向和实际的恰好相反。如果在回路中接入显示仪表，实际电流的流动方向和假设的相反。

由［例 2 - 3］还可以看出，回路电势中的温差电势和接触电势相比要小得多，而且两种热电极上的温差电势还要抵消一部分，因此在一般的原理分析时经常忽略温差电势的影响。

另外需要注意的是，热电偶回路的原理模型，在回路中没有负载只有电势。如果实际回路这样连接是不允许和无意义的。此回路仅作为计算回路中的电势时使用，实用的接线方法，将在后面讲解。

二、热电偶的基本定律及其应用

利用热电偶测量温度时，必然要在热电偶回路中接入其他材料的导体。那么在和其他材料相连接处有无接触电势产生？对回路电势有无影响？下面的几个定律可以为此做出解释。

1. 均质导体定律

从热电偶原理可知，任何两种不同的导体或半导体相接触就要产生接触电势。对此不要仅认为是宏观的两种导体。图 2 - 14 所示也是两种导体的存在形式。当传输电势

图 2 - 14　导线中杂质对回路电势的影响

的导线中存在杂质时，就产生了接触电势，如果杂质两侧的温度不相等，杂质产生的接触电势就要影响回路电势。所以实际使用时要求必须使用纯净的材料制作热电偶或做传输导线。

均质导体定律提供了一个检测纯净材料的方法。所谓均质导体是指如果用单质导体组成

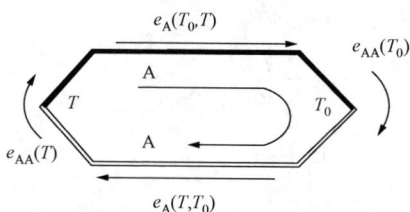

图 2 - 15　均质导体热电偶回路电势示意

热电极时材料必须纯净，用复合的导体或者半导体各种材料组成热电极时，各种材料分布必须均匀。均质导体定律的内容：由一种均质导体组成的闭合回路，无论其导体的截面和长度以及其温度如何分布，都不可能产生热电势。其组成电势原理见图 2 - 15，回路电势表示如下：

$$E_{AA}(T, T_0) = e_{AA}(T) + e_A(T, T_0) + e_{AA}(T_0) + e_A(T_0, T)$$

从电势表达式可以看出，两个接触电势由于是同一种材料 A，所以接触电势为零。两个温差电势由于两端温差不同，其温差电势不等于零，但是两者方向相反、大小相等而完全抵消。因而总的回路电势为零。

这个定律说明同一种材料不能组成热电偶，而且可以用精密仪器来检查导体是否为均质导体。用待检查的材料做成一个热电偶，若回路电势不为零，则不是均质导体。

2. 中间导体定律

利用热电偶进行测温时，必须要在热电偶回路中插入第三种导体。热电偶测温原理参见图 2 - 2，如果说图中的导线可以用热电极材料取代，那么，仪表是绝对不能用热电极的材料制作的。热电偶回路真正用于测温时，必须插入第三种甚至第四种导体。所以必须研究热电偶回路在插入这些导体后对回路电势有无影响。

图 2 - 16 是中间导体的一种接入形式，其回路电势表示如下：

回路电势 $= e_{AB}(T) + e_A(T_0, T) + e_{CA}(T_0) + e_{CC}(T_0, T_0) + e_{BC}(T_0) + e_B(T, T_0)$

$$= e_{AB}(T) + e_A(T_0, T) + \frac{kT_0}{e}\ln\frac{N_{CT0}}{N_{AT0}} + 0 + \frac{kT_0}{e}\ln\frac{N_{BT0}}{N_{CT0}} + e_B(T, T_0)$$

$$= e_{AB}(T) + e_A(T_0, T) + \frac{kT_0}{e}\left(\ln\frac{N_{CT0}}{N_{AT0}} + \ln\frac{N_{BT0}}{N_{CT0}}\right) + e_B(T, T_0)$$

$$= e_{AB}(T) + e_A(T_0, T) + \frac{kT_0}{e}\ln\frac{N_{CT0}}{N_{AT0}} \times \frac{N_{BT0}}{N_{CT0}} + e_B(T, T_0)$$

$$= e_{AB}(T) + e_A(T_0, T) + \frac{kT_0}{e}\ln\frac{N_{BT0}}{N_{AT0}} + e_B(T, T_0)$$

$$= e_{AB}(T) + e_A(T_0, T) + e_{BA}(T_0) + e_B(T, T_0) \tag{2-9}$$

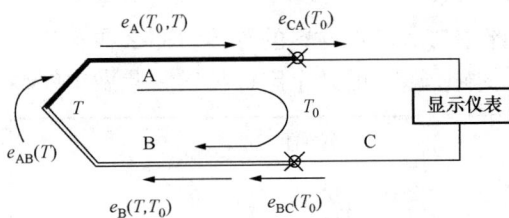

图 2-16　插入第三种材料后热电偶
回路电势原理示意

比较式（2-9）和式（2-8），两个回路电势完全相同。而式（2-9）对应的回路（图2-16）和式（2-8）对应的回路（图2-10）相比，图2-16比图2-10多接入一种C导体，其他完全一样。由此可得，图2-16所示电路接入第三种导体后对原回路电势没有影响。不过要注意接入的第三种导体两端温度必须相同，否则不能得出式（2-9）的结果。

图2-17是第三种导体的另外一种接入形式，其回路电势表示如下：

$$回路电势 = e_{AB}(T) + e_A(T_0, T) + e_{BA}(T_0) + e_B(T_n, T_0) + e_{CB}(T_n)$$

$$+ e_C(T_n, T_n) + e_{BC}(T_n) + e_B(T, T_n)$$

$$= e_{AB}(T) + e_A(T_0, T) + e_{BA}(T_0) + e_B(T_n, T_0) + e_B(T, T_n)$$

$$= e_{AB}(T) + e_A(T_0, T) + e_{BA}(T_0) + \frac{k}{e}\int_{T_0}^{T_n}\frac{1}{N_{Bt}}dt + \frac{k}{e}\int_{T_n}^{T}\frac{1}{N_{Bt}}dt$$

$$= e_{AB}(T) + e_A(T_0, T) + e_{BA}(T_0) + \frac{k}{e}\int_{T_0}^{T}\frac{1}{N_{Bt}}dt$$

$$= e_{AB}(T) + e_A(T_0, T) + e_{BA}(T_0) + e_B(T, T_0) \tag{2-10}$$

由式（2-10）可知，回路电势和式（2-8）一样，所以图2-17所示接入第三导体也不影响热电偶回路电动势的大小，但条件是第三导体的两端温度相同。

中间导体定律叙述如下：

热电偶回路中，只要插入的第三导体、第四种导体……插入导体的两端温度相等，对热电偶回路中总的热电势没有影响。

有了中间导体定律，可以将图2-2所示电路简化成图2-3那样的电路。分析图2-3电路就是分析了整个热电偶测量回路。而热电偶回路电势如

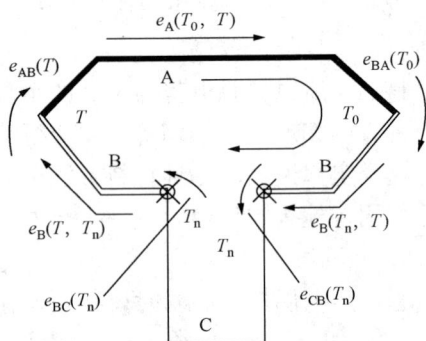

图 2-17　插入第三种导体后热电偶
回路电动势原理示意

式（2-10）所示，由两个接触电势和两个温差电势四部分组成。原理分析可知，两个温差电势的方向和两个接触电势的方向总是相反的。实验证明，两个温差电势的差值和两个接触

电势的差值相比较，温差电势的差值数值可以忽略不计，所以和温度有关的电势可以认为就是两个接触电势，即接触电势的大小反映了被测温度的高低。不过，从接触电势表达式可以看出，接触电势和测量端温度 T 以及冷端温度 T_0 均相关，即热电偶热端（被测量的温度）温度变化时，热电偶回路电势大小要变化，热电偶冷端温度变化时，热电偶回路电势大小同样要发生变化。一般在测量过程中，最好是能保证冷端温度不变化，如果能做到这一点，回路电势的大小就代表了测量端的温度而与冷端温度无关。冷端温度固定后回路电势和测量端温度的关系表达式如下：

$$E_{AB}(T, T_0) \approx e_{AB}(T) + e_{BA}(T_0) = e_{AB}(T) + c \tag{2-11}$$

一般默认冷端温度等于0℃。由于某些原因当冷端温度不能固定且不等于0℃时，要采取补偿措施。因此，热电偶测量温度是在忽略了温差电势和固定了冷端温度后，用回路电势代表测量端温度。

3. 中间温度定律

中间导体定律主要解决了在热电偶回路中可以插入其他导体而不会影响回路电势，该定律为热电偶进入实用领域奠定了理论基础。中间温度定律主要是解决在使用过程中出现的一些问题。中间温度定律叙述如下：

假设某热电偶在两个热电极上存在中间温度 T_n，具体温度分布情况见图 2-18。则此热电偶回路电势等于从中间温度 T_n 点截断的两个热电偶回路电势之和。其回路电势表达式如下：

$$E_{AB}(T, T_0) = E_{AB}(T, T_n) + E_{AB}(T_n, T_0)$$

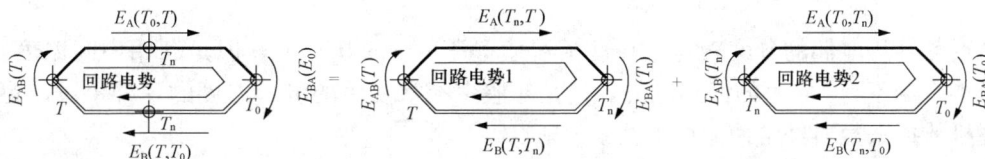

图 2-18 热电偶中间温度定律原理示意

需要注意的是，截断的热电偶回路电势假设方向必须和原热电偶回路电势假设方向相同。

中间温度定律证明如下：

等式左边 $= E_{AB}(T, T_0) = e_{AB}(T) + e_A(T_0, T) + e_{BA}(T_0) + e_B(T, T_0)$

等式右边：$E_{AB}(T, T_n) + E_{AB}(T_n, T_0)$

$\qquad = e_{AB}(T) + e_A(T_n, T) + e_{BA}(T_n) + e_B(T, T_n) + e_{AB}(T_n) + e_A(T_0, T_n) + e_{BA}(T_0)$
$\qquad + e_B(T_n, T_0)$

比较等式的左右两边，只要证明：

$e_A(T_0, T) + e_B(T, T_0) = e_A(T_n, T) + e_{BA}(T_n) + e_B(T, T_n) + e_{AB}(T_n) + e_A(T_0, T_n) + e_B(T_n, T_0)$

其中，等式右边的 e_{AB}（T_n）加 e_{BA}（T_n）等于零，所以有

$\qquad e_A(T_0, T) + e_B(T, T_0) = e_A(T_n, T) + e_B(T, T_n) + e_A(T_0, T_n) + e_B(T_n, T_0)$

其中，$e_A(T_n, T) + e_A(T_0, T_n) = \dfrac{k}{e}\displaystyle\int_T^{T_n} \dfrac{1}{N_A t}\mathrm{d}t + \dfrac{k}{e}\displaystyle\int_{T_n}^{T_0} \dfrac{1}{N_A t}\mathrm{d}t = \dfrac{k}{e}\displaystyle\int_T^{T_0} \dfrac{1}{N_A t}\mathrm{d}t = e_A(T_0, T)$

同理能证明：$e_B(T_n, T_0) + e_B(T, T_n) = e_B(T, T_0)$。

事实上中间温度的大小和以上的结论没有关系，中间温度定律仅强调中间温度的两点温

度相等，并没有说明中间温度 T_n 等于多少。根据以上的理论可以证明，无论中间温度等于多少，中间温度定律总是成立的。从使用角度来看，如果用加热工具加热中间温度对应的两个点，只要两个点温度相同，加热到多高温度回路电势都不会随中间温度的变化而变化。如果理论分析需要，可以假定在热电偶回路中存在某中间温度（这个温度事实上并不存在），然后用中间温度定律求得所有回路电势之和仍然和原回路电势相等。这种假定中间温度的方法将在以后介绍。

4. 热电偶分度表

式（2-11）说明，经过简化的热电偶回路电势在冷端温度固定不变后仅是测量端温度的函数（回路电势的变化代表测量端温度的变化）。或者说，只要采取一定的措施保证冷端恒温，热电偶的回路电势通过相应的仪表就可以显示测量端温度的高低。如果热电偶在温度测量时，其冷端温度没有固定，就肯定会给温度指示带来误差。可见热电偶测量温度的关键是冷端温度的处理。

将热电偶的冷端温度固定为 0℃ 时，回路电势和测量端温度的对应关系数据称为热电偶的分度表。实际使用的热电偶类型不止一种，各种热电偶都有自己独特的特性。有的测温范围比较宽，有的测量精确度等级比较高，还有的价格便宜等。热电偶分度表见附表 1~附表 5。

各种热电偶的电势大小、方向和 $E_{AB}(T, T_0)$ 回路电势方向表达式相对应，其中，T 为测量端温度，T_0 为冷端温度，表达式在 $T > T_0$ 时求得的数值为正。查表求取热电偶回路电势时，必须将实际的热电偶回路电势转换成以上标准形式，否则会出现电势计算错误。

虽然各种热电偶的分度表建立在冷端温度等于 0℃ 的基础上，但是利用中间温度定律，可以求得冷端不为 0℃ 时的回路电势，这是实验室经常使用的测量温度的一种手段，也是现在计算机数据采集时经常使用的方法。

5. 热电偶冷端温度的修正和处理方法

在中间导体定律推导完毕后，导出了式（2-11）热电偶测温原理。热电偶温度测量时只有固定了冷端温度后，接触电势才能代表被测温度。因此，热电偶的温度测量主要是冷端温度的处理，可以说冷端温度的影响是必然的，要研究用什么方法处理，尽量消除误差或减小误差。

（1）公式修正法。公式修正法多用于实验室和计算机数据采集的温度测量系统。在前文的热电偶分度表内容中得知，只有热电偶的冷端温度等于摄氏零度，才能用回路电势直接从表中查得测量端温度。实际测量时，通常是热电偶的测量端插入被测介质中，冷端裸露在环境中。无论这个环境是现场或者是实验室，都不可能保证环境温度恒等于 0℃。这就是说，用热电偶测量得到的电势不能直接用于查表，必须修正后方能用查表法求取被测温度。

事实上前面我们研究过的中间温度定律，正好能解决这一问题。现假定实验室测量温度过程中环境温度为 20℃，假设在热电偶的中间存在中间温度 0℃（理论和实践证明无论中间温度等于多少都不影响回路电势，所以可以随便假设），根据中间温度定律，各电势关系见图 2-19，其对应数学表达式为

$$E_{AB}(T, 20℃) = E_{AB}(T, 0℃) + E_{AB}(0℃, 20℃) \tag{2-12}$$

需要注意的是，在应用中间温度定律时，方程两边所有热电偶的回路电势假设方向必须

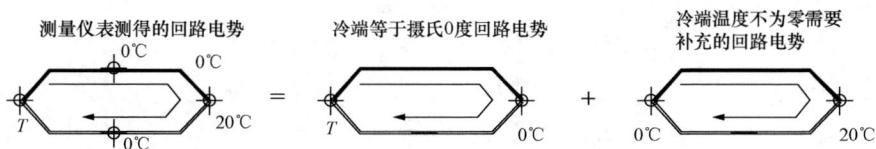

图 2 - 19　冷端温度不为零时回路电势求取示意

一致，只有这样，热电偶的中间温度定律方能成立。另外，在方程两边热电偶回路电势对应的方向表达式需要查表时，一定要将方向表达式变换成标准形式，否则不能查表。标准的方向表达式由两个因素组成：一是在标准表达式中等式两边表示材料的字母顺序必须一致；二是回路电势的方向表达式中温度排列顺序必须是非零温度数字在前，0℃在后。用此理论来衡量式（2 - 12）中的方向表达式：材料字母排列一样，满足查表条件，温度字母排列 E_{AB}（0℃，20℃）的表达式不合要求。故将此表达式变形为

$$E_{AB}(0℃,20℃) = -E_{AB}(20℃,0℃)$$

将上式代入式（2 - 12）得

$$E_{AB}(T,20℃) = E_{AB}(T,0℃) - E_{AB}(20℃,0℃) \qquad (2 - 13)$$

E_{AB}（T，20℃）是热电偶测量电势，由于其冷端温度不等于 0℃，所以不能直接查表。E_{AB}（T，0℃）是对应被测温度的回路电势。将式（2 - 13）变换形式有

$$E_{AB}(T,0℃) = E_{AB}(T,20℃) + E_{AB}(20℃,0℃) \qquad (2 - 14)$$

式（2 - 14）的物理意义比较明显，要用实验室测得的电势 E_{AB}（T，20℃）求出被测温度，必须加上修正电势 E_{AB}（20℃，0℃）。至于为什么要相加也容易理解，因为冷端温度越高，对应的接触电势就越大。而冷端接触电势在测量端和冷端温度都大于 0℃时，总是和测量端接触电势相反，这样由于冷端温度产生的电势势必使回路电势减小（回路电势近似由测量端和冷端的接触电势组成）。

当冷端温度低于 0℃时，假设实验环境温度为 -20℃，则根据中间温度定律有

$$E_{AB}(T,-20℃) = E_{AB}(T,0℃) + E_{AB}(0℃,-20℃)$$

变形后

$$E_{AB}(T,0℃) = E_{AB}(T,-20℃) - E_{AB}(0℃,-20℃)$$

或　　　　　　　$$E_{AB}(T,0℃) = E_{AB}(T,-20℃) + E_{AB}(-20℃,0℃)$$

上式是冷端温度低于 0℃时对应的计算公式。两边的回路电势都是能直接查表的标准形式。由于冷端温度降低而使其回路电势增大，所以应该在测量得到的电势中减去多余的电势，即加上 E_{AB}（-20℃，0℃）[在分度表中查 E_{AB}（-20℃，0℃）得到数值为负]。

【例 2 - 4】　利用铂铑$_{10}$ - 铂（见附表 1）热电偶对某温度点进行测量，热电偶冷端等于室温（20℃），现测得回路电势为 5.21mV，求：被测温度等于多少？

解：假设铂铑$_{10}$ - 铂热电偶存在中间温度 0℃，见图 2 - 19。根据中间温度定律，其回路电势表达式为

$$E_{AB}(T,20℃) = E_{AB}(T,0℃) + E_{AB}(0℃,20℃) \qquad (2 - 15)$$

其中，E_{AB}（T，20℃）＝5.21（mV），E_{AB}（T，0℃）为需要求取的回路电势。只要能求得 E_{AB}（T，0℃）的数值，利用附表 1 可以直接查得 T 的温度。如果能利用前面所学的知识求出 E_{AB}（0℃，20℃）的数值，利用式（2 - 15）就可以求出 E_{AB}（T，0℃）的数值。

　　根据回路电势表达式特性有

$$E_{AB}(0℃,20℃) = -E_{AB}(20℃,0℃) \qquad (2-16)$$

而 $E_{AB}(20℃,0℃)$ 是分度表对应的回路电势标准形式。查表得

$$E_{AB}(20℃,0℃) = 0.113 \text{mV} \qquad (2-17)$$

　　将式（2-14）代入式（2-13）得

$$E_{AB}(T,20℃) = E_{AB}(T,0℃) - E_{AB}(20℃,0℃)$$

　　将式（2-15）代入上式有

$$E_{AB}(T,20℃) = E_{AB}(T,0℃) - 0.113$$

　　整理上式且求解：$E_{AB}(T,0℃) = E_{AB}(T,20℃) + 0.113 = 5.21 + 0.113 = 5.323 \text{(mV)}$
查表得：$t \approx 610℃$。

　　如果不考虑冷端温度的影响，即假设冷端等于0℃，用测量得到的电势（5.21mV）直接查表得：$t \approx 600℃$，和实际温度相差10℃。

　　从例题中可以看出，利用中间温度定律和分度表可以计算冷端温度不为零情况下的回路电势，从而求得热电偶测量端的温度数值。

　　（2）冷端温度固定不变——恒温箱法。由公式修正法可知，如果将热电偶冷端温度直接固定在0℃，则测量仪表可以直接根据测量得到的回路电势指示热端温度。

　　将冷端温度恒定到0℃的方法如图2-20所示，一种方法是将热电偶的两根热电极分别置于冰点保温瓶中进行0℃的恒温，如图2-20（a）所示；另一种方法是两种热电极连接后的接点置于冰点瓶中，如图2-20（b）所示。下面分别证明这两种恒温方法是否能得到冷端温度为0℃的回路电势。

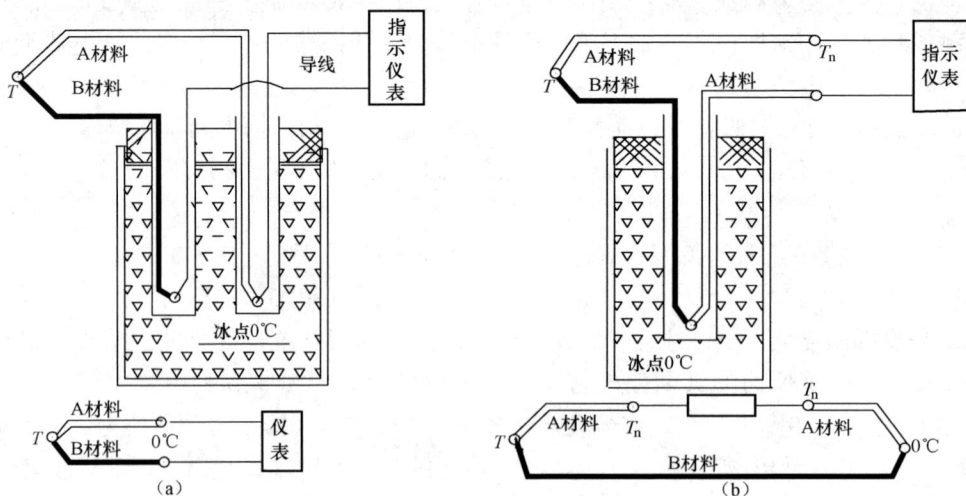

图2-20　冷端温度恒定在0℃时的原理示意

　　根据中间温度定律，图2-20（a）对应的回路电势可等效成从中间温度0℃处截断的两个回路电势之和，其中导体和仪表可看成同一种材料C，回路电势表示如下：

$$回路电势 = E_{AB}(T,0℃) + E_{CC}(0℃,T_n)$$

　　无论C材料组成的等效热电偶测量端（0℃）和冷端温度（T_n）如何变化，根据均质导体定律可知，其回路电势永远为零。可见，回路电势就是我们需要的可以直接查表或仪表指

示所需要的回路电势。

对于图 2-20（b）对应的热电偶回路，可以利用中间导体定律来证明回路电势等于 $E_{AB}(T, 0℃)$。可见这种冷端恒温的回路电势也是标准的回路电势。

（3）冷端集中补偿方法。随着大容量、高参数机组快速建设和发展，电厂温度测量系统也发生了比较大的变化。图 2-21 是典型的计算机温度测量系统。可以将现场热电偶冷端直接连接到数据采集设备上，在数据采集设备上都安装有环境温度测量元件（一般使用热电阻进行温度测量），数据采集设备检测环境温度后，利用计算机中的查表软件直接得到需要对应热电偶的补偿电势，然后和测量得到的回路电势综合计算，得到最终需要的温度数据。从原理上讲，一个测量设备上可以连接不同的热电偶，计算机可以查表得到不同的冷端补偿数值。鉴于不同热电偶的信号转换等不尽相同，因此一般计算机数据采集时一个设备上连接的热电偶是同型号的。

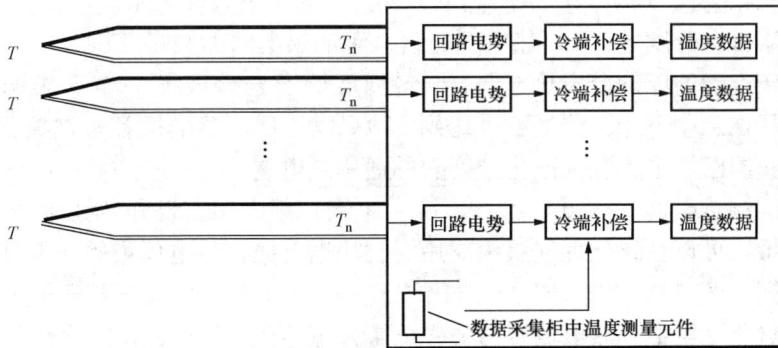

图 2-21　计算机数据采集系统热电偶冷端集中补偿方法

（4）补偿导线法。图 2-21 对应的数据采集系统，从理论上讲可以实现现场温度的测量。但实际上现场温度测量点和计算机数据采集设备距离比较远，而热电偶材料比较昂贵，利用昂贵的热电偶材料，将冷端延伸到计算机的数据采集设备上，势必会造成经济投资加大。考虑到热电偶冷端的延长是在环境温度下进行的，找到一种材料在低温范围内和所延长的热电偶具有相同的热电特性，当然条件必须是价格低廉，和延长原来的热电偶等效，这就是现场使用的补偿导线。

补偿导线在低温范围内和对应的热电偶具有相同的热电特性，但高温下是不能替代原热电偶的。另外，补偿导线和被补偿的热电偶一一对应，而不是万能补偿导线。补偿导线和热电偶一样也具有正负极性，一旦接线错误会带来更大的误差。

正确使用补偿导线后，可以认为补偿导线就是对原来热电极的延长。整个热电偶的冷端就不再是原来热电偶的冷端，而变成补偿导线的冷端。因此热电偶正是利用补偿导线将原热电偶的冷端移动后进行集中处理的。补偿导线在低温范围内事实上就是一种物美价廉的热电偶。

三、常用热电偶的材料及其特点

从理论上讲，任何两种导体都可以配成热电偶，但实际上有很多限制。一般对热电偶材料有如下要求：

• 物理稳定性要高，长期稳定性要好。

- 化学性质稳定，在高温下不氧化且不容易被腐蚀。
- 要有足够的灵敏度，热电势随温度的变化要足够大。
- 热电势和温度呈简单的函数关系，最好呈线性关系。
- 复现性要好，便于批量制造和互换。
- 热电偶材料的电阻随温度变化要小，电阻率要低。
- 机械性能要好，材质要均匀。

通用热电偶一般都具备以上条件，但也有些特殊用途的热电偶不能完全达到以上要求。这些热电偶是由于某种特殊的需要而开发的产品，为了满足其特殊需要，可能在某些方面性能和以上的指标略有差别。下面分别介绍几种通用的热电偶。

1. 廉价金属热电偶

廉价金属热电偶是工业中应用最多的一类热电偶，它们具有足够的准确度和标准化分度表，见附表1～附表5。热电偶产生的热电势和温度几乎呈线性关系。

（1）铜-康铜（分度号：T）热电偶。铜-康铜热电偶的测量范围为$-200 \sim 350℃$。在此范围内是比较准确的廉价金属热电偶。测量温度低于$-200℃$后，铜-康铜热电偶的热电势随温度变化特性急剧下降。测量温度达到$350℃$以上后，热电极容易被氧化而变质。铜-康铜热电偶在我国已被定为有标准化分度表的通用热电偶。

（2）铁-康铜热电偶（分度号：J）。铁-康铜在很多国家已作为工业上最通用的热电偶。它价廉灵敏，可以在氧化性气氛中应用。它比铜-康铜热电偶灵敏，但其准确度和稳定性不如铜-康铜，尤其是$0℃$以下时性能比较差，一般测量$0℃$以下温度很少用它。其测量温度的上限在氧化气氛中（热电极容易失去电子）可达到$750℃$，在还原性气氛中（热电极容易得到电子）可达到$950℃$。在上述温度下热电偶可保持1000h内材料不发生质变，保证正常使用。

（3）镍铬-镍铝（分度号：K）热电偶。这种热电偶的最大特点是测量温度范围比较宽，低温是$-200℃$，高温可达$1100℃$。其温度和热电势的函数关系几乎呈线性。由于热电极材料含镍较多，可用于高温测量，但在较高温度时镍铝丝容易被氧化，并易受还原性气体的侵蚀而变质，故我国现多用镍铬-镍硅热电偶代替其进行温度测量。当然镍铬-镍硅和镍铬-镍铝具有相同的热电特性，两者使用同一个分度表。

（4）镍铬-康铜热电偶（分度号：E）。这种热电偶虽然不如镍铬-镍铝热电偶应用那样广泛，但由于在相同温度下产生的热电势比较大，用起来比较方便。它在氧化气氛中可测量的温度上限达到$1000℃$，美国、日本等国家使用较多。

（5）镍铬-考铜热电偶。（分度号：EA-2）这种热电偶特性与镍铬-康铜热电偶相似，只是负极的成分有些差别，含铜多一些。这种热电偶我国有标准化分度表。

2. 贵重金属热电偶

贵重金属热电偶是最准确、最稳定和复现性最好的热电偶，但也有缺点，其热电势率比廉价金属低（同样温度下输出的热电势小），其价格比廉价金属热电偶贵得多。不过贵重金属由于化学性质稳定，材料纯度高，可以制成高质量的热电极丝。它的熔点高，测温上限高，所以在温度测量领域还是得到广泛应用。

（1）铂铑$_{30}$-铂铑$_6$热电偶（分度号：B）。这是20世纪60年代发展起来的一种贵重金属高温热电偶。由于两个热电极都是铂铑合金，因而提高了抗污染能力和机械强度。在高温下其热电特性较为稳定，宜在氧化性和中性气氛中使用，在真空中可短期使用。长期使用最高温度可达1600℃，短期使用温度可达1800℃。这种热电偶的热电势较小，需要配用灵敏度较高的显示仪表。由于在室温附近的热电势非常小，当冷端温度不等于0℃时所引起的回路电势误差几乎为零。因此冷端温度在40℃以下时，一般不必进行冷端温度补偿。

（2）铱铑热电偶。要测量比铂铑热电偶更高的温度，只有铱铑热电偶。铱铑热电偶可以在氧化、真空或中性气氛中使测量温度上限达2200℃。铱铑热电偶的主要缺点是使用寿命短。

3. 标准热电偶

标准热电偶是指国家规定定型生产，有标准化分度的热电偶。标准热电偶各国家规定不尽相同，但逐渐趋于统一，均向国际电工委员会（IEC）的标准靠近。表2-1列出我国的标准热电偶的主要特性。

表 2-1　　　　　　　　　　我国标准热电偶的主要特性

名称	分度号	测温范围/℃	等级	使用温度/℃	误差
铂铑₁₀-铂	S	0～1600	I	0～1100	±1℃
				1100～1600	
			II	0～600	±1.5℃
				600～1600	±0.25%t
铂铑₃₀-铂铑₆	B	0～1800	II	600～1700	±0.25%t
			III	600～800	±4℃
				800～1700	±0.5%t
镍铬-镍硅	K	0～1300	I	0～400	±1.6℃
				400～110	±0.4%t
			II	0～400	±3℃
				400～1300	±0.75%t
铜-康铜	T	-200～400	I	-40～350	±0.5℃
			II	-40～350	±0.1℃
			III	-200～40	±0.1℃
镍铬-康铜	E	-200～900	I	-40～800	±1.5℃
			II	-40～900	±2.5℃
			III	-200～40	±2.5℃

4. 热电偶的结构

热电偶的结构形式是多种多样的，不过结构大同小异，下面介绍两种典型热电偶的结构。

（1）普通型热电偶。一个完整的热电偶由感温元件、保护管和接线盒三部分组成，如图2-22所示。

感温元件：就是前文所述的热电偶。一般是将两根不同的热电极材料焊接在一起而成。

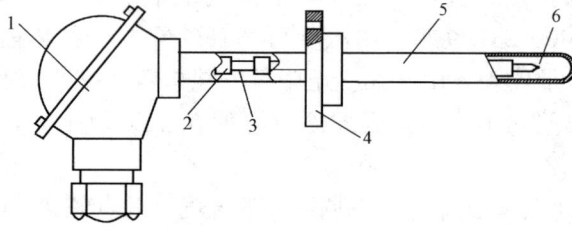

图 2-22　普通型热电偶温度检测元件的结构

1—接线盒；2—绝缘瓷管；3—热电极；4—固定法兰盘；5—保护套管；6—热端

为了避免两根热电极短路而不能进行温度测量，两根热电极还要用绝缘材料隔离开来。热电极和绝缘材料一起合成为感温元件。

热电偶常用的绝缘材料可归纳为两类，陶瓷和非陶瓷。非陶瓷的有天然橡胶、聚乙烯和聚氯乙烯、棉纱和丝绸、玻璃釉云母等。它们使用的温度上限各不相同，陶瓷制成的绝缘材料测量温度最高，一般在 1000℃以上。

保护套管：为了不使热电偶直接与被测介质接触，以免腐蚀和沾污，以及机械摩擦损坏，大多将感温元件放置在套管中，构成工业上常用的热电偶。工业用热电偶，当测量温度在 1000℃以下时采用金属套管，在 1000℃以上时多用陶瓷套管。使用套管固然保护了热电偶，但是由于有套管的隔热作用，使得温度的传导变慢，温度测量出现延时，这对控制极为不利。好在一般温度对象变化本来就比较缓慢，所以套管热电偶对控制的影响十分有限。

（2）铠装热电偶。铠装热电偶是 20 世纪 60 年代兴起的一种新型的热电偶。它是由热电偶丝、绝缘材料和金属套管三者有机组合并经拉伸成型的组合热电偶，如图 2-23 所示。其拉伸后的热电偶直径可以很细，长度可以很长，就像一根细金属丝。和普通热电偶相比，铠装热电偶有很多优点，在工业生产和科学研究中已有不少应用，特别是在核反应堆上有独特的应用。这种热电偶的主要特点如下：

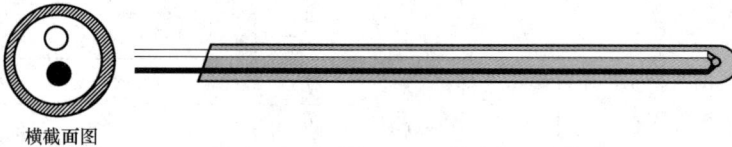

横截面图

图 2-23　铠装热电偶结构示意

铠装热电偶的外径可以做得很细，最细可达到 0.2mm，因此温度反应灵敏；由于外层套管和内部的感温元件是一体拉伸而成的，能适应强烈的振动和剧烈的冲击；具有很好的形变特性，安装时可以任意弯曲；测量温度的插入深度可以很长，若测量端由于磨损损坏，只要将测量端截取部分后再行焊接即可；可以将其作为普通热电偶放入普通热电偶的套管内进行使用；普通铠装热电偶的外径一般为 1～6mm，长度为 1～20m 不等。特殊使用环境下外径可以做到 0.2mm，长度可以超过 20m。当然，直径越细，其外层的绝缘材料就越薄，耐高温的性能就越差。

第三节 热 电 阻 温 度 计

所有导电物质的电阻几乎都随温度的变化而变化，用这种导电材料制成的温度测量装置称为热电阻温度计。通过实验的方法求得热电阻温度和电阻阻值的关系数据称为热电阻分度表。当知道热电阻的阻值后，通过热电阻分度表可以求出对应的温度。

热电阻温度计和热电偶温度计比较，热电阻的最大特点是性能稳定，测量准确度高。在众多的热电阻温度计中，铂电阻尤其突出，所以国际实用温标中规定在 $13.81\sim670.74K$ 之间均采用铂热电阻的温度测量值为标准数值（真值）来对其他类型的温度测量仪表进行校验。铂电阻价格昂贵，只有现场确实需要的情况下方能使用铂热电阻进行测温。

热电偶利用回路电势-温度关系（热电偶分度表）测量温度。热电阻则是利用电阻阻值-温度关系（热电阻分度表）测量温度，而电阻数值无法直接测量，所以热电阻测温是属于间接测量的一种。

热电阻温度测量的精确度是其他温度测量仪表难以取代的，这就是学习和研究热电阻温度计的主要原因。

一、热电阻温度计的测温原理

在热电偶的测温原理课程中，我们仅研究了接触电势、温差电势和温度的数学关系式。对于热电偶的回路电势和温度之间的关系未能用数学表达式来描述，其实也不可能用简单的数学形式来表示，所以热电偶和温度的关系仅能用分度表的形式说明温度和回路电势的关系。这种测量称为非线性测量。非线性测量在显示仪表的表盘上数值刻度是不均匀的。而热电阻温度测量则近似为线性，电阻-温度的数学关系式表示为

$$R_t = R_{t0}[1+\alpha(t-t_0)] \tag{2-18}$$

式中：R_t、R_{t0} 分别为温度 t 和温度 t_0 时的电阻数值，Ω；R_{t0} 为制造厂家提供的已知的常数；α 为温度在 $t\sim t_0$ 范围内金属导体的平均电阻温度系数，$1/℃$。

α 与使用的导体材料有关，当导体材料一定后 α 可近似认为是常数。t_0 是由设计制造厂家任意选择的温度数值，无论 t_0 等于多少，式（2-18）总是成立的，一般选择 t_0 等于 0℃。分析式（2-18）可知，当 R_{t0}、α、t_0 均为常数时，R_t 的大小由温度 t 来唯一确定。就是说只要测得 R_t，通过式（2-18）就可以计算出温度 t。不过由于热电阻的 α 数值并非真正的常数，所以实际温度的测量，还是以由实验得出的热电阻分度表为理论依据。附表6～附表9分别是铂热电阻和铜热电阻的分度表。

二、热电阻的材料及其结构

1. 热电阻材料的要求

（1）电阻温度系数 α 要足够大。由式（2-18）可知，α 越大，同样的温度变化（$t\sim t_0$），其 R_t 的变化就越大。R_t 是被测量的电阻数值，其数值变化越大，就越容易测量。

【例2-5】 当 $R_{t0}=100\Omega$、$t_0=0℃$、$t=100℃$ 时，用式（2-18）计算 α 分别为 1 和 0.0001时对应的 R_t 数值。

解1：$\alpha=1$ 时，对应的 $R_t=100[1+1\times(100-0)]=10\ 100(\Omega)$，即热电阻的数值由0℃时的 100Ω 变成温度为100℃时的10 100Ω。

解2：$\alpha=0.0001$时，$R_t=100[1+0.0001\times(100-0)]=100\times(1.01)=101(\Omega)$，即热

电阻的数值由 0℃时的 100Ω 变成温度为 100℃时的 101Ω。

温度变化 100℃，电阻数值仅变化 1Ω，若温度变化 1℃时，照此计算电阻数值仅能变化 0.01Ω，测量难度可想而知。当然，实际的电阻温度系数既不会像 $\alpha=1$ 那么大，又不会像 $\alpha=0.0001$ 那么小，一般约为 0.03。由式（2-18）可以推导出 α 的计算公式，即

$$\alpha = \frac{R_t - R_{t0}}{R_{t0}} \times \frac{1}{t - t_0} \qquad (2\text{-}19)$$

（2）在测量温度范围内，热电阻材料的物理和化学性质要稳定。热电阻材料的物理化学性质发生变化后直接影响测量的准确度，严重时甚至不能进行测量。例如，材料的耐高温性能较差时，可能导致材料软化变形而短路。材料发生化学变化后，相当于将原来的热电阻更换成另一种材料的热电阻，这肯定会带来较大的测量误差。

（3）材料的电阻率要高。电阻率是指单位长度、单位面积导体所具有的电阻。同样长度、同样截面积下导体的电阻率越大，式（2-18）中的 R_{t0} 就越大。而 R_{t0} 越大，其作用和 α 作用相似，在同样温度变化下 R_t 就越大。可见，提高 R_{t0} 的数值能提高热电阻的温度测量准确度。

（4）电阻数值与温度的关系尽可能成线性。因为通过实验的方法求得的温度和电阻之间的关系数据是有限的。这就是说，在实际温度测量过程中，分度表中不能得到的数据要靠计算方法得到。如果温度和电阻呈线性关系，就可以通过简单的数学运算求得分度表上没有的温度数值，而不至于引入过大的误差。

（5）复现性要好且容易生产出高纯度的热电阻材料。通过一定生产工艺，成批生产的热电阻具有相同的温度电阻关系称为复现性好，这是热电阻生产制作的重要条件。

（6）价格要便宜。满足以上条件的热电阻材料目前有铜、铂、铁、镍以及半导体热敏电阻。其中，铜和铂在工业测量领域中使用比较广泛；因不能得到纯度较高的铁，而使铁电阻特性不稳定，不能用于工业温度测量。其他热电阻也正在发展之中。

2. 铂热电阻（WZP 或 WZB）

铂是一种比较理想的热电阻材料，它在氧化性气氛中甚至在高温下，物理、化学性质都非常稳定；比较容易得到高纯度的铂；精确度较高、性能可靠，不仅在工业上广泛用于 $-200\sim500$℃的温度测量，而且还可作为复现国际实用温标的标准仪器。但是，铂热电阻在还原性气氛中，特别是在高温下极容易被还原物质（还原物质就是容易将自身电子释放给对方的物质）所污染使铂丝变质发脆，并导致其电阻和温度的函数关系改变，因此在这种情况下必须采用密封的保护措施来隔离有害气体对铂热电阻材料的污染。

过去的标准铂热电阻的 R_0 数值（在 0℃时的电阻数值）为 10Ω 或者 30Ω 左右。按目前国内的统一设计标准，工业用铂电阻的 R_0 数值有 100.00Ω 和 50.00Ω 两种规格，其分度号分别为 Pt100 和 Pt50，相应分度表见附表 6 和附表 7。

一般工业用铂热电阻多采用线径为 $0.03\sim0.07$mm 的纯铂裸丝绕在云母制成的平板形骨架上，其结构如图 2-24 所示。云母绝缘骨架的边缘呈锯齿形，铂

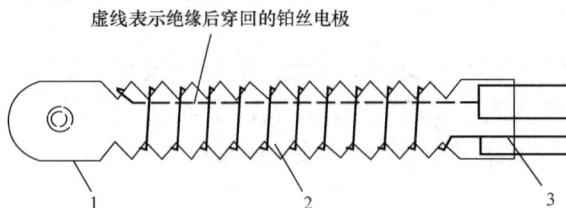

图 2-24　铂热电阻结构示意
1—云母绝缘骨架；2—铂丝电极；3—热电阻引出线

丝绕制在云母骨架的齿形槽内以防铂丝滑动短路。在云母骨架的外侧再套上有一定形状的金属器件以增加铂热电阻的机械强度。铂热电阻有两个输出端点，分别在每一个端点上用0.5mm 或 1mm 的银丝并行引出两根引线（两端共引出四根引出线）作为热电阻的电极使用。之所以使用两根引线后面将专门介绍。

在铂热电阻的外部均套有保护套管，以避免腐蚀性气体的侵害和机械损伤。

3. 铜热电阻（WZC 或 WZG）

铂虽然是理想的热电阻材料，但其价格十分昂贵，一般用于测量准确度要求较高的场合。而铜材料价格便宜，在一定的温度范围内也能满足测量要求，这就是铜热电阻存在的条件。

铜热电阻的测温范围为 −50~150℃，在此范围内铜热电阻有很好的稳定性。铜材料的电阻温度系数也比较大，其电阻与温度几乎呈线性关系，铜材料也比较容易提纯。综上所述，铜热电阻算得上物美价廉，但铜材料的电阻率较小，和铂热电阻相比，同样的电阻数值，铜热电阻的体积要大得多。另外铜材料容易在 100℃ 以上的高温中被空气中的氧氧化而变质，因此铜热电阻仅能在低温和无腐蚀的环境中使用。

按目前国内的统一设计标准，铜热电阻的 R_0（铜热电阻在 0℃ 时的阻值）数值有两种，100.00Ω 和 50.00Ω，其分度号分别为 Cu100 和 Cu50。相应的铜热电阻分度表见附表 8 和附表 9。

一般铜热电阻是用直径为 0.1mm 的绝缘铜丝采用双线无感绕法绕制在圆柱形塑料骨架上的，其结构见图 2-25。由于铜材料的电阻率较小，绕制电阻使用的绝缘铜丝较长，往往采用多层绕制。为了防止铜丝的松散，整个电阻体要经过酚醛树脂的浸泡成形处理。其引出线和铂电阻相似，在每个端点引出两根引线，不过引线材料是铜而不是银。

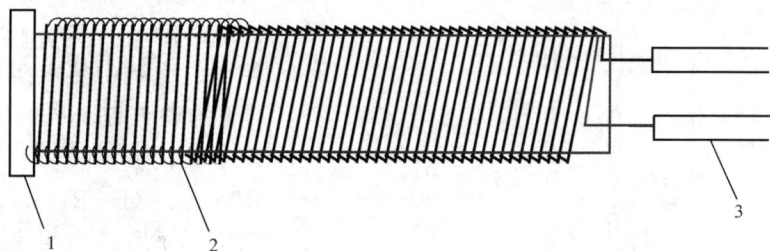

图 2-25　铜热电阻结构示意

1—塑料骨架；2—铜电阻丝；3—铜电阻引出线

工业温度测量的介质，如水蒸气、烟气等都含有大量的腐蚀性气体。为了使热电阻免受腐蚀性气体的侵害或者机械损伤，铜热电阻和铂热电阻一样，在电阻体的外部均套有保护套管。

三、两线制测量线路

两线制热电阻测量线路见图 2-26，是利用不平衡电桥原理来测量温度的。R3、R4 为电桥对应的两个上桥臂，R2、R1+Rt+两个导线电阻为电桥对应的两个下桥臂。其中 R1、R2、R3、R4 的阻值大小与温度无关，恒等于某个常数，所以当温度电阻 Rt 阻值变化后，Rt 所在桥臂电阻发生变化，进而导致该桥臂电阻上电压发生变化，最终使显示仪表两端电压发生变化，该电压和温度相关。所以显示仪表指示电压的大小就相当于指示温度的高低。

在被测量温度不变化时，如果导线经过的环境温度发生变化，导线电阻也会发生相应变化，从而导致温度电阻所在桥臂的总电阻发生变化，这样显示仪表的指示也会发生变化，即指示温度发生变化。而实际上被测量温度根本就没有变化，这就是环境温度变化给测量带来的指示温差，也是两线制测量线路不能克服的缺点。所以一般使用两线制利用温度电阻进行温度测量时，要求连接温度电阻导线所经过的环境温度，必须恒定或变化不大，否则会产生测量误差。

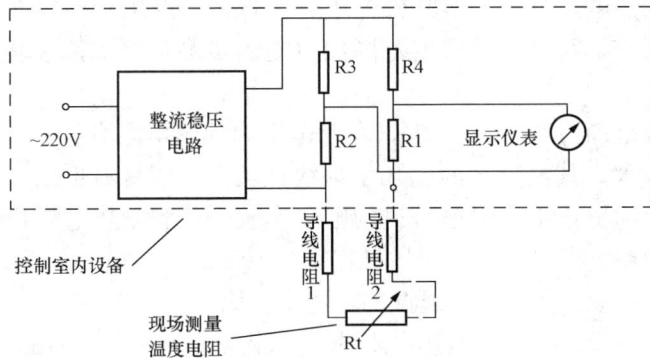

图 2-26　两线制热电阻测量线路

　　这种测量线路，由于由控制室内设备到现场的连接导线是两条，所以被称为两线制。可见两线制测量线路在现场使用时必然存在测量误差。

四、三线制测量线路

　　三线制测量线路正是为了克服两线制测量线路的缺点而设计的。三线制热电阻测量线路见图2-27。

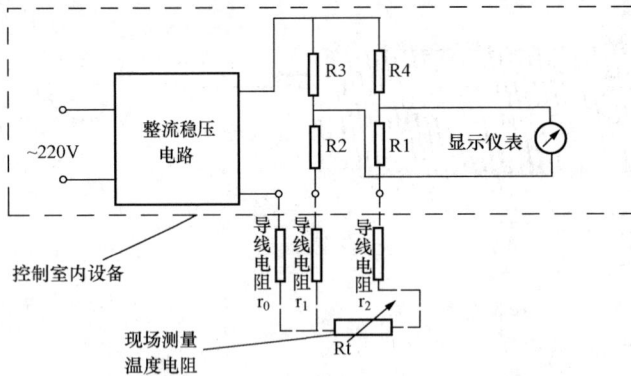

图 2-27　三线制热电阻测量线路

图中导线电阻 r_0 是电源线的延伸，改变了原来的上桥点，使得三线制中热电阻所在桥臂的总电阻和两线制不同。和两线制类似，R3、R4 为电桥对应的两个上桥臂，$R2+r_2$、$R1+Rt+r_1$ 为电桥对应的两个下桥臂。当温度电阻由于温度变化而变化后，$R1+Rt+r_1$ 的总电阻发生变化，电桥失去平衡产生不平衡电压，该电压和温度相关，显示仪表显示温度变化。当被测量的温度没有发生变化，而连接温度电阻导线所经过的环境温度发生变化时，$R2+r_2$、$R1+Rt+r_1$ 两个桥臂上电阻同时发生相同数值的电阻变化，显示仪表两端电压同时升高或降低，所以显示仪表不会因为环境温度变化而出现指示误差。

　　该测量线路由于控制室设备到现场测量温度电阻的连接导线为三条，所以称为三线制测量线路。从图中可以看到，使用了热电阻的三条引出线路，这就是热电阻有四根引出线的原因。

　　热电阻引出线的分叉在热电阻套管内，而不是在热电阻的接线盒上。这是因为热电阻套管内温度较高，套管内的导线也相当于图2-27中的导线电阻，即套管内每端使用一根导线引出，同样会由于导线电阻变化而带来测量误差。所以热电阻的接线盒上一般有四个接线柱，每两个接线柱对应热电阻的一个引出端。

目前多数电厂使用的测量仪表为计算机数据测量系统，图2-26、图2-27中的显示仪表就是控制室的计算机显示屏幕，但无论使用哪种显示仪表，利用热电阻测量温度时，必须使用不平衡电桥对电阻进行转换，即使用图2-26或图2-27对应的测量线路。现场通常使用的是图2-27对应的三线制测量线路，该线路可以克服连接热电阻的导线由于环境温度变化带来的测量误差。计算机温度测量系统一般不再使用不平衡电桥测量电阻值，而采用恒流源方式测量电阻值，以确定温度值。

第四节　智能型和 FCS 总线式温度测量仪表

一、智能型温度测量仪表

智能型温度测量仪表（SITRANS TH200）也称为温度变送器，它可以连接不同的温度测量元件，也可以同时连接多个温度测量元件进行温度测量。一般可以直接和热电偶、热电阻、可变电阻式测量元件和毫伏信号源配合测量温度、温度差、平均温度和电流数值。

和热电偶连接时，可以使用其内部的热电阻测量热电偶对应的冷端温度，从而实现对回路信号的自动补偿。不仅简化了热电偶测量线路，而且由于引入计算机作为核心部件使测量精确度大为提高。

和热电阻连接时，可以选择使用两线制、三线制和四线制，甚至可以连接两个热电阻来测量平均数值或差值。

在 PC 机上安装 SIPROM T 软件后，利用专用的调制解调器设备，通过计算机的 USB 或 RS-232（计算机标准串行口的两种形式）接口，将 SITRANS TH200 和计算机连接在一起，以便对 SITRANS TH200 内部参数进行设定和调整。设定好的数据被永久地保存在 SITRANS TH200 的 EEPROM 中，直到下次改写为止。

正确连接仪表后，在温度测量仪表中的线性校正后，温度测量仪表 SITRANS TH200 输出的电流信号和温度呈线性关系。另外，在温度测量仪表 SITRANS TH200 上还安装有用于指示故障的 LED 指示灯。当温度测量仪表正常工作时，LED 灯显示绿色；当 SITRANS TH200 外接的传感器短路或开路后，LED 变成红光闪烁；如果温度变送器 SITRANS TH200 内部出现故障，则 LED 显示稳定的红色。

SITRANS TH200 温度变送器还配备有测试插座，利用外接的万用表（当安培表使用），在不中断变送器电流输出的情况下，测量变送器的输出电流信号，以监视变送器输出结果或对其输出信号的真实性进行检查。

SITRANS TH200 温度变送器工作原理见图2-28，图中的数字表示外接端子编号。通过外接端子3、4、5、6连接温度传感器，可以连接四线制连接的热电阻（见图2-28），也可以通过以上端子连接热电偶。无论哪种连接，必须事先利用 SIPROM T 软件进行编程和参数设置。无论是哪种连接，输入信号在达到 A/D 转换电路时，都会变化成电压信号以便进行 A/D 转换，其后的"微处理器辅助电路"负责对数字进行线性化、标度变换、冷端

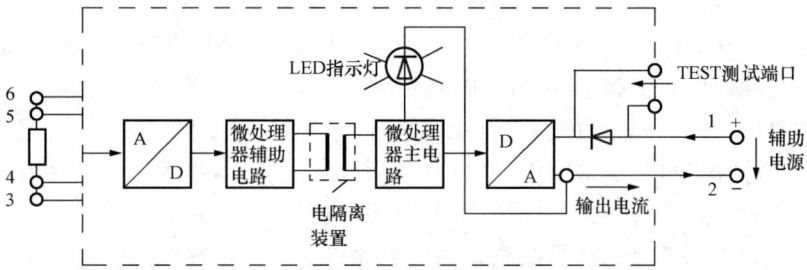

图 2-28　SITRANS TH200 温度变送器工作原理框图

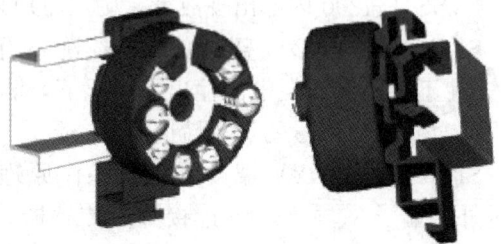

补偿等处理。

中间的电隔离装置不仅要将输入信号和其后的输出信号进行电隔离，而且将内部供电系统进行电隔离，即微处理器辅助电路和微处理器主电路直流供电相互独立。

在微处理器主电路作用下，通过 D/A 转换，将温度对应的数字信号转换成 4～20mA 电流信号作为整个温度变送器的输出。在 D/A 转换过程前对测量结果进行开路、短路分析，以确定测量结果的正确性。如果发现传感器开路或短路将通过 LED 进行指示。

利用安培表对输出电流进行监视是通过 TEST 测试端口进行的。当在二极管两端并联安培表后，由于安培表内阻非常小，或者说流经安培表的输出电流在安培表两端产生的压降远小于二极管的死区电压，所以二极管截止。因为所有电流都流经安培表，从而可以使用安培表监视变送器的输出。当去掉安培表后，由于二极管导通不会影响输出回路的工作，这样可以做到随时可以使用安培表监视变送器输出而不影响其输出。

通过在直流输出线路上叠加数字信号（数字载波），可以实现对 SITRANS TH200 温度变送器的参数设置。调制解调器的一端通过 USB 或 RS-232 接口和计算机连接，另一端（两根导线）和温度变送器的电流输出线路连接，使用预先装入计算机中的 SIPROM T 软件，对温度变送器进行参数设置。

温度变送器的外形见图 2-29。除了端子 1～6 外，在温度变送器的中部还有两个用于固定温度变送器的螺丝，安装时利用这两个螺丝将变送器固定在相应支架上，固定方式见图 2-30。LED 是固定在温度变送器中的 LED 指示灯。TEST 测试口是凹在槽内的两个测试点，使用万用表的表笔直接和其连接就可以测量输出电流，而且不影响变送器的电流输出。

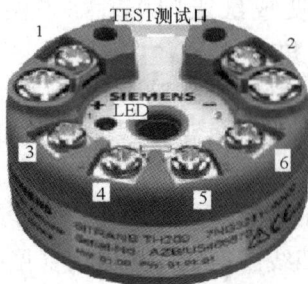

图 2-29　SITRANS TH200 温度变送器的外形　　　图 2-30　温度变送器固定方式示意

温度变送器和外接传感器的连接方式共有四种，见图 2-31。

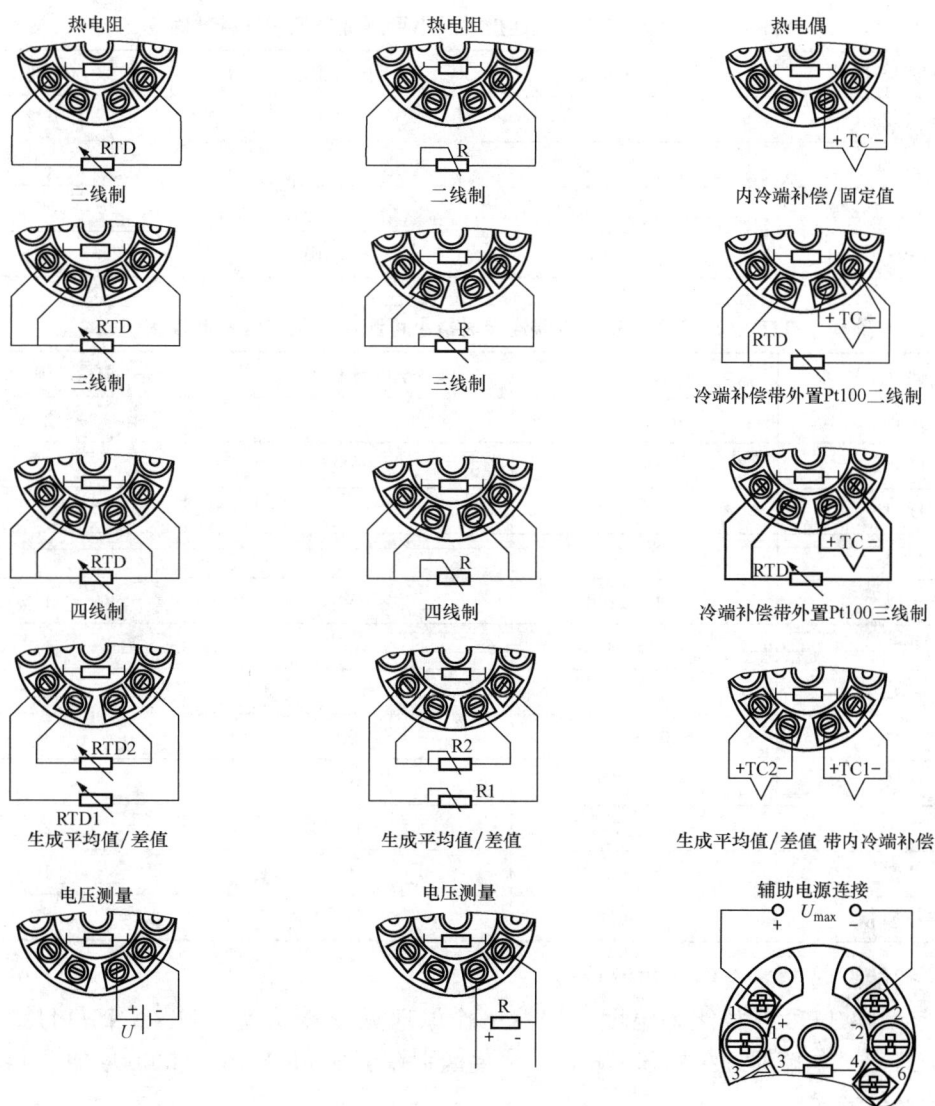

图 2-31 温度变送器和外接传感器的连接方式示意

热电阻的连接方式有二线制、三线制、四线制和平均值或差值。可变电阻连接方式和热电阻类似。

热电偶连接有固定冷端温度补偿方式、使用外接 Pt100 热电阻对冷端温度自动进行补偿两种方式；热电阻使用两线制进行连接、使用外接 Pt100 热电阻进行冷端补偿但热电阻使用三线制连接、带内部冷端补偿元件的平均数值或差值测量四种连接方式。

电压测量有直接电压测量、电阻将电流转换成电压后电压测量两种方式。辅助电源连接方式如图 2-31 所示。

SITRANS TH200 温度变送器和热电阻、热电偶连接时最小可测量电阻和测量准确度见表2-2和表 2-3。热电阻测量的绝对误差不大于 0.2℃，热电偶测量的绝对误差不大于 2℃，和过去的模拟量测量仪表相比，绝对误差要小得多。

表 2 - 2　　　　SITRANS TH200 和热电阻连接时最小可测量电阻和测量准确度

热电阻分度号	测量范围/℃	最小可测量电阻/Ω	测量准确度/℃
Pt25	−200～850	10	0.2
Pt50	−200～850	10	0.15
Pt100、Pt200	−200～850	10	0.1
Pt500	−200～850	10	0.15

表 2 - 3　　　　SITRANS TH200 和热电偶连接时最小可测量电阻和测量准确度

热电偶分度号	测量范围/℃	最小可测量电阻/Ω	测量准确度/℃
B 型	0～1820	100	2
C 型	0～2300	100	2
D 型	0～2300	100	2
E 型	−200～1000	50	1
F 型	−200～1200	50	1
J 型	−200～1370	50	1
K 型	−200～900	50	1
L 型	−200～1300	50	1
R 型	−50～1760	100	2
S 型	−50～1760	100	2
T 型	−200～400	40	1
U 型	−50～600	50	2

二、智能型向 FCS 总线式过渡仪表

SITRANS TH300 智能型温度变送器工作原理见图 2 - 32。SITRANS TH300 和 SITRANS TH200 电路原理结构基本相同，主要区别在于 SITRANS TH300 增加了 HATR 通信协议的通信方式。

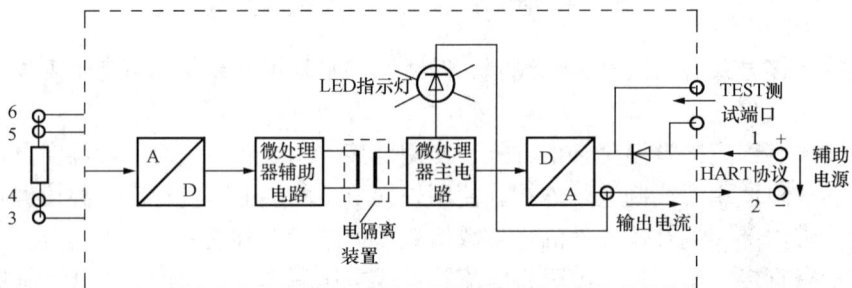

图 2 - 32　SITRANS TH300 原理框图

可寻址远程传感器数据通路（highway addressable remote transducer，HART）是美国 Rosemount 公司 1989 年推出的，主要用于智能变送器和网络中计算机节点之间进行数据通信的。HART 是一过渡性标准，它通过在 4～20mA 电源信号线上叠加不同频率的正弦波

（2200Hz 表示"0"，1200Hz 表示"1"）来传递数字信号，从而保证了数字系统和传统模拟量系统之间的兼容性。

当 SITRANS TH200 温度变送器连接在 DCS 中时，DCS 仪表通过专用的数据采集（A/D 转换）卡，采集现场的温度变量，每个温度变量需要一组信号传输线路。所以传统的模拟量信号传递需要大量的信号电缆。为了克服这种缺点，人们希望改变这种传输模式。SITRANS TH300 就是专门针对以上缺点设计而成的过渡性产品。SITRANS TH300 利用原来模拟量信号传递线路，使用载波通信方式，将需要传递的数据信号（一定频率的正弦波，2220Hz 表示"0"，1200Hz 表示"1"），使用相同的线路在 DCS 的数据节点之间进行传递。

SITRANS TH300 在和 DCS 中计算机节点进行通信时，还需要在 DCS 中增加专用的通信设备，以实现 SITRANS TH300 和 DCS 的计算机进行通信。

SITRANS TH200 和 SITRANS TH300 其他方面类似，不再赘述。

三、FCS 总线式仪表

SITRANS TH400 FCS 温度测量仪表原理见图 2-33。由于 SITRANS TH400 输出和温度对应的数字信号，而数字信号不仅需要数字的大小，而且需要单位等处理信息，所以在 SITRANS TH400 温度变送器中增加了工程单位、线性化表、工程检验等数字处理功能，并将相应的配置、设置数据永久保存在 EEPROM 电路中。

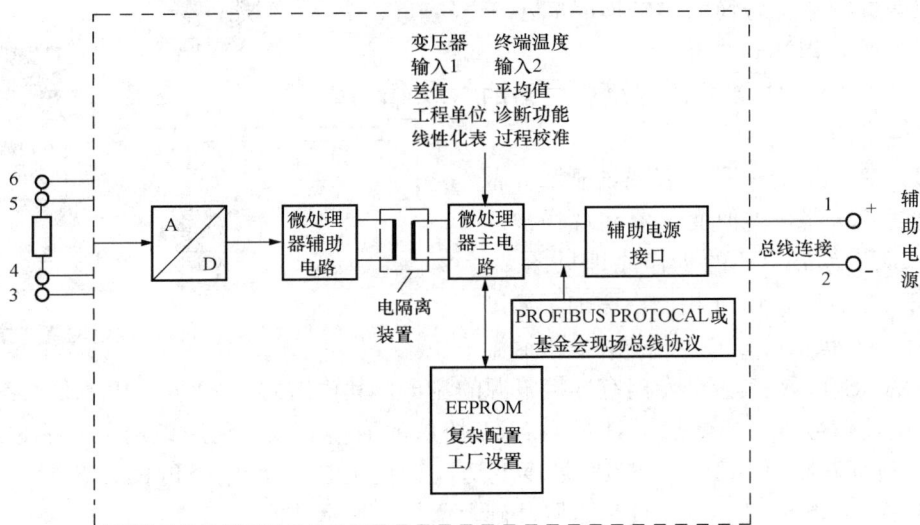

图 2-33 FCS 温度测量仪表原理框图

SITRANS TH400 和 SITRANS TH300、TH200 的最大不同在于其内部保存有 PROFIBUS、基金会现场总线协议，依靠这些协议，SITRANS TH400 可以和控制系统的通信节点直接进行数据交换。

PROFIBUS 是德国西门子公司 1987 年推出的，主要用于 PLC（可编程控制器）的数据通信。产品有三类：FMS 用于主站之间的通信；DP 用于制作行业从站之间的通信；PA 用于过程行业从站之间的通信。由于 PROFIBUS 的现场总线产品是在几十年前开发生产的，限于当时计算机网络水平，大多建立在 IT 网络标准基础上。随着 FCS 仪表应用领域不断扩大以及用户的要求越来越高，FCS 现场总线的产品只能在原有 IT 协议框架上进行局部的修改和补充，以致在组成的控制系统内增加很多的转换单元（如各种耦合器），这为该协议对应产品的进一步发展带来了一定的局限性。

图 2-34　SITRANS TH400 外形

SITRANS TH400 供电系统和通信线路共同使用图 2-34 中所示的通信线路端子 1、2。端子 3、4、5、6 使用和 SITRANS TH200、TH300 对应端子相同。用语增加了数字通信，所以 SITRANS TH400 去掉了温度变送器的 LED 故障显示和 TEST 输出监视端子。

SITRANS TH400 通信网络连接见图 2-35。在每种通信线路图中仅画出一个温度变送器，实际上一个网络区段可以连接多个温度变送器，即通过两根数据通信线路，不仅为温度变送器提供了辅助电源，而且可通过该数据通信线路实现和控制系统其他数据设备的数字通信。所以使用具有 FCS 总线协议的变送器构成控制系统时，可以节约大量的信号电缆。也可以将控制功能集成到相应的温度变送器中，使控制系统彻底分散到现场。

SITRANS TH400 温度变送器在对输入的模拟信号进行数字转换时，转换时间小于 50ms，分辨率可以达到 24 位。

四、SITRANS TF 带集成温度变送器的数字显示变送器

SITRANS TF 是一种带有现场显示屏幕的智能温度变送器，类似变送器在现场被广泛使用。SITRANS TF 的工作原理见图 2-36。和 SITRANS TH200 相比，增加了温度显示单元，该单元可以以数字形式显示温

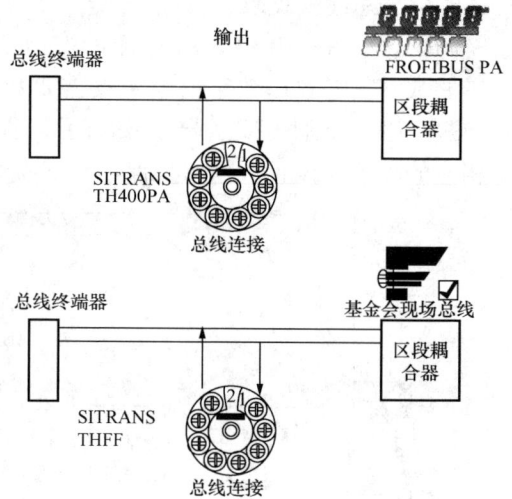

图 2-35　SITRANS TH400 通信网络连接示意

度。SITRANS TF 在其内部专门有连接电源的端子，其输出的 4～20mA 电流信号线路，除了能输出电流信号外，还增加了具有 HART 协议的通信功能。利用该通信功能，PC 机和 HART 调制解调器对 SITRANS TF 温度变送进行相关参数设计。SITRANS TF 实际上就相当于在 SITRANS TH200 温度变送器基础上增加了显示功能。

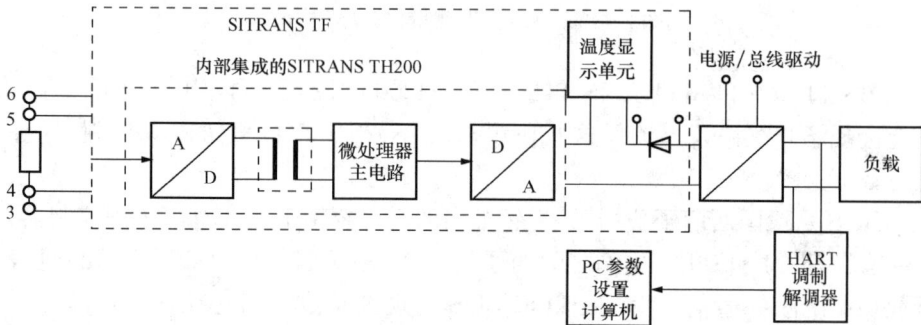

图 2-36　SITRANS TF 带集成温度变送器的数字显示变送器

SITRANS TF 的外形见图 2-37。有些类似产品还增加了现场调整按钮，以便在现场对参数进行设置或改变。

图 2-37 SITRANS TF 的外形

复 习 思 考 题

2-1 热电偶回路共有两个（　　）电势和两个（　　）电势。其中（　　）电势是反映热端温度的主要电势。

2-2 组成热电偶的两个热电极材料分别为 A 和 B，其中 A 的电子密度 N_{AT} 大于 B 的电子密度 N_{BT}。试分析两种材料组成热电偶后，哪种材料为热电偶的正极（电子扩散后带正电荷的材料），并写出 $E_{BA}(T)$ 接触电势的数学表达式，画出假设方向。

2-3 有两支无型号的热电偶，若将它们插入沸腾的水中，环境温度为 20℃，用专用仪表测出各自产生的热电势分别为 0.530mV 和 5.61mV，试问它们分别是什么型号的热电偶？

2-4 某人在测量热电偶回路电势时（热端温度大于冷端温度）发现其数值是负值，请解释原因。

2-5 如果热电偶的冷端处于恒定的 0℃ 温度之中，回路电势的大小能否代表热端温度？为什么？

2-6 补偿导线有无型号区别？补偿导线和被补偿热电偶的热电特性有何异同？如果用一般的导线代替补偿导线会引起什么结果？

2-7 参考附表 1～附表 5，总结各热电偶的测量范围。

2-8 当被测量温度升高时，热电阻的阻值（　　）。热电阻测量温度的精确度比热电偶测量温度的精确度（　　）。

2-9 热电阻在 0℃ 时的数值越大，测量温度时对应的热电阻阻值变化越大，对应的测量精确度就会越高，为什么不能将热电阻在 0℃ 时数值尽量制作大些？

2-10 参考附表 6～附表 9，说明各种热电阻测量范围和相应热电阻阻值变化范围。

2-11 热电阻温度计为什么要密封在套管内进行测温？

第三章 压力和压差测量

第一节 概　述

在工业生产中，压力是个非常重要的参数，直接影响到设备安全和系统经济运行。在火电厂中，需要测量的压力很多，如给水压力、饱和蒸汽压力、过热蒸汽压力、凝汽器内真空、炉膛负压等。除了压力测量外，流体的压力差（简称压差或差压）也是火电厂生产过程中需要测量的参数。例如，通过测量压差可以测量管道中的流量和容器内的液位等。

一、压力的概念

工程技术中，压力的定义为垂直作用在物体单位面积上的力，在物理学上称之为压强。严格讲，工程上的压力定义只是一种习惯用语，它指的是压强，俗称"压力"。

压力测量总是在大气压环境下进行的，所以一般仪表显示的压力数值是被测压力和大气压力的差值，用差值表示压力有其实用价值。所以我们平时所讲的压力实质上是被测介质的绝对压力减去大气压力后的结果。在火电厂测量气体或液体压力时大多使用这种压力表，这种压力表测量显示的压力又称为表压力（或指示压力）。只有测量大气压力的压力表是测量绝对压力。绝对压力和表压力之间关系可表示为

$$表压力 = 绝对压力 - 大气压力$$

或

$$绝对压力 = 表压力 + 大气压力$$

当绝对压力高于大气压力时，表压力的数值为正，称为正压；当绝对压力低于大气压力时，表压力的数值为负，称为负压或真空。在差压式流量计和液位计中，习惯上把较高一侧的压力称为正压，较低一侧的压力称为负压，这个负压不一定低于大气压力，与前述不要混淆。

二、压力的量纲

压力的单位（量纲）是力的单位除以面积的单位，这和压力定义"垂直作用在物体单位面积上的力"是一致的。在国际单位制和我国法定计量单位中，力的单位是牛顿（N）、面积的单位是平方米（m^2），则压力的单位是 N/m^2，称为帕斯卡，简称帕，符号为 Pa。

我国过去使用过的一些压力单位，现在有些还在使用。为了在工作中能进行简单的换算，特将定义介绍如下：

在 $1cm^2$ 的面积上作用 $1kgf$（$1kgf = 9.8N$）定义为 1 个工程大气压（ata）。气体虽轻也有质量，标准状态下，空气中气体作用在 $1cm^2$ 面积上的力称为 1 个标准大气压（atm）。毫米水柱是以高度来表示压力的一个单位，$1mm$ 水柱相当于 $9.806Pa$。表 3 - 1 是不同实用压力单位和标准压力单位帕斯卡之间的换算关系。

表 3 - 1 实用压力单位与 Pa 的换算关系

压力单位	符号	与 Pa 换算关系
1 工程大气压	ata	9.807×10^4
1 标准大气压	atm	1.013×10^5
1 毫米水柱	mmH_2O	9.806
1 毫米汞柱	mmHg	1.33×10^2
1 巴	bar	100000

可见，帕斯卡的单位是比较小的，实际使用的单位还有百帕、千帕、兆帕等单位。

测量压力或压差的仪表种类很多，工程上常用的有液柱式压力计、弹性式压力计和电容式压力计三大类。液柱式压力仪表测量范围比较小，一般适用于±100kPa以下的压力测量。弹性式压力计和电容式压力计的测量范围较广，是目前电厂压力测量中最常用的仪表。

三、常用压力测量方法

测量压力和真空的方法，按照信号转换原理的不同，可分为以下几种。

1. 重力平衡方法

（1）液柱式压力计。基于液体静力学原理。被测压力与一定高度的工作液体产生的重力相平衡，可将被测压力转换成为液柱高度差进行测量。例如：U形管压力计、单管压力计、斜管压力计等。这类压力计的特点是结构简单、读数直观、价格低廉；就地测量，信号不能远传；可以测量正压、负压和压差；适合于低压测量，测量上限不超过0.2MPa；准确度通常为－0.15%～－0.02%和0.02%～0.15%。高准确度的液注式压力计可用作基准器。

（2）负荷式压力计。基于重力平衡原理。其主要形式为活塞式压力计。被测压力与活塞以及加在活塞上的砝码的重量相平衡，将被测压力转换为平衡重物的重量来测量。这类压力计测量范围宽、准确度高（可达±0.01%）、性能稳定可靠，可以测量正压、负压和绝对压力，多用做压力校验仪表。单活塞压力计的测量范围为0.04～2500MPa。

2. 弹性力平衡方法

此种方法利用弹性元件的弹性变形特性进行测量。被测压力使测压弹性元件产生变形，因弹性变形而产生的弹性力与被测压力相平衡，测量弹性元件的变形大小，经过数学换算可得被测压力。此类压力计有多种类型，可以测量正压、负压、绝对压力和压差，其应用最为广泛。例如，弹簧管压力计、波纹管压力计及膜盒式压力计等。

3. 物理特性测量方法

基于在压力的作用下，测压元件的某些物理特性发生变化的原理。利用测压元件的压阻、压电等特性或其他物理特性，可将被测压力直接转换成为各种电量来测量。例如，电容式变送器、扩散硅式变送器等。

第二节 液柱式压力计

液柱式压力计是采用一定高度的液体所产生的静压力来平衡被测压力的原理进行压力测量的，其示值为大气压力和被测介质压力之差。由于其结构简单、准确度高、价格低廉，被广泛用于测量低压、负压和压差，如锅炉炉膛负压、风道风压等。液柱式压力计的输出也可作为压力标准来校验低压或微压仪表。

液柱式压力计定型产品有U形管压力计、单管压力计和倾斜式微压计三种。

一、U形管压力计

U形管压力计的测压原理如图3-1所示。右侧为被测压力，由密封的管路将被测压力引入，它的压力与被测介质的对象有关，与大气压力毫无关系。左侧直接和空气连通，大气压力直接作用在U形管左侧液体的表面，所以左侧液体表面的压力是一个大气压。当右侧被测介质的压力高于大气压力时会形成如图所示的情况，两者差压越大，U形管中的左右液位高低差别就越大。根据流体静力学原理可知，密度相同的同种液体中，同一水平面上的

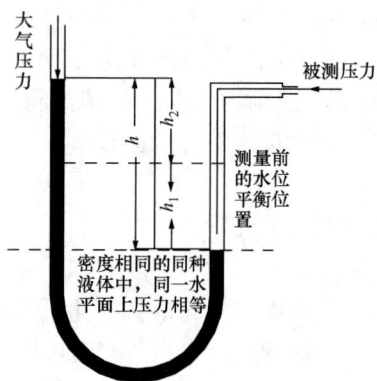

图 3-1 U形管压力计的测压原理

液柱 h 产生的压力为

压力相等。一般将此平面称为等压面。图 3-1 中右侧介质和液体交界面（虚线所在平面）就是一等压面。"测量前液位平衡位置"所在的平面，在右侧引入压力后，就不是一等压面，因为此刻该平面上 U 形管两侧的介质密度不相同，右侧为被测介质和左侧介质不同。等压面找好后，分析等压面上的压力组成，就可以求出被测压力和大气压力的差值。

U 形管的右侧等压面（虚线所在平面）上的压力为被测压力 p_1。左侧等压面上压力由大气压力和液柱 h 产生的压力两部分组成，故有

$$p_1 = 大气压力 + 液柱 h 产生的压力$$

$$p = \rho g h$$

式中：ρ 为 U 形管中液体的密度；g 为重力加速度；h 为左右管中的液位高度差。

整理以上的关系式可得

$$p_1 - 大气压力 = \rho g h = \rho g (h_1 + h_2) \qquad (3-1)$$

U 形管的液位差表示了被测压力和大气压力的差，这个压力差称为被测压力的表压力。若 U 形管内液体为水的话，则用 U 形管表示的表压力单位是毫米水柱（mmH_2O）。

为了减少毛细管现象对测量精确度的影响，U 形管内径不宜太细，一般管内使用水银液体时管径不小于 5mm；管内装水时，不小于 8mm。

考虑到 U 形管两侧内径不可能完全一致，分别读取 h_1 和 h_2 的数值，然后将把两者之和 h 作为读数结果，不可用 $2h_1$ 或 $2h_2$ 来代替 h。当 U 形管压力计的刻度标尺分格值为 1mm 时，这样产生的读数误差在 ±1mm 之内。因此当读数很小时产生的相对误差可能就很大，而且需要 U 形管两侧读数，使用不很方便。

液柱式压力计通常用来测量气体压力，由于气体密度远小于液体，故管内气柱重力可忽略不计。

二、单管压力计

为了简化 U 形管压力计的读数，常把 U 形管的一侧细管更换成大截面的容器，通常做成杯形，且将此容器作为测压室，被测压力介质直接通入此容器，见图 3-2。通入被测压力前单管压力计的液体平衡位置在 0 刻度水平线上。通入被测压力后大截面容器内的液位下降了 h_2，单管中液位上升了 h_1。根据前文等压面的定义，大截面在通入被测压力后的液面就是一等压面（在 0 刻度下面 h_2 处）。同样被测压力的表达式为

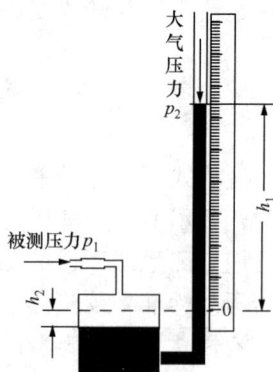

图 3-2 单管压力计

$$p_1 = \rho g (h_1 + h_2) + p_2$$

或

$$p_1 - p_2 = \rho g (h_1 + h_2) \qquad (3-2)$$

由于 h_2 非常小，可忽略不计，式（3-2）可改写为

$$p_1 - p_2 = \rho g h_1$$

可见 h_1 的高度就是表压力。

若杯形一侧的直径为 D，另一侧为 d，则由体积变化相等可得

$$h_2\pi\left(\frac{D}{2}\right)^2 = h_1\pi\left(\frac{d}{2}\right)^2$$

化简得

$$h_2 = h_1\left(\frac{d}{D}\right)^2$$

则式（3-2）变为

$$p_1 - p_2 = \rho g h_1\left(1 + \frac{d^2}{D^2}\right) \tag{3-3}$$

则读出 h_1 便可求得表压力。

三、倾斜式微压计

在测量很小的压力时，U 形管和单管压力计中的液柱高度变化较小，读数的相对误差和毛细管现象引起的误差都很大，为了克服 U 形管和单管压力计的上述缺陷，人们对单管压力计进行改造，制成倾斜式微压计，其原理见图 3-3。倾斜式微压计实际上就是将单管压力计的单管一侧由竖直变成有一定倾斜角的斜管，在测量同样压力时，原本竖直上升的液位为 h_1，在斜管中的上升为 L，见图 3-3。由于 L 是直角三角形的斜边，L 大于 h_1，相当于将原来的读数 h_1 放大到 L，使读数更准确。这一巧妙的变形可以有效提高灵敏度。

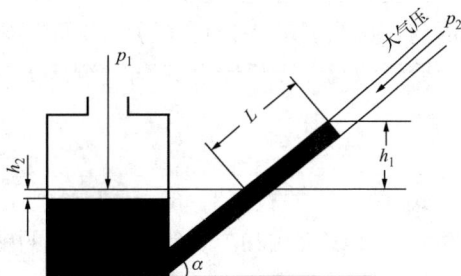

图 3-3 倾斜式微压计原理示意

长度 L 为什么能代替 h_1 呢？同样可以用流体静力学中的"密度相同的同种液体中，同一水平面上的压力相等"理论来解释。斜管中的液柱虽然长度较长，但其液位平面是和高度 h_1 中的液位平面同在一个水平面上，所以压力相等。倾斜式微压计的测压表达式为

$$p_1 - p_2 = \rho g(h_1 + h_2) \approx \rho g L \sin\alpha \tag{3-4}$$

当大容积的截面和倾斜管的截面相差较大时，高度 h_2 可以忽略。ρ 为倾斜式微压计中液体的密度。当 α 一定时，L 代表被测压力的表压力，读数的放大倍数为

$$\frac{L}{h_1} = \frac{1}{\sin\alpha}$$

由于 $\sin\alpha$ 小于等于 1，所以放大倍数是大于等于 1。其倾角 α 越小，$\sin\alpha$ 数值就越小，相应的放大倍数就越大。

使用倾斜式微压计时，必须注意水平放置，否则会增加读数误差。

上述压力计都是非电信号式，当管内液体为导电体时可制成电接点压力计。将管内导电液体中插入电阻丝，导电液柱越高，电阻丝被短路的部分就越长，电阻就越小，通过实验标定便可提供电信号。另外，也可在管外镀以金属层，这样便和管内导电液体构成一电容器，且电容量与液柱高度成正比。

液柱式压力计在应用中存在的不足之处有三点。

（1）量程受管内液体密度的限制。水银的化学特性稳定，但是具有毒性。

（2）不适合测量剧烈波动的压力。由于 U 形管一端必须和大气相通，压力突变时可能会使液体冲出管外。而且管内液体阻尼系数很小，被测压力微小波动时会反复振荡。

（3）对安装要求苛刻，须方便垂直读数。

由于上述这些仪表自身具有的不足，工业上已经很少使用，但在实验室仍然普遍采用，因为它简单、灵敏、精确。

第三节　弹性式压力计

弹性式压力计是根据弹性元件受到压力作用后，所产生的变形与压力大小具有一一对应的确定关系的力平衡原理进行压力测量的。由于其结构简单，测量范围较大，又能达到一定的准确度，因而得到广泛应用。下面给出弹性元件相关概念。

（1）弹性元件是指在受到外力作用时产生变形，而撤去外力后能够恢复原状的元件。

（2）输出特性。弹性元件在被测压力 p_x（差压）的作用下，产生弹性变形，同时它又力图恢复原状，产生反抗外力作用的弹性力 F，当弹性力与作用力平衡时，变形停止。弹性变形与作用力具有一定的关系，从而得知被测压力的大小。

变形位移 x、弹性力 F 与被测压力 p_x 有如下关系：

$$F = f(p_x) \tag{3-5}$$

或

$$x = f(p_x) \tag{3-6}$$

式（3-5）、式（3-6）称为弹性元件的输出特性，简称输出特性。常见的弹性元件有薄膜式、波纹管式和弹簧管式，它们的输出特性因目前尚无法推导出完整理论公式的具体数学模型，表示输出特性的公式都是经验性公式。

（3）刚度和灵敏度。使弹性元件产生单位变形所需要的负荷（压力、力）称为弹性元件的刚度；反之，在单位负荷作用下所产生的变形（力、位移）称为弹性元件的灵敏度。

（4）弹性迟滞和弹性后效。给弹性元件施加压力和减小压力时，输出特性曲线不重合的现象，称为弹性元件的迟滞，简称弹性迟滞。当弹性元件加压或减压到某一值时，弹性变形不能同时达到相应稳态值，而是要经过一段时间后（有时多达几分钟，甚至几天）才能达到相应的稳态值，称为弹性后效。弹性迟滞和弹性后效在实际工作中是同时产生的。

一、弹簧管压力计

弹簧管压力计是一种应用非常广泛的压力表，通常用于测量真空或 $0.1\sim1000$MPa 的压力。弹簧管是压力表中的敏感元件，它是一根弯成圆弧形或螺旋形的金属管，管子截面是扁圆形或椭圆形的，如图3-4所示。弹簧管的开口固定在仪表的接头座上，称为固定端，被测介质由固定端引入弹簧管内。弹簧管的另一端封闭，称为自由端，自由端与仪表的机械传动机构相连。当弹簧管压力计内通入被测介质时，弹簧管受压变形，自由端位移，再通过机械传动机构带动压力表的指针偏转，指示被测介质的压力。

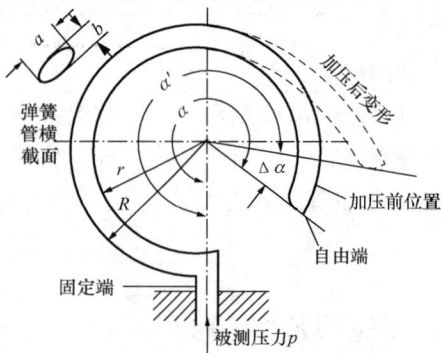

图3-4　弹簧管测压原理示意

为了了解弹簧管的受压变形原理，我们先来分析方形直管受压的变形原理。通入方形管中的压力是指向四面八方垂直作用在受力面上且各处压强相

等（单位面积上压力相等），方形管
受力变形原理如图 3-5 所示。由于
上下两个截面面积较大，所以上下
面积上受力（压强乘以作用面积）
大于左右面积的压力。压力大到一
定程度就会使上下面积发生变形，
如虚线所示。或者说方形管内部通
入压力后有变成圆形的趋势，实验

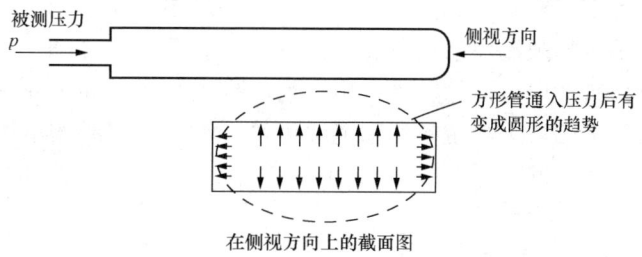

图 3-5　方形管受力变形原理示意

和理论证明，圆形管的内部承受压力是均匀的。如果将压力通入圆形管内，圆形管不会发生
变形。这也是弹簧管压力计做成扁形或椭圆形的原因。

当弹簧管中通入正压时（大于大气压力），弹簧管的截面是椭圆形的，和方形管变形相
似，椭圆形截面有变成圆形的趋势，即长轴变短和短轴变长。假如在此变形下，弹簧管的外
形（圆环形状）没有变化，由于弹簧管的短轴变长就意味着原来的 r 要变小（弹簧管内侧被
压缩）和 R 要变大（弹簧管外侧被拉伸）。而弹簧管是金属制成，由于金属材料的不可压缩
和拉伸特性，要发生这样的变形非一般力所能为，实际上在整个受压过程中弹簧管的内弧长
（α_r）和外弧长（α_R）基本不变。只有虚线所示的变形既能满足弹簧管截面形变（椭圆变圆）
要求，也能满足内弧长和外弧长不变的条件。或者说弹簧管内通入压力介质后，图 3-4 所
示的虚线是其唯一的必然变形。设弹簧管受压前的尺寸为：外圆弧半径 R、内圆半径 r、椭
圆截面的长轴 a 和短轴 b、弹簧管的圆弧中心角 α。弹簧管受压后，相应尺寸分别为 R'、r'、
a'、b'、α'，具体尺寸标注见图 3-4。因为受压前后弹簧管的弧长不变，再考虑到弹簧管变
形很小，变形后的弹簧管仍近似是圆弧，即

$$R'\alpha' = R\alpha, \quad r'\alpha' = r\alpha$$

两式相减，得

$$R'\alpha' - r'\alpha' = R\alpha - r\alpha$$

或

$$(R' - r')\alpha' = (R - r)\alpha$$

又因为 $R' - r' = b'$ 为变形后的短轴，$R - r = b$ 变形前的短轴，所以

$$b'\alpha' = b\alpha \tag{3-7}$$

分析式（3-7）可知，弹簧管通入压力后，由于短轴方向和长轴方向面积不同而承受压
力不同，所以弹簧管变圆趋势无法阻挡，即变形后 b' 必然大于 b，而式（3-7）是由金属材
料的不可压缩和拉伸（内弧长和外弧长不变）特性而得到的。尽管在弹簧管变形后的圆弧是
近似的，但由于弹簧管变形很小，所以这种近似对数学分析结果不会影响太大。将 $b' > b$ 结
果代入式（3-7），可得

$$\alpha' < \alpha$$

即弹簧管在通入正压时的变形是自由端外伸。同理可知，当通入的压力是负压时，自由端会
向内移动。这样，弹簧管的中心角 α 变化就代表外界压力的变化。

α 越大，同样压力引起的中心角 $\Delta\alpha$ 变化就越大，所以要提高测量的灵敏度可以使用多圈
弹簧管压力表。另外，$\Delta\alpha$ 与 Δb 也成正方向变，即弹簧管越扁，通入压力后变形就越明显。

单圈弹簧管压力计是电厂中常见的一种压力表，其机械传动有两种形式，一种是杠杆传
动，如图 3-6 所示。这种弹簧管自由端的位移通过杠杆直接带动指针转动，指针的最大转

角为180°，通常为90°。这种压力表结构简单、抗振性能好，适合于测量脉动压力，但受转角偏小的限制灵敏度不高。另一种是利用齿轮传动，如图3-7所示。弹簧管的自由端通过拉杆带动扇形齿轮转动，扇形齿轮推动和指针固定在一个轴上的小齿轮转动，指针在标尺上指示被测压力。游丝用来消除齿轮传动间隙引起的示值变差。这种压力表不适用于测量波动大的压力。

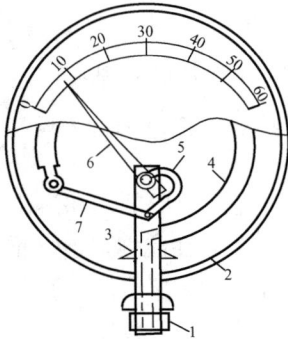

图3-6　杠杆传动的弹簧管压力计
1—表接头；2—外壳；3—支座；4—弹簧管；
5—曲臂杠杆；6—指针；7—拉杆

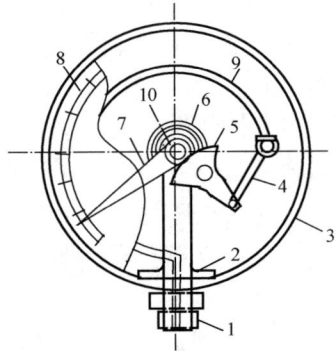

图3-7　齿轮传动的弹簧管压力计
1—表接头；2—支座；3—外壳；4—拉杆；5—扇形齿轮；
6—游丝；7—指针；8—表盘；9—弹簧管；10—小齿轮

二、膜片式差压计

膜片式弹性压力计结构如图3-8右侧部分所示。膜片式弹性压力计有平板膜片、挠性膜片和波纹膜片三种类型。平板膜片是将一金属圆板沿圆边焊接在仪表的基座上，当压力通入膜片一侧时，膜片中心产生位移。当膜片的位移很小时，位移量与压力呈线性关系。平板膜片测量压力的高低与膜片的厚度有关，厚度越大，弹性就越大，测量压力的范围就越大。如果用平板膜片测量较小的压力，就必须将平板膜片做得很薄，这时很难保证位移量和压力呈线性关系。在平板膜片上加上波纹可以在测量较小压力时保证其线性，这就是波纹膜片压力计。波纹膜片压力计主要用于测量小压力，波纹的形状可以是三角形、梯形或正弦波形。波纹膜片的位移与压力之间的关系，由波纹的形状和深度以及数目决定。波纹越深，压力和位移之间越近似于线性，但测压范围变大。波纹越浅、数量越少，对压力的变化就越灵敏。挠性膜片和平板膜片、波纹膜片不同，在挠性膜片的中央用两块小金属圆片夹持并固定有弹簧。膜片本身几乎没有弹性，只起隔离被测介质的作用，被测压力完全由弹簧力来平衡。挠性膜片测量压力范围比波纹膜片还要小，所以一般用于更低的压力或压差测量。

膜片式差压变送器常见的是以波纹膜片作为敏感元件的一种典型仪表，结构如图3-8所示。这种差压变送器主要是由一组阀门、测压容室和差动变压器三部分组成的。测压容室用中间的波纹膜片将正负压室隔开，正负压室和能产生压差（或称差压，如流量测量孔板两侧）的装置连通，由于两侧压强不同，作用在相同面积（波纹膜片的两侧面积）上的压力就不同。正压室产生的总压力大于负压室的总压力，所以波纹弹性膜片变形向左移动，带动磁性材料铁芯也向左移动，移动的距离和压差有关，压差越大，移动的距离就越大。移动距离会改变差动变压器二次线圈的电压，通过差动变压器将压差转换成电信号，因此，膜片式压力计是一种能产生电信号的仪表，可以远传到控制室或其他集中处理参数的地方。

这种差压计为了能测量较小的压力，波纹膜片一般做得很薄，单向所能承受的压力很小。在使用差压变送器之前不可能正负压室同时通入压力，为了保护膜片单向受压时不至于被破坏，其内部设有单向过载保护阀。当单向压差过大时，挡板阀和橡胶密封环紧压在一起，使测量室内的液体被封闭，利用液体的不可压缩性，阻止膜片继续变形，从而达到保护膜片的目的。这种保护装置要求高、低压室中始终充满工作液体，因此，当被测介质为气体时，必须先将测量室中充满水或变压器油，并排净气泡。投运差压变送器时，应首先打开平衡阀，然后开高压阀、低压阀，当高、低压阀均正常开启后，关闭平衡阀。停运差压变送器时，先打开平衡阀，然后再关闭高、低压阀。尽管差压变送内部有保护装置，但是操作时仍要尽量避免给差

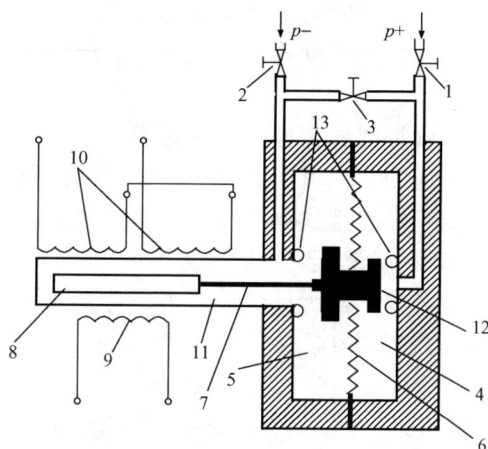

图 3-8 膜片式差压变送器原理示意
1—高压切断阀（红色）；2—低压切断阀（黑色）；3—平衡阀（黑色）；4—高压室；5—低压室；6—膜片；7—非磁性不锈钢连杆；8—磁性材料铁芯；9—差动变压器初级线圈；10—差动变压器次级线圈；11—非磁性材料密封套管；12—单向受压时保护阀；13—单向受压时的保护用密封环

压变送器施加单向压力。所以平衡阀在差压变送器的投入和停运过程中是非常重要的保护部件。

三、膜盒微压计

膜盒微压计常用于火电厂锅炉风烟系统的风、烟压力测量及锅炉炉膛负压测量，其结构如图 3-9 所示。测量范围为 150～40 000Pa，准确度等级一般为 2.5，较高的可达 1.5。

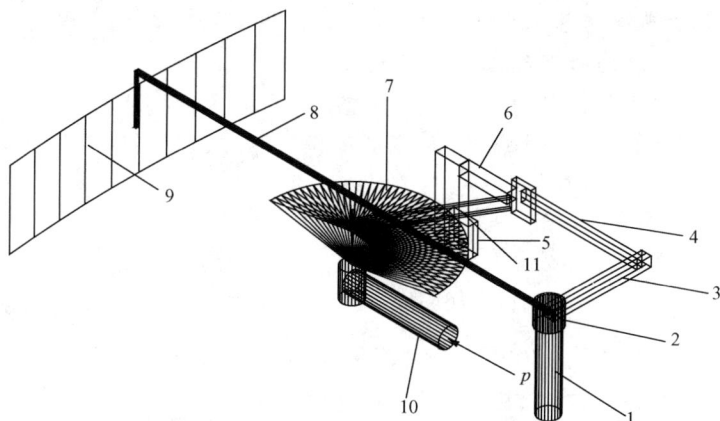

图 3-9 膜盒微压计结构
1—表针转轴；2—外套筒；3—曲柄；4—拉杆；5—杠杆转动支点；6—7 字形杠杆；7—膜盒；8—指针；9—表盘；10—导压管；11—膜合杠杆

仪表工作时，压力信号由导压管将压力引入膜盒内，膜盒形状是上下面积大而侧面积小，上下受压力大于侧面压力，所以扁形的膜盒有变圆的趋势，当膜盒下部侧面固定不动

时，只能是上侧面向上移动。通过膜盒上的膜盒杠杆推动 7 字形杠杆绕支点逆时针转动，又通过拉杆和曲柄带动指针的转动，从而进行压力指示。其中曲柄和拉杆是铰接（接点可转动）。

四、弹性式压力计的使用与安装

使用压力表测量压力时，只有正确选择和安装压力表，才能保证测量准确可靠和使用安全。这里介绍弹性式压力计和压力变送器的量程选择方法及安装时的注意事项。

1. 弹性式压力计的量程选择

使用弹性式压力计测量压力，首先要根据生产过程提出的技术要求，合理地选择压力表的型号、量程和准确度等级。我国的测压仪表标尺上限的刻度值为 1.0×10^n、1.6×10^n、2.5×10^n、4.0×10^n、6.3×10^n MPa。

为了保证弹性元件在弹性形变的安全范围内工作，选择压力表量程时，要考虑被测压力的变化情况。

一般在被测压力较稳定的情况下，被测压力的最大数值不应超过仪表量程上限的 2/3。若被测压力波动较大时，则被测压力的最大数值应不高于仪表量程上限的 1/2。同时，为了保证测量的准确度，被测压力的最小数值应不低于仪表示值范围的 1/3，即被测压力 p 应满足下列范围：

测量平稳压力 $\qquad\qquad \dfrac{1}{3}p_{\mathrm{m}}\leqslant p\leqslant\dfrac{2}{3}p_{\mathrm{m}}$

测量波动压力 $\qquad\qquad \dfrac{1}{3}p_{\mathrm{m}}\leqslant p\leqslant\dfrac{1}{2}p_{\mathrm{m}}$

2. 弹性式压力计的准确度等级

测压仪表的准确度等级是按国家标准系列化规定和仪表的质量确定的。目前我国规定的准确度等级，标准仪表有 0.05、0.1、0.15、0.2、0.25、0.35；工业仪表有 0.5、1.0、1.5、2.5、4.0 等。实际选用时应按被测参数的测量误差要求和仪表的量程范围来确定。

【例 3 - 1】 已知某测点压力约为 10MPa，要求测量误差不允许超过 0.4MPa，试确定测压仪表的标尺上限值和准确度等级。

解：（1）若属平稳压力，可得

$$p_{\mathrm{m}}\geqslant\frac{3}{2}p=\frac{3}{2}\times10=15(\mathrm{MPa})$$

此外 $\qquad\qquad p_{\mathrm{m}}\leqslant3p=3\times10=30(\mathrm{MPa})$

根据以上计算范围，选用标尺上限系列值为

$$0\sim16\mathrm{MPa} \text{ 或 } 0\sim25\mathrm{MPa}$$

对于 $0\sim16$ MPa，$\dfrac{\pm0.4}{16}\times100\%=\pm2.5\%$，准确度等级选 2.5。

对于 $0\sim25$ MPa，$\dfrac{\pm0.4}{25}\times100\%=\pm1.5\%$，准确度等级选 1.5。

（2）若属波动压力，可得

$$p_{\mathrm{m}}\geqslant2p=2\times10=20(\mathrm{MPa})$$

根据这个范围，选用标尺上限系列值为 $0\sim25\mathrm{MPa}$。

$\dfrac{\pm0.4}{25}\times100\%=\pm1.5\%$，准确度等级选 1.5。

3. 弹性式压力计的安装

为了保证压力表的准确可靠和安全使用，必须正确安装使用压力表，弹性式压力计安装时应注意以下几点。

（1）取压点的选择必须保证仪表所测的是流体的静压力，因此，取压点要选择在其前后有足够长直管的地方。在安装时，应使压力信号管的端面与管道或开口的内壁保持平齐，不应有凸出物和毛刺。

（2）安装地点应力求避免振动和高温的影响。

（3）测量蒸汽压力时，压力表前应加装凝汽管，以防高温蒸汽与弹性元件直接接触，如图 3-10（a）所示。对于有腐蚀性介质的流体，在压力表前应加装充有中性液体的隔离罐，如图 3-10（b）所示。

（4）取压点与压力表之间应加装切断阀，以备检修压力表时使用。切断阀最好安装在靠近取压点的地方。为了便于对压力表做现场校验以及冲洗压力信号管，在压力表入口处，常装有三通阀。

此外，使用压力表时，若压力表与取压点

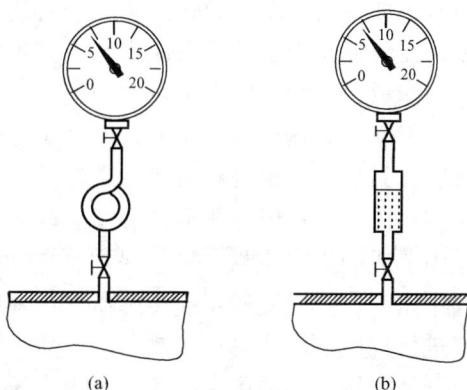

(a)　　　　　(b)

图 3-10　弹性式压力表安装示意

不在同一水平面上，应对压力表的示值进行修正。当压力表在取压点下方时，仪表示值应减去修正值 $\rho g h$。当压力表在取压点上方时，仪表示值应加上修正值 $\rho g h$。修正值中 ρ 是压力信号管中的流体平均密度，g 是当地的重力加速度，h 是取压点到压力表的垂直距离。也可以在测压前，事先将仪表指针逆时针或顺时针拨一定偏转角度（和 gh 对应），这样就可以在仪表上直接读出被测压力的表压力。

4. 压力表的校验

【例 3-2】 已知压力表准确度等级为 1.5 级，量程为 0～1.6MPa，对该表进行示值校验，测定数据见表 3-2。求：（1）允许误差；（2）基本误差；（3）变差；（4）判断该压力表是否合格。

表 3-2　　　　　　　　　　　　　　　　测定数据

校验点/MPa		0	0.4	0.8	1.2	1.6
标准表示值/MPa	正行程	0	0.39	0.81	1.22	1.61
	反行程	0.01	0.40	0.79	1.19	1.60

解：

（1）准确度等级为 1.5 级，则级允许误差为 $\pm 1.5\%$。

（2）基本误差 $\delta_j = \pm |x - x_0|_{max} = \pm 0.02$，基本误差折合形式为

$$\gamma_j = \frac{\pm 0.02}{1.6} \times 100\% = \pm 1.25\%$$

（3）变差 $\delta_b = |x_z - x_f|_{max} = 0.03$，变差折合形式 $\gamma_b = \frac{0.03}{1.6} \times 100\% = 1.875\%$。

（4）γ_b 大于允许误差，故仪表不合格。

第四节　电容式 1151 压力变送器

液柱式压力计、弹簧管式压力计等机械式弹性压力表是通过取压管路将测点取出的压力或压差信号送到较远处的压力表中进行显示的。这种方法虽然比较简单，但如果取压管路太长，会加大取压的延迟和能量损失，而且取压管路容易泄漏，特别是测量高压、腐蚀、易燃介质时更加危险，取压管路的防冻、防热也较难处理。由于上述条件的限制，以上两种测量仪表往往仅能作为就地仪表使用，当必须将显示参数引入控制室时，就会加大投资和平时的维护工作量。炉膛负压就是典型的例证，要将所有测点通过长距离铺设管路方能将负压信号引入控制室，好在传递负压的介质就是空气，不然长距离的管路压力传递，维护工作就是一大难题。另外，如果要对被测参数进行自动控制或集中显示，就必须将测量结果输送到集中控制室，以上两种压力测量仪表是无能为力的。

为了适应集中检测、热工保护、自动控制等热工测量以及自动化的需要，通常是在测点附近用压力、差压变送器或传感器将流体的压力、压差变换成电信号，然后用电缆传输到控制室进行集中显示或自动控制。

可见，压力、差压变送器是压力、压差测量显示的延伸和继续。液柱式、弹性式压力计仅能将被测压力就地显示，变送器能提供电信号，因此能将压力传输到远处的控制室。

压力、差压变送器的种类很多，下面介绍广泛使用的电容式 1151 压力、差压变送器。

一、电容式 1151 压力、差压变送器

变送器能对温度、压力、物位、流量、成分等物理量进行测量，并能转换成统一的标准信号输出。

电容式压力变送器是 20 世纪 70 年代出现的一种变送器。它集测量变送于一身，既是测量检测元件又是传输变换部件，且具有准确度高、稳定性好、结构简单、测量范围宽、维护使用方便等特点。因此得到广泛的应用和发展。在目前的新型变送器中，电容式变送器是发展最快、使用最多的变送器之一。

由物理学可知，两个平板电极可构成一最简单的电容器，其电容值与板极面积、极板间距以及极板间介质的介电常数有关。如果在上述参数中设定其中两个参数为常量，则电容值的大小为另外一个参数的单值函数。在压力测量领域中，常常利用电容极板间的微小位移变化作为压力检测的手段。当压力作用到一个电容极板时，极板受力产生位移。工程应用中往往采用一种双电容式结构，即差动电容结构。1151 压力变送器便是典型的代表。

1. 1151 电容式压力变送器的原理结构

1151 电容式压力变送器的原理结构如图 3-11 所示。测量膜片 1（即测量极板）是弹性压力检测部件，当需要测量较大压差时只要将测量膜片加厚即可。组成测量电容的另外两个电极是 2、3。2 和 3 分别固定在涂有绝缘层的基座 7、8 上。隔离膜片 4 和 5 将整个基座封闭起来，测量膜片又将其分成左右两个容室，两个容室内充满硅油，主要作用是隔离测量介质，以免腐蚀测量膜片。

当压力引入左右两个压力室后，在左右隔离膜片上将产生一定的压力，当左侧（正压

室）压力大于右侧（负压室）压力时，压力作用在隔离膜片上，通过隔离膜片再传递给硅油，从而引起测量膜片向右弯曲变形，由于测量膜片是弹性元件，其变形越大时，弹性反作用力就越大，所以外界引入的压力差和测量膜片的变形成正比。

当测量膜片没有变形时（没有引入压差），根据电工学中电容原理可知，由于两个电容共用中间的测量膜片，两个电容极板

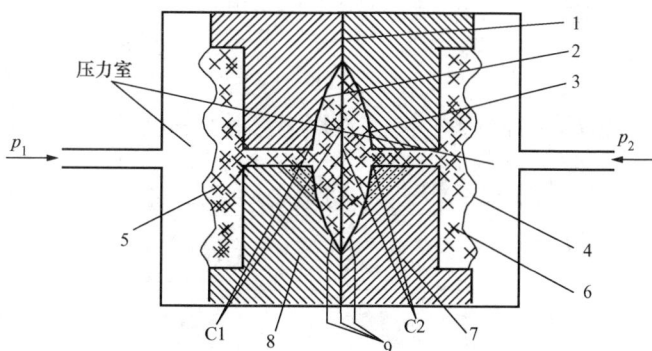

图 3-11　电容上式压力变送器原理结构

1—测量膜片（可动）；2、3—固定极板；4、5—隔离膜片；
6—硅油；7、8—球面基座；9—电容极板引线

距离间隔相等（中间极板到左侧固定极板为电容 C1，中间极板到右侧固定极板为电容 C2），在其内部充有相同的介质硅油，所以两个电容相等。当受到压力作用后，测量膜片向右侧移动，使得右侧的电容 C2 间距减小，电容值增大，左侧由于距离加大而电容 C1 值减小。由于固定极板 2、3 的球面半径很大，而固定极板与测量膜片间的变化距离很小，因此球面电容可用平板电容来近似表示。C1、C2 的电容大小表示为

$$C_1 = \frac{\varepsilon A}{l_0 + \Delta l}, \quad C_2 = \frac{\varepsilon A}{l_0 - \Delta l} \tag{3-8}$$

式中：l_0 为差压等于零时，测量膜片与固定极板 2、3 的中心距离；ε 为介质的介电常数，同样的电容极板结构下，介电常数越大，对应的电容就越大；A 为极板的有效面积。

从式（3-8）可以看出，电容的极板间距越大，对应的电容就越小。实际应用时是测量 C1 和 C2 的差值，两者差值表示如下：

$$C_2 - C_1 = \frac{\varepsilon A}{l_0 - \Delta l} - \frac{\varepsilon A}{l_0 + \Delta l} = \varepsilon A \left[\frac{l_0 + \Delta l - (l_0 - \Delta l)}{(l_0 - \Delta l)(l_0 + \Delta l)} \right] = \frac{2\Delta l \varepsilon A}{(l_0 - \Delta l)(l_0 + \Delta l)}$$

由于 $l_0 \gg \Delta l$，所以有

$$\frac{2\Delta l \varepsilon A}{(l - \Delta l)(l + \Delta l)} \approx \frac{2\Delta l \varepsilon A}{l^2}$$

由上式可以看出，测量了 $C_2 - C_1$ 就相当于测量了测量膜片的位移 Δl，也就是测量了压差。

2. 差压-位移转换

当高、低压室分别引入被测压力 p_1、p_2 时，压差 $p_1 - p_2$ 使测量膜片产生位移 Δl，由材料力学可知，膜片受到压力作用后，膜片中心位移与压差成正比，即

$$\Delta l = K_1 \Delta p \tag{3-9}$$

3. 位移-电容转换

式（3-8）中电容 C1、C2 与位移 Δl 呈非线性关系，取电容差与电容和之比，可得

$$\frac{C_2 - C_1}{C_2 + C_1} = \frac{\Delta l}{l_0} = K_2 \Delta l \tag{3-10}$$

$$K_2 = \frac{1}{l_0}$$

将式（3-9）代入式（3-10）得

$$\frac{C_2 - C_1}{C_2 + C_1} = K_1 K_2 \Delta p \qquad (3-11)$$

式（3-11）为变送器的差压 - 电容转换关系式。可以得出如下结论：

(1) $\dfrac{C_2 - C_1}{C_2 + C_1}$ 与 Δp 线性关系；

(2) $\dfrac{C_2 - C_1}{C_2 + C_1}$ 与介质的介电常数无关。

4. 差压 - 电流转换原理

由式（3-11）可以看出，如果设计一种转换电路，使得电路中的输出电流 I 满足式（3-12），便可将差压成比例地转换成电流信号

$$I = K_3 \frac{C_2 - C_1}{C_2 + C_1} \qquad (3-12)$$

此电流 I 与差压 Δp 的关系为

$$I = K_1 K_2 K_3 \Delta p$$

下面结合图 3-12 说明其转换原理。该电路分测量电路和放大输出电路两部分，测量电路由解调器、振荡器和振荡控制放大器组成，其作用是完成差压向电信号的转换；放大输出电路由电流控制放大器构成，作用是完成输出 $4 \sim 20 \text{mA}$ 的电流信号。

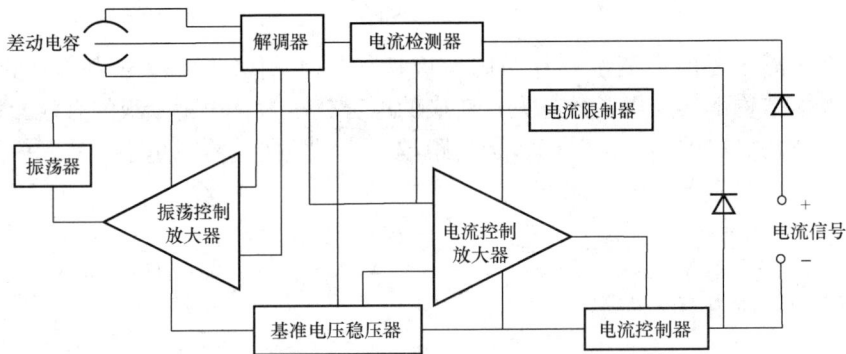

图 3-12　转换电路原理框图

二、扩散硅压力变送器

单晶硅是接受应力的理想材料。它具有优良的物理性能，其机械稳定性良好。另外，单晶硅压力变送器的制造工艺与硅集成电路工艺有着很好的兼容性，可测量几十千赫的脉动压力。硅压力变送器的发展十分迅速，扩散硅压力变送器就是其中的一种。

应力作用到半导体材料上，除了会产生变形外，材料的电阻率也随之而变，这种现象称为压阻效应。压阻式扩散硅压力变送器的核心是扩散硅敏感元件。制造工艺如下：在硅膜片上用离子注入和激光修正方法形成四个阻值相等的扩散硅电阻（分别在扩散硅敏感元件两侧）。应用中将其连接成惠斯顿电桥形式，电桥供电由恒压源或恒流源提供。通过 MEMS 技术在膜片上形成一个压力室，膜片两端加一差压就会产生应力场，使得膜片一部分被压缩而另一部分被拉伸，而两个电阻位于膜片的压缩区，另两个位于拉伸区，阻值会发生相应的改变，使得惠斯顿电桥失去平衡输出电压，该电压反映了差压的大小。

第五节 智能压力变送器 (FCS 总线式)

一、现场总线

1984 年，现场总线的概念正式提出。国际电工委员会（International Electrotechnical Commission，IEC）对现场总线（Fieldbus）的定义为：现场总线是一种应用于生产现场，在现场设备之间、现场设备和控制装置之间实行双向、串形、多节点的数字通信技术。可见，现场总线的核心在于，依据实际需要使用不同的传输介质把不同的现场设备或者现场仪表相互关联。现场总线仪表具有与其他设备进行数字通信的能力。下面介绍几种常用的现场总线。

1. 基金会现场总线

基金会现场总线（foundation fieldbus，FF）是以美国 Fisher-Rosemount 公司为首，联合横河、ABB、西门子、英维斯等 80 家公司制定的 ISP 协议和以 Honeywell 公司为首的联合欧洲等地 150 余家公司制定的 WorldFIP 协议于 1994 年 9 月合并而成的。该总线在过程自动化领域得到了广泛的应用，具有良好的发展前景。

基金会现场总线采用国际标准化组织 ISO 的开放化系统互联 OSI 的简化模型（1，2，7 层），即物理层、数据链路层和应用层，另外增加了用户层。FF 分低速 H1 和高速 H2 两种通信速率，前者传输速率为 31.25kb/s，通信距离可达 1900m，可支持总线供电；后者传输速率为 1Mb/s 和 2.5Mb/s，通信距离为 750m 和 500m，支持双绞线、光缆和无线发射，协议符合 IEC1158-2 标准。FF 的物理媒介的传输信号采用曼彻斯特编码。

2. 控制器局域网

控制器局域网（controller area network，CAN）最早由德国 BOSCH 公司推出，它广泛用于离散控制领域，其总线规范已被 ISO 国际标准组织制定为国际标准，得到了 Intel、Motorola、NEC 等公司的支持。CAN 协议分为两层：物理层和数据链路层。CAN 的信号传输采用短帧结构，传输时间短，具有自动关闭功能和较强的抗干扰能力。CAN 支持多种工作方式，并采用了非破坏性总线仲裁技术，通过设置优先级来避免冲突，当传输速率为 5kb/s 时，最远通信距离可达 10km；当传输速率为 1Mb/s 时，最远通信距离可达 40m，网络节点数实际可达 110 个。目前已有多家公司开发了符合 CAN 协议的通信芯片。

3. PROFIBUS 现场总线

PROFIBUS 是德国标准（DIN19245）和欧洲标准（EN50170）的现场总线标准。由 PROFIBUS-DP、PROFIBUS-FMS、PROFIBUS-PA 系列组成。DP 用于分散外设间高速数据传输，适用于加工自动化领域。FMS 适用于纺织、楼宇自动化、可编程控制器、低压开关等。PA 用于过程自动化的总线类型，协议服从 IEC1158-2 标准。PROFIBUS 支持主—从系统、纯主站系统、多主多从混合系统等几种传输方式。PROFIBUS 的传输速率为 9.6～12Mb/s，最大传输距离在 1200m 以下为 9.6kb/s，在 200m 内为 12Mb/s，可采用中继器延长至 10km，传输介质为双绞线或者光缆，最多可挂接 127 个站点。

4. HART 现场总线

HART 的特点是在现有模拟信号传输线上实现数字信号通信，属于模拟系统向数字系统转变的过渡产品。其通信模型采用物理层、数据链路层和应用层三层，支持点对点主从应答方式和多点广播方式。由于它采用模拟数字信号混合，难以开发通用的通信接口芯片。HART 能利用总线供电，可满足本质安全防爆的要求，并可用于由手持编程器与管理系统主机作为主设备的双主设备系统。

目前世界上存在着四十余种现场总线，如法国的 FIP，英国的 ERA，德国西门子公司的 PROFIBUS，挪威的 FINT，Echelon 公司的 LONWorks，Phenix Contact 公司的 Inter-Bus，Rober Bosch 公司的 CAN，Rosemount 公司的 HART，Carlo Garazzi 公司的 Dupline，丹麦 Process Data 公司的 P-net，Peter Hans 公司的 F-Mux，以及 ASI，MODBus，SDS，Arcnet，基金会现场总线 FF，WorldFIP，BitBus，美国的 DeviceNet 与 ControlNet，等等。现场总线大都用于过程自动化、医药领域、加工制造、交通运输、国防、航天、农业和楼宇等领域，总线占有 80% 左右的市场。

二、现场总线（FCS）压力仪表

由于现场总线标准较多，不同的现场总线标准有不同的仪表，下面重点介绍具有代表性的德国西门子公司的 PROFIBUS 现场总线压力仪表 SITRANS P、DS Ⅲ PA 系列。

西门子公司的 SITRANS P、DS Ⅲ PA 系列仪表应用范围十分广泛，可以测量非腐蚀性和腐蚀性气体，以及临界气体、蒸汽和液体的压力，通过现场总线 PROFIBUS-PA 进行通信。适用于以下应用：压力、压差、绝对压力、高度、容积、容积流量、质量流速。

可见，该系列仪表测量范围十分广泛，不同的测量参数有不同的产品订购号，如 7MF4334 表示用于测量差压，7MF4434/4534 表示用于测量差压和流量，7MF4634 表示用于测量液位。更详细的说明参阅订货手册，本书只介绍其测量原理及使用方法。

（一）测量变送原理

1. 压差测量

压差通过密封隔膜和填充液体传输到硅压传感器，测量膜片中电桥的四个电阻器的电阻值发生改变，电阻值变化所产生的电桥输出电压与压差成正比。此外，测量元件的这种结构还具有超限保护功能。当压差超过测量界限时，过载膜片弯曲，其中一个密封隔膜弯曲，直到其接触到测量元件体，并保护过载膜片和硅压传感器避免过载，见图 3-13。

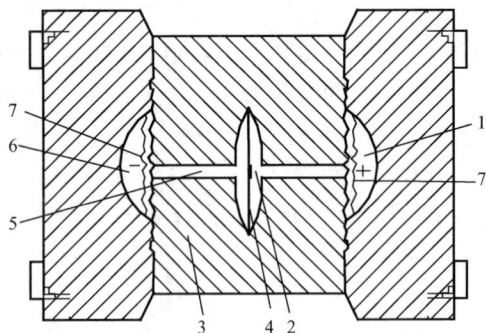

图 3-13　压差测量元件的结构

1—输入压力 $p+$；2—硅压传感器；3—测量元件体；
4—过载膜片；5—填充液体；6—输入压力 $p-$；
7—密封隔膜

2. 电子处理原理

传感器提供的输入变量，通过仪器信号放大器被放大，并通过模拟/数字转换器转换为数字信号。该操作由微处理器进行计算，使用 PROFIBUS-PA 上的隔离接口校正其线性和温度数据，并达到可用状态。在两个非易失性存储器中保存电气的测量元件专用数据和变送器参数化数据。

可以在测量点使用三个输入按键直接对变送器进行参数化，并在数字显示屏上查看到测量结果、错误消息和运行模式，该数字显示由螺丝安全地连接在设备上。使用 PROFIBUS-PA 的循环数据传输（不断更新的现场数据），所得到的测量结果可以包含状态值和诊断信息。使用非循环数据传输（调试、维护使用的数据），可进行参数化，并查看所有结果和错误消息。

3. PROFIBUS-PA 的通信结构

SITRANS P、DS Ⅲ PA 系列压力仪表 PROFIBUS -PA 的通信原理比较复杂（见图 3 - 14），按照设备不同功能划分为以下几个模块。

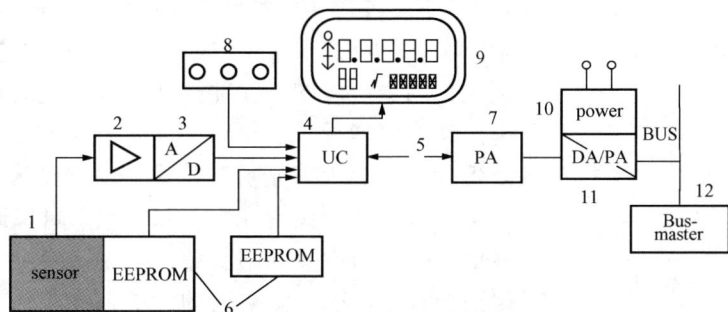

图 3 - 14　SITRANS P、DS Ⅲ PA 系列原理框图

1—测量传感器；2—仪器信号放大器；3—模拟/数字转换器；4—微处理器；5—隔离；
6—测量元件和电子元件中两个非易失性存储器；7—PROFIBUS-PA 接口；
8—三个输入按键（本地操作）；9—数字显示屏；10—辅助电源；
11—DP/PA 耦或链；12—总线主控

（1）压力测量模块。压力测量模块（见图 3 - 15）对仪表进行调节时，其初始值是经过线性化和温度补偿的测量结果。当仪表测量填充高度和流量时，应在此进行所需的转换。例如，把输入压力转换为静流体高度或容积，也在此处理压力传感器温度测量并始终监视压力和温度界限。

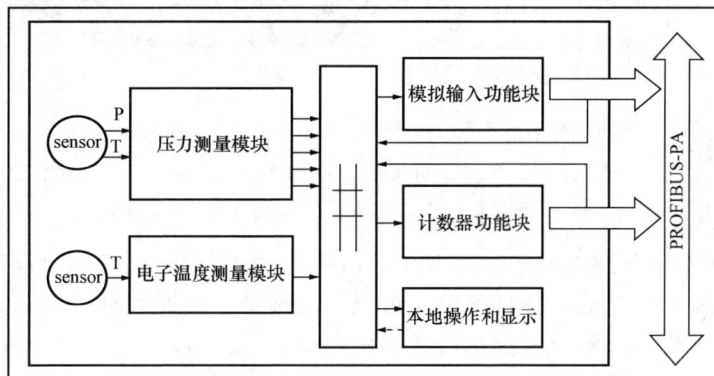

图 3 - 15　记录和处理测量值的方框图

（2）电子温度测量模块。电子温度测量模块是生产商特定的，用于监控电气设备的内部温度，要求电气设备在所允许的温度界限内工作。如果超出界限，产生一个 PROFIBUS 诊断信息——"电子温度过高"。

（3）模拟输入功能块。模拟输入功能块负责将过程值映射成测量值，进一步处理所选中的测量值，并根据自动化任务进行调节。该模块的输出为 PROFIBUS-PA 提供测量值和相关状态信息。

（4）计数器功能块。对于流量测量，流过的容积或质量可以在计数器模块中叠加。因此其功能与水表非常类似。该模块的输出为 PROFIBUS-PA 提供总值和相关状态信息。

（5）本地操作和显示。使用本地操作可以设置期望的测量值，并按照物理单位进行显示。以上各个功能块的参数值可以显示在数字显示屏上。

（二）本地操作与显示的使用方法

对仪表的设置可通过和 PROFIBUS-PA 进行。使本地操作后可以通过按键［M］、［↑］和［↓］（见图 3-16）在本地对设备进行操作。将保护面板上的两个螺丝卸下，并移开面板，此时可以看到这些按键。操作完毕后，必须重新将面板安装好。正常情况下，设备处于"测量值显示"模式。通过按键［M］可以选择一个模式。使用按键［↑］和［↓］可以改变该模式下的数值。通过再次按［M］键，可以切换到下一个模式。如果该模式被改变，则更改的设置将会被传送。下面概要说明其使用方法。

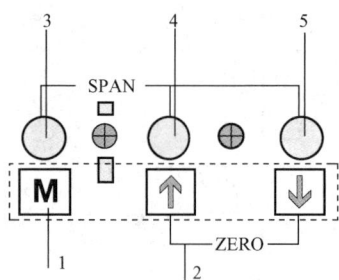

图 3-16 键盘
1、2—输入按键的符号；3—模式按键；
4—递加按键；5—递减按键

1. 数字显示

数字显示用于在本地显示测量值（见图 3-17）以及相关信息，例如压差值。

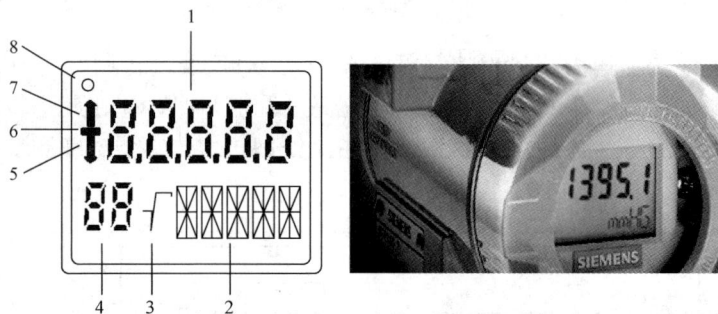

图 3-17 数字显示设备的结构与实物图
1—测量值；2—单元/错误代码；3—根显示（流）；4—模式/按键禁用；5—到达的传感器下限值；
6—测量值标记；7—到达的传感器上限值；8—通信指示

（1）测量值显示。测量值显示包含 5 个 7 段码显示区以及一个标志 6 和溢出指示器 5 和 7。在一个单元中显示测量值，并且该单元可以自由选择。额外的符号将提供更多的信息：

7（↑）上限警告，报警或者到达传感器极限值；

5（↓）下限警告，报警或者到达传感器极限值；

8（○）通信激活。这个符号保持激活状态至少 0.3s，并代表当前正在发生非循环或者循环的数据传输通信。

（2）单位显示。单位显示包含 5 个 14 段码显示区 2，用来表示物理量单位。

（3）错误信号。如果在传输过程中出现硬件或者软件故障，在测量值显示区中将出现一个"错误（Error）"信息。在单位显示区中将显示状态代码，其指示了错误类型，也可以通过 PROFIBUS-PA 接口得到该信息。

（4）模式显示。模式显示包括 2 个 7 段码显示区，在本地操作模式下，其显示当前选择的模式。如果当前没有选择任何模式，这个数字显示将处于测量值显示功能下。

表 3-3 和表 3-4 为测量数值显示来源和可用单位。

表 3-3 绝对压力、压差和压力仪表的测量值显示来源

测量值显示来源	单位显示中的辅助信息	可用单位
来自模拟量输入功能块： [O]：输出	OUT	压力（P）和用户指定（U）
来自压力测量模块： [1]：二级变量 1 [2]：测量值（主变量） [3]：传感器温度 [4]：电子温度 [7]：非线性压力值	SEC 1 PRIM TMP S TMP E SENS	压力（P） 压力（P） 温度（T） 温度（T） 压力（P）

表 3-4 压力（P）的可用单位

单 位	ID	显 示	单 位	ID	显 示
Pa	1130	Pa	g/cm^2	1144	G/cm2
MPa	1132	MPa	kg/cm^2	1145	KG/cm2
kPa	1133	KPa	inH_2O	1146	INH2O
hPa	1136	hPa	inH_2O (4℃)	1147	INH2O
bar	1137	bar	mmH_2O	1149	mmH2O
mbar	1138	mbar	mmH_2O (4℃)	1150	mmH2O
torr	1139	Torr	ftH_2O	1152	FTH2O
atm	1140	ATM	inHg	1155	IN HG
psi	1141	PSI	mmHg	1157	mm HG

2. 本地操作

键盘的位置如图 3-16 所示，可以在本地使用键盘设置变送器的参数，也可以通过设置的模式（[M] 按键）选择和执行表 3-5 中所描述的所有功能。它们可以作为通过 PROFIBUS 扩展功能范围的一部分可用。键盘操作步骤为：先按 [M] 键选中欲设置的模式，然后按 [↑] 或 [↓] 键设置相应的参数，最后按 [M] 键保存该设置。

对于键盘操作必须释放键盘锁，在模式 10 下如果按住 [↑] 和 [↓] 持续超过 5s，则会释放按键锁定功能。

表 3-5 使用按键进行功能操作的汇总表

功能，PDM 中的参数	模式	按键功能			显示，解释
	[M]	[↑]	[↓]	[↑] 和 [↓]	
测量值显示					在模式 13 中选择的测量值的显示
错误显示					错误，如果变送器受到干扰
电子衰减，时间常数	4	递增	递减		时间常数 T63，单位为秒 设定范围：0.0～100.0

续表

功能，PDM 中的参数	模式 [M]	按键功能			显示，解释
		[↑]	[↓]	[↑] 和 [↓]	
校零 "位置校正"	7	—	—	执行	
按键与/或功能禁用	10	修改		5s 释放	用于锁定变量参见表 3-3
测量值显示源	13	从多种可能中选择			显示期望的测量结果
物理量单位	14	选择			物理量单位
总线地址	15	增高	降低		PROFIBUS 上的用户地址（0…126）
设备操作模式	16	修改			设备操作模式选择 符合配置文件 1A1 符合带有扩展的配置文件 先前设备 SITPANSP/PA 符合配置文件 1A1，1TDT
小数点	17	修改			显示区中小数点的位置
校零	18	—	—		显示可用的测量范围
LO 调整	19	预设增加	预设减小	执行	调整特征曲线的下限值
HI 调整	20	预设增加	预设减小	执行	调整特征曲线的上限值

注 1. 如果 "L" 出现在显示区中，按键锁定处于有效状态。

2. 如果同时按下按键 [↑] 和 [↓] 2s，显示的值消失，大约 2s 后出现当前值。

3. 如果释放按键锁定后，出现 "LA" 或者 "LL" 在本地操作中通过总线有一个附加封锁；如果在测量模式中没有出现 "L"，"LA" 和 "LL"，这时可以进行本地操作。

4. 如果在显示区的左边出现符号 ↑ 或者 ↓，则说明测量的压力值超出了传感器的极限，或者表示由于参数化错误发生警告或者已经到达报警限制。

由于键盘操作模式较多，下面仅介绍几个比较重要的模式。

模式 13：测量值显示源，在这个模式下，可以选择将要显示的值。可用的选择取决于仪表功能。如果是 7MF4334 型，则显示测量差压。按照下列步骤选择测量值的来源：

（1）设置模式 13。

（2）使用 [↑] 和 [↓] 选择测量值显示的来源。

（3）按 [M] 进行保存。

模式 14：物理量单位。可选择的单位取决于模式 13。可以按照下列步骤设置物理量单位：

（1）设置模式 14。当前单位的标识符出现在测量值显示区中，并且相应纯文本出现在单位显示区中。

（2）通过使用 [↑] 和 [↓] 选择一个单位。

（3）按 [M] 进行保存。

模式 17：小数点。测量值可以显示多达 4 位小数。按照下列方法移动小数点的位置：

（1）设置模式 17。小数点的当前位置的格式出现在测量值显示区中。

（2）使用 [↑] 和 [↓] 选择期望的显示格式。8.8888　88.888　888.88　8888.8　88888。

（3）按 [M] 进行保存。

（三）通过现场总线 PROFIBUS-PA 功能进行操作

现场总线 PROFIBUS-PA 使用需与计算机软件相配合，例如 SIMATIC PDM，在此不详细介绍计算机组态软件如何使用，只需了解该系列压力仪表的全部功能范围都可以通过现场总线 PROFIBUS-PA 通信得到即可。

1. 测量操作

在测量操作中，测量值例如压力、液位或者流量可以通过 PROFIBUS-PA 接口提供。PROFIBUS-PA 通信通过数字显示屏中的通信字符［o］进行表示。

2. 设置

SITRANS P、DS Ⅲ PA 系列压力仪表处理大量测量任务，只需执行下列设置：

（1）使用组态工具的设置。例如 STEP 7、HW-Konfig，可以选择期望的组态配置，根据这些配置可以组建循环的用户数据传输，用于构建系统控制策略。

（2）使用 SIMATIC PDM 的设置。进行参数设置也会影响循环的用户数据。

（3）设置 PROFIBUS-PA 地址。出厂时，PROFIBUS-PA 地址设为 126。利用参数化工具（例如 SIMATIC PDM 或 HW-Konfig）在设备上或者通过总线进行设置，但仅在半热态启动之后，或者设备断开总线连接一段时间之后，新地址才生效。

3. 压力测量

（1）选取期望的组态"输出"。

（2）使用测量类型"压力""压差"或者"绝对压力、压差系列"连接设备。启动 SI-MATIC PDM。

4. 循环数据传输

使用 PROFIBUS-PA 的循环服务可以不断更新用户数据。在 1 类主站（控制或自动化系统）和变送器之间传输过程自动化的相关用户数据。提供的状态信息如下：

（1）在用户程序中测量值的使用情况；

（2）设备状态（自诊断/系统诊断）；

（3）附加过程信息（过程警报）。

5. 非循环数据传输

非循环数据传输主要用于在试运行、维护、批处理过程中传输参数，或用于显示更多不参与循环用户数据通信的变量（例如非线性压力值）。

6. SIMATIC PDM 的功能

SIMATIC PDM 是一个软件包，用于设计、参数化、试运行、诊断和维护 SITRANS P DS Ⅲ PA 系列压力仪表以及其他过程设备。SIMATIC PDM 包含简单的过程监视，可监视设备的过程变量，警报和状态信号。如显示、设置、修改、比较、检查合理性、管理和仿真过程设备数据。

（四）仪表的接线

1. 电气连接

按照下列步骤进行电气连接（见图 3-18）：

（1）拧开接线盒的盖子；

（2）穿过电缆密封管插入连接电缆；

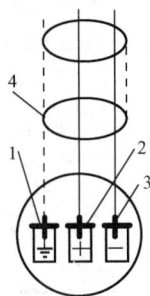

图 3-18　电气连接示意

1—屏蔽端；2—电源＋；

3—电源－；4—电源线屏蔽层

（3）在"＋"和"－"接线端接线，尽管有标记，但是极性并不重要；

（4）根据需要将屏蔽线接到屏蔽端子上，此处连接到外部地一端，尽管有标记但极性并不重要，装上盖子并拧紧。

2. PROFIBUS-PA 总线连接

PROFIBUS-PA 通过一条带屏蔽层的两芯电缆实现总线主站和现场设备之间的双向通信。同时，通过同一条电缆（通信电缆）给两线制的现场设备提供电源。仪表上装有 M12 雌插头。图 3-19 和图 3-20 分别为 M12 总线连接器插针分配和仪表实物。

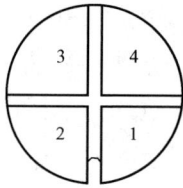

图 3-19　M12 总线连接器
插针分配
1—PA＋；2—未连接；
3—PA；4—屏蔽端

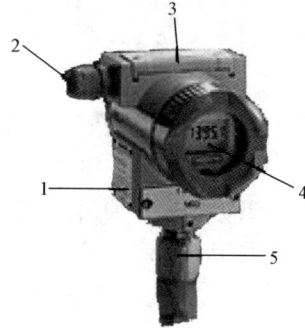

图 3-20　仪表实物
1—标牌；2—电缆接口；3—输入键盘；
4—数字显示；5—压力连接口

第六节　3051 压力变送器

罗斯蒙特（Rosemount™）压力仪表是美国艾默生旗下一品牌。Rosemount™压力仪表在全球各地安装了数千万件。凭借行业领先的性能及专利性的技术，能够在恶劣环境中保障质量、能量管理水平和安全性，这些产品具有优异的可靠性能和可改进的性能，罗斯蒙特提供携带 FOUNDATION 型、PROFIBUS PA 型、HART 型等多种现场总线压力仪表。本节概要性地介绍罗斯蒙特 3051 压力变送器。

3051 压力变送器参考准确度为量程的 0.04%，安装总性能为量程的 0.14%，稳定性可保持在 URL 的 0.2%长达 10 年。优点是安装和应用灵活，通过集成的差压流量计、差压液位计和一体化阀组提高可靠性和性能。

一、3051 压力变送器类型

3051 压力变送器包含许多类型，如：3051C 共平面压力变送器（见图 3-21）、3051T 直通式压力变送器（见图 3-22）、3051L 型液位变送器、3051H 型高温高压过程压力变送器。

1. 3051C 共平面压力变送器

3051CD 差压变送器，3051CD 差压变送器测量差压范围为 0.02～13800kPa，性能卓越，包括：0.065%的准确度和 100：1 的可调量程比。

3051CG 表压变送器，3051CG 表压变送器测量表压范围为 0.62～13800kPa，采用罗斯蒙特电容式传感器技术。

图 3-21 3051C 共平面压力变送器

图 3-22 3051T 直通式压力变送器

3051CA 绝压变送器，3051CA 绝压变送器测量绝压范围为 11.32～27580kPa，采用罗斯蒙特专利产品压阻式硅传感器。

2.3051T 直通式压力变送器

3051T 表压和绝压变送器，3051T 表压和绝压变送器测量的绝压和表压范围为 2.07～68900kPa。3051T 变送器采用单隔离器设计方案，基于微处理器的电子元件采用罗斯蒙特专利产品压阻式硅传感器。

3.3051L 液位变送器

3051L 液位变送器通过测量压力和密度提供精确的液位测量，测量压力范围为 0.62～2070kPa，根据需要用于各种类型的储罐组态。

4.3051H 高温高压过程压力变送器

3051H 压力变送器提供过程高温测量能力达到 191℃（375℉），无须采用远传隔膜密封装置或毛细管。3051H 变送器可用于差压和表压测量（3051HD 和 3051HG）。

二、3051 压力变送器的结构原理

3051 压力变送器可用于差压（DP）、表压（GP）和绝压（AP）测量。3051C 利用艾默生过程管理的电容传感器技术进行差压和表压测量。在 3051T 和 3051CA 的测量中利用压阻传感器技术。

3051 压力变送器的主要组件是传感器模块和电子装置外壳。传感器模块包含充油传感器系统（隔膜、充油系统和传感器）和传感器电子装置。传感器电子装置安装在传感器模块内，包括温度传感器（RTD）、存储器模块以及电容/数字信号转换器（C/D 转换器）。来自传感器模块的电信号被传送到电子装置外壳中的输出电子装置上。电子装置外壳内包含输出电子装置板、就地零点和量程按钮，以及接线端子块。3051CD 型（共平面）差压变送器的基本框图在图 3-23 中显示。

对于 3051C 的设计，压力施加在隔膜上，油使中央膜发生偏斜，从而改变电容。此电容信号在 C/D 转换器中被转换为数字信号。然后，微处理器从热电阻温度传感器获取信号，并由 C/D 转换器计算变送器的正确输出。随后，此信号被发送给 D/A 转换器，D/A 转换器把信号转回模拟信号，并把 HART 信号叠加在 4～20mA 输出上。

三、3051 压力变送器安装

304、305 阀组可连接到 3051 变送器，此轻量型的高级阀组有二阀（见图 3-24）、三阀（见图 3-25）和五阀（见图 3-26）配置，306 阀组（见图 3-27）配置截断与泄放阀和二阀。

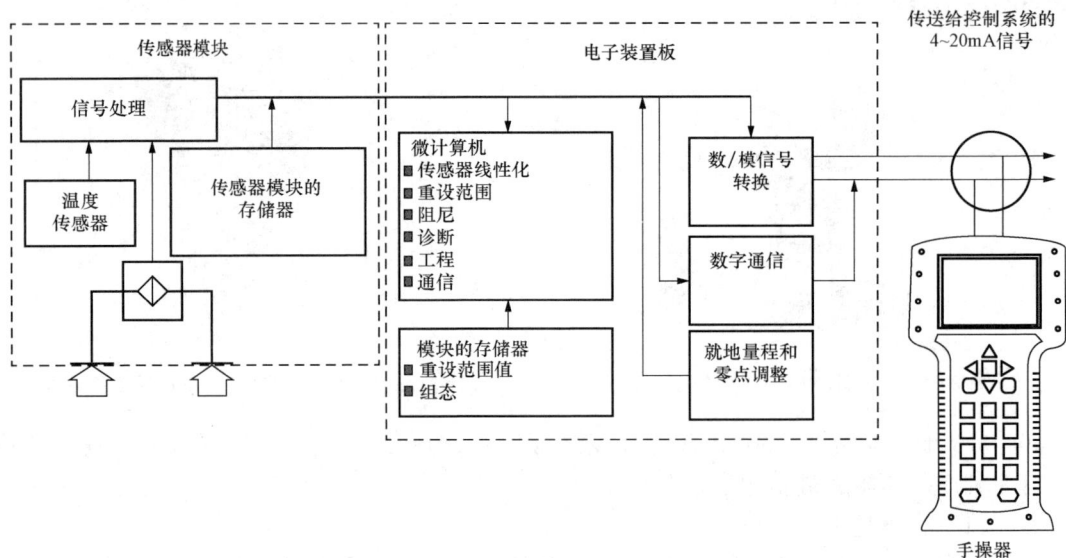

图 3-23　3051CD 差压变送器的基本框图

阀组可隔离仪器、控制介质排放并防止泄漏，确保测量的完整性。可在工厂组装至变送器并进行泄漏检测，也可配合多变量、静压和差压变送器使用。

图 3-24　二阀

图 3-25　三阀

图 3-26　五阀

图 3-27　306 阀组

1.304 常规式阀组安装到 3051 型变送器的方法（见图 3-28）

（1）把常规式阀组与变送器法兰对正，使用四个阀组螺栓进行定位。

（2）用手拧紧螺栓，然后按交叉模式逐渐把螺栓拧紧到最终扭矩值。在完全拧紧时，螺栓应穿入传感器模块外壳的顶部。

（3）按照变送器的最高压力范围对组件进行泄漏检查。

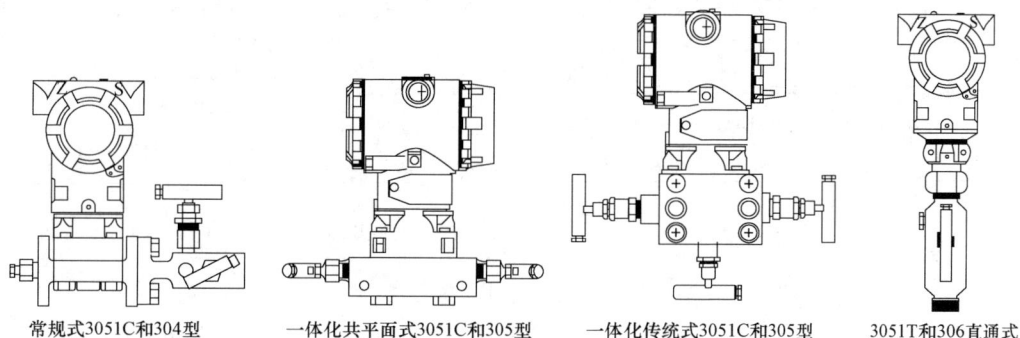

常规式3051C和304型　　一体化共平面式3051和305型　　一体化传统式3051C和305型　　3051T和306直通式

图 3-28　阀组安装 3051 变送器示意

2.305 一体化阀组安装到 3051 变送器的方法

305 一体化阀组有两种设计：传统式和共平面式。

（1）检查 PTFE 传感器模块 O 形圈。完好的 O 形圈可以重用。如果 O 形圈损坏（例如有裂纹或切口），应把其更换为针对罗斯蒙特变送器设计的新 O 形圈。更换 O 形圈时，拆卸过程中应注意不要划伤或损伤 O 形圈的凹槽或隔膜的表面。

（2）在传感器模块上安装一体化阀组。使用四个 2.25in 阀组螺栓进行定位。用手拧紧螺栓，然后按交叉模式逐渐把螺栓拧紧到最终扭矩值。在完全拧紧时，螺栓应穿入传感器模块外壳的顶部。

（3）如果更换了 PTFE（一种盘根材料）传感器模块 O 形圈，那么在安装后应重新拧紧法兰螺栓，以补偿 O 形圈的冷变形。

在安装后，必须在变送器/阀组件上进行零点调整，以消除安装影响。

3.306 一体化阀组安装到 3051 变送器的方法

306 阀组仅与 3051T 直连式变送器或无线压力计结合使用，在把 306 阀组组装到 3051T 在线安装式变送器时，应涂螺纹密封剂。

4. 阀门配置

（1）截断和泄放。阀通过组可提供截断和泄放配置，用于直连式表压和绝压变送器。单隔离阀提供仪器隔离，泄放孔螺钉提供排液/排气功能，如图 3-29 所示。

（2）二阀。305、306 和 304 阀组提供二阀配置，如图 3-30、图 3-31 所示，用于表压和绝压变送器。隔离阀隔离仪表与过程介质，排液/排气阀可用于排液、排气或标定。

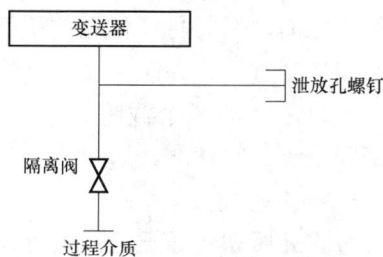

图 3-29　306 阀组

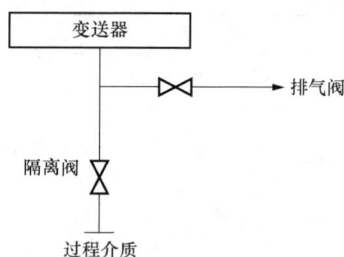

图 3-30　305 和 306 阀组

（3）三阀。305 和 304 阀组提供三阀配置，如图 3-32～图 3-34 所示，用于差压和多变量变送器。两个隔离阀隔离变送器和过程介质，一个平衡阀定位在高低过程连接之间。

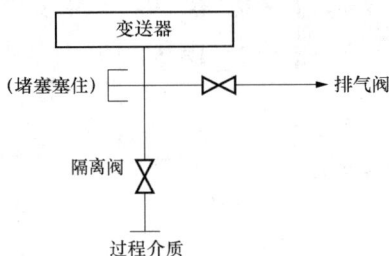

图 3-31 304 阀组

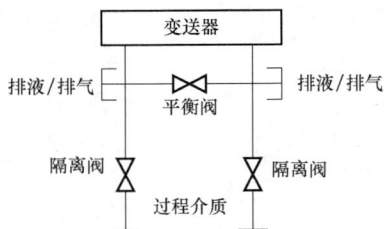

图 3-32 305 阀组

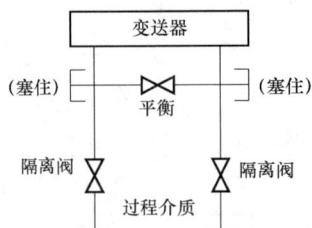

图 3-33 304（传统式）阀组

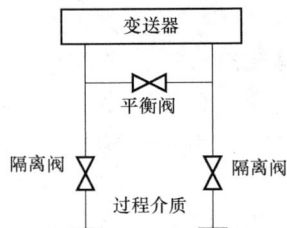

图 3-34 304（薄片式）阀组

（4）五阀。305 和 304 阀组提供五阀配置，如图 3-35、图 3-36 所示。用于差压和多变量变送器。两个隔离阀隔离变送器和过程介质，一个平衡阀定位在高低过程连接之间。此外，两个排液/排气阀可控制介质排放，掌握排气或排液过程，并简化在线标定工艺过程。

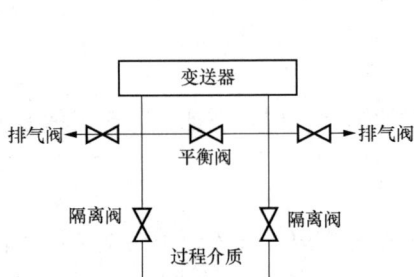

图 3-35 305 阀组和 304（薄片式）

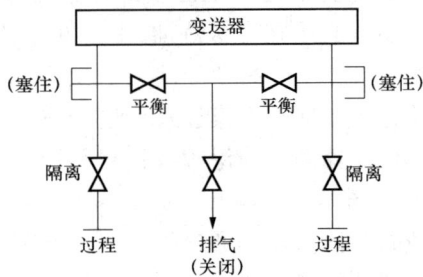

图 3-36 305 阀组和 304（传统式）

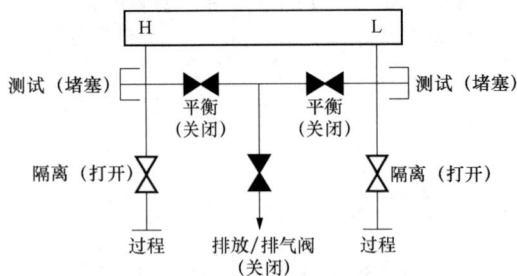

图 3-37 305 阀组和 304（传统式）
应用测量气体

五阀应用于测量气体时，在打开高压侧平衡阀之前，不要打开低压侧平衡阀，否则会使变送器过压。在正常工作状态中，过程和仪表口之间的两个截断阀处于打开状态，平衡阀处于关闭状态，如图 3-37 所示。

5. 导压管安装

过程介质和变送器之间的导压管必须精确地传递压力，以获得精确测量值。有六个可能的误差来源，即压力传递、渗漏、摩擦损耗（尤其是在使用清洗功能时）、液体管线中夹杂气体、气体管线中混入液体，以及支管之间有密度变化。

变送器相对于工艺管道的最佳位置取决于工艺介质本身。应按以下指导原则来确定变送器的位置和导压管的布置：

(1) 使导压管尽可能短。

(2) 对于液体管线，应使导压管从变送器向工艺连接件向上倾斜至少 8cm/m（1in/ft）。

(3) 对于气体管线，应使导压管从变送器向工艺连接件向下倾斜至少 8cm/m（1in/ft）。

(4) 在液体管线中，应避免安装在高点；在气体管线中，应避免安装在低点。

(5) 确保两根导压支管的温度相同。

(6) 使用足够大的导压管，以避免摩擦影响和堵塞。

(7) 从液体支管中排出所有气体。

(8) 在使用密封流体时，应把两根支管填充到相同的液位高度。

(9) 在清洗时，应使清洗连接件靠近过程分流接头，并通过相同规格、相同长度的管来清洗，避免通过变送器清洗。

(10) 避免侵蚀性或高温［高于 121℃（250°F）］过程材料与传感器模块和法兰直接接触。

(11) 防止导压管中发生沉积。

(12) 导压管两个支管的压头保持相等。

(13) 避免可能使过程流体在过程法兰内冻结的条件。

6. 液体测量

应把分流接头安装在管线侧面，以避免变送器的工艺隔离器上发生泥沙沉积。把变送器安装在分流接头旁边或下方，以便气体排入工艺管线中。把排放/排气阀朝上安装，以便排气，见图 3-38。

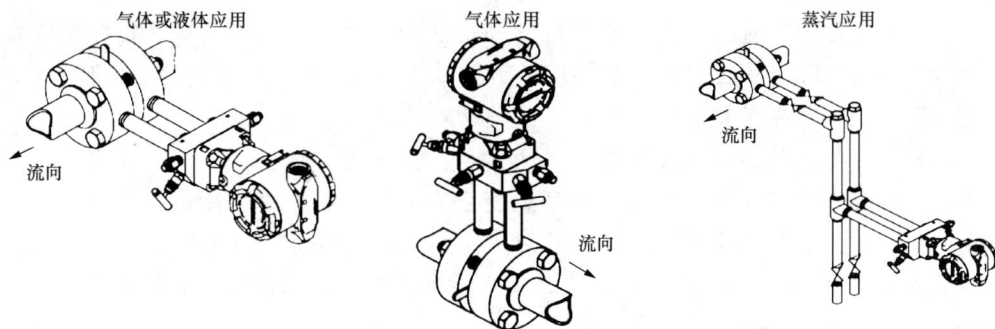

图 3-38 液体、气体、蒸汽测量应用安装示例

7. 气体测量

应把分流接头安装在管道顶部或侧面。把变送器安装在分流接头旁边或上方，以便液体排入工艺管线中。

8. 蒸汽测量

应将导压管内充满冷却水。把分流接头安装在管道侧面，把变送器安装在分流接头下方，以保证导压管充有冷凝液。在高于 121℃（250°F）的蒸汽输送管线中，应向导压管充水，以防止蒸汽与变送器直接接触，并确保精确的测量启动。

9. 接线图

对于 4～20mA HART 设备，应按图 3-39 所示连接设备，将正极导线接到"PWR/COMM+"接线端子上，负极导线接到"－"接线端子上。为了保证成功通信，在手操器回线连接和电源之间必须有至少 250Ω 电阻。手操器或 AMS 设备管理器可连接在变送器接线端子块的"OMM"端子上，或者跨负载电阻连接。对于 4～20mA HART 输出，跨"TEST"端子连接会造成无法成功通信。通过按 ON/OFF 键开启手操器，或者登录 AMS 设备管理器。手操器或 AMS 设备管理器会搜索兼容 HART 的设备，并在进行连接时给出提示。

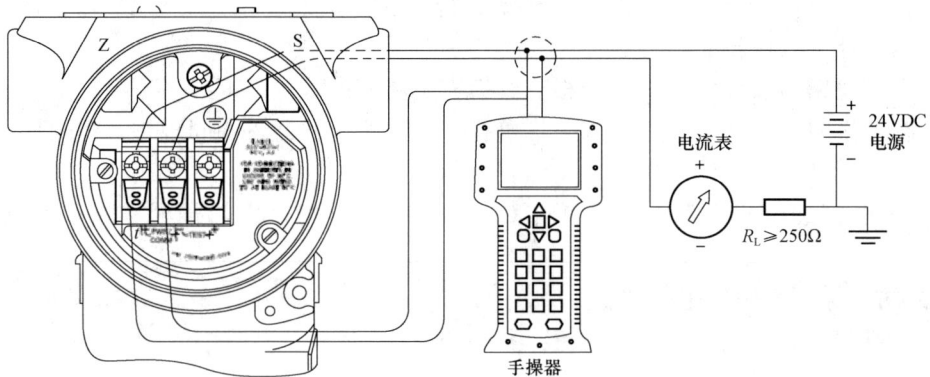

图 3-39 接线图

复习思考题

3-1 什么叫压力、绝对压力、指示压力（表压力）和负压力？已知汽轮机凝汽器内的绝对压力为 0.004MPa，气压表测定的环境压力为 0.1MPa，求凝汽器内的真空值。

3-2 压力的国际单位是什么？其意义是什么？

3-3 简述弹性式压力计的测压原理。

3-4 简述弹簧管式压力计的动作原理。能否选用圆形截面的弹簧管？

3-5 已知某弹簧管式压力表准确度等级为 1.5 级，量程为 0～4MPa，对该表进行示值校验，测定数据见表 3-6。求：允许误差、基本误差、变差，判断该压力表是否合格。

表 3-6　测定数据

校验点/MPa		0	1	2	3	4
标准表示值/MPa	正行程	0.1	0.95	1.91	2.88	3.89
	反行程	0.14	0.94	1.91	2.79	3.9

3-6 什么叫电容式变送器？1151 系列电容式变送器由哪几部分组成？其各部分的作用是什么？

3-7 简述 1151 系列电容变送器的测量原理。

3-8 简述 SITRANSP、DSⅢPA 系列压力变送器的基本组成及使用特点。

3-9 3051 系列压力变送器由哪几部分组成？其各部分的作用是什么？

3-10 简述 304 常规式阀组安装到 3051 变送器的方法。

3-11 简述 305 一体化阀组安装到 3051 变送器的方法。

3-12 简述 306 一体化阀组安装到 3051 变送器的方法。

3-13 绘制 305 阀组和 304（传统式）应用于测量气体时的阀门配置图。

第四章 流量测量

第一节 概述

工业上的流量通常是指单位时间内通过管道横截面的流体数量，也称瞬时流量。流体数量若以质量 m 表示时，则流量称为质量流量。质量流量用符号 q_m 表示，其数学定义式为

$$q_m = \frac{\mathrm{d}m}{\mathrm{d}t} \tag{4-1}$$

q_m 的单位是 kg/s、kg/h 或 t/h 等。

流量数量用体积 V（容积）表示时，称为体积流量，体积流量用符号 q_V 表示，数学定义式为

$$q_V = \frac{\mathrm{d}V}{\mathrm{d}t} \tag{4-2}$$

q_V 的单位为 $\mathrm{m^3/s}$。

上述两种流量的换算关系为

$$q_m = \rho q_V \tag{4-3}$$

式中：ρ 为流体密度，$\mathrm{kg/m^3}$。

质量流量描述的是流过管道截面的物质质量，它不随温度、压力等环境参数变化而变化。而体积流量则不然，尤其是可压缩流体，同样质量的流体对应的体积流量可以相差很大。例如，蒸汽体积流量与蒸汽压力密切相关。理论上，流量测量应该使用其质量流量最为合理，但到目前为止，还没有直接的流体质量流量的测量方式，其质量流量测量是通过式（4-3）的体积流量换算而来。因此工业的流量测量事实上几乎全部为体积流量。为了计算方便，有时将体积流量的体积数量换算为标准状态下（温度为 20℃，压力为 $1.01 \times 10^5 \mathrm{Pa}$）的体积数，称为标准体积流量。采用标准体积流量，便于比较可压缩流体的流量大小。

流体的总量 Q_m 或 Q_V 是指在流体流动的时间内，对流量进行积分，表达式为

$$Q_m = \int_{t_1}^{t_2} q_m \mathrm{d}t \qquad \text{或} \qquad Q_V = \int_{t_1}^{t_2} q_V \mathrm{d}t \tag{4-4}$$

式（4-4）分别表示的是在时间 t_1 到时间 t_2 之间质量流量或体积流量的累加。如果在此时间段内流量稳定不变为 q_m 或 q_V 时，总量表示如下：

$$Q_m = q_m(t_2 - t_1) \qquad \text{或} \qquad Q_V = q_V(t_2 - t_1)$$

Q_m 的单位为 kg，Q_V 的单位为 $\mathrm{m^3}$。

第二节 节流式流量计

节流是流体力学中的一种普遍现象。当流体流过管道中急剧收缩的局部断面时，会产生降压增速现象，这就是节流现象。所谓降压是指节流端面的前后压力大小不等而出现的压差，而增速是指流过节流端面的流体速度增加。流体的速度越大即流量越大，节流降压也就越大，故测量了节流端面前后的压差就等于测量了流体流量。利用这种原理制作成的流量计

称为节流式流量计或差压式流量计。

节流式流量计由节流装置、压差信号管道及差压计三部分组成。节流装置是仪表检测元件的组成部分，其作用是将流体速度（流量）信号转变为相应的压差信号，一般有孔板、喷嘴、文丘里管等类型；压差管道是信号的传输部件，差压计是仪表的显示部分。图4-1为最简单的差压式流量计的工作原理。由于流体的流量和差压有一一对应的关系，所以可以将流量刻在U形管上，这样就可以直接读出流量数值。这种流量测量方法的特点是：原理及理论研究非常成熟；标准化程度较高，有GB/T 2624和ISO 5167标准文件；结构简单；成本低，维

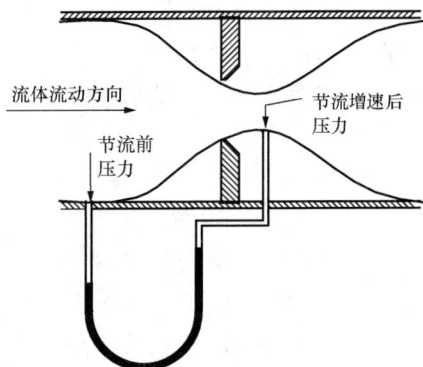

图4-1 最简单的差压式流量计原理

护使用费用低；对环境适应能力强；维护管理正确可以得到较高的测量准确度等。这些特点是其他形式的流量计无法比拟的，因此在流量测量中节流装置式流量仪表占有较高的比重，约为80%。

一、节流装置原理

节流可以建立流体流量和节流前后压差之间一一对应的关系，但它们之间有什么样的函数关系？流量和差压之间的关系还受哪些因素的影响？都是制作和使用测量仪表必须清楚的内容。

要解决以上问题，涉及工程流体力学。由流体力学相关内容可知，工程流体力学属于牛顿力学范畴（可以用物理学中的力学概念对流体的流动规律进行研究和对一些现象进行解释），流体流动的力与运动的关系服从牛顿力学定律。不过流体毕竟不是物理学上可看成质点的固态物体，所以在应用力学概念研究流体的流动时是有条件限制的，即描述流体流动的方程，只能在流体的流线上（层流状态）方能有效，流线如图4-2所示。所谓流线就是"流体微团"在流动过程中在管道空间留下的运动轨迹，和力学分析中的物体运动轨迹一样。通过管道截面的所有流线构成"流体截面"，在管道上可以有无穷多这样的"流体截面"。一

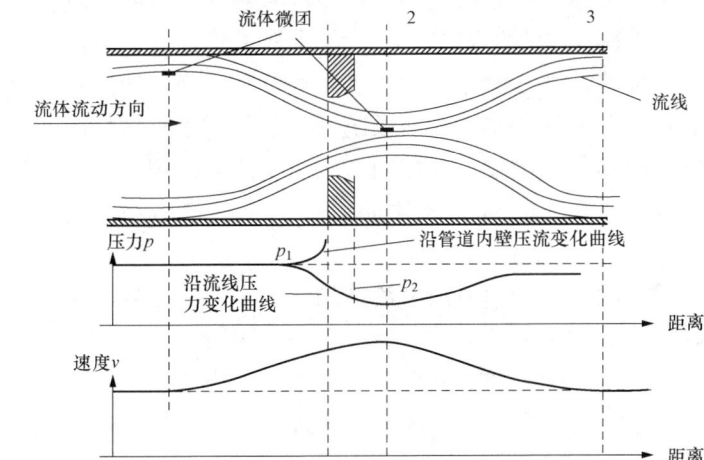

图4-2 节流元件前后流体压力、速度分布

个"流体微团"在流动过程中，无论经过哪个"流体截面"，其总能量为常数。"流体微团"的总能量由压力势能、动量（速度能量）、重力势能三部分组成。在每个"流体截面"上的每个部分能量可以有变化，但三者之和为常数。例如，当流通截面变小时，"流体微团"的速度增加（动能增加）时，压力势能或重力势能肯定会减小。一种能量增加的数量就是另外两种能量减小的数量。下面从数学角度来阐明

这一观点。

　　从图 4 - 2 中的流体上取出一个"流体微团"作为研究对象，假设流体是不可压缩的，质点在流动过程中体积不变，且"流体微团"的质量为一个单位，那么"流体微团"在流动过程中的状态变化可用伯努利方程图来描述，即

$$gz_1 + \frac{p'_1}{\rho} + \frac{v_1^2}{2} = gz_2 + \frac{p'_2}{\rho} + \frac{v_2^2}{2} \qquad (4-5)$$

式中：z_1 为"流体微团"在 1 截面上的水平高度；gz_1 为"流体微团"在 1 截面上的重力势能；v_1 为 1 截面上的"流体微团"的流动速度；$v_1^2/2$ 为"流体微团"的动能（质量为1）；p'_1/ρ 为"流体微团"的压力势能；p'_1 为截面 1 上的压力数值。

　　一个"流体微团"在流动过程中，其总能量由重力势能、动能、压力势能三部分组成，为常数。在流动过程中，三种能量之间可以相互转换，但总能量不会减少和增加（在光管中流动状态）。由于流体是不可压缩的，所以流过任何一个截面的体积是相等的，假设 1 截面的面积用 A_1 表示，2 截面的面积用 A_2 表示，则

$$\rho A_1 v_1 = \rho A_2 v_2 \qquad (4-6)$$

　　从式（4 - 5）求出 v_1 或 v_2，代入式（4 - 6）中得到 v_2 或 v_1，进而得到管道中流体的质量流量。

　　从图 4 - 2 中还可以看到，对于水平放置的管道，虽然我们观察的"流体微团"不在同一水平面上，但是差距不大（最大差距是管道的内径），可以认为"流体微团"具有相同的高度，这样式（4 - 5）简化为

$$\frac{p'_1}{\rho} + \frac{v_1^2}{2} = \frac{p'_2}{\rho} + \frac{v_2^2}{2} \qquad (4-7)$$

　　式（4 - 7）是水平放置管道得出的流体流动数学方程式，不能用于有一定倾斜角度或者垂直放置的管道，因为这种管道的 gz 能量项在不同截面上的差值是不能忽略的，这也是节流装置必须安装在水平管道上的原因。

　　在图 4 - 2 中，如果没有节流装置，所有流线都和管道壁相平行，整个流动过程中，任何截面的流速、压力均相等（假设流体在光滑的没有摩擦的管道中流动）。当然任意两个截面之间的压差也为零，这时流体的体积流量和两个截面之间的压差没有一一对应的关系，可见节流是测量流体流量的必要手段。当在图 4 - 2 的水平管道中安装节流装置后，截面 1 和截面 2 上流体的状态可以用式（4 - 7）描述，等式的左右相等且等于常数，即无论选择哪个截面，在截面上的"流体微团"的能量由压力势能和动能两项组成。如果由于某种原因使其中的一项变化后，另一项必然朝相反方向变化。例如，在截面 2 上由于流通面积的缩小，再考虑到流体又是不可压缩的，所以在截面 2 上速度 v_2 必然增加，而 p_2 肯定会减小。流量测量仪表正是利用这个原理对流体的流量进行测量的。

　　从数学运算角度分析，只要知道某截面的面积和截面上流体的流速，则流体的体积流量（截面面积乘以流体速度）就可以求出。而式（4 - 7）和式（4 - 6）正好组成以 v_1 和 v_2 为变量的一元二次方程。其中 A_1 是管道截面面积为已知的常数，A_2 是流体收缩后的最小面积，虽不可直接得到，但研究发现 A_2 和 A_1 之间存在一定比例关系，也可看成常数。这样，求解这个方程就能得到 v_1 或 v_2 的数值，从而得到流体的体积流量。

　　从式（4 - 6）中求出 v_1，再将 v_1 带入式（4 - 7），可得

$$v_2 = \frac{1}{\sqrt{1-\left(\frac{A_2}{A_1}\right)^2}} \sqrt{\frac{2}{\rho}(p'_1 - p'_2)} \tag{4-8}$$

则通管道中流体的体积流量为

$$Q_V = v_2 A_2 = A_2 \frac{1}{\sqrt{1-\left(\frac{A_2}{A_1}\right)^2}} \sqrt{\frac{2}{\rho}(p'_1 - p'_2)}$$

质量流量为

$$Q_m = \rho A_2 \frac{1}{\sqrt{1-\left(\frac{A_2}{A_1}\right)^2}} \sqrt{\frac{2}{\rho}(p'_1 - p'_2)}$$

如果将 A_1 和 A_2 以管道的直径 D 和流体收缩后的直径 d 表示，则流量为

$$Q_m = \frac{\pi}{4}d^2 \frac{1}{\sqrt{1-\left(\frac{d}{D}\right)^2}} \sqrt{2\rho(p'_1 - p'_2)} \tag{4-9}$$

由式（4-9）可知，流体的质量流量仅和截面1、截面2上的压差开平方成正比。测量压差就等于测量流体的流量。此式正是图4-1所示的流量测量原理的依据。

图4-2中所示的压力、速度曲线图分别描述了某质点从节流前到节流后实际的压力和速度变化情况。压力 p 曲线在截面1的附近由于流通截面不变而压力为常数，接近截面2时，若沿管道的内壁测量压力，越靠近截面2，压力就越大；若沿流线测量压力，越接近截面2，压力就越小。在压力曲线图上，以上两种压力的变化分别以"沿管道内壁压力变化曲线""沿流线压力变化曲线"表示。当流通面积收缩到最小时，对应压力达到最小数值。以后逐渐回升，达到截面3时，恢复到另一个压力数值，和截面1相比压力有所降低。也就是说，实际流体在流动过程中必然伴随有能量的损失。从"流体微团"的能量结构来看，水平管道有两种能量的组合，即动能和压力势能。很显然，管道的截面1和截面3的流通面积一样，如果动能发生变化（速度变慢），就意味着体积流量的减少，而流体是不可压缩的，其密度不变，体积流量的减少就等于流体质量的减少，即流过截面1和截面3的质量不相等，这显然是不可能的，所以流体能量的损失只能体现在压力势能上。对应图4-2的速度变化曲线也应该和压力曲线一样在接近截面2时分别用两条曲线表示，不过在测量时沿管道内壁的速度参数没有使用价值，所以在速度曲线图上略去，留下的仅为沿流线的速度分布曲线图。其规律为流体流通面积越小，速度就越大，故在截面2上流体速度达到最大值，由于截面1和截面3面积相等，所以两截面速度相等。

式（4-7）是建立在流线上的没有任何能量损失的理想伯努利方程。通过以上的压力曲线和速度曲线分析，实际流体在流动过程中不会没有能量损失，或者说，式（4-7）不能描述实际流体的流动状态。另外，当管道存在摩擦不是理想光滑管道时，在同一截面上速度分布不为常数。靠近管道边沿由于受到管壁的摩擦，流体速度变小，越靠近管道中心流体的速度就越大，这就是说在同一截面的流线上"流体微团"的状态是不同的。例如，速度大小就不相同。伯努利方程建立在两个截面上，其中速度是截面上"流体微团"的速度，压力是"流体微团"的压力，由于在原来的假设条件下，流通截面上各处的速度、压力都相等，所以伯努利方程中表示了所有流线的"流体微团"的流动状态。原来的假设条件不存在时，伯

努利方程就不能成立。为了能描述实际流体的流动状态，在截面上取其平均速度来代表此截面所有流线上"流体微团"的速度。原本截面上各处的速度是不相同的，为了还能用伯努利方程进行理论分析和研究，假定在截面上的"流体微团"速度都一样，数值等于截面上"流体微团"的平均速度。考虑以上压力损失和截面上的速度不相等两个原因后，流体流动的伯努利方程可修正为

$$\frac{p'_1}{\rho} + C_1 \frac{\bar{v}_1^2}{2} = \frac{p'_2}{\rho} + C_2 \frac{\bar{v}_2^2}{2} + \xi \frac{\bar{v}_2^2}{2} \tag{4-10}$$

式中：p'_1、p'_2 为截面 1、2 沿流线上的绝对静压力；ρ 为流体的密度，由于流体不可压缩，在各截面上密度相等；$\bar{v}_1$、$\bar{v}_2$ 为截面 1、2 上的平均速度，平均速度代替实际速度会导致伯努利方程的不相等，为了使方程两边相等，用 C_1、C_2 对平均速度表示的动能进行修正，所以一般称这两个参数为动能修正系数；ξ 为阻力修正系数，由于实际管道存在摩擦而引起能量的损失，损失的能量用截面 2 上平均速度动能乘以 ξ 系数来表示。

以流体平均流动速度表示在截面 1、截面 2 上的体积流量为

$$A_1 \bar{v}_1 = A_2 \bar{v}_2 \tag{4-11}$$

式中：A_1、A_2 分别为截面 1、截面 2 的面积。

对式（4-10）和式（4-11）求解，得

$$q_V = A_2 \bar{v}_2 = A_2 \sqrt{\frac{2(p'_1 - p'_2)}{\rho\left[\xi + C_2 - C_1\left(\frac{A_2}{A_1}\right)^2\right]}} = \frac{A_2}{\sqrt{\rho\left[\xi + C_2 - C_1\left(\frac{A_2}{A_1}\right)^2\right]}} \sqrt{\frac{2(p'_1 - p'_2)}{\rho}} \tag{4-12}$$

式（4-12）中的 A_2 是截面 2 处流体收缩后的最小面积，此面积和流体的特性、流体的速度等都有关系，不是常数，即实际测量不能得到这个面积的数值。另外，p'_2 表示截面 2 处最小面积边沿的压力，面积尚且不知，测量面积边沿的压力当然也是不可能的。所以从理论上分析，用式（4-12）可以测量流量，但实际上还有很多问题没有解决。现在的主要矛盾集中在最小面积的测量上。既然最小面积变幻莫测，那只能用实验和近似的方法来解决这一问题。首先用节流器件的前后压差 p_1、p_2 代替原来截面 1 和截面 2 上的压力 p'_1、p'_2。p_1、p_2 压力见图 4-2 上的标注。其中 p_1 压力在节流器件前测量，由于此处流体流动速度为零，所有的动能全部变换成压力势能，其对应压力比截面 1 上的压力要高；p_2 压力在节流器件后测量，由于在其上方流体流通面积的收缩，流体流动速度的加快，此处压力和截面 2 上的压力近似相等，所以若用 p_1、p_2 代替原来的 p'_1、p'_2 肯定会出现误差。但从测量角度来看，显然 p_1 和 p_2 容易测量，根据实验结果发现这两个压差虽不相等，但两者的比值为一常数，即

$$\frac{p'_1 - p'_2}{p_1 - p_2} = \Psi \tag{4-13}$$

将上式变形为

$$p'_1 - p'_2 = \Psi(p_1 - p_2) \tag{4-14}$$

式（4-14）说明只要得到 p_1 和 p_2 就等于得到（$p'_1 - p'_2$），这就从理论上解决了压力测量的问题。

在式（4-12）中的 A_2/A_1，由于最小面积 A_2 不能确定，所以 A_2/A_1 也就不能确定，这最终将影响到体积流量的计算。若假设节流器件的流通面积为 $\pi d^2/2$（节流孔径为 d），用

A_0 表示其面积。管道直径用 D 表示，则 A_0 和 A_1 的面积比值通过实验方法可得为常数，管道和节流器件确定后这个常数随之而定，即

$$\frac{A_0}{A_1} = \frac{\frac{\pi d^2}{4}}{\frac{\pi D^2}{4}} = \left(\frac{d}{D}\right)^2 = \beta^2 \tag{4-15}$$

一般节流器件和管道的直径参数比面积参数更容易得到，因此用直径的比值 β^2 代替面积的比值。

通过实验可知，截面 2 的流通面积 A_2 和节流器件的流通面积 A_0 比值近似等于常数，即

$$\frac{A_2}{A_0} = \mu \tag{4-16}$$

将式（4-15）代入式（4-16）得

$$\frac{A_2}{A_0} = \frac{A_2}{\beta^2 A_1} = \mu \quad 或者 \quad \frac{A_2}{A_1} = \mu \beta^2 \tag{4-17}$$

将式（4-17）、式（4-16）、式（4-13）代入式（4-12）得

$$q_V = \frac{\mu \sqrt{\Psi}}{\sqrt{\xi + C_2 - C_1 \mu^2 \beta^4}} A_0 \sqrt{\frac{2}{\rho}(p_1 - p_2)} \tag{4-18}$$

式（4-18）是通过三次近似后，将理想伯努利方程应用于实际流体的测量计算公式。第一是用非光滑管道代替原光滑管道，用 C_1、C_2、ξ 三个参数进行修正；第二是用节流器件前后的可测量压差代替原来流通面积最大处压力 p'_1 和流通面积最小处 p''_2 的压差，用参数 Ψ 进行修正；第三是用 μ、β 代替 A_2/A_1。无论是哪步的替代都会带来一定的误差，可见流量测量从理论讲就已经存在测量误差，这正是现场的流量测量误差比较大的原因。为了以后的计算方便设

$$\alpha = \frac{\mu \sqrt{\Psi}}{\sqrt{\xi + C_2 - C_1 \mu^2 \beta^4}} \tag{4-19}$$

式中：α 为流量系数。

在测量过程中或者环境参数变化较大时，计算公式还需继续修正。

前文推导计算公式时一直假设流动流体的不可压缩性，而事实上电厂的高温、高压流体在压力变化较大时，其密度会发生较大的变化，为此需要对密度变化带来的误差进行修正，计算公式为

$$q_V = \varepsilon \alpha A_0 \sqrt{\frac{2}{\rho}(p_1 - p_2)} \tag{4-20}$$

式中：ρ 为标准状态下流体的密度；ε 为当压力、温度变化后对流体密度变化所引起误差的修正。

事实上，在阅读本书的过程中，读者肯定会对流量系数 α 提出一些质疑，组成 α 流量系数的 β 容易理解，当管道和节流器件确定后，β 为常数，其他 μ、Ψ、ξ、C_1、C_2 都为常数吗？其实不然，在实际使用流量系数时，要根据各种情况去重新查表求取流量系数 α。而对于一般的流量测量仪表，一旦仪表被安装到现场，流量系数就不可能再变化。人们不可能对压力或温度等不同数值采用不同仪表面板来指示，但是使用者必须清楚，一旦环境参数发

生变化，会加大流量测量的误差。影响流量测量的因素有流体的流动状态、节流器件的磨损、温度、压力等。尤其在工况变化较大时，测量误差会达到令人难以置信的程度。例如，在机组的启停过程中，蒸汽和给水的质量流量应该相等，但是过去有些机组的蒸汽流量测量数值均大于给水流量。在水位不变化的情况下，有时显示的蒸汽流量是给水流量的2倍左右，足见误差之大。不过，若使用计算机仪表进行流量测量，可以将测量准确度提高很多，基本能满足正常使用要求，也绝不会出现像常规仪表那样令人难以置信的误差。

二、标准节流装置

从前文的公式推导可以看出，流体流量的测量实质上是测量节流器件的前后压差，因此压差的测量就显得非常重要。影响压差测量的因素主要是测量压差的位置，不同的测量位置会得到不同的数值。为了能得到准确的测量结果，必须限定测量压差的位置。一般把规定了

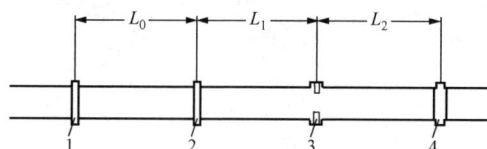

图 4-3　整套节流装置示意

1—上游第一个阻力件；2—上游第二个阻力件；
3—节流器件；4—下游第一个阻力件

测量压差位置的取压器件称为取压装置。另外，标准节流装置除包括节流器件和取压装置外，还要求节流器件前后管路的布置、节流前后阻力部件到节流装置的距离等都必须符合要求，如图4-3所示。其中L_0、L_1、L_2长度必须满足国家标准的相应规定。当管道布置不满足这些要求时，用前文推导出的流量公式就会出现不能估计的误差，使测量数据失去意义。

节流器件、取压部件、节流前后的直管段长度共同构成了流量测量的标准节流装置。

国家标准规定的标准节流器件有标准孔板和标准喷嘴两种，标准节流部件的取压方式有角接取压和法兰取压。国家标准规定如下：标准孔板的取压方式可以是角接取压或者法兰取压，不过不同的取压方式对应的流量系数α不同。

标准喷嘴只能选择角接取压。

1. 标准孔板

标准孔板的本体结构如图4-4和图4-5所示，图4-4是其立体结构示意，图4-5的左侧是其沿直径的剖面图。标准孔板是一个中间开圆筒孔形的薄板。其流体流动方向如图4-5上箭头所示。安装时孔板两侧用法兰夹紧并固定在流体流通的管道上，其孔板中间的圆筒形孔必须小于管道内径，以起到节流作用。孔板的中间圆筒形开孔直径d是一个重要尺寸。开孔前要根据使用环境参数如压

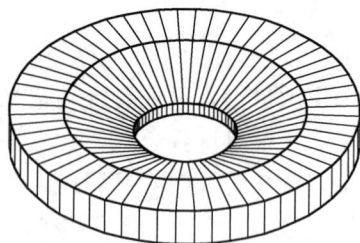

图 4-4　标准孔板立体示意

力、温度、流体的流动状态等计算出理论尺寸。制成的孔板要对直径d在已知温度下进行精密的测量，且测量位置必须在流体流动方向侧，还必须在不同的方向上对直径进行测量以求出平均值，且要求每个测量数值与平均值的实际相对误差不大于±0.05%（平均值作为真值）。孔的进口边缘应是严格的直角，不能有毛刺和可见的反光（只有圆角才有反光），其直角的锐度越好（越锋利），流体流过时收缩就越明显，节流器件两侧的压差就越大，当孔板使用时间过久后，孔板的直角锐度会因摩擦而下降（使用过的孔板周边均可见反光就是孔板边缘已经不是直角），这时如果不进行修正会给测量带来误差，所以孔板使用一段时间后，

要对测量仪表重新校正。圆筒形孔长 e 应满足 $0.05D \leqslant e \leqslant 0.02D$（$D$ 为管道平均内径），其表面的粗糙度应符合技术标准。孔板的厚度 E 既不要太大，又要保证孔板有一定的机械强度，在压差的作用下不会发生变形。对流体流出侧的扩散锥面其倾斜角严格控制在 $30° \sim 45°$。

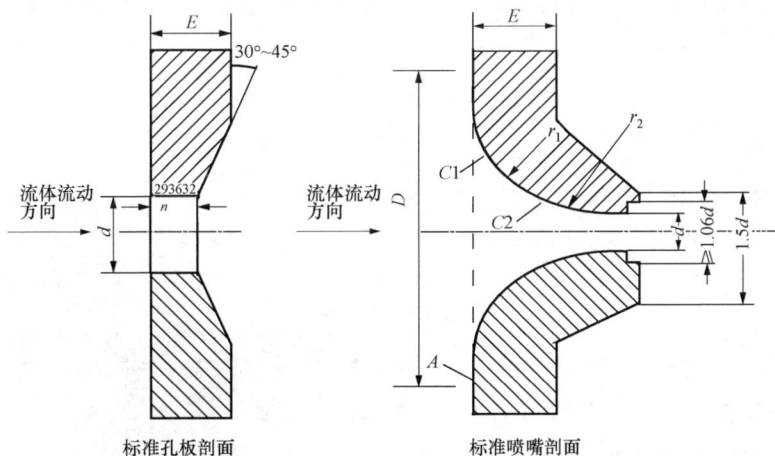

图 4 - 5　标准孔板和标准喷嘴剖面

除了上述的孔板加工要求外，在安装方面也有许多要求，这里不再赘述。仅此我们已经可以得出结论，影响孔板测量的因素实在是太多了，这就需要我们在读取流量参数时更要格外小心，当出现误差时要认真总结分析，积累运行经验。

2. 标准喷嘴

标准喷嘴的结构如图 4 - 5 和图 4 - 6 所示。它是一个以管道轴线为中心线的旋转对称体，由入口面 A、两个圆弧曲面 $C1$ 和 $C2$ 构成的收缩部分及出口喉部光滑的圆筒形连接而成。圆筒形喉部直径 d 是一个重要尺寸，d 值应是 8 个单测值的平均值，其中 4 个在喉部入口处测得，另外 4 个在喉部出口处测得。要求任何一个单测值与平均值的相对误差不超过 $\pm 0.05\%$。喉部边缘应是尖锐的直角，无毛刺、无损伤、没有目测可见的倒角。喷嘴的通孔可用样板检查，将样板按

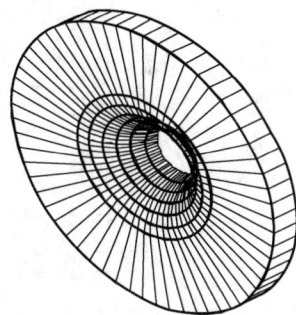

图 4 - 6　标准喷嘴立体示意

流体流动方向塞入标准喷嘴时，样板的外部曲线刚好能和喷嘴的内部曲线重合。检查时，样板靠到喷嘴的曲面上，应无明显的透光现象。

标准喷嘴的测量准确度要比孔板高，其管路上流体的压力损失也较小。但是，孔板的结构简单，易于加工；喷嘴的结构复杂，加工难度较大。

3. 标准取压方式

前文介绍过标准节流装置等于标准节流器件加上标准取压装置，可见，标准节流装置和取压装置是密不可分的。标准节流器件的取压装置共有两种。

（1）角接取压装置。角接取压是在距离节流器件前后端面 17.2mm 处钻孔取压的方式。角接取压又分为环室取压和单独钻孔取压两种方式。图 4 - 7 为环室取压装置平面示意，图 4 - 8 为环室取压立体示意。环室取压包括前环室和后环室，分别装在节流器件的上游侧和下

游侧，并用法兰固定，法兰和环室、环室和节流器件之间夹以垫圈。节流器件前后的静压力是从前后环室和节流器件前后端面之间的连续环隙上取得的，因而是整个圆环上的静压力平均值。

环室取压不仅确定了取压位置，而且取出的压力是沿周边压力的平均值，这对提高测量精度和滤除压力波动都有很大的好处。为了能起到良好的均压作用，环室的截面积 hc 应大于 $\pi D\alpha/2$。

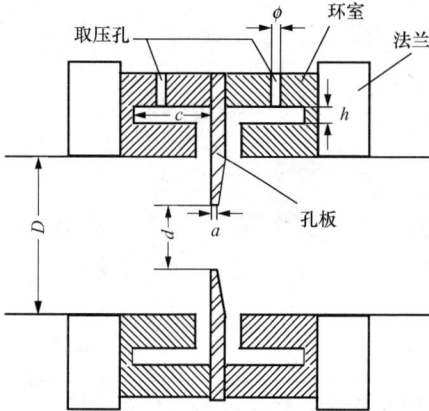

图 4 - 7　环室取压装置示意

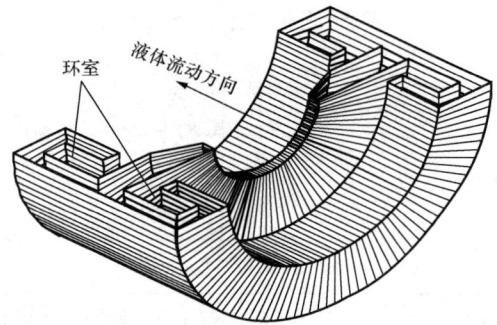

图 4 - 8　环室取压立体结构示意

单独钻孔取压装置如图 4 - 9 所示。单独钻孔取压的孔，可钻在法兰上，也可钻在法兰之间的夹紧环上。取压孔在夹紧环内壁的出口边缘必须与夹紧环内壁平齐，并有不大于取压孔直径 1/10 的倒角，无可见的毛刺和突出部分。取压孔应为圆筒形，其轴线的延长线应与管道中线相交，并允许与节流件上下游端面形成不大于 3° 的夹角。

（2）法兰取压。法兰取压装置如图 4 - 10 所示，它是把孔板夹在两块特制的法兰之间，中间夹两片垫圈，垫圈厚度不超过 1mm。在距离孔板前后端面 25.4mm 处法兰外圆上各钻一个取压孔，取压孔径不超过 0.08D，最好在 6～12mm 之间。取压孔中心线的延长线必须与管道中心线相交且垂直。

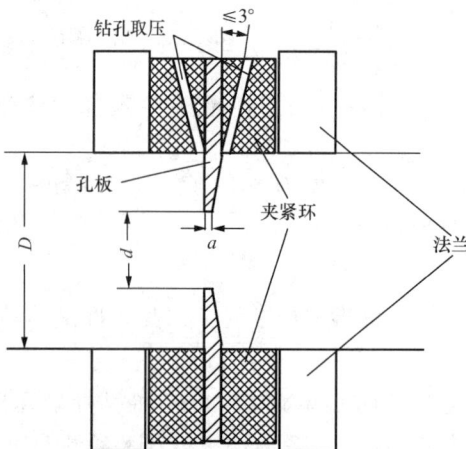

图 4 - 9　单独钻孔取压装置示意

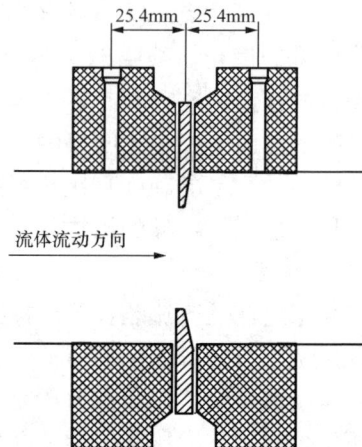

图 4 - 10　法兰取压装置示意

第三节 体积法和速度法流量测量仪表

工业上常用的流量测量方法有体积法和速度法两大类。体积法从理论上分析，是比较准确的测量方法，但由于测量过程中往往伴随着机械运动，且结构复杂等原因，不易用于电厂中高温、高压流体的测量，在一般的小流量、低腐蚀等环境中可以考虑使用。前文介绍过的节流式流量测量就是速度法的典型代表。与其说节流式流量测量是测量体积流量，不如说这种测量是测量流体速度，式（4-12）可以为此观点作证。从表达式可以看出，压差仅和速度相关，利用速度乘以截面面积得到流体的体积流量。这种方法虽然测量结果受众多因素的干扰，误差较大，但测量过程中不存在任何机械的运动，所以结构简单、易于维护，可在高温、高压环境下使用，是目前电厂最常用的流量测量方法。除节流式流量测量方法外，还有皮托管、转子流量计、靶式流量计等利用速度法进行流量测量的仪表。

一、体积法

前文已经介绍了流量的概念，而且知道流量的测量事实上仅有一种，即体积流量的测量。用体积流量的概念完成下面的例题。

【例 4-1】 请设计一种简单易行的方法，测量一般家用水管上阀门打开后的流量。

解： 不要设想用水表等测量仪器，这样做管道的改造并非易事。事实上取两个水桶，提前计算水桶的容积，然后，打开阀门开始计时和对水桶的计数。例如，一个小时内共接满 60 桶水，一桶水体积为 0.02m³，则体积流量为

$$q_V = \frac{0.02 \times 60}{3600} = \frac{1}{3000} (\mathrm{m^3/s})$$

答： 水管阀门打开后的流量为 1/3000m³/s 或者 1.2m³/h，即每秒钟能流出 1/3000m³ 水或者每小时能流出 1.2m³ 水。

体积法测量流量就是以上的原理，不过，测量过程的计时和计数都是自动进行的，其体积的计数不像例题那样直观。

如果流体以固定的体积从流量计中逐次排出，则对排放次数进行计数即可求得通过的流体总量，总量除以对应的时间为体积流量。这种测量流体体积流量的方法称为体积法。刮板流量计、椭圆齿轮流量计、罗茨流量计等都是按此原理进行工作的。图 4-11 和图 4-13 分别是椭圆齿轮流量计和罗茨流量计的原理。两个流量计虽然中间的转动齿轮形状不同，但转动原理是一样的。其中"计量容器"每个齿轮对应一个，当相应齿轮长轴和流体流动方向一致时，齿轮长轴和其相邻管道侧面就形成"计量容室"。"计量容室"先灌满流体，然后排掉，除了两个齿轮之间由于结合不紧的漏流外，所有流过流量计的流体都必须经过"计量容室"。

椭圆齿轮流量计转动原理见图 4-11 和图 4-12。在图 4-11 中，椭圆齿轮 2 没有转动力矩，因为作用在长轴上的压力 p_1 和 p_2 大小相等而转动力矩相反。在椭圆齿轮 1 上，由于流体的上游的压力大于下游压力（流体流出侧没有标出压力，仅在流体的流入侧标出等效压力 p_1），可以看成椭圆齿轮 1 仅受 p_1 力矩的作用，所以其顺时针旋转且带动椭圆齿轮 2 转动，这种状态下椭圆齿轮 1 是主动轮，椭圆齿轮 2 是从动轮。当两个齿轮旋转一定角度后如图 4-12 所示。在椭圆齿轮 1 上，由于椭圆齿轮 2 和椭圆齿轮 1 的啮合使得

椭圆齿轮 1 的部分面积被分割到流体的下游（压力变小），这样等效压力 p_1 大于等效压力 p_3，所以椭圆齿轮 1 仍在 p_1 力矩的方向上（顺时针方向）转动。在椭圆齿轮 2 上 p_4 和 p_5 对应的转动力矩相互抵消，但是在其上方还存在压力 p_2，在 p_2 作用下椭圆齿轮 2 也在顺时针旋转。这种状态下，两个齿轮都是主动轮。继续旋转，当齿轮 1 长轴垂直于流体流动方向时，齿轮 1 所受力矩为零，但齿轮 2 和图 4-11 中齿轮 1 位置相同，齿轮 2 作为主动轮继续转动。可见从转动的动力上看，没有"死点"，因此流量计没有大的机械磨损是不会自动停止转动的。

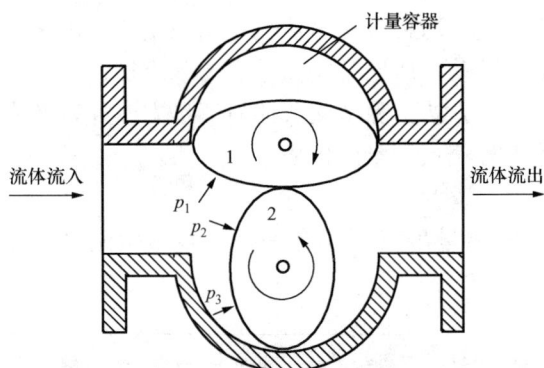

图 4-11　椭圆齿轮流量计原理

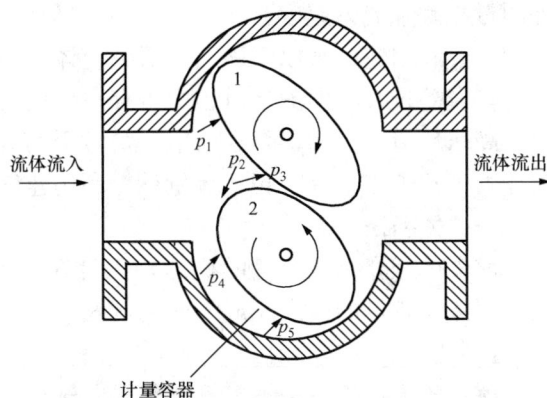

图 4-12　椭圆齿轮转动过程原理分析示意

罗茨流量计又称腰轮流量计，其原理和椭圆齿轮流量计原理一样，见图 4-13，工作原理不再赘述。从结构上看，罗茨流量计的漏流会更小，动力传动效果会更佳，但这些优点都是以结构复杂为代价换来的。

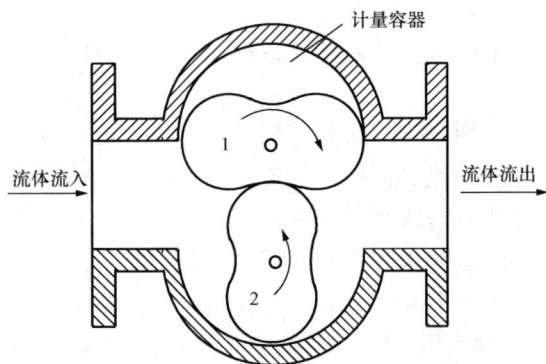

图 4-13　罗茨流量计原理

二、速度法

速度法就是测量出流体在某截面上的流动速度，然后乘以此截面的面积而得到流体的体积流量。

1. 动压测量管

动压测量管又称为皮托管，具体测量原理如图 4-14 所示。动压测量管只能在水平的管道上进行速度测量，要求动压测量管水平放置（A、B 连线应处于水平线上），且 A、B 两点所在截面大小相等。由于测点在同一水平面上，重力势能相等，

假设没有安装动压测量管时，虽然 A、B 不在同一个流通截面上，但是由于流通面积相等，所以，两截面上的速度和压力势能各自对应相等，即流体由 A 点流动到 B 点，其速度和压力势能没有变化。当安装了动压测量管后，在 A 点由于动压测量管对沿图中箭头所示方向的流体的阻碍作用，使得到达 A 点的流体速度等于零，即将速度动能全部转化成压力势能，增加了 A 点的压力。而 B 点流体正常流动，在此点上既有压力势能也有速度动能，所以 B 点压力低于 A 点压力。由于管道流通截面是一定的，当流量越大时，流体的流动速度就越

快，当在 A 点受阻后转变成的压力势能就越大，对应的 A 点的压力就越高。仔细分析还会发现，A 点压力由两部分组成：一是流体没有受阻时的压力势能，此时 A、B 两点的压力势能相等；二是由速度动能转化而成的压力势能，这一项 B 点是没有的。在图 4 - 14 中上部测量压力的 U 形管测量显示的仅为 A、B 两点的压力差，是由速度转变而成的压力。数学描述如下：

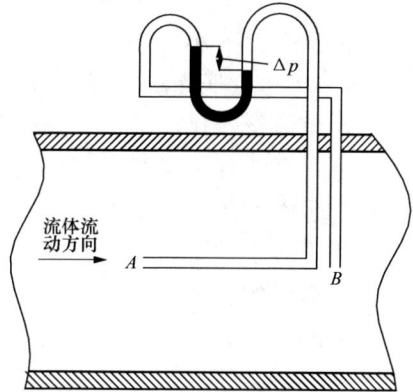

图 4 - 14   动压测量管原理

$$p_A = p + p_v, p_B = p, \Delta p = p_A - p_B$$

式中：p 为管道内流体正常流动时的压力；p_v 为由速度势能转变而成的压力；Δp 为动压测量管的压差；p_A 为截面 A 上的压力；p_B 为截面 B 上的压力。

用式（4 - 7）的伯努利方程将上式具体化，有

$$\frac{\Delta p}{\rho} = \frac{v^2}{2} \text{ 或者 } v = \sqrt{\frac{2}{\rho} \Delta p} \qquad (4 - 21)$$

可见，压差和速度具有一定的对应关系，根据压差可以求得流体流过 A 或 B 点所在截面时的流速，而截面面积是已知的，所以流体的体积也同样可以求得。如果管道固定，则在动压测量管上可以直接刻度流量数值。

需要注意的是，动压测量管测量的速度实际上是管道中线上的速度，而实际管道速度分布是比较复杂的，以"点"代"面"肯定会出现误差。和节流差压流量计一样，也得考虑校正，因此动压测量管使用时仍附加众多的使用限制和校正办法。另外，管道面积是流量测量仪表的使用参数，如果将流量测量装置安装到不同的管道上，必须根据新管道的流通面积重新刻度流量数值。

2. 转子流量计

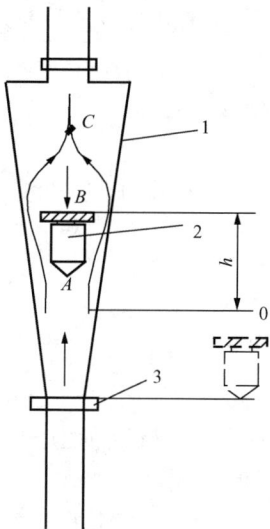

图 4 - 15   转子流量计结构示意
1—锥形管；2—转子；
3—管道和流量计连接装置

转子流量计是工业上和实验室常用的一种流量表，具体结构见图 4 - 15。它具有结构简单、显示直观（锥形管用玻璃制作，可以直接观察转子的位置）、压力损失小、维修方便等优点。适用于直径 $D \leqslant 150$mm 管道的流体流量的测量。

转子流量计和前面介绍过的流量计最大的不同之处是此种流量计要求垂直安装。当管道中流体不流动时，转子仅受浮力作用，只要转子密度大于流体密度，转子将处于锥形管的最低位置。当流体自下而上流过锥形管 A 点时，转子下方流体由于受到阻挡，速度变成零，将速度动能转化成压力势能，转子下部压力增加。流体在向上流动的过程中受到转子的节流，实际流通面积在到达 C 点后，才能恢复到满管流通的最大面积。在 B 点流通面积比 A 点的流通面积要小，根据伯努利方程可得，B 点压力比不发生节流的流体压力还要低，即由于转子的存在，在流体流动时，A 点压力升高，B 点压力降低，这样转子受到向上的作用

力。当管道中的流体速度越大时，A、B 点的压力差就越大，向上的作用力就越大。当作用力大于其下沉力（重力减去液体浮力）时，转子向上加速运动。由于转子外部的锥形管的面积是上大下小，当转子向上移动后，由于上部面积的增加，流体流动速度将变慢（因为流量等于流通面积乘以流体流速，管道中任何截面上的流量相等），作用在 A 点压力是用速度能量转化而成的，当速度能量减小时，作用在 A 点压力就会减小，即作用在 A 点的压力会随着位置的升高而减小。B 点压力忽略一些次要因素，假定压力不变，这样作用在转子上的压力（A 点压力减去 B 点压力）随转子位置的升高而逐渐减小。当这个作用力等于转子的下沉力时，转子不再上升，处于新的平衡位置 h 处。同样地，设备不变，当管道中的流体速度增加时，作用在 A 点的力就加大，转子的位置上升的比较高。因此转子的位置高低反映了流速的大小。

3. 靶式流量计

靶式流量计适用于测量黏性流体的流量，测量的检测部件结构见图 4-16。所谓的"靶"就是在管道中心设置一个小圆盘形的物体。当流体受到"靶"的阻挡后将动能变成压力势能。动压测量管虽然也是使用阻挡原理，但是其阻挡面较小，因此测量结果可以认为是某点上的流体速度。"靶"就好像人在大风中逆风行走，风越大（空气流速越大）时，行走的阻力就越大。根据"靶"的受力大小就可测量流体的流速，流速乘以截面积就可得到流体的体积流量。当流体流过"靶"时，共受到三种力的作用：

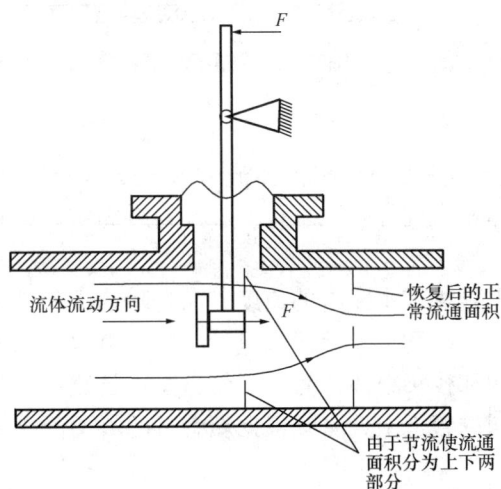

图 4-16 靶式流量计检测部件结构示意

（1）流体对"靶"的冲击力（速度能转变成压力能）；

（2）由于"靶"的节流作用，在"靶"的前后产生压力差而形成的压力；

（3）流体在"靶"周边产生的摩擦力。

第一种力是"靶"面对流体阻挡后使流体的速度动能转化成压力势能的力，这个力和阻挡面积有关，若用 F_v 表示，则有

$$F_v = A_0 \frac{\rho v^2}{2} \tag{4-22}$$

式中：F_v 为作用在 A_0 面积上的力；A_0 为管道流通面积。

第二种力为节流效应产生的力，主要表现在"靶"的下游侧由于实际流通面积的缩小而使压力降低（比正常流通情况下的压力要低）。下面不妨用极端形式来分析这种力的大小。假设"靶"的面积和管道内截面一样大小，将流体完全截断，在截断的瞬间，"靶"上既有流体速度动能转变成的压力，也有由于"靶"的下游没有流体而形成真空所产生的压力。这种节流压力和节流面积有关，节流面积越大，产生的压力就越大。一般靶式流量计要选择"靶"的面积，使这个压力忽略不计，即"靶"的下游侧压力和正常流动的其他截面上压力相等，作用在"靶"上面的力主要是和速度动能相关的压力，也只有这样才准确测量流体的

速度。

第三种力和流体的黏度有关，当流量很大时，这种黏滞摩擦力可以忽略不计。

"靶"上受力的大小可以通过力变送器，将力的大小变成电信号以便显示。在显示时，乘以适当的比例系数，可以显示体积流量或者质量流量。

第四节 智能型流量计

随着科学技术的飞速发展，人类社会已经步入信息时代。信息技术成为推动国民经济和科学技术高速发展的关键因素。著名科学家钱学森明确指出："信息技术包括测量技术、计算机技术和通信技术，测量技术是关键和基础。"现代仪器仪表是对物质世界的信息进行测量与控制的基础手段和设备，是信息产业的源头和重要组成部分。目前，现代仪器仪表在电力行业中有了广泛的应用。现代仪器仪表以数字化、自动化、智能化等共性技术为特征，获得了快速发展。

本节首先简要介绍智能型流量计的组成、特点以及发展，接着用实例说明智能型流量计在电厂现场的使用情况。

一、智能型流量计的发展

仪表发展主要经历了三代。第一代为指针式（或模拟式）仪表，其基本结构是电磁式的，基于电磁测量原理使用指针来显示测量结果；第二代为数字式仪表，在这类仪表中，必不可少的中间环节是 A/D 转换，将模拟量转换为数字量，最终以数字方式显示或打印测量结果，其响应速度较快，测量准确度较高；第三代为智能化仪表。

智能化仪表是计算机技术与测试技术相结合的产物，是内含微计算机或微处理器的测量仪表，由于它拥有对数据的存储、运算、逻辑判断以及自动化操作等功能，具有一定智能的作用，因而被称为智能仪表。近年来，智能仪表已经开始从较为成熟的数据处理向知识处理方向发展。它体现为模糊判断、故障诊断、容错技术、传感器信息融合、机件寿命预测等，使智能仪表的功能向更高层次发展。智能仪表中一般是数字信号与模拟信号混合使用的，它和 DCS 的连接采用两线制。智能型变送器与 DCS 通信时，在 DCS 中配有智能卡（数字检测卡），便于仪表与系统的通信。随着计算机、通信和微处理机技术的发展，控制系统发生了新的变革，产生了取代传统 DCS（指未吸纳现场总线技术的 DCS）的现场总线控制系统（简称 FCS）。为了适应现场总线控制系统的要求，现场总线型变送器得到了迅速发展。

在电厂的实际使用中，在主设备上节流式流量计占有很大比重，智能仪表用得较少，在外围设备（如脱硫系统、化学精处理系统）中应用较广。

智能仪表由单片机或 DSP 作为核心，扩展必要的 RAM 或 ROM，构成最小系统。数据处理如算术运算、标度变换等主要由微处理器完成。仪表内存可保存仪器的监控程序、应用程序及必要数据。输入通道包括输入放大器、抗混叠滤波器、多路转换器、采样/保持器、ADC、三态缓冲器等部分。输出通道包括 DAC、采样/保持器、低通滤波器等部分。仪表的数字输出可与 LCD 等显示器相连，也可与打印机、外部存储器（如磁盘等）相接，直接获得或保存测量信息。智能仪表可通过外部通信接口实现与其他仪表的信息交换，也可与上位机组成分布式测控系统，由单片机作为下位机采集各种测量信号与数据，通过通信接口将信息传给上位机，然后上位机将进行全局管理。

与传统仪表相比，智能仪表具有以下新的功能。

（1）操作自动化。仪表的整个测量过程如量程选择、数据采集等都用单片机或 DSP 来控制，实现测量过程的全部自动化。

（2）自测功能。该功能包括自动调零、自动故障与状态检验、自校准、自诊断以及量程自动转换等。

（3）强大的数据处理功能。这是智能仪表的主要优点之一。由于智能仪表采用微处理器，许多用硬件逻辑难以解决或根本无法解决的问题，现在可用软件非常灵活地加以解决。例如，传统数字万用表只能测量电阻、交直流电压、电流等，而智能型数字万用表不仅能进行上述测量，而且还具有对测量结果取平均值、求极值、统计分析等复杂数据处理功能，不仅使用户从繁重的数据处理中解脱出来，还有效提高了仪表的测量准确度。

（4）友好的人机接口。操作人员可以通过人机接口获得系统的运行状态、测量数据并实施控制。

（5）数据通信与网络功能。一般智能仪器都配有 GPIO、RS-232C 等标准通信接口，可方便地与 PC 和其他仪表一起组成用户所需要的自动测量系统网络，来完成更复杂的测试任务。

硬件设计是智能仪表设计的基础。在设计过程中，必须根据被测信号的特征量及其大小、系统的关键指标要求、成本因素等方面做出综合考虑，这样才能设计出合理的硬件系统。对于高精度、多功能、快速数据采集系统，更要深入研究系统的各个环节，从理论与实践上做出分析、判断，这样才能获得可靠的品质指标。下面主要介绍输入通道的一般形式以及前置通道接口、A/D接口、D/A接口设计。

由传感器输出的模拟量进入模拟量输入通道，完成电平转换、滤波、放大、采样保持、模数转换，然后送入单片机或 DSP 中进行处理。一般地，完整的模拟量输入通道由滤波器、放大器、采样/保持器、ADC。不同的测量系统需要采集的输入量不同，且所要求的转换精度、工作速度也不尽相同，故输入通道的形式也多种多样。概括起来，模拟量输入通道形式有如下几种：单通道采集系统、多通道同步采集系统、多通道异步采集系统。

智能仪表是将人工智能的理论、方法和技术应用于仪表，使其具有拟人智能特性或功能的检测装置。软件设计的质量决定了仪表智能的高低。一个好的软件程序不但能实现预定功能，而且应该具有程序结构化，简单易读，调试方便，占用系统资源少，运行速度快等优点。可见，软件设计是智能仪器仪表设计中工作量最大、任务最繁重、最复杂的工作。因此，设计者必须掌握正确的软件设计方法，才能高效率、高质量地完成智能仪表软件设计任务。智能仪表的软件通常由监控程序、中断程序、测量程序和数据处理程序组成。

智能仪器仪表主要用于工业生产过程中，而工业现场的环境往往比较恶劣，存在着严重的干扰。这些干扰混杂在信号里，会降低仪器的有效分辨能力和灵敏度，影响测量结果，可能导致系统工作紊乱，有的甚至会严重损坏仪表的器件或程序，但是干扰是不可避免的。为了保证仪表能在实际应用中可靠地工作，必须提高智能仪表的抗干扰能力，这是智能仪表设计中必须考虑的问题。

仪器仪表的智能化也提高了自身的抗干扰能力。干扰信号的来源很多，主要有三个方面，即电磁感应、传输通道、电源线。要有效抑制干扰，必须分析干扰的来源、性质、传播途径、耦合方式、进入电路的形式以及接收干扰的电路等。抑制干扰的方法必须从形成干扰的三要素出发，在干扰源、耦合通道和干扰接收电路方面采取有效措施。对于不同的干扰，采用的抑制方法也不同。对于电磁感应干扰可以采用良好的屏蔽和正确的接地来解决。在仪器仪表系统中，抑制干扰的基本措施有屏蔽、接地、浮置、隔离、滤波等。

随着控制算法在智能仪表中的应用，许多一体化的功能已实现，如数字滤波、量程的自动转换与标度变换、PID控制算法等。

随机干扰会使仪表产生随机误差。随机误差是指在相同条件下测量某一量时，其大小符号无规律变化的误差，但随机误差在多次测量中服从统计规律。在硬件设计中可以模拟滤波器来削弱随机误差，但是它在低频、甚低频时实现较困难。数字滤波可以完成模拟滤波的功能，而且与模拟滤波相比，它具有如下优势：数字滤波是用程序实现的，无需添加硬件，可靠性高，稳定性好，不存在阻抗匹配的问题，而且多个输入通道可以共用，从而降低系统硬件成本；可以根据需要选择不同的滤波方法或改变滤波器的参数，使用灵活方便；数字滤波器可以对频率很低的信号进行滤波，而模拟滤波由于受电容容量的限制，频率不能太低。常用的数字滤波算法有一阶惯性滤波、程序判断滤波、中值滤波、算术平均值滤波、滑动平均值滤波、加权滑动平均滤波等。

控制算法是智能仪表软件系统的主要组成部分，整个仪表的控制功能主要由控制算法来实现。比例、积分、微分控制（PID控制）是工业控制中应用最广泛的一种控制规律。传统PID控制是通过硬件电路实现的，参数容易受到外部环境的影响，灵活性较差。用软件来实现PID控制，参数易于修改，不需要附加硬件，降低成本，提高了系统的可靠性。

现场总线型变送器已经不是传统意义上的变送器了，它是一个集变送、控制和通信功能于一体的现场设备。现场总线型变送器的出现，必将给仪表和自动化领域带来新的革命性变革。控制系统结构精简，没有庞大的控制柜、I/O柜，多台变送器共用一根电缆，使安装和调试费用大大减少，获得了较大的经济效益。

二、AI-708H/AI-708Y型智能流量积算仪

AI-708H/AI-708Y型智能流量积算仪是厦门宇电自动化科技有限公司（简称宇电公司）的产品，该公司是由宇电（香港）自动化科技有限公司投资成立的从事自动化仪表开发与生产的高新技术外资企业。宇电公司在显示控制仪表领域拥有多年的开发及生产经验，技术上达到国际先进水平，主要产品包括AI系列人工智能温控器/调节器、单显报警仪、多路巡检/运算/温湿度测量仪、交流电压/电流/功率测量仪表、流量积算仪及无纸记录仪等盘装显示控制仪表；D5/E5系列导轨安装型智能模块（包括单路/双路温度变送器、开关量及模拟量输入/输出模块、四路PID温度控制模块、AI人工智能PID调节器模块及流量积算仪模块等）、三相可控硅移相触发器、可控硅电炉温度控制柜及AIFCS现场总线型计算机监控软件等，并承接工业自动化成套工程及服务。其产品已广泛应用于化工、热电、石化、制药、冶金、机械、电炉、热处理、食品、造纸及科研实验等领域。

AI-708H/AI-708Y型流量积算仪可对物质的质量、体积、长度进行累积计算，并可进行批量控制。该仪表主要特点如下所述。

（1）可编程输入规格，流量输入信号可编程为 1～5V、0～5V、4～20mA 及频率等，也可定制特殊输入规格，温度信号可编程输入为 Pt100 热电阻、K、E、J 型热电偶或标准电流信号，压力信号可为标准电压或电流信号。

（2）可安装 AI 系列仪表各种通用模块及丰富的可编程功能，可实现瞬时流量、温度及压力的上、下限报警功能，并具备变送输出、通信、24V/12V 电压输出等多种功能。

（3）具有 8 位累积器及 4 位瞬时测量值显示，可选择开方/不开方处理及设置任意范围的小信号切除功能。

（4）AI-708Y 具备完整的温压补偿功能，无需更换不同的仪表或型号，通过编程即可实现一般气体、饱和蒸汽、过热蒸汽及液体的温压补偿运算。采用查表方式对蒸汽进行补偿运算，具有较高的精确度，并可依照用户要求扩充补偿公式实现特殊功能，如对热量或其他物理量的累积。

（5）作为批量控制器使用时，仪表拥有独立的 4 位控制累积器、12 位总累积器及专门的显示状态，功能强大，操作方便。

（6）先进的运算方式保证频率信号即使在频率很低时也有足够的流量运算精度。

该仪表操作面板如图 4-17 所示，图中①为频率输入指示（OUT 位置安装频率输入模块时）；②为报警 1 指示灯；③为报警 2 指示灯；④为手动显示转换指示灯；⑤为显示转换（兼参数设置进入）；⑥为数据移位；⑦为数据减少键；⑧为数据增加键；⑨为字符标注/累积流量低位/流量给定值显

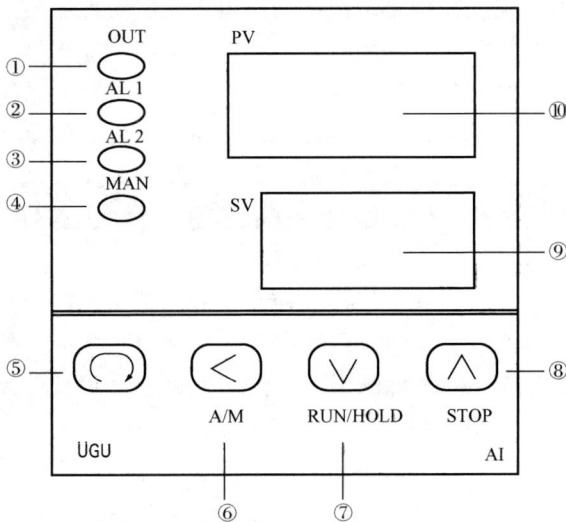

图 4-17　AI-708H/AI-708Y 型智能流量积算仪面板示意

示；⑩为瞬时流量/累积流量/压力/温度显示。通过它可以实现显示切换、积累值清零和参数功能的设置等。

复 习 思 考 题

4-1　什么是瞬时流量和总量？50t/h 代表的是什么流量？

4-2　体积流量和质量流量有何区别与联系？

4-3　100t/h 流量等于多少千克/秒？

4-4　简述节流式流量计的工作原理。流量计输入的压差理论上应在什么位置测量？实际测量位置有什么变化？为什么？

4-5　节流装置安装时对管道有何要求？对节流装置本身有何要求？

4-6　当节流装置的取压位置和方式不同时，取出的压差有无变化？实际测量时取压有哪些具体要求？

4-7　解释实际流量系数 α 中 ξ、C_1、C_2、Ψ、μ 的物理含义。

4-8　简述椭圆齿轮流量计的工作原理。

4-9　简述转子流量计的工作原理。

4-10　简述靶式流量计的工作原理。

4-11　简述 AI-708H/Y 型智能流量积算仪的主要特点。

第五章 水 位 测 量

第一节 概 述

在工业生产中，常常需要测量容器内的固体料位、液体液位和两种不同相混合物料的分界面位置，统称为物位测量。把测量固体料位的仪表称为料位计，测量液位的仪表称为液位计，测分界面位置的仪表称为界面计。三者在原理上有许多共同之处。在电力生产过程中应用最多的是液位测量和料位测量。例如，锅炉汽包水位的测量与煤粉高度的测量，可以此来计量物质的数量，监控连续生产过程，保证安全生产。本章主要论述锅炉汽包水位的测量。

锅炉汽包水位的准确测量对生产过程的影响很大。汽包水位过高，降低了汽包内汽水分离器的分离效果，使供出的饱和蒸汽携带水分过多，含盐量也增多。由于蒸汽湿度大，过热蒸汽过热度降低，这不但降低了机组出力，而且容易造成汽机末几级的水冲击，导致轴向推力过大，使推力轴承磨损；含盐量过多，使过热器和汽轮机流通部分结垢，日久导致机组出力不足且易于因受热面过热而造成爆管，酿成事故。汽包水位过低，使锅炉某些下降管缺水而破坏了水循环，会造成锅炉炉管的爆管事故。因此准确测出汽包内水位，并控制水位在规定上、下限范围之内运行，有着重要的意义。

在火电厂中，汽包水位的测量难度最大。因为汽包中汇集了具有高温、高压的沸腾水和饱和蒸汽，汽包内壁也布置了不对称的上升管和下降管，在机组参数（负荷、汽压、汽温）不断变化中，汽包内的汽和水的两相物质很难有稳定的界面。

汽包水位的测量方法主要有差压式水位计和连通式水位计，下面分别介绍其测量原理。

第二节 差 压 式 水 位 计

汽包水位为密闭容器，容器下部的液体压力除与液位高度有关外，还与液面上部介质压力有关，一般通过差压测量方法来获得液位。差压式液位测量最简单的方法是通过引压导管与液位上方以及容器底侧零液位相连，并把两根引压管道直接通入差压式仪表，见图 5-1。差压仪表的指示值与液位高度的关系式为

$$p = p_B - p_A = \rho g H \tag{5-1}$$

这种测量方案在理论上是没有问题的，但对于汽包水位测量，汽包上部是高压高温水蒸气，见图 5-1 上部的蒸汽引压导管中，由于外部冷却原因会在导管中积存大量水（实际上会积满导管的管路），导致测量无法进行。所以该测量方案不能用于汽包水位测量。那么如何将水位转换成差压呢？常采用平衡容器将水位转换成差压。

差压式液位测量在电厂应用广泛，一般用于测量汽包水位、凝汽器热水井水位、各种水箱水位、储油罐和油箱油位等。

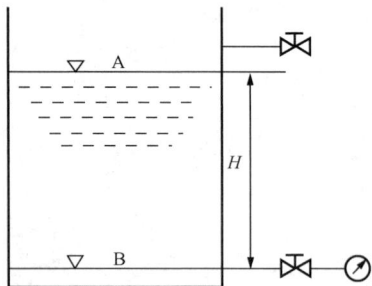
图 5-1 差压式液位计测量原理

差压水位计由水位平衡容器（水位检测元件）、差压变送器和显示或控制仪表三部分组成。汽包水位通过平衡容器将水位变换成压差，再由差压变送器将差压信号变化成电信号，传送给显示或控制仪表。差压变送器前文已有介绍，这里重点介绍平衡容器的水位 - 压差转换原理。

一、双室平衡容器

双室平衡容器差压水位计如图 5 - 2 所示。平衡容器 1 实际上就是云母水位计的结构，不过在此处已经全部包围在平衡容器 2 中，不能像云母水位计那样进行直观的观察，在此仅起滤波作用。当锅炉汽包中的水位波动时，由于存在平衡容器 1 使水位的波动不容易传送到 p_- 侧。平衡容器 2 是为了在 p_+ 侧建立一个固定的液柱压力，用固定液柱压力和汽包中变化的水位高度产生的压力进行比较。当汽包水位升高时，p_+、p_- 侧的压差就变小，相反，当压差变大时表示汽包水位在降低。假设图 5 - 2 中标高参考线以下的 p_+、p_- 管内的液体密度相等（都处在环境温度之中），则标高参考线以下液柱在 p_+、p_- 出口上产生的压力相等，其相互抵消不予考虑。根据流体静力学原理 p_+、p_- 的压力表示如下：

$$p_+ = \rho_1 gL + p_s$$
$$p_- = \rho_w gH + \rho'' g(L-H) + p_s$$
$$\begin{aligned}\Delta p &= p_+ - p_- \\ &= \rho_1 gL + p_s - \rho_w gH - \rho'' gL + \rho'' gH - p_s \\ &= (\rho_1 - \rho'')gL - (\rho_w - \rho'')gH\end{aligned} \quad (5 - 2)$$

式中：Δp 为 p_+、p_- 两管之间的压差；ρ_1 为凝结水密度；ρ'' 为蒸汽密度；ρ_w 为饱和水密度。

从式（5 - 2）可以看出，如果运行工况稳定，ρ_1、ρ_w、ρ''、L、g 均为常数，压差 Δp 和水位 H 成正比。而实际情况是，ρ_1 和环境温度有关，环境温度变化，ρ_1 就变化。当水位 H 没有变化时，作为代表水位的压差 Δp 不应变化，但 ρ_1 变化后 Δp 肯定变化，这就是环境温度变化带来的误差。另外，ρ_w、ρ'' 随运行工况的变化而变，也会造成水位测量的误差。

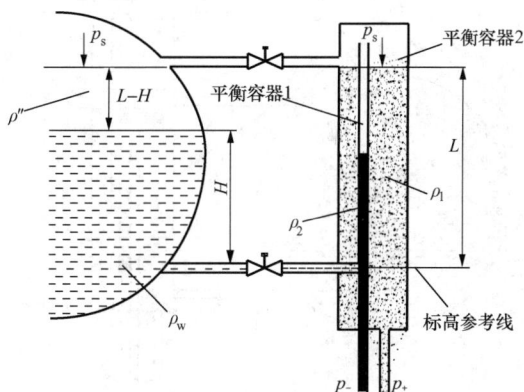

图 5 - 2　双室平衡容器差压水位计

实践证明，双室平衡容器差压水位计，对平衡容器 1 采取保温措施，锅炉在额定工况下运行时，水位表的指示误差很小，基本正常；而当工况变化时，仍会使水位表产生很大的误差。由式（5 - 2）可以看出，L 越大，在非额定工况运行时产生的误差就越大。汽包压力的变化引起的水位指示误差在高压锅炉上可达 100mm 以上，在中压锅炉上也可达 $40\sim50$mm。尤其是在机组启停过程或滑参数运行，参数严重偏离额定工况时，会导致水位指示偏差太大以致不能使用。

归纳起来，影响测量误差的因素有两个。

（1）平衡容器环境温度的变化。若平衡容器的环境温度低，则其中冷凝水密度 ρ_1 增大，由式（5 - 2）可知，平衡容器输出差压增大，使差压式水位计指示水位下降，指示带有负误差。因平衡容器的环境温度的下降形成水位指示的负误差程度取决于平衡容器的尺寸 L 及环境温度的下降量以及平衡容器结构形式。平衡容器尺寸越大，水位指示负误差也越大；环境温度下降量越大，水位指示负误差也增加，但负误差增加量还与平衡容器结构形式有关。

（2）汽包工作压力的变化。汽包工作压力与密度差有关，汽包工作压力越低，密度差越大。于是由式（5-2）得出，平衡容器输出差压越大，造成差压计指示水位越偏低。由此产生的水位指示误差还与水位 H、平衡容器结构尺寸 L 有关。$L-H$ 越大，指示误差更加偏低，也就是说，低水位比高水位偏低程度更严重。

以上分析还可以得到一个结论：类似双室平衡容器的差压水位计（机械式）的指示只能和某个变量有关。例如，此仪表仅和差压相关，而当相关量被其他变量影响后，指示就会出现误差。如果式（5-2）中的其他参数 ρ_1、ρ_w、ρ'' 以及 Δp 均能被测量或已知（这是完全可能和比较容易实现的），利用式（5-2）求解方程中的 H 完全可以得到非常准确的水位高度。假如双室平衡容器的水位计也会像人那样求解这个方程，那就不会出现如此误差。可惜，双平衡容器水位计无能为力。不过，现在正在发展中的计算机智能型水位仪表就可以做到这一点，即使仍使用双室平衡容器在机组的复杂工况运行情况下，照样可以正常指示水位，它的工作原理就是根据已知参数求解式（5-2）方程。

二、改进型平衡容器

改进型平衡容器如图 5-3 所示，主要采取了两方面的改进措施。

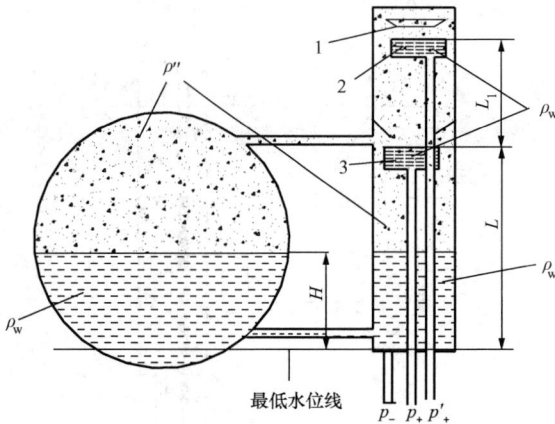

图 5-3　改进型平衡容器原理示意
1—凝结水集水漏斗；2—校正容器；3—平衡容器

一是将原来的负压容器改造成大的循环加热容器。当锅炉蒸汽压力升高时（大于设计压力），锅炉内部饱和水温度将升高，密度相应变化。而高温蒸汽通过平衡容器的上侧连通管道进入平衡容器，在平衡容器中的 p_+、p'_+ 管受高温蒸汽加热后，管内水温升高，被冷凝的蒸汽通过平衡容器的下连通管道又流入锅炉（或者直接流到下降管，图 5-3 中没有画出此管）。这样，不仅将 p_+、p'_+ 管道加热至饱和温度，而且在负压容器内的水也为饱和水。此处，将负压室比做一个"蒸笼"是再恰当不过的。因此在整个负压室内所有设备的温度始终等于对应蒸汽压力下的饱和温度。当锅炉蒸汽压力降低时，蒸汽温度降低，在负压室内蒸汽又变成冷却气体，对 p_+、p'_+ 管进行冷却，最终又使温度等于其饱和温度。图 5-3 中的凝结水集水漏斗，是为给两个正压管补充水而设置的，否则在锅炉压力减小时，平衡容器中的水将会蒸发殆尽。

二是加入了 p'_+ 校正压力，在下文的分析中会看到此压力的校正作用。

最低水位线以下的 p_+、p_- 管道所处环境温度相等，内部水密度相同，作用在差压变送器两个输入端的压力相互抵消，因此 p_+、p_- 的压差主要由最低水位线以上的液体作用形成，数学分析时，仅标明最低水位线以上的压力组成即可。对于 p_+、p'_+，其原理和以上相似，数学分析时，仅标明 L 高度线以上的压力组成即可。根据流体静力学原理有

$$p_+ = \rho_{\mathrm{w}} gL, \quad p_- = \rho_{\mathrm{w}} gH + \rho'' g(L - H)$$

正负管道压差为

$$\Delta p = p_+ - p_- = (\rho_{\mathrm{w}} - \rho'')gL - (\rho_{\mathrm{w}} - \rho'')gH = (\rho_{\mathrm{w}} - \rho'')g(L - H) \qquad (5 - 3)$$

在上式中，平衡容器的长度 L 为常数，如果 ρ_{w}、ρ'' 也为常数（额定工况运行时为常数，g 是重力常数），Δp 和 H 一一对应，测量不会出现误差。当变工况运行时，ρ_{w}、ρ'' 发生改变，即使水位 H 没有变化，Δp 也会由于 ρ_{w}、ρ'' 的变化而变化，这就会带来测量误差。

加入矫正压力（各管压力从 L 高度以上考虑，原因上文已经解释）

$$p'_+ = L_1 \rho_{\mathrm{w}} g, \quad p_+ = L_1 \rho'' g$$

校正压差为

$$\Delta p' = p'_+ - p_+ = (\rho_{\mathrm{w}} - \rho'')gL_1 \qquad (5 - 4)$$

将式 (5 - 3) 除以式 (5 - 4)，结果设为 Y，则

$$Y = \frac{\Delta p}{\Delta p'} = \frac{(\rho_{\mathrm{w}} - \rho'')g(L - H)}{(\rho_{\mathrm{w}} - \rho'')gL_1} = \frac{L - H}{L_1} \qquad (5 - 5)$$

分析式 (5 - 5) 可知，平衡容器输出到仪表的 Y 仅和 H 相关，其余 L、L_1 均为常数。仪表运算电路原理见图 5 - 4。仪表接受两个输入信号 Δp_+、$\Delta p'_+$，利用乘除运算器（模拟信号乘除运算器）运算后输出代表水位且不受运行参数影响的 Y 信号输送到显示装置进行显示。

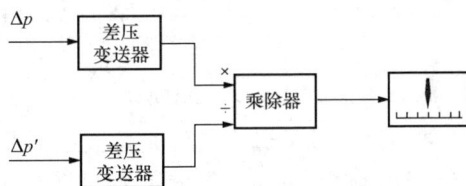

图 5 - 4 改进型平衡容器仪表运算电路原理

这种仪表的缺点是设备投资比较大，因为除了增加乘除运算设备外，还需要额外增加一个压力变送器。

三、汽包水位自动校正

在智能仪表出现以前，人们对水位计的改造总是局限在结构上，因为那时仪表运算电路尚不发达，不能进行比较复杂的运算，没有逻辑判断能力等。以计算机为代表的智能仪表出现后，可以实现复杂的运算，尤其是逻辑分析和判断，一台智能仪表就相当于一个高级工程师，只要能建立起数学模型，智能仪表就完全能处理好参数，使相应显示准确无误。同样是利用双室平衡容器进行测量，经过智能处理后可得到较精确的测量结果。下面分析智能仪表的自动校正算法。

双室平衡容器测量见图 5 - 2，式 (5 - 2) 反映了水位和差压之间的关系。由式 (5 - 2) 可得

$$H = \frac{(\rho_1 - \rho'')Lg - \Delta p}{(\rho_{\mathrm{w}} - \rho'')g} \qquad (5 - 6)$$

双室平衡容器对应的显示仪表就是利用式 (5 - 6) 进行水位显示的，其输入信号只有一个，即 Δp。当其他参数不变时，仪表能准确指示水位；当机组启停或变工况运行时，其他参数发生变化就会给显示带来误差。如果能将其他测量参数输入仪表，让仪表按式 (5 - 6) 计算，只要其他参数能够被准确测量，计算结果肯定会准确无误。可见，能否让智能仪表准确显示水位的关键变成了对应参数能否准确测量。

智能仪表自动校正运算原理框图如图 5 - 5 所示。外部有温度、压力、差压和常数四个输入量，计算结果输出到显示仪表进行显示。

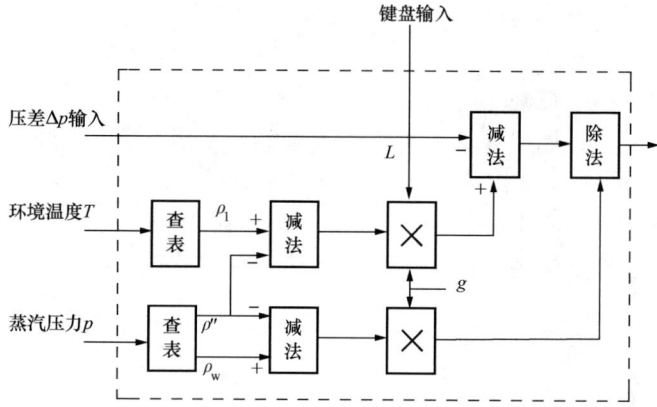

图 5-5　智能仪表自动校正运算原理框图

ρ_1 是平衡容器 2 所处的环境温度下对应的水的密度，只要知道温度就能用查表方法求得对应的密度（智能仪表通过将表格数据预先装入计算机存储器，通过一定的查表程序进行查表运算）。ρ_w、ρ'' 都是蒸汽压力的函数，只要知道压力，通过查表法就能求得相应的密度。温度和压力的测量方法前几章已经介绍。L、g 为常数，在计算机智能仪表中常数可以由外部输入（经常需要变化的常数），也可以由内部产生。

第三节　连通式水位计

连通式水位计和差压式水位计相比，其结构简单显示直观，维修方便，缺点是不能将信号方便地远传。云母水位计是按连通器原理制成的一种直读式高置汽包水位计。由于其结构简单，读数直观可信，一向是人们监督汽包水位可靠的仪表。云母是一种能耐高温、高压的材料，制成的水位计相当于高压玻璃水位计。

一、云母水位计

云母水位计是连通式水位计中使用最早、结构最简单、运行最可靠的水位显示装置。它只能用连通管在汽包附近适当位置就地安装，属于就地式仪表。在过去仪表不发达的年代，主要靠这种仪表监视汽包水位。监视这种水位的运行人员称为"司水"，司水通过传声筒将水位信号传递给司炉。现在，随着仪表的发展和更新，虽然这种水位显示方式被保留下来，但用不着司水传递水位信号，而是通过摄像机将云母水位直接传递到控制室，作为水位的参考信号供运行人员分析使用。

云母水位计原理示意可参见图 5-6。进入水位计中的水不随锅炉参数而变，这样在锅炉启停、滑参数运行过程中，由于水位计中的水和锅炉汽包中水密度的差别较大，使指示出现较大的误差。

云母水位计处于较低的环境温度 t''，其中冷却水平均密度为 ρ_1，其值高于汽包内饱和水密度 ρ'，因此，指示水位 H_w 必定低于汽包内实际水位 H，误差为 ΔH。指示误差 ΔH 大小与下列因素有关。

（1）汽包内水位 H 一定时，与汽包工作压力有关。压力越高，水位误差就越大。

（2）汽包工作压力一定时，汽包内水位 H 越高，指示误差 ΔH 就越大。

（3）与云母水位计的环境温度有关。环境温度越低，冷却水平均密度 ρ_1 就越大，故误差 ΔH 越大。

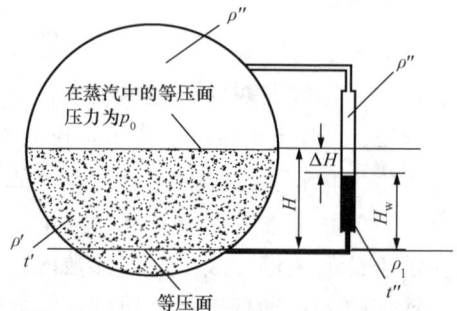

图 5-6　锅炉汽包云母水位计原理示意

因此，云母水位计的指示只有在额定工况运行时才有参考价值。一般是当其他水位计（如差压水位计等）出现可疑水位指示时用云母水位计来验证。例如，其他水位计指示水位严重超高或者严重缺水时用云母的指示加以确定。

云母水位计之所以使用云母而未使用玻璃进行水位显示，是因为云母能耐高温和高压。

二、电接点水位计

电接点水位计主要用于各种汽包水位的监控及高压和低压加热器、除氧器、蒸发器、直流锅炉启动分离器、双水内冷发电机、测量筒等的水位测量。

1. 测量原理

电接点水位计是将汽包内水位转换成相应电接点的通断状态，然后通过电信号远传来指示水位的。这种水位计的特点是信号灵敏，反映水位变化无延迟，仪表无机械传动变差及刻度误差。仪表属开关量显示，存在量化误差。电接点长期浸泡于高温、高压及强腐蚀性的炉水中，易造成接点失灵，形成故障。电接点水位计由水位传感器和显示仪表两部分组成，其测量原理如图 5-7 (a) 所示，电接点水位计由测量桶、若干电接点、信号电缆、电源及显示器等组成。为了便于解释其测量原理，显示器在图中使用氖灯显示，氖灯显示是早期的电接点水位计普遍采用的一种显示装置。

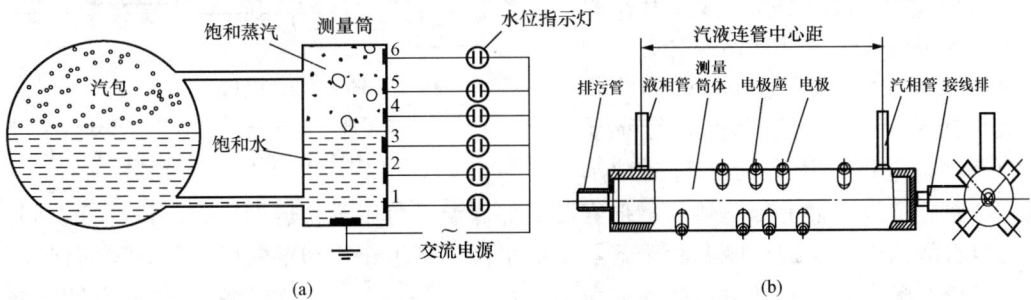

图 5-7　电接点水位计
(a) 电接点水位计测量原理示意；(b) 实物图

电接点水位计的水位检测是利用水和蒸汽的电阻率明显不同的特性来实现水位和电信号之间转换的。实验证明，360° 以下的纯水，其电阻率小于 $10^4 \Omega \cdot m$，而蒸汽的电阻率大于 $10^6 \Omega \cdot m$（数据说明，同样体积水的电阻仅为同样体积蒸汽电阻的 1% 左右）。对于锅水，其水与蒸汽的电阻率相差更大。电接点水位计就是根据这一特点将水位信号转变成相应的电信号。水位传感器是一个沿水位变化方向装有若干电接点（电极）的容器，电接点和容器之间绝缘。容器内汽水分界面以下的电极被水淹没，汽水分界面以上的电极处于蒸汽中。由于水和蒸汽的电阻率相差很大，淹没在水中的电极通过水、容器壁上的电源接点与电源构成导电回路，于是接在该电极上的显示灯亮；而处于蒸汽中的电极不能构成导电回路，接在该电极上的显示灯不亮。因此，可以用显示灯的亮灭情况来反映水位高低。在采取适当保温措施后，电接点水位计的示值比较接近汽包的实际水位。

测量桶和汽包上下相通，示意图仅给出六个电接点，1～3 为饱和水中的接点，4～6 为饱和蒸汽中的接点。每个接点对地有一个等效电阻连接在相应的端子和地之间，等效电路见图 5-8。接点数目应以满足运行中监视水位的要求确定，目前多为 15、17 个和 19 个。接点之间在高度上的间距不是均匀的，在正常水位附近要密一些。电接点能在高温高压下正常工

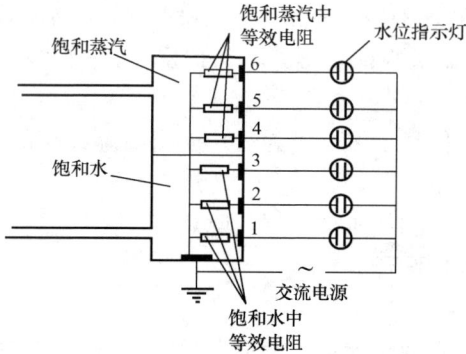

图 5-8　电接点水位计等效电路

作，温度剧变时不泄漏，耐腐蚀，与桶壳有很好的绝缘。常用超纯氧化铝（用于高压炉）和聚四氟乙烯（用于中压炉）作绝缘材料。

由此可见，电接点水位计不能实现对水位连续变化的测量。如当前水位处在两接点 1、2 之间变化时，则只能指示水位处于 1。测量准确度取决于电接点之间的间距，接点数量越多，间距越小，则分辨率越高，测量准确度也越高，但接点数目越多，测量桶强度就越低，所以测点数目不能无限增多。

电极是电接点水位计的重要元件，要确保水位计长期准确、可靠地工作，电极在高温下应具有一定的机械强度、很高的电气绝缘性能和抗腐蚀能力。用于高压或超高压锅炉的水位计电极的结构如图 5-9 所示。电极芯杆和瓷封件 1 焊接在一起，作为电极的一个极；电极螺栓和瓷封件 3 焊接在一起，作为另一个电极（公共极）。两个电极之间用超纯氧化铝管绝缘子和芯杆绝缘套管隔开。瓷封件 1 和 3 用可伐合金（铁钴镍合金）加工而成。可伐合金与超纯氧化铝的线膨胀系数很接近，两者封装起来，能承受温度的变化。电极使用寿命还与锅炉水

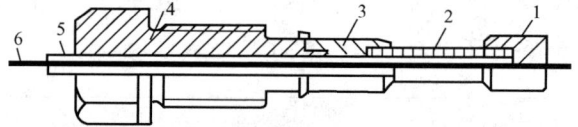

图 5-9　电极结构
1、3—瓷封件；2—绝缘子；4—电极螺栓；
5—芯杆绝缘套管；6—电极芯杆

质有关，通过加强容器上部散热，增加容器下部保温，可以加快容器内的蒸汽冷却，同时减少容器内水侧的散热。这样既有利于容器中的水位更接近于汽包的实际水位，又能保证容器中经常有较好的水质，延长电极的使用寿命。另外，超纯氧化铝瓷管的抗热冲击性能较差，使用过程中应尽量避免骤冷骤热。

在锅炉运行过程中投入电接点水位计时，应先打开排污门、微开蒸汽门预热。若需在运行中安装或更换电极，要在容器释去压力并冷却后进行。

2. 显示方式

电接点水位计的显示仪表按显示方式不同，有氖灯显示、双色显示和数字显示三种。

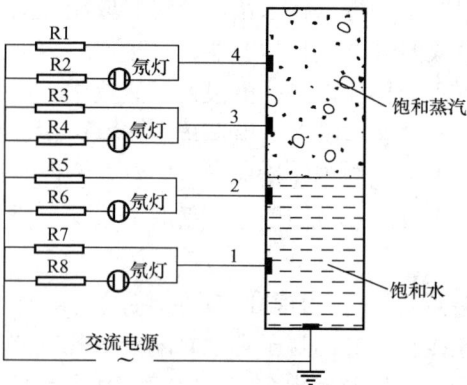

图 5-10　氖灯显示电路原理

氖灯显示是一种结构最简单的显示仪表，简化电路见图 5-10。其中氖灯是水位指示的主要器件，在氖灯的内部有两个互相绝缘的电极，每个电极对应氖灯外部的一根接线，在两个电极之间充满了氖气。正常情况下氖气是绝缘气体，本身不导电，所以常态下氖灯的等效电阻几乎为无穷大。氖气也和其他气体一样，当其两端施加一定电压后，气体会被电压击穿导电。不过氖气和其他气体不同的是，氖气对应的击穿电压比较低，而且击穿后发光强度大，所以一般用氖灯作为显示电路。图 5-10 中的 R1、R3、R5、R7 为

分压电阻，在氖灯没有击穿前，氖灯支路相当于开路，R1、R3、R5、R7 和 4、3、2、1 接点等效电阻串联后由交流电源供电，其中 4、3 对应接点由蒸汽等效电阻分别和 R1、R3 串联后和电源相连接。根据电阻串联连接分压定律可知，R1、R3 上的电压小于蒸汽等效电阻上的电压，R1、R3 上的电压不足以击穿氖灯，所以和 R1、R3 并联的氖灯不会发光。而 2、1 对应接点有饱和水等效电阻分别和 R5、R7 串联后和电源相连接，根据分压定律，由于饱和水等效电阻比蒸汽等效电阻小得多，所以 R5、R7 上的分压就比蒸汽电阻接通时大得多，这个电压足以击穿氖灯使其发光。氖灯发光的个数代表水位的高低。为了延长氖灯使用寿命，显示电路还设置有 R2、R4、R6、R8 限流电阻，用以在氖灯击穿时限制大电流的流动。

双色水位显示仪表采用了比氖灯电路更为复杂的处理电路，使得饱和水将接点淹没时显示一种颜色，而饱和蒸汽将接点淹没时显示另一种颜色。由于蒸汽和水用两种不同的颜色对比显示，显示效果更加直观。每个接点电极配一个如图 5-11 所示的电路。

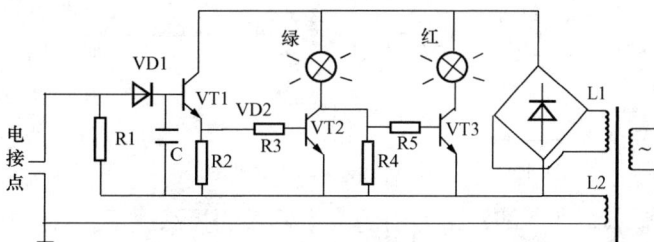

图 5-11 双色水位计显示电路原理

其中三极管 VT2、VT3 为输出驱动电路，当 VT2 饱和导通时，其集电极 C 电位几乎等于零，相应绿灯亮，而 VT3 基极由于没有输入电压，所以 VT3 截止，红灯灭。当 VT2 截止时情况相反，绿灯灭而红灯亮。对于 VT2 基极端输入的电压信号（由 VT1 三极管的发射极输出），高电位时，绿灯亮、红灯灭；低电位时，红灯亮、绿灯灭，而 VT1 三极管的基极输入由电接点的接通介质所决定。输入电路中的 R1 作用和氖灯显示中的 R1 作用相似，当电接点由饱和水接通时，R1 上的分压数值较大。交流电压通过二极管 VD1 整流和电容 C 滤波后，给 VT1 输入一个高电压，使 VT1 饱和导通，从而由发射极输入一个高电压。当电接点由蒸汽接通时，R1 上分压比较小，VT1 截止，发射极输出一个低电压。整个电路工作过程表示如下：

电接点由水接通→R1 上电压↑→VT1 发射极电压↑→VT2 基极电压↑→绿灯亮→VT3 基极电压↓→红灯灭。

电接点由蒸汽接通→R1 上电压↓→VT1 发射极电压↓→VT2 基极电压↓→绿灯灭→VT3 基极电压↑→红灯亮。

据此可判断当前的水位。

数字显示仪表工作原理可用图 5-12 来说明。图上共画了对应四个电接点的四路数字驱动电路，实际设备大约有几十个电接点，不过驱动原理是相同的。整个电路由两部分组成。一是由三极管组成的水位检测电路，当每个三极管对应的接点被水淹没后，该三极管发射极输出高电位。二是由数字电路组成的逻辑译码电路，对应每路的输出有相应的数字显示（图后面箭头指向的虚线框内的数字）。当 VD1 为高电平时显示的数字为"1"，VD2 为高电平时显示的数字为"2"……正常工作时，VD1～VD4 只能有一路输出高电平，即只能显示一个数字。先分析图 5-12 对应水位的显示情况，图中饱和水淹没了 1、2 接点，所以 VT1、VT2 输出为高电平，VT3、VT4 输出为低电平。输出为 VD1 对应的与门，其下面输入端（VT1 电平的两次取反）为高电平，但 U_2 输出到达该与门上面输入端的电平为低电平，所

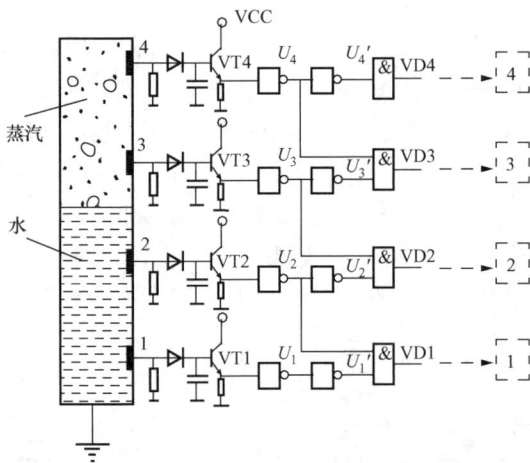

图 5-12　数字显示仪表工作原理框图

以对应的"1"不显示。输出为 VD2 对应的与门，下面输入端（VT2 电平的两次取反）为高电平，上面输入端为 U_3 的输出，由于第三个接点为蒸汽接点，所以 VT3 为低电平，经过一个与非门后，输出为高电平。所以，VD2 对应输出为高电平，对应电路显示"2"。VD3、VD4 对应的三极管输出为低电平，两次取反后仍为低电平，而对应的与门只要有一个输入为低电平，其输出就为低电平，所以 VD3、VD4 对应的数字不显示。进一步分析可知，当一个电接点被水淹没后，若它上方的电接点没有被水淹没（如刚才分析过的 2 接点），这个接点对应输出满足显示条件，即输出与门的两个输入均为高电平。当一个接点被水淹没，而上方接点也被水淹没时，如图 5-12 中的第一个接点，虽然 1 接点对应的输出为高电平，但是，由于上方接点也被水淹没，取反一次后（图中 U_2'）变成低电平，这个低电平"关闭"了下方与门电路，使其输出为低电平，对应的数字不能被显示。这正是本电路的关键控制线路之一，只要该接点被水淹没，该接点的电路就输出一个信号（低电平）关闭其下方的显示与门。对应蒸汽接点的与门，其两个输入端均为低电平，所以不会显示数字。

数字显示水位计显示的虽然是数字，但是它的单位并非是长度单位，不能将数字"1"理解为 1mm 或其他长度单位的数据，"1"或"2"等数字只是表示有几个电接点被淹没，实际水位高度还得结合具体电接点水位计的接点位置进行换算。

3. 电接点水位计的特点及存在的问题

（1）电接点水位计的特点。

1）传感器输出的是电信号，便于远传，避免使用导压管，可减小测量的迟延。

2）传感器没有机械传动所产生的变差和刻度误差，简化了仪表的检修和调校。

3）电接点水位计的输出信号变化带有阶跃性，不能反映接点之间的水位变化，有盲区，虽经合理布置接点后有所改善，但始终不是一个连续变化信号，不宜用做自动调节信号。

电接点水位计主要用于中温中压、高温高压锅炉汽包水位的监视与控制，也适用于高压加热器、低压加热器、除氧器、凝汽器以及水箱等水位的测量，应用范围广泛。

（2）存在的问题。安装在测量筒上的电接点，由于长期与高温、高压和具有强盐分的炉水相接触，久而久之，某些电接点可能会失效。失效的方式有两种：一是安装于汽侧的电接点因测量筒随环境温度的快速冷凝及水浪冲击，造成高导电的锅水沿着电接点和筒内壁溅流，导致某些汽侧接点的"挂水"短路故障；二是因水质结垢、化学腐蚀及气泡堆堵造成某些水侧接点与测量筒体间的"开路"故障。无论"挂水"故障还是"开路"故障都将产生电接点水位计的指示故障。

对于双色（如红绿）显示的模拟水位计，"挂水"故障会在汽侧红灯段产生虚假水位（红灯显示区域绿灯亮），而"开路"故障会在水侧绿灯段产生虚假水位（绿灯显示区域红灯亮）。这种红绿灯交叉现象使运行人员无法判断真实水位的指示，致使电接点水位计完全失效。

对于数字式显示的水位计，也同样因为有上述故障原因而使数码管有双水位读数重叠显示的现象或不显示的现象，这也会造成电接点水位计完全失效。

（3）改进。为了克服电接点水位计因接点的"挂水"或"开路"造成的虚假指示，常用数字逻辑处理，它采用水侧两个接点和汽侧两个接点（11 00）组成的方案，能在一定程度上减少指示故障。

三、双色水位计

双色水位计是近年来出现的一种新型水位计，它显示清晰、结构简单、水位图像还可用视频信号远传到控制室，因此在汽包锅炉上应用越来越广泛。双色水位计是根据光学棱镜的折射原理进行水位显示的。要了解光线在棱镜中的折射原理，先来分析光线的折射规律。光线在同一种均匀物质中行进时，保持方向不变。例如，在均匀的空气中，光线总是直线传播。当在两种不同的物质中传播时，在两种物质的交界面上将发生光线方向的偏转，把这种光线由一种物质进入另一种物质时方向发生的偏转现象称为光线的折射。

图 5 - 13 所示为光线的折射原理。图 5 - 13（a）中描述了光线由光疏物质（物质密度较小，光线在此物质中传播速度比较快）进入光密（物质密度比较大，光线在此物质中传播速度较慢）物质时，在交界面上的折射情况。在图（a）中如果上下两种物质都一样，光线将会由 1 点出发到达 2 点后沿虚线到达 3 点。但由于两种物质不同，而且上部是光疏物质，下部为光密物质，当光线由 1 出发到达 2 点后，沿实线方向到达 4 点。如果在光线的入射点 2 上做垂直于交界面的直线，此直线称为法线，1 到 2 的直线称为入

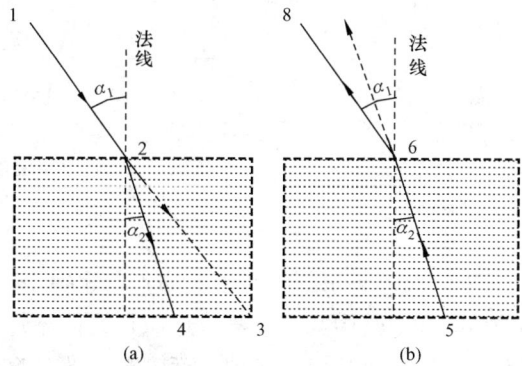

图 5 - 13　光线折射原理
(a) 光线由光疏到光密投射；(b) 光线由光密到光疏投射

射线，2 到 4 的直线称为折射线，则入射线和法线的夹角 α_1 与折射线和法线的夹角 α_2 和光线在此物质中传播的速度成正方向变化。例如，上部物质密度较小，光线传播速度快，α_1 角就大；相反，下部为光密物质，光线在下部物质中的传播速度就小，α_2 相应就小，这就是光线的折射规律。另外光线的折射是可逆的，如果光线如图 5 - 13（b）方向传播，正好是图（a）光线的逆向传播，当然也符合光密物质角度小，光疏物质角度大的原则。

图 5 - 14（a）、（b）分别表示光线通过直方体和三棱体光密物质后光线折射情况。如果不存在中间的光密物质，图 5 - 14（a）的光线传播应到达 A 点，而存在中间直方体光密物质时，光线到达 B 点。如果站在图 5 - 14（a）的右侧观察，看到的灯光位置比实际位置下移了一段距离。下移距离的长度和中间的直方体的宽度成正比，即光线在光密物质中进行的距离越长，偏移的距离就越大。图 5 - 14（b）是光线通过三棱

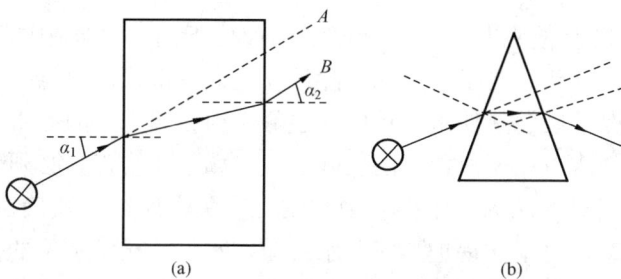

图 5 - 14　直方体和三棱体对光线的偏转角度比较
(a) 直方光密物质对光线的偏转；(b) 三棱光密物质对光线的偏转

体时光线的折射偏移情况。做图时需要注意两个事项：一是法线必须和两种物质交界面垂直；二是光疏物质中角度大，光密物质中角度小，具体如图 5 - 14（b）所示。如果站在图（b）的右侧观察就会发现，原本灯光在左下方，而看起来其影像则在左上方。由于三棱体发生了两次光线偏转，和直方体相比，同样宽度的光密物质，可以使光线偏离更大的角度，所以经常选用三棱体光密物质来对光线实行偏转。

水三棱体和蒸汽三棱体对光线的折射原理（双色水位计工作原理）如图5 - 15所示。中间的等腰梯形（三棱体的一部分）柱体是和汽包连通的测量水位容室，在梯形的两个腰上安装有透光玻璃。光源通过两个滤光的红色和绿色玻璃片后，直线传播到测量水位容室的左边。

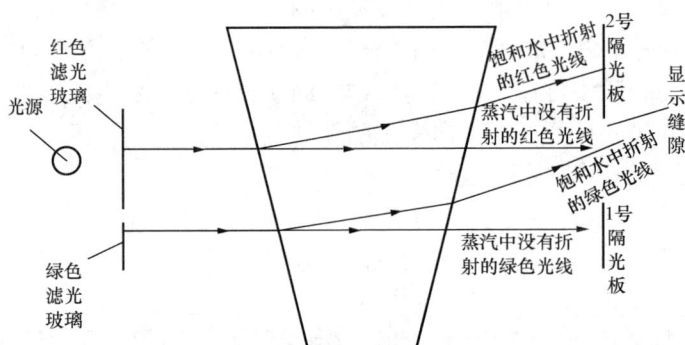

图 5 - 15　水三棱体和蒸汽三棱体对光线的折射原理

双色水位计的结构和测量原理见图5 - 16。测量容室中上部为饱和蒸汽，光线在饱和蒸汽中的传播和空气中几乎一样（近似直线传播）。由于显示缝隙就在红色光线直线传播的路径上，红色光线直接到达显示缝隙，而同在上部蒸汽中通过的绿色光线其直线传播的路径不通过显示缝隙，所以蒸汽中的绿色光线直线通过蒸汽后被 1 号隔光板阻挡，故蒸汽显示红色。

在测量室的下部为饱和水。饱和水属于光密物质对两种光线都有偏转作用。红色光由于光线偏转通过饱和水后被 2 号隔光板遮挡。绿色光的直线传播本来不通过显示缝隙，但由于绿色光线通过饱和水后光线发生了偏转，使得绿色光线刚好通过缝隙，饱和水在缝隙处显示绿色。

双色水位计和差压式水位计相同，同样存在水位偏差的问题。测量室处于环境之中，当测量室温度因环境温度而降低后，测量室的水位比汽包中的实际水位要低，要解决这些问题必须对测量室加热，再考虑到光线的通过、机械强度等，因此实际的双色水位计结构很复杂。

四、存在的问题

连通器式水位计存在以下问题。

（1）当水位计与被测容器的液体温度有差别时，水位计显示的液位不同于容器中的液位，此误差还会随着容器内压力的改变而变化。为了减少和消除该项误差，常采用保温、加热、校正等手段。当用于测量汽包水位时，因散热使水位计中水温低于饱和温度，因而水密度大于饱和水的密度，这就造成了显示的水位低于汽包内的实际水位。如果要校正，必须知道水位计中水的平均密度，但该密度与当时的压力、水温和散热情况有关，所以不易确定。电厂运行中总结的经验为，在额定工况时，对中压锅炉，实际水位应在水位计显示水位的基础上加 25～35mm，高压锅炉则加 40～60mm。具体值取大些还是取小些，要看水位计的保温情况等条件。

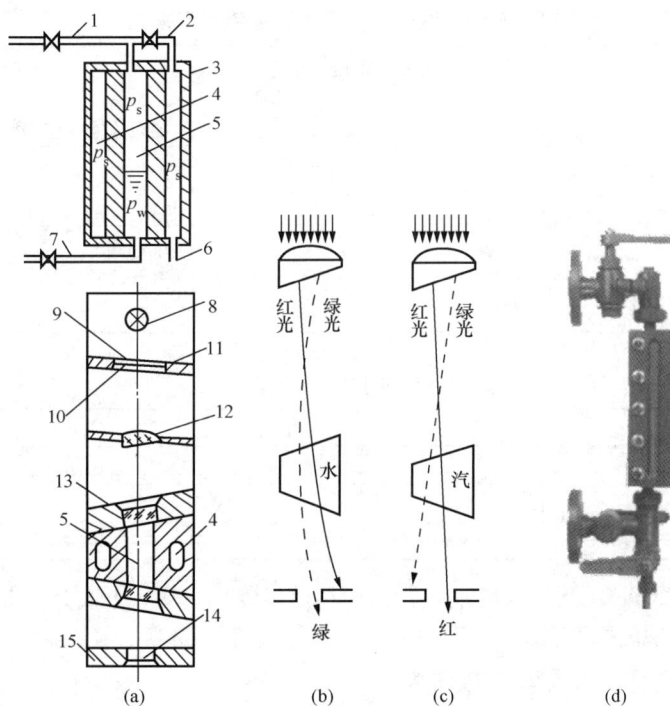

图 5-16 双色水位计的结构和测量原理

(a) 仪表结构示意；(b)、(c) 光路图；(d) 实物图

1—汽侧连通管；2—进汽管；3—水位计本体；4—加热室；5—测量室；6—出汽管；7—水侧连通管；8—光源；
9—毛玻璃；10—红色滤光玻璃；11—绿色滤光玻璃；12—组合透镜；13—光学玻璃板；14—观察窗；15—保护罩

（2）所有连通器式水位计都会因散热引起误差。减少散热的办法是适当加粗汽侧和水侧的连通导管，筒壳顶部不保温，增加凝结水量，筒壳其余部分保温以减少散热，当然也可以加蒸汽加热套。

第四节 智 能 水 位 计

一、SITRANS P、DS Ⅲ PA 系列 7MF4634-型液位计

前文已介绍过德国西门子公司的 PROFIBUS 现场总线压力仪表即 SITRANS P、DS Ⅲ PA 系列。该系列仪表测量范围十分广泛，可测量压力、压差、流量、液位等，7MF4634-型用于测量液位。

图 3-14 是 SITRANS P、DS Ⅲ PA 系列压力仪表记录和处理测量值的方框图，按照设备不同功能划分为多个模块。其中压力测量模块（见图 3-15）对仪表进行调节，其初始值是经过线性化和温度补偿的测量结果。当仪表测量填充高度和流量，在此进行所需的转换，例如把输入压力转换为静流体高度或容积。模拟输入功能块，进一步处理所选中的测量值，并根据自动化任务进行调节。7MF4634-型液位测量仪表，本地操作与 7MF4434/4534-型差压和流量测量仪表（见第三章）的本地操作过程一样，在此不再赘述。测量值显示来源和可用单位见表 5-1 和表 5-2。

表 5 - 1　　　　　　　　　　**填充液位（液位）仪表的测量值显示来源**

测量值显示来源	单位显示中的辅助信息	可用单位
来自模拟量输入功能块： [O] 输出	OUT	填充液体（L）和用户指定（U）
来自压力测量模块： [1] 二级变量 1 [2] 主变量 [3] 传感器温度 [4] 电子温度	SEC 1 PRIM TMP S TMP E	压力（P） 压力（P） 温度（T） 温度（T）

表 5 - 2　　　　　　　　　　**液位（L）的可用单位**

单　位	ID	显　示	单　位	ID	显　示
m	1010	m	ft	1018	FT
cm	1012	cm	in	1019	IN
mm	1013	mm	yd	1020	Yd

通过现场总线 PROFIBUS-PA 功能进行操作初始步骤也一样，下面介绍如何设置测量液位。

（1）选取期望的组态"输出"。

（2）使用测量类型"液位"连接仪表。

启动 SIMATIC PDM 并通过设置下列参数在要测量的压力（测量范围）和要记录的液位（工作范围）之间创建一个关联：

》输入

》》变换器功能块 1

　　测量变送器类型：液位

》》》测量范围

　　初始值，终值：

》》》工作范围

　　单位：长度单位（m，cm，mm，ft，in，yd）

　　初始值，终值

通过设置下列参数在测量液位值与初始值之间创建一个关联：

》输出

》》功能块 1－模拟量输入

　　通道：测量值（主变量）

》》》测量值标定

　　初始值，终值：针对工作范围

》》》输出标定

　　单位，初始值，终值：针对工作范围

SIMATIC PDM 软件的使用方法见使用手册。

二、超声波液位计

1. 测量原理

超声波液位测量基于回声测距原理。由于在发出声音和听到声音之间有一个可测量的时间差，因此声音可用于测量。超声波是指振动频率在 20 000Hz 以上的声波。

超声波发射到分界面（即物料表面或液体表面）后产生反射，由接收换能器接收反射回波，利用接收到反射回波的时间间隔及声速，通过计算将时间差转换成有用信息可得到物位高度。

超声波物位测量是一种非接触式无损测量，应用领域十分广泛，既可用于液位测量，也可用于料位测量。

超声波液位测量原理如图 5-17 所示。超声波探头（既是发射换能器又是接收换能器）被置于容器顶部，当它向液面发射短促的脉冲时，在液面处产生反射，回波被探头的接收器接收。若超声波探头到液面的距离为 $H-h$，声波在气体中的传播速度为 v，则有下列简单关系：

$$H-h = \frac{1}{2}vt \qquad (5-7)$$

式中：t 为超声脉冲从发射到接收所经过的时间。

当超声波的传播速度为已知时，利用式（5-7）就可以求得液位 h。

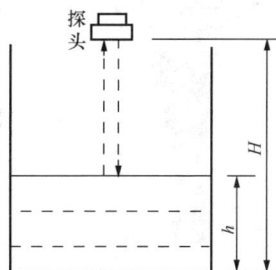

图 5-17 超声波液位测量原理

2. SITRANS Probe LU 系列超声波传感器

下面从 SITRANS Probe LU 系列超声波传感器测量原理、运行模式、编程模式及电气连接四方面来进行简要的介绍。

（1）SITRANS Probe LU 测量原理。西门子公司 SITRANS Probe LU 系列超声波传感器是利用超声波测距原理进行液位测量的。该系列超声波传感器有两个部件：一个用于发出声音，采集回波（传感器）；另一个用于计算数据，导出测量结果（变送器）。有些超声波仪表将某些部件进行了集成。超声波测量系统将信号输出到 PLC 或 PC 进行过程控制。为了提高测量的准确性，超声波传感器中内置了一个温度敏感元件来补偿应用中的温度变化。

超声波传感器的测量过程如下：

传感器中的压电晶体可将电气信号转换成为声能，以脉冲形式在空气中传播，然后经由目标物反射回到传感器。此时传感器作为接收装置，将声能转换成为一种电信号。电信号处理器可以分析回波，计算传感器和目标之间的距离。从发出声音到收到回波之间的时间与传感器和容器中物料之间的距离成正比。基于时差原理的超声波测量技术，公式如下：距离＝（声速×时间）/2。

超声波传感器具有以下特点：

• 连续液位测量，测量范围最大可达 12m。
• 易于安装，启动简单。
• 通过红外线手持编程器，SIMATIC PDM 或 HART 手持操作器编程。
• 高准确度，准确度可达量程的 0.15%。
• 使用 HART 或 PROFIBUS-PA 进行通信。
• 带专利的声智能回波处理技术。
• 极高的信噪比。
• 对于固定干扰目标，自动虚假回波抑制。

传感器可发出超声波，感测回波，然后由收发器计算时间差，并转换成为有用信息。西门子超声波装置内置了专利的声智能回波信号处理技术及独特的算法。声智能技术能够区分来自现场的真实的回波和来自障碍物或电子噪声中的假回波，以确定必要的测量。

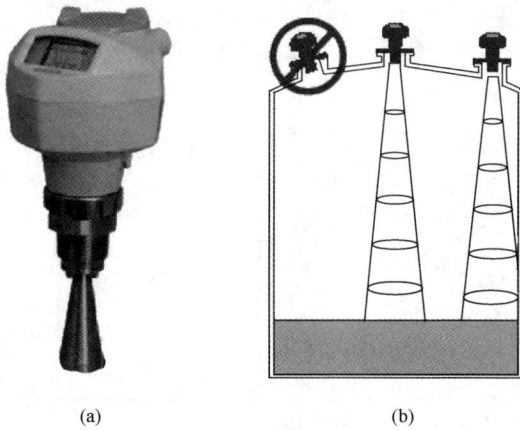

图 5-18 SITRANS Probe LU 实物与安装示意
(a) SITRANS Probe LU 实物；(b) 安装示意

SITRANS Probe LU（见图 5-18）系列超声波传感器技术参数：

电源：通常 24V（DC）。工作频率：54kHz。

接口：

• HART 标准，集成模拟输出 4～20mA，二线制。

• 支持 PROFIBUS-PA 通信协议。

• 模拟输出（4～20）mA±0.02mA 准确度。

• 显示（本地）多段文字液晶显示，带棒状图（表示液位）。

（2）运行模式。处于运行模式时，上电后 SITRANS Probe LU 自动启动探测液位。初始读数为以设置的零点（空位）为基准的液位值（单位：m）。这是默认的启动显示模式，系统状态显示在 LCD 或远程通信终端上。单位还可设置为 cm、mm、in 等。

如果回波的置信度降到低于回波置信度阈值，则故障保护计时器开始运行。当计时器计时满时，字母 LOE（回波丢失）与读数间隔 2s 交替显示，可信回波指示标志换为不可信回波指示标志。接收到一个有效的读数后，液位读数显示返回到正常操作状态，见图 5-19。

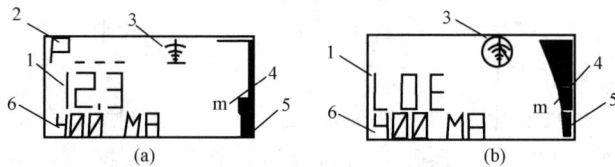

图 5-19 工作正常和故障显示
(a) 工作正常显示（可信回波）；(b) 故障显示（不可信回波）
1—初始读数（显示液位，采用物理单位或百分比）；2—次级读数（显示补充读数 2 的参数代码）；
3—回声状态指示标志；4—物理单位或百分比；5—状态棒图显示物位值；
6—补充读数（取决于所选参数，显示毫安值、液位或回波置信度，
使用相应的单位）

（3）编程模式。SITRANS Probe LU 系列传感器不支持就地操作，更改设置需使用编程器或计算机。编程操作设置参数满足您的特殊应用，在任何时刻激活编程模式均可改变参数值和设置操作条件。本地编程使用西门子手持操作器，远程编程使用 PC 运行 SIMATIC PDM 或使用 HART 手持操作器。编程操作时 LCD 显示新的参数代码和参数值。

SITRANS Probe LU 的 HART 通信：

高速编址远程通信协议 HART 是一个基于 4～20mA 信号的工业协议。它是开放的标准，关于 HART 的全部细节可以从 HART 通信基金会获得。HART 协议采用频移键控原

理（frequency shift keying），它基于 Bell 202 通信标准，数字信号用两个频率正弦波表示：1200Hz 代表逻辑"1"，2200Hz 代表逻辑"0"。由于在通信时频率信号的平均分量为零，不会影响模拟信号的传输，因此可将这两个频率的正弦波叠加在 4～20mA（DC）模拟信号上传输。这样不仅可以利用 4～20mA（DC）模拟信号，同时可以利用同一电缆以数字信号实现双向多信息传输，从而具有诸如修改量程、阻尼时间、PID 参数等功能，可以提高控制系统运行质量和管理效率。因此 HART 协议是一种模拟数字共存的混合通信协议。

SITRANS Probe LU 可以用 Fisher-Rosemount 的 HART 通信器 275 或软件包通过 HART 网络来配置。有很多不同的软件包可以获得，推荐的软件包是西门子的 SIMATIC 过程设备管理器（PDM）。编程操作还可以通过现场总线 PROFIBUS-PA 进行通信，PROFIBUS-PA 的详细介绍见第三章。HART 信号和编辑器应用见图 5 - 20。

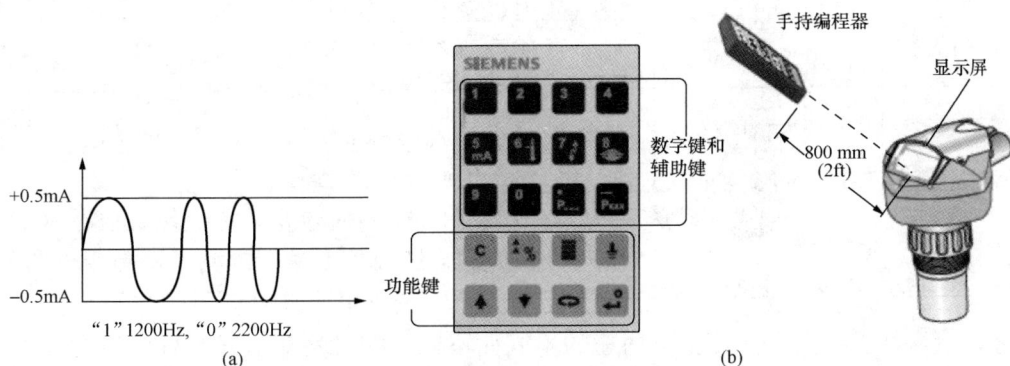

图 5 - 20　HART 信号和编辑器应用示意

(a) HART 信号；(b) 编程器应用示意

（4）SITRANS Probe LU 的电气连接（见图 5 - 21）。该采用双绞屏蔽线电缆，二线制的传输方式，＋接直流电源的正极，－接直流电源的负极，见图 5 - 22。

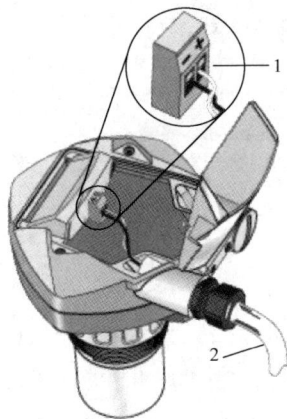

图 5 - 21　电气连接

1—接线柱；2—电缆

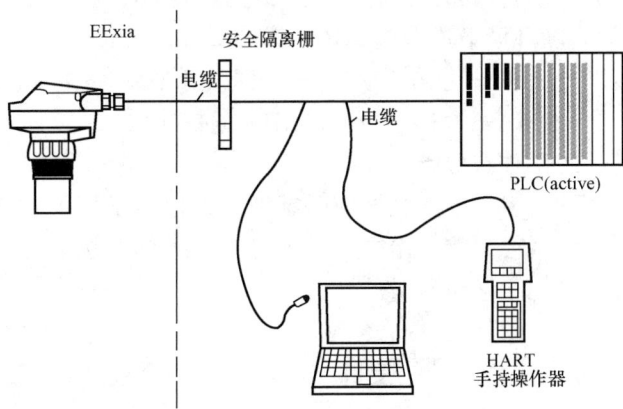

图 5 - 22　系统应用示意

第五节　新型水位计

一、导波雷达液位计热工控制

导波雷达液位计是依据时域反射原理（TDR）为基础的雷达液位计，雷达液位计发射的电磁脉冲以光速沿钢缆或探棒传播，当遇到被测介质表面时，雷达液位计的部分脉冲被反射形成回波并沿相同路径返回到脉冲发射装置，发射装置与被测介质表面的距离同脉冲在其间的传播时间成正比，经计算得出液位高度。钢缆或探棒用于传导雷达电磁脉冲信号。

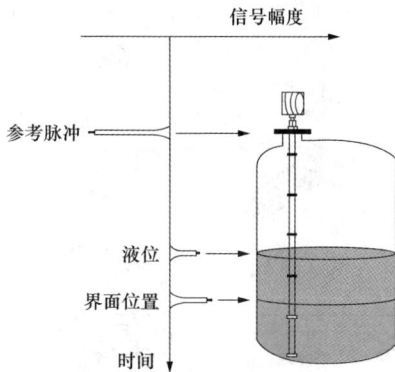

图5-23　导波雷达液位计原理示意

导波雷达液位计为接触式测量（见图5-23），用于大多数液体、半液体和液/液界面总（全部）液位的测量。导微波技术可靠性和精确度高，保证测量不受温度、压力、蒸汽气体混合物、密度、湍流、起泡/沸腾、低液位、不同介电常数的介质、pH值和黏度的影响。水液储罐、酸碱储罐、浆料储罐、固体颗粒、储油罐均可安装此液位计。罗斯蒙特、西门子、罗克希尔等公司都生产此类产品。

罗斯蒙特3300系列导波雷达液位变送器是一种智能型、两线制连续液位变送器。配有铝制变送器外壳，包含处理信号的先进电子元件。雷达电子元件产生电磁脉冲，由探杆引导。探杆类型随用途的不同而不同，如刚性双引线探杆、挠性双引线探杆、刚性单引线探杆、挠性单引线探杆和同轴探杆。图5-24所示为双引线探杆、单引线探杆导波雷达液位变送器。

西门子SITRANSLG200导波雷达液位计高温版本可达427°C，压力431bar，精确度：2.5mmor0.1″。输出信号：HART/4～20mA。

罗克希尔公司GRT系列导波雷达物位计，能够在－40～400°C的温度环境下进行测量，工作频率：100MHz～1.8GHz，精确度：±2mm，分辨率：1mm，回波采样：16次/s，输出信号：4～20mA，通信接口：HART通信协议。

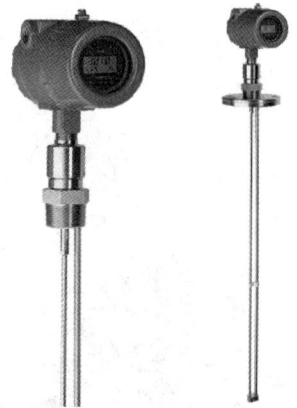

图5-24　双引线探杆、单引线探杆导波雷达液位变送器

二、磁翻柱液位计

磁翻柱（也称磁性翻柱或磁翻板）液位计是根据磁极耦合原理、阿基米德（浮力定律）原理等巧妙地结合机械传动特性的一种专门用于液位测量的装置。

磁翻柱液位计有一个容纳浮球的腔体（称为主体管或外壳），它通过法兰或其他接口与容器组成一个连通器，这样它腔体内的液面与容器内的液面高度相同，因此腔体内的浮球会随着容器内液面的升降而升降，由于此时看不到液位，所以在腔体的外面装了一个翻柱显示器，制造浮球时在浮球沉入液体与浮出部分的交界处安装了磁钢，它与浮球随液面升降时，它的磁性透过外壳传递给翻柱显示器，推动磁翻柱翻转180°。由于磁翻柱是由红、白（或其他两种颜色）两个半圆柱合成的圆柱体，所以翻转 180°后朝向翻柱显示器外的会改变颜色（液面以下红色、以上白色），两色交界处即为液面的高度，见图 5‐25。

　　带有液位变送器（电信号远传）的仪表，液位变送部分（电气部分）的工作原理是利用磁性浮子的磁力作用在不同的磁簧开关上导致连入回路的电阻数目的变化，进而使得传感器部分发生与液位变化相对应的电阻信号。通过信号转化器，就可以把电阻信号转化成 4～20mA 的电流信号，也可以叠加HART 通信协议，也可以使用 RS485 总线通信。比如：在监测液位的同时磁控开关信号可对液位进行控制或报警，在磁翻柱液位计的基础上增加了 4～20mA 变送传感器，在现场监测液位的同时，将液位的变化通过变送传感器、线缆及仪表传到控制室，实现远程监测和控制。

　　磁翻柱液位计几乎适用于各种工业自动化过程控制中的液位测量与控制，可以广泛运用于锅炉、化工、水处理和船舶等领域中的液位测量、控制与监测。

图 5‐25　磁翻柱液位计

复 习 思 考 题

　　5‐1　双室平衡容器水位测量装置的输入和输出信号各是什么？两者关系如何？

　　5‐2　改进型平衡容器水位测量装置的输入和输出信号各是什么？和双室平衡容器有何异同？

　　5‐3　双室平衡容器水位仪表对水位进行显示有哪几种方法？

　　5‐4　如图 5‐6 所示，如果将云母水位计上部和汽包连通的管路取掉，让云母水位计的上部直接和大气连通，水位计还能正常工作吗？为什么？

　　5‐5　云母水位计中的水位为什么和汽包中水位不相等？你能设计类似的水位计使其相等吗？

　　5‐6　如图 5‐7 所示，简述电接点水位计工作过程。

　　5‐7　如图 5‐15 所示，简述双色水位计水位显示原理。

　　5‐8　SITRANS Probe LU 系列超声波传感器有哪些特性？

　　5‐9　简述导波雷达液位计的测量原理。

　　5‐10　简述磁翻柱液位计的测量原理。

第六章　烟气含氧量测量

第一节　概　　述

　　火力发电厂通过燃烧煤将热能转换成电能。如果将电厂看成是"能量"加工厂，那么，燃烧是它的第一道工序。所有工厂都追求低投入高产出，电厂也不例外。发电厂希望少用煤多发电，这就是一般常说的煤耗率越低越好。怎样才能降低煤耗率？理论和实践均证明：保持炉膛中燃料和空气的适当比例就能达到锅炉的最佳燃烧工况。如果燃料和空气均能准确测量（更准确地讲是测量燃料的燃烧值和空气中的含氧量），控制最佳燃烧是一件非常容易的事情。由于进入炉膛的煤量和空气量无法准确测量，所以要组织最佳燃烧必须另想办法。虽然无法直接测量燃料量和空气量，但从燃烧后的烟气中氧气和二氧化碳的含量可以间接反映燃料量和空气量的比值。如果空气中的氧刚好和燃料中的碳完全燃烧反应，烟气中的含氧量为0%。在此基础上，若固定煤量不变而增加空气量，在烟气中肯定会出现燃烧反应剩余的氧气含量。烟气中氧气含量越高，说明燃烧越充分，但过高的烟气含氧量意味着大量的冷空气进入炉膛，这样又会降低炉膛温度，影响其传递热量的效果。可见，要组织最佳燃烧并非进入炉膛的空气越多越好，而是空气量和燃料量应有适当的比例。为了研究方便，将供给燃料燃烧的实际空气量和燃料完全燃烧所需空气量之比称为过量空气系数，用 α 表示。理论研究证明，一般燃煤锅炉的过量空气系数 α 在 1.20～1.30 之间时为最佳燃烧工况。或者说若能测量 α 数值也就等于测量了燃料量和空气量，从而控制燃烧达到最佳燃烧效果，使煤耗量达到最小数值。

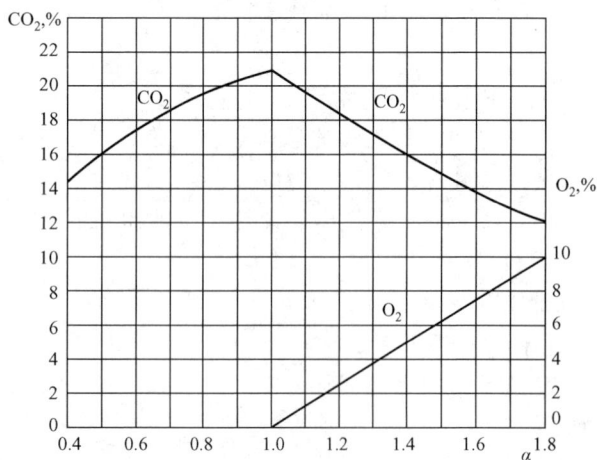

图 6-1　α 和烟气中含氧量、二氧化碳体积分数的关系示意

　　烟气含氧量是指烟气中所含氧气的体积分数。α 和烟气中的含氧量、二氧化碳含量体积分数的关系如图 6-1 所示。图中共有两条曲线，一条反映的是烟气中二氧化碳含量和过量空气系数 α 之间的关系，另一条是烟气中含氧量和过量空气系数 α 之间的关系。这两条曲线都是首先固定燃料输入量，然后逐渐增加空气进气量测量得到的烟气中二氧化碳和氧气的含量。$\alpha=0.4$ 时说明输入燃料量多而空气量少，供给的空气量仅为燃料完全燃烧需要空气量的 40%。所以随着输入空气量的增加（α 增大就是增加空气量的结果），二氧化碳的浓度越来越高。当 $\alpha=1$ 时，所有燃料中的碳都参与燃烧反应，此时对应的二氧化碳浓度达到最大值。以后随着空气进气量的增加（燃料量始终不变），二氧化碳浓度逐步降低。二氧化碳虽能反映燃烧效果，但二氧化碳不易进行在线测量，且与 α 呈非单值函数关系，很少在工业生产测量中使用。氧气含

量是从 $\alpha=1.0$ 开始变化，在此之前其含量为 0，因为此前空气量较少，不足以使燃料中的碳完全燃烧，氧量供不应求不会有富裕的氧气剩余在烟气中。$\alpha=1$ 时说明空气中的氧刚好和燃料中的碳完全反应，所以此处对应的烟气中含氧量为零。以后随着空气进气量的增大，有富裕的氧气剩余在烟气之中。由于氧量测量相对而言比较容易，所以工业上常用测量烟气中含氧量来控制燃烧。

烟气中的氧量能反映过量空气系数的大小，而过量空气系数的大小又能反映燃烧效果的好坏。可见，燃烧是否达到最佳效果，只要测量烟气中含氧量就可以确定。

由于燃烧是属于实时控制过程，所以测量氧量必须是连续不断的过程，而且测量元件的输出信号不能有太大的延时，否则不利于自动控制其燃烧过程。

第二节　氧化锆氧量计

氧化锆氧量计是 20 世纪 60 年代开发研制的产品，是结构简单、维护方便、反应速度快、测量范围广的连续测量仪表。经过几十年的不断发展和完善，目前是较为理想的氧量测量仪表。

一、氧化锆氧量计简介

氧化锆氧量计是电化学分析仪器的一种，可以连续分析电厂锅炉内的燃烧情况，通过控制送风来调整过量空气系数，以保证最佳的空气燃料比，达到节能和环保的双重效果。

氧化锆为固体电介质，具有离子导电作用。在氧化锆电解质的两侧各烧结上一层多孔的铂电极，一侧是被测的烟气，其氧含量一般为 4%～6%，另一侧是参比气体，如空气，空气的氧含量为 21%。高浓度侧（空气）的氧分子被吸附在铂电极上与电子（4e）结合形成氧离子，使该电极失去电子带正电，氧离子通过电解质中的氧离子空位迁移到低氧浓度侧的铂电极上放出电子，转化成氧分子，使该电极带负电。两个电极的反应式分别为

参比侧：$\qquad\qquad\qquad O_2+4e\longrightarrow 2O^{2-}$

测量侧：$\qquad\qquad\qquad 2O^{2-}-4e\longrightarrow O_2$

这样在两个电极间便产生了一定的电势，这个电势只是由于两个电极所处环境的氧气浓度不同形成的，因此叫氧浓差电势。

氧化锆氧量计能正常工作必须满足以下条件。

（1）使氧化锆传感器的温度恒定，一般保持在 850℃ 左右时传感器灵敏度最高。温度的变化会直接影响氧浓差电势的大小，因此氧化锆氧量计的测量探头上都装有测温传感器以便进行温度补偿，或安装电加热设备以便保持恒温。

（2）必须要有参比气体，且参比气体的氧含量要稳定不变。参比气体氧含量与被测气体氧含量差别越大，仪表输出电势就越大。

（3）被测气体和参比气体应具有相同的压力，这样可以用氧浓度代替氧分压。

二、氧化锆结构与原理

氧化锆（ZrO_2）是由正四价锆与负二价氧结合生成的金属氧化物陶瓷材料。在常温下，它具有单斜晶体结构。当温度升高到 1150℃ 时，晶体由单斜晶体转变为立方晶体，同时约有 7% 的体积收缩。当温度降低时，结构变化反向进行。这样，若反复加热与冷却，氧化锆

就会因内应力而自动破裂。故纯净的氧化锆是没有使用价值的。

　　若在氧化锆中加入15％的氧化钙（CaO）或加入10％的氧化钇（Y₂O₃）作稳定剂，再经过高温焙烧，可形成不随温度变化的、晶型稳定的立方晶体。在高温下，氧化锆有很高的氧离子传导特性，氧化锆测量氧气含量正是利用氧化锆的氧离子传导特性来完成的。所谓氧化锆氧量计事实上指的就是上述的氧化锆和氧化钙或氧化钇的复合结构。

　　氧化锆复合结构如图6-2所示，大球形物体代表锆或钙原子，小球形物体代表氧原子，由于锆是正四价（可以提供四个电子给对方使用），而氧是负二价（占取其他元素的两个电子为己有），所以氧化锆结构是一个锆原子和两个氧原子结合。当在氧化锆的均匀晶体结构中掺入氧化钙后，由于钙是正二价元素，所以一个钙原子仅能和一个氧原子结合。这样会使原本均匀的结构体中间出现所谓的氧原子"空穴"，正是这种"空穴"产生了氧离子的传导作用。什么原因让氧离子自动进入到这种固体结构之中？我们可以用扩散作用加以解释。如果在氧化锆的复合体附近存在着氧离子的无规则运动，有可能氧离子刚好钻入"空穴"，如果其后还存在大量氧离子，则形成一定强度的扩散作用力，在此扩散力的作用下，氧离子会继续向前运行，沿图6-2中的"氧离子运动通道"从一侧运动到另一侧。运动方向由氧化锆两侧的氧离子浓度决定，氧离子总是从浓度高的一侧向低的一侧运动。由于"氧离子运动通道"直径的大小和氧离子直径相等，只能通过氧离子，不能通过其他离子，所以氧化锆称为氧离子导体。离子是带电体，氧化锆能将带电的氧离子从一侧输送到另一侧，就好像导体将电子从一侧输送另一侧一样，这就是称氧化锆为氧离子导体的原因。

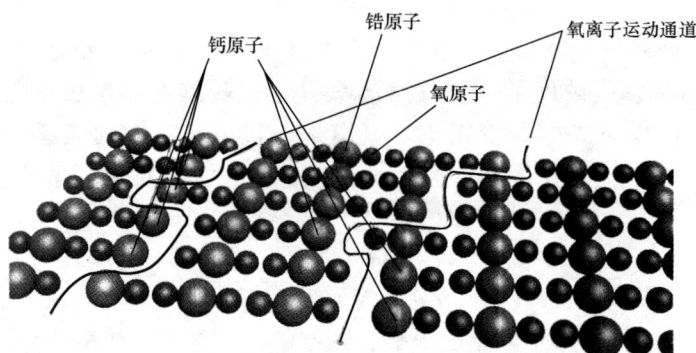

图6-2　氧化锆复合结构示意

　　总之，当氧化锆的两侧存在着氧离子浓度差时，在600℃高温下氧离子将由浓度高的一侧运动到另一侧。图6-2所示的氧离子运动方向是假设靠近图下方的一侧为氧离子高浓度侧。

　　氧化锆可以输送氧离子，但氧元素总是以氧气（两个氧元素以共价键结合）的形式存在于环境之中，所以要测量烟气中的含氧量，首先要建立一个将氧气变成氧离子（氧元素外层加两个电子，氧离子带负电）的"加工厂"，并且还必须使氧化锆的两侧出现氧离子浓度差。为了解决以上问题采取了两种措施。

　　一是在氧化锆的两侧各烧结一层网状铂丝，网状铂丝的网孔非常细小，用眼睛难以区分其网状结构，看起来似乎是光滑的平面。在高温下，氧气和铂原子接触后，由于铂为金属，其原子核对外层电子控制能力比较弱，根据物质的稳定结构原则，外层电子数为8个时为稳定结构元素，如氦、氖、氩、氪、氙、氡都是不与其他物质反应的惰性气体，它们的最外层就是 8 电子结构。对铂原子来说，其最外层电子数目较少，倒数第 2 层为 8 个电子，只要抛弃最外层电子就变成稳定结构的物质，所以铂金属在参与化学反应时，总是希望丢掉外层的电子（事实上是对最外层的电子吸引能力比较小）。而氧气和铂金属刚好相反，其最外层有 6 个电子，氧原子和氧原子相遇时，为了满足各自外层 8 电子的要求，它们各自提供两个外层电子作为公用，即分时绕着两个原子转动，这样两个氧原子外层都达到 8 电子稳定结构，这种使用公用电子构成稳定结构的形式称为共价键结构。如果氧原子和铂金属相遇，氧原子会从铂金属的外层得到电子（结构力吸引铂金属的外层电子围绕氧原子的原子核转动），这样原来两个氧原子就终止"合作"，因为每个氧原子都可以从铂金属处得到所需的电子而使自身外层为 8 电子结构，这种通过"掠夺"别的元素中电子为"己有"的结构称为离子键结构。此时氧原子由于外层增加了两个电子而带负电，这种结构称为氧离子。铂金属由于失去电子而带正电。不过这种反应在高温时方能正常进行，而且是可逆的。反应之所以要在高温下方能进行以及反应的可逆性，需从铂元素的性质加以解释。铂虽然是金属，但并非典型金属，从物质的化学性质上理解，所谓金属性实质上就意味着在参加化学反应时失去电子的容易程度，越容易失去电子的金属称其金属性越强。而铂元素不是典型金属说明其对电子控制能力还比较强，在参与化学反应时非金属元素要将其电子"掠夺"并非易事。尤其是当氧元素"掠夺"铂元素的电子后，自己形成氧离子，氧离子对外层电子的吸引能力明显下降，此时，氧离子若运动到铂原子附近时其外层电子有可能被铂原子"反夺"回来。双方就好像"拔河"比赛，势力相当，这就是这种反应必须在高温下方能进行且又是可逆反应的原因。

简言之，铂原子对其外层电子有一定的吸引能力，氧原子要夺取其电子在常温下是不可能的，当温度升高后，铂原子对外层电子吸引能力减弱，才会产生铂原子的外层电子被氧元素"掠夺"的结果。当氧元素夺得电子变成氧离子后，氧离子对电子的吸引能力下降，所以当氧离子运动到铂原子附近时又会失去电子，从而氧离子还原成氧气。这种反应会形成一种动态平衡，在铂网附近既有生成一定浓度的氧离子过程，又有将氧离子还原成一定浓度氧气的过程。可见，铂的存在既是生成氧离子的原因，也是生成氧气的原因。

二是在氧化锆两侧建立起氧离子浓度差。当氧化锆两侧有铂金属存在时，据上述原理氧气会自动生成氧离子，因此只要在氧化锆两侧建立两种不同氧气浓度即可。一般利用空气强制流动或自然循环原理使得烟气和新鲜空气各自在氧化锆的一侧流动。

氧化锆氧量计工作原理如图 6-3 所示。左侧为流动的新鲜空气，右侧为流动的烟气。新鲜空气中的氧气在高温下接触铂金属后，会产生大量的氧离子，在左侧的铂金属上留下大量正电荷，氧离子在扩散力作用下，进入氧化锆氧离子导体，氧离子运动到右侧后，由于氧离子上电子被铂夺取，两个氧离子被还原成氧气，在右侧的铂金属上留下大量的负电荷。两侧同样是氧气为什么会产生如此单向的氧离子流动和正

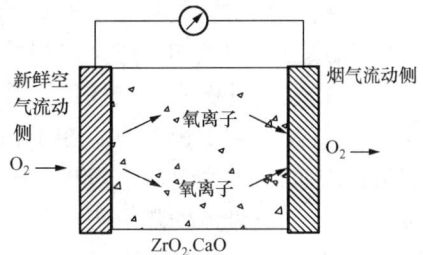

图 6-3　氧化锆氧量计工作原理示意

负电荷？上文介绍铂金属和氧气作用时已经提到，事实上，空气和烟气两侧都可以生成氧离子，也都可以将氧离子还原成氧气，由于两侧的氧气浓度不一样，所以这种氧离子生成和还

原的数量就不一样。例如，空气侧氧气浓度较高，生成的氧离子浓度就高，由左向右运动的氧离子数量就多。每向右侧运动一个氧离子，其左侧金属铂上就少了两个电子，所以左侧铂金属上肯定会出现正电荷。相反，右侧氧离子浓度低，向左侧运动的氧离子数目要少。由于新鲜空气侧氧离子源源不断地进入烟气侧，使得烟气侧氧离子浓度增加，氧离子和铂原子碰撞机会增加，当碰撞发生时铂原子夺取氧离子的外层电子，两个氧离子结合成氧气，这时就在铂金属上留下两个电子，所以每接受一个氧离子，其右侧铂金属上电子数目就增加两个而带负电。

　　当然，上述反应之所以能够进行，主要是由于中间存在着氧化锆材料。如果没有中间氧化锆的氧离子传导作用，两侧的氧离子产生和氧离子被还原成氧气是平衡的，从整体上看，两侧都处于电中性状态，也就不会产生如上所述的两侧电势。正是由于氧化锆的特殊材料，把氧离子从一侧搬运到另一侧，使得两侧出现由于氧离子运动而带电的现象。实践证明，两侧浓度差越大，两侧的正负电荷数目相差就越大，即产生的电势就越大，所以测量电势就是测量两侧的氧气浓度差。根据两者差值又可以推算出烟气侧氧气的含量（因为空气的氧气含量为 21%），烟气侧氧气含量和过量空气系数一一对应，即最终可以得到过量空气系数的大小。

　　氧化锆氧量计产生的电势和两侧氧气浓度差的关系可用数学表达式描述如下：

$$E = \frac{RT}{nF} \ln \frac{p_A}{p_C} \tag{6-1}$$

式中：E 为氧浓差电势；R 为理想气体常数，8.314J/（mol·K）；T 为绝对温度，K；n 为一个氧分子输送的电子数，$n=4$；F 为法拉第常数，$F=96\,500$C/mol；p_A 为参比气体（新鲜空气）的氧分压（和氧含量正比）；p_C 为被测气体（烟气）的氧分压（和氧含量正比）。

　　若两侧气体压力相同，则式（6-1）可写成

$$E = \frac{RT}{nF} \ln \frac{\dfrac{p_A}{p}}{\dfrac{p_C}{p}} = \frac{RT}{nF} \ln \frac{\varphi_A}{\varphi_C} \tag{6-2}$$

式中：φ_A、φ_C 为参比气体及被测气体的体积分数，$\varphi_A = p_A/p$，$\varphi_C = p_C/p$。

　　上式描述的是氧化锆氧量计输出的电势和其他变量之间的关系。氧化锆产生的电势不仅和含氧浓度有关，而且和温度也相关。只有在温度以及参比侧（新鲜空气侧）含氧浓度不变情况下，输出电势才能反映烟气含氧的大小。参比气体（新鲜空气）的含氧基本上是一个常数，由于烟气温度会受各种因素的干扰而变化，使氧化锆温度变化比较大，从而引起误差。一般采用热电偶测量的电势来对误差进行补偿。

　　氧化锆氧量计的实际结构见图 6-4。中心部件是 U 形的氧化锆测量管，开口侧面向烟气，当烟气从上往下运动时，在 U 形的氧化锆测量管内形成如图所示的烟气流动方向。U 形管的封闭侧在半密封的氧量计外壳内，由于其内部"电炉丝加热装置"的加热作用，使得内部空气从"空气流动隔离板"的上方缺口处逸出，图中用"新鲜空气流动方向"的虚线表示气体流动方向。这样，内部压力低于氧量计的外部压力，在外部大气压力作用下，外部的新鲜空气从"参比气入口"处进入到达"氧化锆测量管"的底部附近。这种空气流动不断进行，为氧化锆测量管的外侧源源不断提供新鲜空气。在氧化锆测量管的内、外两侧均烧结有致密网状的铂材料（图上没有画出），在内、外两侧含氧量差和电炉丝加热的共同作用下，

内外两侧的铂电极上将产生和两侧氧量浓度差相关的电势。另外，为了校验氧量计还设有"标准气入口"，此入口在正常测量时是密封的，只有在校验测量装置时，从此入口通入人工配置的和烟气相似的所谓标准烟气，然后在实验室对氧量计进行测量校验。其内部的热电偶是为了补偿温度变化带来的误差。"电炉丝加热装置"除能促进新鲜空气循环外，还要维持氧化锆温度在 650℃ 以上，使氧化锆成为良好的氧离子导体的作用。

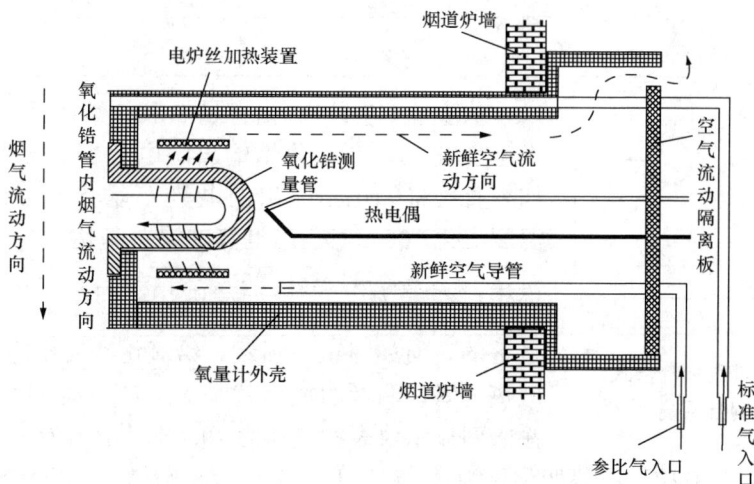

图 6-4　氧化锆氧量计的实际结构示意

三、氧量测量系统

氧化锆氧量计测量系统，按环境温度要求的不同，可分为定温式和温度补偿式两种；按安装方式的不同可分为直插式和抽出式两种。由于抽出式需要重新设置测量管道，在管道中需要布置净化处理等措施，系统较为复杂，且不能及时反映被测气体（烟气）的含氧量，再加上测量管道容易堵塞等缺陷，目前在电厂很少使用。

直插式氧量测量系统是将氧化锆氧量计直接插入烟道，让氧化锆直接和烟气接触进行测量的一种方式。

（一）直插补偿式测量系统

对于直插补偿式测量系统，氧化锆管应直接插入锅炉烟道的高温部分（一般插入过热器后部，烟气温度为 700~800℃ 处），插入深度为 1~1.5m，这样可以省去加热装置，简化系统的结构。温度补偿方式有两种，一种是局部补偿法，另一种是完全补偿法。

由式（6-1）和式（6-2）可以看到，氧化锆输出的电势 E 不仅随两侧氧气浓度差的变化而变，而且当氧化锆的环境温度发生变化时，氧化锆输出的电势也要变化。显然，这是测量所不希望的。从误差角度分析，输出结果会随环境温度的变化产生误差。所谓温度补偿就是要消除由于温度变化所带来的测量误差。实验表明，在 700~800℃ 时，当固定氧化锆两侧的氧气浓度差时，温度变化所引起的氧化锆电势变化和镍铬-镍硅热电偶在冷端温度为 0℃、测量端为环境温度时所产生的热电势变化有近似相同的规律。表 6-1 中列出了当参比气体为新鲜空气、被测气体的含氧量为 2% 时，氧化锆输出电势 E 在不同温度下的数值，以及镍铬-镍硅热电偶电势 E_K（冷端温度为 0℃）在不同测量端温度下的数值。由 $E-E_K$ 的差值可知，当温度在 700~800℃ 时，$E-E_K$ 的差值为 20mV 左右，基本不随温度变化。

表 6 - 1　　　　　　　氧化锆电势和镍铬 - 镍硅热电偶电势与温度的关系数据

$t/℃$	E/mV	E_K/mV	$E-E_K$	显示仪表读数	备注
700	48.96	29.13	19.83	2%	
720	49.86	29.97	19.92	1.994%	
740	50.89	30.81	20.08	1.983%	显示仪表按700℃时
760	51.90	31.64	20.26	1.971%	E-E_K 关系刻度
780	52.90	32.46	20.44	1.958%	
800	54.00	33.29	20.71	1.940%	

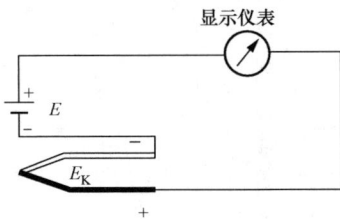

图 6 - 5　局部温度补偿式
氧化锆测量系统

从表 6 - 1 可以看出，虽然氧化锆的两侧氧气浓度没有发生变化，但是氧化锆输出的电势 E 随温度变化而变化。如果直接将氧化锆输出的电势 E 输入到显示仪表去指示，温度变化 100℃时输出电势的误差高达 15mV，若换算成标称相对误差为 $\frac{54-48.96}{48.96}=0.103=10.3\%$，可见，误差是显著的。但如图 6 - 5 所示，给氧化锆反相连接一个镍铬-镍硅热电偶，两者的输出就是 $E-E_K$。通过仪表零点调整使输入到显示仪表的电势为 19.83 时指示为 2%，结果当温度在 700～800℃时，对应的电势变化仅为 20.71—19.83＝0.88（mV），指示数值最大误差为 0.06%，指示数值几乎不变。

从以上分析可以看到，虽然使用热电偶进行温度补偿后，指示误差明显缩小，但理论上误差并没有消失，如果使用温度超出温度范围的限制还会带来更大的误差。这种方式仅在温度的某些局部范围内对指示误差进行了校正，因此称为局部补偿法。局部补偿法只能适用于气体温度为 600～800℃，被测氧气浓度为 2%～4%范围，超出此范围，误差增大。由于锅炉烟气中最佳含氧量一般在 3%左右，该补偿方法又十分简单，故仍有较大的使用意义。

另一种较完善的补偿式测量系统的原理如图 6 - 6 所示。其中 I_1 的表达式如式

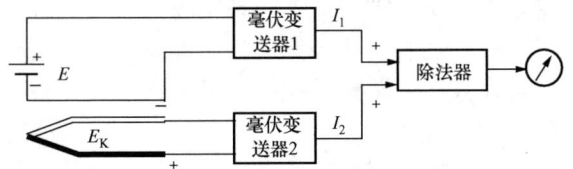

图 6 - 6　完全温度补偿氧化锆测量系统

（6 - 2）所示（假设电势电流转换系数为 1）。根据实验研究可知，热电偶的电势和温度的关系近似于线性关系，热电偶电势可表示如下：

$$I_2 = KT \tag{6 - 3}$$

假设热电偶电势电流转换系数为 1，热电偶近似温度电势比例系数为 K，则两个电流相除后有

$$\frac{I_1}{I_2} = \frac{\frac{RT}{nF}\ln\frac{\varphi_A}{\varphi_C}}{KT} = \frac{R}{nKF}\ln\frac{\varphi_A}{\varphi_C} \tag{6 - 4}$$

由式（6 - 4）可见，输送到显示仪表的数据 I_1/I_2 与温度 T 无关，仅与氧化锆两侧的氧气浓度差一一对应。

需要注意的是，这一结论是在假定热电偶为线性特性情况下得出的，事实上热电偶的温

度－电势并非线性，所以误差难以避免。和局部温度补偿的氧化锆测量系统比较，完全温度补偿的测量准确度有所提高，补偿的温度范围没有限制。

（二）直插定温式测量系统

根据式（6-2）可知，只要固定氧化锆的环境温度不变，氧化锆输出电势 E 仅是两侧氧浓度差的函数，即输出电势唯一地由两侧氧浓度差决定。图 6-7 为定温式测量系统的原理。由热电偶测量的温度信号输送到温度控制器，温度控制器通过运算后，输出控制电压给电炉加热丝，以维持温度为常数。

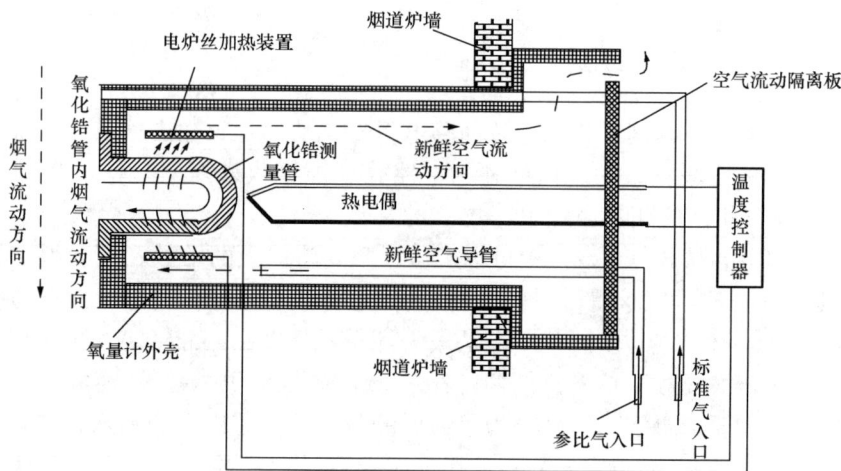

图 6-7　定温式氧化锆测量系统的原理

无论采取哪种测量系统，还有一个问题我们没有接触到，就是按式（6-2）的表示，氧化锆的电势 E 和两侧氧浓度差（实际是比值）的对数成正比。若用模拟仪表进行显示，就需要模拟仪表具有相应的运算功能。使用一般的模拟显示仪表无法解决这个问题，一般是人为地将计算好的数值刻度在表盘上，用人工运算代替仪表的运算。

由于仪表本身存在的误差等原因，即使采取恒温措施仍难免出现示值误差。另外，自动控制需要氧化锆测量系统能输出线性信号，例如，氧浓度增加 2 倍，输出电势也增加 2 倍。按式（6-2）氧化锆输出电势和氧浓度差的关系，当烟气氧浓度增加 2 倍时，输出电势增加了 $\ln 1/2 = -0.69$ 倍，如果不考虑方向，增加了 0.69 倍，可见电势输出和氧浓度的变化并非成比例（线性）。出现这种问题的主要原因在于显示仪表没有运算能力，如果显示仪表具有相应的运算能力，当显示仪表测量到氧化锆输出电势和环境温度后，将其代入式（6-2），从中求出 φ_C，然后输出代表 φ_C 大小的相应电信号。这种测量即使存在温度变化也不会影响测量准确度，而且输出的信号就是被测量的氧浓度本身，显然这正是我们期望的线性关系。目前单片机（一个集成电路片就是一个微型计算机）电路逐步取代了仪表模拟电路，以上的设想已经完成。

（三）智能型线性化氧化锆测量系统

智能型仪表和一般的模拟显示仪表（显示电势常用仪表）相比：一是智能型仪表可以接受多个输入量，而一般模拟显示仪表只能接受一个电势信号的输入，因此在使用一般模拟显示仪表时，总是再三强调环境因素（如温度等）不能变化，否则将产生误差；二是智能型仪表可以对输入量进行任意运算，而一般模拟显示仪表实质就只能进行比例运算（显示和输入

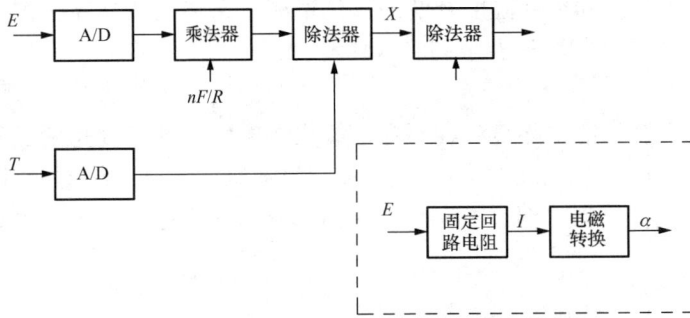

图 6-8 　智能氧量测量系统原理框图

是氧化锆输出的电势，当温度变化而导致回路电阻变化从而导致输出偏转产生误差时，一般模拟显示仪表本身是无法克服的。虚框外的电路是智能型仪表对氧化锆电势的运算求解过程。式（6-2）是氧化锆的测量原理表达式，式中 R、F、n、φ_A 均为常数，T、E 虽然不是常数但可以准确测量。从式（6-2）中可以看出，只要将以上的常数和测量得到的参数代入式（6-2），用数学方法可以求得 φ_C 烟气氧浓度。智能型仪表一般用单片机作为仪表的核心电路，对于如式（6-2）的运算，可以说是极为简单的运算。智能型仪表中的 A/D 单元作用是将模拟电信号转换成数字信号。例如，2mV 转换成数字 20 等，转换的数据大小完全由编程人员根据现场需要来决定。转换是为了后面的数学运算。中间的乘除、乘幂等运算都可以用程序实现。输出的 φ_C 是数字信号，如果显示仪表是数字显示自然不必转换，如果显示仪表是类似一般模拟显示仪表的模拟仪表，可以再增加 D/A（将数字信号转换成模拟电信号）环节来实现。总而言之，只要能用数学公式表示的检测元件关系式，且公式中的变量是已知或可以准确测量时，智能型仪表就可以准确显示其测量结果。由于智能型仪表是直接显示被测量本身（和被测量是一比一的关系），所以输出和输入肯定是线性关系。

四、CY-2DA 氧化锆氧量计

CY-2DA 是智能型氧化锆氧量计。经过多次改型后，无论使用寿命和测量准确度都达到较高水平，是目前替代常规模拟显示仪表的发展方向。

仪表的工作原理框图见图 6-9。此类氧化锆氧量计采用的是直插定温式测量系统模式。仪表用 8098 准 16 位（内部为 16 位数据总线，外部为 8 位数据总线，所以称准 16 位）单片机作为控制核心。8098 单片机可以直接将四路模拟量转换成数字信号，有一路 D/A 模拟量输出。指令系统有功能强大的运算语句，还配备有高速输入、输出接口。输入接口对外部输入的反应速度可以高达 $2\mu s$。

氧化锆氧浓度相关电势和温度信号由小信号隔离放大器（由模拟电路组成），将微小的电势信号放大成 0～5V 的电压信号，再通过模拟切换开关，将

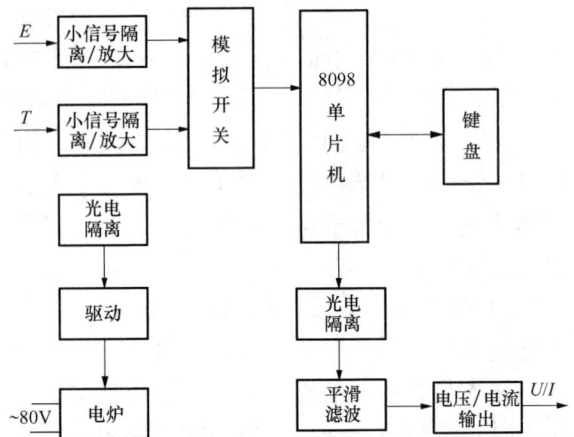

图 6-9 　CY-2DA 氧量测量系统原理框图

的电势成正比）。

图 6-8 中虚框中的电路是一般模拟显示仪表对测量信号的运算过程。当一般模拟显示仪表的回路电阻固定后，输入的电势在回路中产生的电流和回路电势成比例。电流在流过一般模拟显示仪表的线圈时产生和电流成比例的角度偏转。一般模拟显示仪表的输入量就

氧化锆电势 E 和温度 T 输送到 8098 的 A/D 转换端，经 8098 单片机转换后存入预定的单元供相关的运算使用。小信号的隔离是为了防止现场信号对单片机的干扰。单片机的输出共有两路，一路是根据温度信号运算后对加热电路的调整输出，输出通过光电隔离电路输送给电炉驱动器。单片机通过控制电炉，使得氧化锆的工作环境温度稳定在（750±2)℃，除此之外，还可以通过图 6-9 上的键盘操作显示环境温度、氧化锆电势、回路内阻等相关信号。另一路输出（调宽脉冲）通过光电隔离、滤波电路后变成和氧浓度成比例的电流或电压信号供仪表显示或调节使用。

通过键盘操作可以实现现场的空气校准、故障检查等操作。

仪表使用一段时间后，由于材料纯度变化等原因会使测量产生误差。仪表不用拆卸，在现场就可以完成校验。首先打开现场仪表的标准空气入口，然后按下键盘上的"空气检验"键，当显示数值为 20.6％时，检验完毕，重新封闭标准空气入口后，按键盘上的"启动"即可投入使用。

还有比较专业的校准操作用来修正零点、斜率等参数。总之，凡是使用人员能想到的改善仪表品质的方法，都可以通过编程来实现。

另外，氧化锆本身的使用寿命是目前氧化锆使用的一大障碍，质量较差的氧化锆使用几个月后就需要更换，比较好的氧化锆也仅能正常使用一年左右。有些产品一年后尽管还能使用，但内部电阻变化已十分明显，没有相应补偿措施时，就必须更换新的氧化锆。所以氧化锆氧量计还是正在发展和完善之中的测量仪表。

氧化锆安装注意事项：

（1）氧化锆管元件系陶瓷类金属氧化物，安装时不要与炉膛内的管子剧烈碰撞；

（2）氧化锆探头需安装在烟道中心处；

（3）在运行的锅炉中安装时，应将氧化锆探头慢慢地插入烟道安装座中；

（4）氧化锆探头与安装座的法兰连接处，需垫橡胶石棉垫圈密封，以防空气渗入，影响测量准确度；

（5）氧化锆管的热电偶信号线必须用相应的补偿导线接入二次检测仪表。

复 习 思 考 题

6-1　燃料完全燃烧且烟气中氧含量为 0，对应的过量空气系数等于多少？

6-2　燃烧过程中，过量空气系数是否越大越好？为什么？

6-3　氧化锆输出的电势和哪些因素有关？当氧化锆输出的电势变化时，是否一定是烟气的含氧量发生了变化？为什么？

6-4　简述氧化锆氧量测量的工作原理。

6-5　氧化锆测量氧含量时为什么要在高温下进行？若在低温下测量会出现什么情况？

第七章　自动控制基本知识

第一节　自动控制系统基本概念

自动控制是指在没有人直接参与的情况下，使用一套自动控制仪表，使被调节的设备或生产过程的工况自动地达到预期效果。自动控制仪表和被调节的设备有机的连接称为自动控制系统。自动控制系统最主要的特点是该系统的运行不需要人为干预。将人体作为一个例子来考虑，这个系统持续的自动控制是我们生存的基本要求。如将我们的体温保持在 37℃ 的自动温控系统、心跳调节系统、眼球聚焦系统。从肾脏、肺和肝脏的功能来看，它们也可以称为自动系统。这些系统和其他许多人体内的系统一样，都是在我们没有任何有意识干预的情况下自动运行的。实际上，在我们周围还有许多人造的自动运行的调节系统。在日常生活中，我们要接触或使用其中的许多系统。例如：在一个现代化的居室内，温度由温度调节装置（空调）自动控制，类似的还有热水器中热水的温度，刹车防抱死系统自动防止汽车在湿滑的路面上打滑，导航调节系统使汽车自动保持在设定车速等。以上只是众多的自动控制系统的几个例子。

一、自动控制系统的相关术语及组成

自然科学理论的产生和发展归根到底都是来源于生产实践。自动控制也是在人工调节的基础上发展起来的。随着机组容量的增大，需要监控的参数和设备越来越多，人工调节远远不能适应，但人工调节的方式、调节方法等仍然是自动控制仪表的控制依据。尽管目前自动控制仪表已经由智能型的计算机仪表来担任，具有快速的"反应"、超强的"记忆"、强大的分析计算功能，但从其使用的调节规律来说，还是采用人工调节使用的方法。可以这样说，自动控制和人工调节原本就是相同的系统，虽然使用的设备不同，但实现的功能和采用的手段、调节思路是完全相同的。下面通过锅炉汽包的水位控制来说明自动控制的概念。

图 7-1 是锅炉汽包水位人工控制示意。为了保证锅炉及整个单元机组的安全运行，必须维持汽包水位为给定数值（通常在汽包几何中心稍靠下的地方）。当蒸汽流量 D、给水流量 W、锅炉燃烧率 B 等任一因素发生变化时，都会引起汽包水位 H 变化。当某种因素引起水位 H 偏离给定值后，运行人员根据水位计的指示值与标尺上的给定值之差（偏差），操作给水控制阀的开度，改变给水流量，使汽包水位回到给定值，即水位 H 的稳定是靠改变给水流量 W 的大小来控制的。通常一次操作不能达到预期的效果。每次的操作效果（给水流量的改变是否合适）可以通过水位仪表的示值来观测，这就是给操作人员的反馈信号。操作人员根据水位仪表指示值与给定值偏差的大小和方向，不断改变给水控制阀的开度，直到将水位调整到规定的数值上。这时，汽包水位控制系统达到了一个新的动态平衡，水位稳定，流入 W 等于流出 D，控制过程结束。

总结人的控制过程，经历了眼看（观察水位的高低变化）、脑想（对水位信号分析，决定给水阀应该如何动作）、手动（在大脑的指挥下，调整给水阀门的开度，用以改变给水流量 W 以稳定水位 H）三个阶段。如果用一套自动控制仪表来代替人的作用，就可以实现自动控制。用检测仪表代替"眼看"，用控制器代替"脑想"，用执行器代替"手动"，人工控

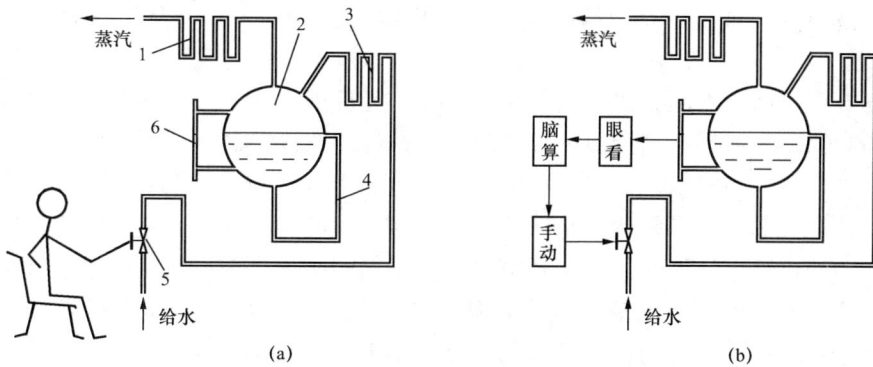

图 7-1　锅炉汽包水位人工调节示意

（a）汽包水位人工调节示意图；（b）人工调节原理示意图

1—过热器；2—汽包；3—省煤器；4—水冷壁；5—给水调节阀；6—水位计

制系统就成为如图 7-2 所示的自动控制系统。其调节过程为：首先由检测器将现场的热工参数转换为相应的电信号，控制器将检测器输送过来的电信号与给定值进行比较运算，输出到执行器来控制给水阀门的开或关以控制水位在预定的范围内变化。其中给定值和调节规律预先由热工人员装入控制器。

1. 自动控制系统的常用术语

（1）被控对象（控制对象、被调对象）。系统所要控制的设备或过程，它的输出称为被控量，它的输入称为控制量。

（2）被控量（被调量）。表征生产过程是否正常而需要调节的物理量。热力过程自动控制中最常见的被控量有压力、温度、流量、水位等。图 7-2 系统对应的被控量是汽包水位；过热器的被控量是过热器的出口汽温；燃烧过程的经济性要求保证适当风煤比，通过过量空气系数（或烟气含氧量）来评价，被控量为烟气中含氧量。

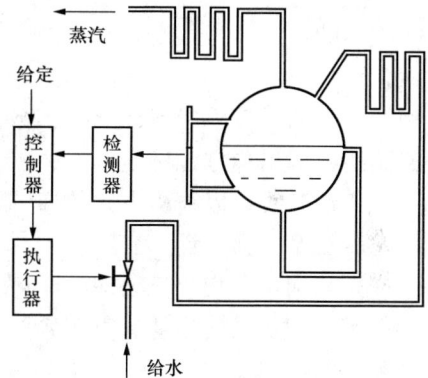

图 7-2　自动控制系统示意

（3）扰动（干扰）。扰动是指引起被控量偏离给定值的各种原因。扰动分为内扰和外扰。内扰指控制阀门所在管道的物质或能量等因素发生变化所引起的被控量变化。汽包水位自动控制系统中，给水管道压力变化引起的扰动就属于内扰。外扰指不包括在控制回路内部，不直接引起控制量变化的扰动。汽包水位自动控制系统中，蒸汽流量的扰动就属于外扰。为了进行实验求取被控对象的动态特性，常人为开大或关小控制阀来引起被控量变化，这种用控制阀开度变化来产生的扰动称为基本扰动。控制器给定值发生变化引起的扰动称为给定值扰动，有时也称为控制作用扰动。

（4）控制过程（调节过程）。控制过程是指原来处于平衡状态的被控对象，一旦受到扰动作用，被控量就会偏离给定值。通过自动控制仪表或运行人员的控制作用使被控量恢复到新的平衡状态的过程，称为控制过程。

2. 自动控制系统的组成

检测变送器、控制器、执行器、控制机构、被控对象之间通过信号的传递互相联系起来就构成一个自动控制系统。一般情况下，控制机构可以看成被控对象的一部分，不单独列出来。

（1）环节。方框图中的方框，表示一个设备、元件或者一个生产过程。指向环节的信号线称为该环节的输入量，指向背离该环节的信号线称为该环节的输出量。如图7-3所示，汽包水位是汽包环节的输出量，给水阀门开度或给水流量W、蒸汽流量D、燃料量B就是汽包环节的输入量。输入信号是使这个环节状态发生变化的原因，输出信号是在此输入信号作用下所引起的变化结果。因此，一个环节的方框图表明了该环节的因果关系。环节的信号传输具有单向性。对一个环节来说，输入量能影响输出量，输出量不能直接影响输入量的大小。自动控制系统可以看成为多个环节的组合。图上所标示的"＋""－"表示该输入与输出之间的因果关系（正号表示输入↑则输出↑、输入↓则输出↓，变化方向相同。负号表示输入↑则输出↓，输入↓则输出↑，变化方向相反）。

干扰 蒸汽流量$D-$

控制量 给水流量$W+$

汽包对象

输出信号 水位H

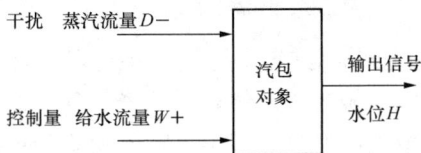

图7-3 环节结构示意

被控对象的输出量由控制任务所确定。例如，需要控制汽包水位H时，汽包水位H就是汽包这个环节的输出量，相应的输入量为给水流量W和蒸汽流量D；需要控制汽包压力p时，汽包压力p就是输出量；相应的输入量为给煤量B和汽轮机主汽阀开度μ。可见，相同的设备由于控制目标的不同，可以看作不同的环节，当然也就有不同的输出量。如果把整个机组看成一个环节，相应的输出量为汽包水位H、主蒸汽压力p及温度t、汽轮机转速n、发电功率P等，运行人员的任务就是通过一定的调整手段保证这些参数在允许的范围内变化。对于一个实际的设备只有调节任务确定后，输出量方能确定。

（2）信号线。以箭头方式传递的某种信号，用以反映各设备之间的逻辑关系。

（3）相加点。相当于加法器，表示两个信号的代数和。如图7-4所示的相加点代表的运算关系为$X_3 = X_1 - X_2$，相加信号的量纲必须相同。

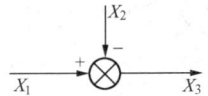

X_2

X_1 X_3

图7-4 相加点示意

（4）分支点。表示把一个信号送到两个地方（或多于两个）。注意，这是指信号的传递，并不是指物质的分流。如图7-5所示，分支点后的信号Y_2、Y_3都等于分支点前的信号Y_1。例如，汽包水位检测信号一支送往自动控制器，一支送往显示器供运行人员监视，但控制器和运行人员收到的都是相同的水位测量值信号。

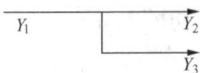

Y_1 Y_2

Y_3

图7-5 分支点示意

控制系统方框图与工艺流程图的区别在于：控制系统方框图反映的是信号之间的逻辑关系；工艺流程图反映的是实际介质的流程（流过各个设备的顺序），从开始到结束物质不变。例如，汽包工艺流程图的流入量是给水，流出量是蒸汽。控制系统方框图中描述的汽包环节的输入量是给水流量W和蒸汽流量D，输出量是水位H。所以，在分析自动控制系统时，一定要和工艺流程图区别开来，将流入、流出、输入、输出加以区别。

二、自动控制系统的分类

由于生产过程不同、生产设备不同、控制目标的差异，对自动控制系统的功能要求是多种多样的，因而自动控制系统的类型也是多种多样的。不同的分类方法是从不同的侧面来描述控制系统的，对于一个具体的控制系统来说，可能几个方面的特征兼而有之。

1. 按系统的结构特点（工作原理）分类

（1）反馈控制系统。反馈控制系统又称闭环控制系统，是自动控制系统中最基本的结构。图7-3、图7-6介绍的控制系统都属于反馈控制系统。反馈控制系统实际上是模拟人的操作过程来进行工作的。运行人员对某个被控量进行控制时，总是在控制后观察控制的结果，据此确定下一步的控制方案，周而复始，直到被控量等于给定值。反馈控制系统也是当进行一次控制后不断检测被控量，然后进行再次控制。控制是连续不断的过程，不能明显区别各次控制，形式虽然不同，内容本质是一样的。

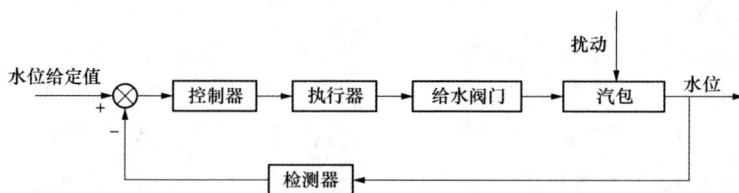

图7-6 汽包水位反馈控制系统

反馈控制系统的基本工作原理是，根据被控量与给定值之间的偏差进行控制，最后达到减小或消除偏差的目的。简单说就是"按偏差控制"。

以汽包水位自动控制系统为例，当蒸汽流量 D（外扰）变化后，最终会影响水位，但蒸汽流量 D 变化后水位 H 不会马上变化，而是有一段时间的延时，反馈控制系统只有当水位 H 发生变化后才能进行控制，改变给水流量 W，这样使得控制作用 W 的变化落后于干扰 D 发生的时刻，最后虽然水位可以恢复正常，但控制过程中水位肯定会波动。

反馈控制系统的优点是，可以保证稳态时被控量等于给定值，对各种扰动对被控量造成的影响均可消除。缺点：一是按照偏差进行控制，使得控制过程时间较长；二是闭环系统容易出现振荡，需要进行稳定性分析；三是由于控制作用落后于扰动，使得控制作用不及时。

（2）前馈控制系统。前馈控制系统又称开环控制系统或无定值控制系统。这种控制系统的基本工作原理是利用扰动信号产生的控制作用去抵消扰动对被控量的影响，简单说，就是按"扰动控制"。在开环控制系统中，不需要对输出量进行测量，也不需要将输出量反馈到系统输入端与给定值进行比较。汽包水位前馈控制系统如图7-7所示。

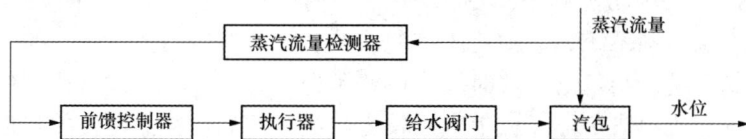

图7-7 汽包水位前馈控制系统

以汽包水位自动控制系统为例，如果能随时检测蒸汽流量 D（外扰）变动，不等水位 H 发生波动，在 D 变化的同时就启动控制系统进行控制，改变给水流量 W，如果给水流量 W 的变化幅度和蒸汽流量 D 的变化幅度相当，那么水位 H 就可以基本保持不变。在前馈控制系统中，没有被控量 H 及其他的反馈信号，所以系统是不闭合的，即开环控制；但该系统只能对 D 的扰动加以消除，不能抵消其他扰动的影响，也不能保证水位 H 等于给定值，即无定值控制。

全自动洗衣机就是开环控制系统的例子。一旦设置好洗涤程序，则浸湿、洗涤和漂洗过程在洗衣机中自动依次进行。在洗涤过程中，无需对其输出信号——衣服的清洁程度进行测量，不能保证洗涤的清洁度达到规定的要求。十字路口的信号灯是另一个前馈控制系统的例子，预先设定好时间间隔，不能按照马路上车辆的多少自动调整红绿灯的时间。

前馈控制的优点：一是可以及时有效地制止被控量的变化，缩短控制过程时间；二是被控量不会出现振荡；三是扰动作用一发生就产生相应的控制作用，控制作用及时。缺点：不能保证被控量等于给定值，且只能克服某种扰动。

前馈控制系统在现场一般不单独采用，总是和反馈控制系统配合使用，利用前馈控制来及时抵消系统的外扰。

（3）复合控制系统。复合控制系统又称前馈－反馈控制系统。将经常发生的主要扰动（如负荷）作为前馈信号，由于前馈信号的变化快于被控量的反馈信号，故可以进行"立即"控制，及时克服主要扰动对被控量的影响；利用被控量的反馈来克服其他扰动，使系统的被控量在稳态时能准确地等于给定值。复合控制系统常把前馈控制称为粗调，反馈控制称为细调。

汽包水位复合控制系统如图 7 - 8 所示，将蒸汽流量 D 作为前馈信号，及时消除 D 扰动对被控量水位 H 的影响；被控量水位 H 作为反馈信号，保证稳态时等于给定值。由于控制效果好，复合（前馈－反馈）控制系统成为目前广泛应用的系统。

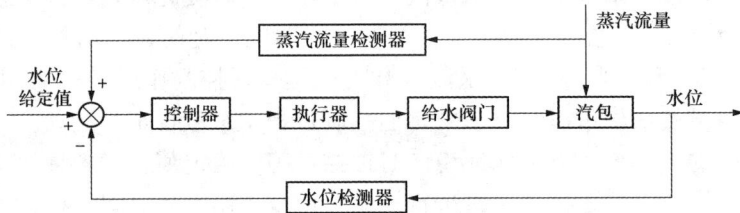

图 7 - 8　汽包水位复合控制系统

2. 按照给定值的变化规律分类

生产过程不同，被控量必须维持的希望数值也可能有所不同。

（1）定值控制系统。该系统是指被控量的给定值保持恒定，或给定值在某一个很小的范围内变化，它是在热工自动控制中广泛采用的一种控制系统。例如：锅炉汽包水位控制系统、过热器出口汽温控制系统、炉膛负压控制系统、除氧器压力控制系统等。

（2）程序控制系统。给定值按照时间或按照预先设定的某种规律（预定的时间函数）变化。程序控制系统在机组自启停过程中应用较为广泛。例如：在汽轮机的自启动过程中，预先设定转速的给定值随时间的变化规律，要求汽轮机的转速按照预先拟定的规律变化。

（3）随动控制系统。给定值是按预先不能确定的一些随机因素而变化的（变化规律事先未知）。根据检测相关信号并据此计算出给定值，要求被控量以一定的准确度跟随给定值变化。例如：目前用于军事的导弹防御系统、参加电网调频的机组负荷控制系统就是典型的随动控制系统。

3. 按控制系统闭合回路的个数分类

（1）单回路控制系统。单回路控制系统如图 7 - 7、图 7 - 9 所示，这种控制系统的特点是只存在一个负反馈的闭环。

（2）多回路控制系统。过热汽温串级控制系统如图 7 - 9 所示，反馈信号有两个，分别是过热器出口温度和喷水减温后的温度。这种控制系统的特点是有多个反馈信号构成的闭环回路。

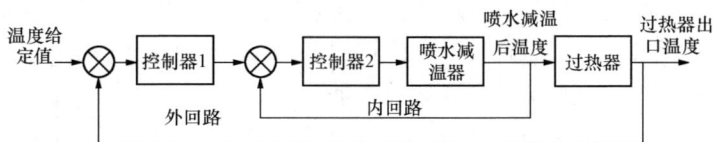

图 7 - 9 过热汽温串级控制系统方框图

4. 按系统结构分类

按系统结构可分为单变量控制系统和多变量控制系统。单变量控制系统只有一个被控量，如汽包水位控制系统的被控量是汽包水位；多变量控制系统有两个或更多个被控量，这些被控量相互影响、相互制约，不能一个一个地单独加以控制。图 7 - 10 所示的炉膛燃烧控制

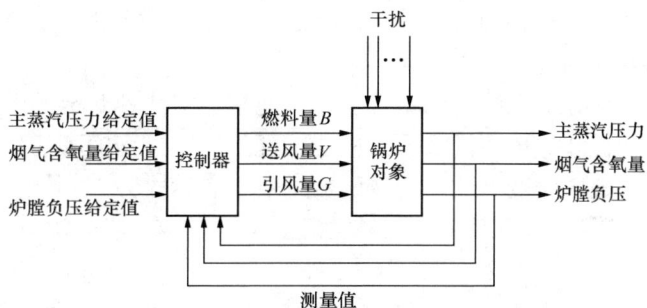

图 7 - 10 锅炉燃烧多变量控制系统

系统的被控量有主蒸汽压力、烟气含氧量、炉膛负压，属于多变量控制系统。

5. 按工艺参数分类

按工艺参数可分为温度控制系统、压力控制系统、流量控制系统等。如过热器出口汽温控制系统、主蒸汽压力控制系统、汽轮机转速控制系统。

三、元件及系统的特性

一个控制系统是由若干个元件组成的。在设计和使用控制系统时，必须分析控制系统及其组成元件的特性。所谓特性，是指系统或元件的输出信号与输入信号之间的关系。按照所讨论的状态不同，可分为静态特性和动态特性。

1. 静态特性

系统达到稳态时，系统或元件的输入信号和输出信号都不随时间变化，二者之间的关系称为静态特性（或稳态特性）。静态特性可用代数方程式表示，也可以用输入和输出信号为坐标轴的直角坐标图上的曲线表示。

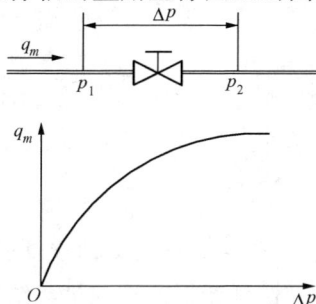

图 7 - 11 阀门的静态特性

【例 7 - 1】 图 7 - 11 表示安装在管道上的控制阀及静态特性。流经阀门的介质流量 q_m 大小由阀门开度 μ 和阀门前后的压差 $\Delta p = p_1 - p_2$ 决定，则对阀门而言，μ、Δp 是输入量，q_m 是输出量。试讨论 μ 不变，Δp 发生变化时阀门的静态特性。

在阀门开度 μ 不变时，Δp 与 q_m 的关系可表示为

$$q_m = \alpha \sqrt{\Delta p} \qquad (7 - 1)$$

式中：α 为与阀门局部阻力有关的系数。

式（7 - 1）就是阀门静态特性的数学表达式。其静态特性曲

线如图 7 - 12 所示，它是一条二次曲线。

【例 7 - 2】　　图 7 - 12 表示电阻 R 与电流源组成闭合回路，电阻两端的电压 U 由电流源的电流 I 决定，I 为输入量，U 为输出量。

在电阻阻值不变时，I 与 U 的关系可表示为 $U=IR$。静态特性曲线是一条直线，如图 7 - 13 所示，且该直线的斜率由电阻的阻值决定。

2. 动态特性

在变动状态时，元件或系统的输入信号与输出信号都是时间的函数（输入输出随时间变化）。一对输入信号与输出信号之间存在的关系称为动态特性。动态特性常用微分方程式、传递函数及阶跃响应曲线表示。

图 7 - 12　电阻的静态特性

在分析系统的动态特性时，通常选定几种确定的函数作为输入信号，便于得到系统的动态特性和比较不同系统的性能，最常用的典型输入信号是阶跃函数、斜坡函数。

（1）阶跃函数。阶跃函数的数学表达式为

$$x(t) = \begin{cases} 0,\text{当 } t < t_0 \text{ 时} \\ x_0,\text{当 } t \geq t_0 \text{ 时} \end{cases} \tag{7-2}$$

它表示在 $t=t_0$ 时刻出现幅值为 x_0 的阶跃变化函数，如图 7 - 13（a）所示。实际系统中，控制阀门突然开大或关小，给定值突然改变，负荷的突然增加或减小等都可以近似看成为阶跃函数扰动。

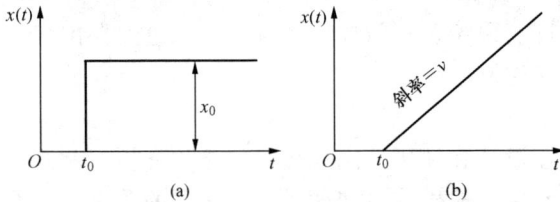

图 7 - 13　典型输入信号波形图

（a）阶跃输入；（b）斜坡输入

自动控制系统要克服的干扰幅值有大有小，变化有快有慢。一般来说，缓慢的干扰总是比突然变化的干扰更容易克服些。阶跃干扰可看作最不利的干扰形式，如果一个控制系统能很好地克服阶跃干扰的影响，那么它对于其他形式的干扰也就不难克服。

热工自动控制系统最常用的是幅值 $x_0=1$ 的单位阶跃扰动，用 $1(t)$ 表示。幅值为 x_0 的阶跃函数 $x(t)$ 也可写成 $x(t) = x_0 1(t)$。

（2）斜坡函数。数学表达式为

$$x(t) = \begin{cases} 0,\text{当 } t < t_0 \text{ 时} \\ v(t-t_0),\text{当 } t \geq t_0 \text{ 时} \end{cases} \tag{7-3}$$

它表示在 $t=t_0$ 时刻开始以等速率 v 变化的函数，如图 7 - 13（b）所示。实际系统中，控制阀门逐渐开大或关小可看做斜坡函数。

$v=1$ 的斜坡函数叫做单位斜坡函数。

四、控制系统的性能指标

控制系统处于稳态下，被控量不随时间变化，处于动态平衡。当系统受到某种扰动时，平衡状态被破坏，被控量偏离给定值并随时间变化，进入到动态，控制器根据被控量和给定值的偏差进行调节，经过一段时间重新达到稳态。从扰动的发生，经过控制，直到系统重

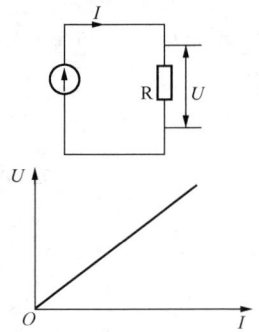

新建立平衡，系统从一个平衡状态过渡到另一个平衡状态的过程，称为控制系统的过渡
过程。可见，控制的过程就是克服干扰的过程。一个系统的优劣在稳态下难以判别，只
有在过渡过程中才能体现出来。控制系统的性能指标是评价控制系统控制过程品质优劣
的标准，反映了控制系统克服干扰能力的大小。控制系统的性能指标可概括为稳定性、
准确性、快速性。

1. 稳定性

稳定性是指在受到扰动后系统能否由不平衡状态回到平衡状态的性能。对于自动控制系
统来说，稳定性是首先需要保证的。稳定性指标有
衰减率 φ、衰减比 n。

（1）衰减率 φ。衰减率是指每经过一个波动周
期，被控量波动幅值衰减的百分数。如图 7 - 14 所
示，衰减率可定义为

$$\varphi = \frac{y_1 - y_3}{y_1} = 1 - \frac{y_3}{y_1} \qquad (7 - 4)$$

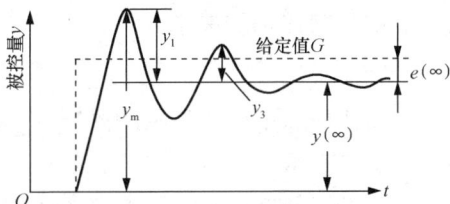

图 7 - 14　给定值阶跃响应曲线

式中：y_1 为偏离稳态值的第一个半波的幅值；y_3 为偏离稳态值的第三个半波的幅值。

阶跃扰动下，控制过程响应曲线的形状可归纳为发散振荡、等幅振荡、衰减振荡、临界
非周期、非周期五种形式。

图 7 - 15（a）为发散振荡过程，由于 $0 < y_1 < y_3$，结果为 $\varphi < 0$。这种控制系统是不稳定
的，不允许现场中出现。

图 7 - 15（b）为等幅振荡过程，由于 $y_1 = y_3$，结果为 $\varphi = 0$。这种控制系统无法达到稳
定状态，不允许现场中出现。

图 7 - 15（c）为衰减振荡过程，由于 $y_1 > y_3 > 0$，结果为 $0 < \varphi < 1$。这种控制系统是稳
定的，可以应用。

图 7 - 15（d）为临界非周期过程，由于 $y_1 \neq 0$，$y_3 = 0$，结果为 $\varphi = 1$。这种控制系统是
稳定的，可以应用。

图 7 - 15 中（e）非周期过程比（d）临界非周期还要稳定（连振荡的趋势都没有），但
由于衰减率定义最大值不能超过 1，所以此控制过程衰减率也设定为 1。

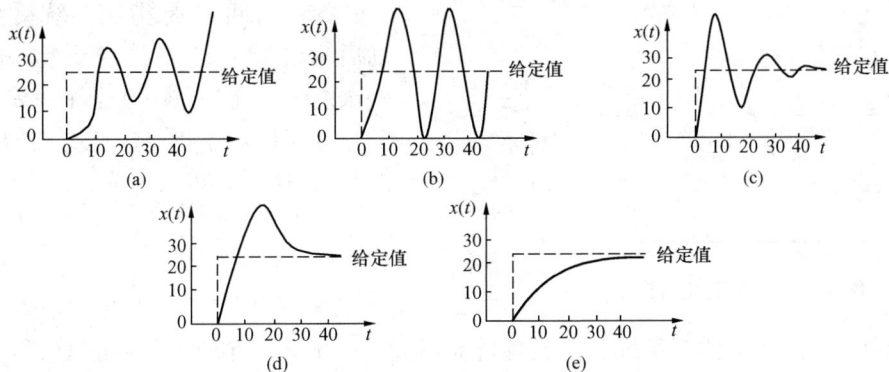

图 7 - 15　阶跃扰动下各种控制过程曲线示意
（a）发散振荡；（b）等幅振荡；（c）衰减振荡；（d）临界非周期；（e）非周期

　　从上面讨论可知，φ 可以判别系统是否稳定，并可衡量系统稳定程度的高低。$\varphi \leqslant 0$ 时系统是不稳定的；$0 < \varphi \leqslant 1$ 时系统是稳定的。不仅如此，在 $0 < \varphi \leqslant 1$ 的范围内，φ 的数值还可表明系统稳定程度的高低，φ 越大，系统稳定程度越高。对于热工自动控制系统，一般要求 $\varphi = 0.75 \sim 0.9$。

　　（2）衰减比 n。衰减比 n 是指振荡过程中第一个半波的振幅 y_1 与第三个半波的振幅 y_3 之比，即 $n = y_1/y_3$，它反映了振荡的衰减程度。$n < 1$ 表示发散振荡；$n = 1$ 表示等幅振荡；$n > 1$ 表示系统稳定；$n \to \infty$ 表示非周期过程。衰减比 $n = 4$ 表示系统为 4∶1 的衰减振荡，衰减率 φ 和衰减比 n 的关系为：$\varphi = 1 - \dfrac{1}{n}$。衰减比 $n = 4 \sim 10$ 对应于衰减率 $\varphi = 0.75 \sim 0.9$。

　　2. 准确性

　　准确性指标用反映静态准确程度的静态偏差 $e(\infty)$、反映动态准确程度的最大动态偏差 $y_m(y_{max})$ 来表示。

　　（1）静态偏差 $e(\infty)$。静态偏差是衡量控制系统静态准确性的重要指标，可表示为

$$e(\infty) = \lim_{t \to \infty}[g(t) - y(t)] \tag{7-5}$$

控制系统的静态偏差越小，表示准确性越高。

　　（2）最大动态偏差 y_m。最大动态偏差是指控制过程中被控量偏离给定值的最大暂时偏差，一个符合要求的系统，应该在实际可能出现的最大扰动下，最大动态偏差不应超过正常生产的允许值。

　　图 7-16 所示为定值控制系统响应曲线，最大动态偏差 $y_m = y_1 + y(\infty)$。图 7-15 所示的给定值阶跃响应曲线，最大动态偏差 $y_m = y_1 - e(\infty)$。图 7-16 所示的给定值阶跃响应曲线，最大动态偏差 $y_m = y_1$。y_m 越大，表示被控量偏离生产规定的状态越远；y_m 越小，代表动态过程准确性越高。

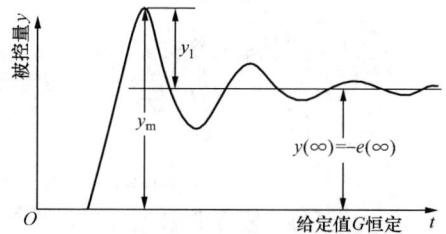

图 7-16　定值控制系统响应曲线

　　3. 快速性

　　快速性指标反映了系统受到扰动响应的快慢，通常用控制时间 t_s 表示。

　　控制时间 t_s 是指从系统受到阶跃扰动后输出量 $y(t)$ 开始变化起，到其最先一次进入稳态值 $y(\infty)$ 上下一定范围内波动，并且以后不再越出此范围的时间。如图 7-17 所示，可表示为

$$t \geqslant t_s \text{ 时，} |y(t) - y(\infty)| \leqslant \Delta \tag{7-6}$$

$$\Delta = \{5\%|y(\infty)| \text{ 或 } 2\%|y(\infty)|\}$$

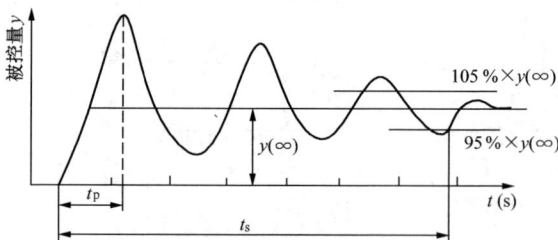

图 7-17　快速性指标求取方法

　　控制时间 t_s 是随动调节系统的重要性能指标之一，t_s 小，说明系统输出量能很快跟踪给定值变化。对于定值控制系统，t_s 越小，就越有利于生产过程安全、经济地运行。

第二节　环节动态特性表示方法

环节动态特性的表示方法主要有以下三种：微分方程法、传递函数法、阶跃响应函数法（阶跃响应曲线法）。

一、微分方程法

微分方程法是用微分方程来表示环节的输出与输入之间的变化关系。

【例 7-3】　电阻电容（RC）串联电路如图 7-18 所示，选择外加电压 u_i 作为输入，电容 C 上电压 u_C 作为输出，试列写微分方程式。

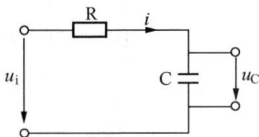

动态过程分析：设在某时刻将幅值为 u_i 的直流电压施加到输入端，便有电路 i 流过电阻器 R 和电容器 C。电容器 C 两端电压不能突变，可看成短路状态，$u_C = 0$，u_i 全部加在 R 上，回路电流 i 达最大值。随着电流 i 向电容器 C 充电，电容器两端电压 u_C 逐渐上升，加在 R 两端的电压 u_R 逐渐减小，电流 i 逐渐减小。当电容器上电压 u_C 等于 u_i 时，回路电流 $i = 0$，充电过程结束，电路处于一个新的平衡状态。

解：（1）根据系统的工作原理、组成结构及物理规律，确定输入量为电压 u_i，输出量为电压 u_C。

（2）从输入端开始，依次列写各环节的微分方程，组成微分方程组。

根据基尔霍夫回路电压定律 $\Sigma U = 0$，得

$$u_R + u_C = u_i \tag{7-7}$$

根据欧姆定律可写出电阻两端的电压 u_R 和电流 i 关系式，得

$$u_R = i \times R \tag{7-8}$$

根据电工学可知电容器两端的电压 u_C 和电流 i 关系式，得

$$C \frac{\mathrm{d}u_C}{\mathrm{d}t} = i \tag{7-9}$$

式中：i 和 u_R 为中间变量。

（3）将上述三个微分方程联立求解，消除中间变量，写出只含有输入量与输出量的微分方程式，并将微分方程进行整理（将含有输入量的项放到等式右侧，含有输出量的项放到等式左侧，各项前后顺序按照降幂排列），构建出输入与输出之间有直接关系的微分方程。

消除中间变量，整理可得

$$RC \frac{\mathrm{d}u_C}{\mathrm{d}t} + u_C = u_i \tag{7-10}$$

建立控制系统微分方程式的基本步骤如下：①确定系统的输入量和输出量。②将系统划分为若干环节，从输入端开始，按信号传递的顺序，依据各变量所遵循的物理学定律，列写各环节的线性化原始方程。③消除中间变量，写出只含有输入量与输出量的微分方程式。④整理微分方程，一般将含有输入量的项放到右侧，含有输出量的项放到等式左侧，按降幂排列。

【例 7-4】　单容水箱如图 7-19 所示。以流入水量 q_1 为输入量，水位 h 为输出量，写

出它的微分方程式。

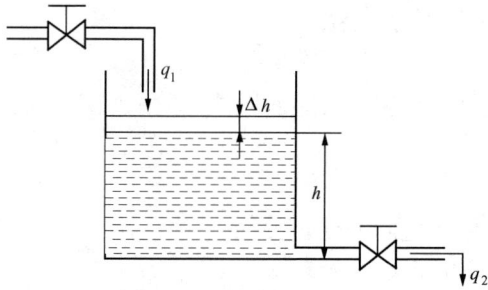

图 7 - 19　单容水箱

解： 当 $q_1=q_2$ 时，水箱水位 h 恒定，为稳态。设在某时刻流入水量 q_1 增大，由于 $q_1 >q_2$，水箱水位上升，压头 h 随之增大。尽管流出阀 2 的开度没有变化，但当压头 h 增大时流出水量 q_2 随之增大。随着流入水量与流出水量之差 q_1-q_2 逐渐减小，水位上升速度逐渐减慢。当 $q_1=q_2$ 时，水位停止变化，稳定在较初始值为高的位置，系统达到一新的平衡状态。

动态过程分析：当 $q_1=q_2$ 时，水箱水位 h 恒定，为稳态。设在某时刻流入水量 q_1 增大，由于 $q_1>q_2$，水箱水位上升，压头 h 随之增大。尽管流出阀 2 的开度没有变化，但当压头 h 增大时，流出水量 q_2 亦随之增大。流入水量与流出水量之差 q_1-q_2 逐渐减小，水位上升速度逐渐减慢。当 $q_1=q_2$ 时，水位停止变化，稳定在初始值为高的位置，系统达到新的平衡状态。

解：（1）根据系统的工作原理、组成结构及物理规律，确定输入量为流入水量 q_1，输出量为水位 h。

（2）列出微分方程组

$$A \frac{\mathrm{d}h}{\mathrm{d}t} = q_1 - q_2 \tag{7-11}$$

式中：A 为水箱的截面积。

$$q_2 = \frac{h}{R} \tag{7-12}$$

（3）消去中间变量，整理微分方程得

$$RA \frac{\mathrm{d}h}{\mathrm{d}t} + h = Rq_1 \tag{7-13}$$

$RA \dfrac{\mathrm{d}h}{\mathrm{d}t}+h=Rq_1$ 和 $RC \dfrac{\mathrm{d}u_C}{\mathrm{d}t}+u_C=u_i$ 的微分方程形式是一样的，一般称这两个系统为相似系统。这样阀门相当于电阻器，水箱相当于电容器。

二、传递函数法

用传递函数来描述控制系统的数学模型，可以简化运算和求解过程，表达方式也更加简洁明了。

（一）拉普拉斯变换

1. 拉普拉斯变换的定义

设时间函数 $f(t)$ 的定义域为 $t>0$，用拉普拉斯变换将 $f(t)$ 变换为以复变数 s 为自变量的函数 $F(s)$，定义为

$$F(s) = \int_0^\infty f(t)\mathrm{e}^{-st} \mathrm{d}t \quad 或 \quad F(s) = L[f(t)] \tag{7-14}$$

式中：L 为拉普拉斯变换符号；$L[f(t)]$ 为对 $f(t)$ 进行拉普拉斯变换。

$f(t)$ 称为原函数，$F(s)$ 称为 $f(t)$ 的象函数（或拉普拉斯变换式）。复变数 $s=a+\mathrm{j}\omega$，其中 a、ω 都是实数。

由象函数 $F(s)$ 求原函数 $f(t)$ 的运算称为拉普拉斯反变换，表示为

$$f(t) = \frac{1}{2\pi j}\int_{a-j\infty}^{a+j\infty} F(s)e^{st}\,ds \quad 或 \quad f(t) = L^{-1}[F(s)] \tag{7-15}$$

一般的原函数或象函数转换都可通过查表的方法，不需要进行复杂的积分运算。

2. 常用函数的拉普拉斯变换

下面通过单位阶跃函数说明用式（7-14）求其拉普拉斯变换的方法。

单位阶跃函数的定义为

$$f(t) = \begin{cases} 0, 当\ t < 0\ 时 \\ 1, 当\ t \geqslant 0\ 时 \end{cases}$$

应用式（7-15），可求出其象函数为

$$F(s) = L[1(t)] = \int_0^\infty 1 \times e^{-st}\,dt = \left[-\frac{1}{s}e^{-st}\right]_0^\infty = \frac{1}{s}$$

拉普拉斯变换对照简表见表 7-1。

表 7-1　　　　　　　　　　　　　　拉普拉斯变换对照简表

序　号	拉普拉斯变换（象函数）$F(s)$	拉普拉斯反变换（原函数）$f(t)$
1	$\dfrac{1}{s}$	单位阶跃函数 $1(t)$
2	$\dfrac{1}{s^2}$	单位斜坡函数 t
3	$\dfrac{n!}{s^{n+1}}$	$t^n \quad (n=1,\ 2,\ 3,\ \cdots)$
4	$\dfrac{1}{s+a}$	e^{-at}
5	$\dfrac{1}{(s+a)^2}$	te^{-at}
6	$\dfrac{\omega}{s^2+\omega^2}$	$\sin\omega t$
7	$\dfrac{s}{s^2+\omega^2}$	$\cos\omega t$
8	$\dfrac{\omega}{(s+a)^2+\omega^2}$	$e^{-at}\sin\omega t$
9	$\dfrac{s+a}{(s+a)^2+\omega^2}$	$e^{-at}\cos\omega t$
10	$\dfrac{kx_0}{s\,(Ts+1)}$	$kx_0(1-e^{-\frac{t}{T}})$
11	$\dfrac{kx_0}{s^2\,(T_1s+1)}$	$kx_0[t-T_1(1-e^{-\frac{t}{T_1}})]$
12	$\dfrac{kx_0}{(T_1s+1)\,(T_2s+1)\,s}$	$kx_0\left(1-\dfrac{T_1}{T_1-T_2}e^{-\frac{t}{T_1}}+\dfrac{T_2}{T_1-T_2}e^{-\frac{t}{T_2}}\right)$
13	$\dfrac{kTx_0}{Ts+1}$	$kx_0e^{-\frac{t}{T}}$
14	$\dfrac{kx_0\omega_n^2}{\left[\,(s+\zeta\omega_n)^2-(\sqrt{\zeta^2-1}\,\omega_n)^2\right]s}$	$kx_0\{1-\dfrac{1}{2\sqrt{\zeta^2-1}}[(\zeta+\sqrt{\zeta^2-1})e^{-(\zeta-\sqrt{\zeta^2-1})\omega_n t}$ $-(\zeta-\sqrt{\zeta^2-1})e^{-(\zeta+\sqrt{\zeta^2-1})\omega_n t}]\} \quad (\zeta>1)$

序 号	拉普拉斯变换（象函数）$F(s)$	拉普拉斯反变换（原函数）$f(t)$
15	$\dfrac{kx_0\omega_n^2}{(s+\omega_n)^2 s}$	$kx_0[1-(1+\omega_n t)e^{-\omega_n t}]$
16	$\dfrac{kx_0\omega_n^2}{(s^2+2\zeta\omega_n s+\omega_n^2)s}$	$kx_0\left[1-\dfrac{1}{\sqrt{1-\zeta^2}}e^{-\zeta\omega_n t}\sin(\omega_d t+\varphi)\right]$ $\left(0<\zeta<1 \text{ 或 } -1<\zeta<0,\ \varphi=\arctan\dfrac{\sqrt{1-\zeta^2}}{\zeta},\ \omega_d=\sqrt{1-\zeta^2}\,\omega_n\right)$
17	$\dfrac{kx_0\omega_n^2}{(s^2+\omega_n^2)s}$	$kx_0(1-\cos\omega_n t)$

函数 $f(t)$ 进行拉普拉斯变化时，积分是从 $t=0$ 开始的，所以 $t<0$ 时 $f(t)$ 的形状并不影响变换的结果 $F(s)$。这样，两个函数 $f_1(t)$ 和 $f_2(t)$ 在 $t<0$ 时虽然不同，但只要 $t\geq 0$ 时 $f_1(t)=f_2(t)$，则它们的象函数 $F(s)$ 相同。因此，为了使一个象函数 $F(s)$ 只与一个原函数 $f(t)$ 相对应，规定 $t<0$ 时 $f(t)=0$。这个规定对分析研究自动控制系统或元件的动态特性是适用的。因为分析系统的运动总是从某一个平衡状态的时刻开始的，可将此时刻作为研究的起点（零点），将此时刻之前系统的状态取为零。

在控制系统的分析中，我们总是默认系统处于零初始条件下。零初始条件的定义：输入信号 $x(t)$ 在 $t=0^+$ 时作用于系统，在此之前的瞬间即 $t=0^-$ 时输入信号 $x(t)$ 和输出信号 $y(t)$ 及其各阶导数值均为零。

3. 拉普拉斯变换的置换原则

在零初始条件下，拉普拉斯变换的置换原则见表 7-2。

表 7-2 拉普拉斯变换的置换原则

$f(t)\Leftrightarrow F(s)$	函数名称小写变大写
$\dfrac{d^n}{dt^n}\Leftrightarrow s^n$	微分符号用 s 置换
$\int\int\cdots\int dt^n\Leftrightarrow\dfrac{1}{s^n}$	积分符号用 $\dfrac{1}{s}$ 置换
常系数原样照写	常系数写法不变

【例 7-5】 在零初始条件下，将［例 7-3］、［例 7-4］求解出的微分方程进行拉普拉斯变换。

解: $RC\dfrac{du_C}{dt}+u_C=u_i$ 置换为 $RCsU_C(s)+U_C(s)=U_i(s)$，即

$$(RCs+1)U_C(s)=U_i(s) \tag{7-16}$$

$RA\dfrac{dh}{dt}+h=Rq_1$ 置换为 $RAsH(s)+H(s)=RQ_1(s)$，即

$$(RAs+1)H(s)=RQ_1(s) \tag{7-17}$$

可以看出，通过拉普拉斯变换，经实数域内的微分、积分运算变为复数域内的加减乘除运算，问题得到简化。

（二）传递函数

传递函数是在用拉普拉斯变换求解常系数线性微分方程的过程中引申出来的概念。

微分方程式是在时间域描述系统动态特性的最基本的数学模型。优点是定量准确，缺点是如果系统的结构形式发生变换，需要重新列写微分方程式，因此不便于系统的分析和设计。对线性微分方程式进行拉普拉斯变换，可以得到系统在复数域内的数学模型——传递函数。

1. 传递函数的定义

在零初始条件下，输出信号的象函数 $Y(s)$ 与输入信号的象函数 $X(s)$ 之比称为该环节或

系统的传递函数，即

$$W(s) = \frac{Y(s)}{X(s)} \tag{7-18}$$

热工自动控制系统通常把输入信号作用于系统前的平衡状态作为研究的起点，即初始条件为零，对于这种情况，传递函数可以描述调节系统的全部动态特性。

【例7-6】 在零初始条件下，求取［例7-3］、［例7-4］所设定的系统传递函数。

由［例7-5］中式（7-16）$(RCS+1)U_C(s)=U_i(s)$，已知 u_i 为输入，u_C 为输出，则传递函数为

$$W(s) = \frac{U_C(s)}{U_i(s)} = \frac{1}{RCS+1} \tag{7-19}$$

由［例7-5］中 $(RA_s+1)H(s)=RQ_1(s)$，并已知 q_1 为输入，h 为输出，则传递函数为

$$W(s) = \frac{H(s)}{Q_1(s)} = \frac{R}{RCS+1} \tag{7-20}$$

2. 传递函数的几个重要性质

（1）传递函数只适用于常系数线性微分方程式描述的系统。

（2）一个传递函数只表示一对输入与输出之间的因果关系。

（3）传递函数只取决于系统或元件的结构和参数，与输入信号的形式、幅度与大小及初始条件无关。

（4）传递函数是复变量 s 的有理真分式函数，分母多项式的次数 n 高于分子多项式的次数 m（即 $n \geqslant m$）。

（5）传递函数不提供任何该系统的物理结构，不同的物理系统可能具有完全相同的传递函数。

（6）如果传递函数已知，那么可以研究系统在各种输入信号作用下的输出响应。

（7）如果系统的传递函数未知，可以给系统加上已知的输入，研究其输出，从而得出传递函数。

（8）将 $s^n \Leftrightarrow \frac{\mathrm{d}^n}{\mathrm{d}t^n}$ 置换，$\frac{1}{s} \Leftrightarrow \int \mathrm{d}t$ 置换，就可实现传递函数与微分方程的互换。

【例7-7】 如图7-20所示的RC电路中，电容器C初始电压为0，试求开关K突然接通后，电容器C两端的电压 $u_C(t)$。

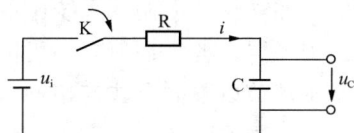

图7-20 RC电路

解： 开关K突然接通，相当于电路在 $t=0$ 时刻加入阶跃电压 $u_1(t)$，微分方程为

$$RC\frac{\mathrm{d}u_C}{\mathrm{d}t} + u_C = u_i$$

经过拉普拉斯变换，得到 $(RCs+1)U_C(s)=U_i(s)$ \hfill (7-21)

变形得

$$U_C(s) = \frac{U_i(s)}{RCS+1} \tag{7-22}$$

阶跃电压 $u_1(t)$ 的象函数 $U_i(s)$ 查表7-1中序号为1的函数可得 $\frac{u_1}{s}$，代入到式（7-22）中，有

$$U_C(s) = \frac{U_i(s)}{RCS+1} = \frac{u_1}{s(RCS+1)} \qquad (7\text{-}23)$$

查表 7-1 中序号为 10 的函数可得

$$u_C(t) = u_1(1 - e^{-\frac{t}{RC}}) \qquad (7\text{-}24)$$

由此可见，利用传递函数和拉普拉斯反变换表求取微分方程的解要比直接解微分方程要方便得多。

微分方程法和传递函数法虽然能够对一个环节进行准确描述，但其表达式缺乏直观性，即只有抽象的概括而没有具体的结果。

三、阶跃响应法

阶跃响应法分为阶跃响应函数和阶跃响应曲线两种表示方法。式（7-24）就是 RC 电路的阶跃响应函数表示法，将该函数用直角坐标曲线来表示就是阶跃响应曲线表示法。

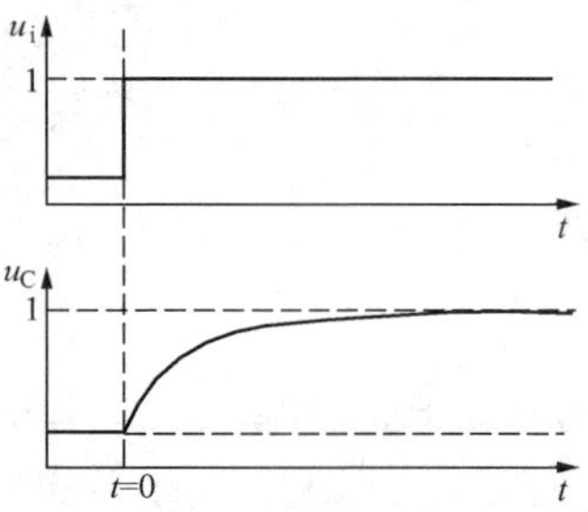

如果将输入的形式固定为单位阶跃信号，对应的输出函数称为单位阶跃响应。

RC 电路的单位阶跃响应函数为

$$u_C(t) = 1 - e^{-\frac{t}{RC}} \qquad (7\text{-}25)$$

水箱系统的单位阶跃响应函数为

$$h(t) = R(1 - e^{-\frac{t}{RA}}) \qquad (7\text{-}26)$$

RC 电路的单位阶跃响应曲线如图 7-21 所示。

图 7-21　RC 电路单位阶跃响应曲线

第三节　基本环节的动态特性

环节是指具有输入量和输出量的动态系统，可能是指一个元件或元件组。如调节阀门、测量变送器、执行器、某个生产设备如汽包或过热器等；也可能是某一个生产过程的全部或局部，如锅炉汽水循环系统中的汽包水位控制系统、锅炉燃烧控制系统等。从作用原理和具体结构来看，各个环节之间可能是千差万别，但从动态特性方面来看，一个复杂系统常由几种基本环节以不同方式连接而成。

一、基本环节

基本环节是指可以用一阶线性微分方程式表示其动态特性的简单系统。常见的基本环节有：比例环节、积分环节、惯性环节、微分环节（包括理想微分、实际微分）、迟延环节、二阶环节。

1. 比例环节

比例环节的微分方程式为

$$y = K_P x \qquad (7\text{-}27)$$

比例环节的传递函数为

$$W(s) = \frac{Y(s)}{X(s)} = K_P \qquad (7\text{-}28)$$

式中：K_P 为比例系数（放大系数）。

比例环节的阶跃响应函数为

$$y(t) = K_P x_0$$

式中：x_0 为阶跃输入信号的幅值。

特点：输入输出成比例，无失真和时间延迟，二者形状相同。

[实例] 图 7 - 22 中包括：用杠杆传递的位移或力；两个啮合齿轮的转速比；电阻上的电压与电流；阀门的开度与流量；电子放大器输入与输出电信号。

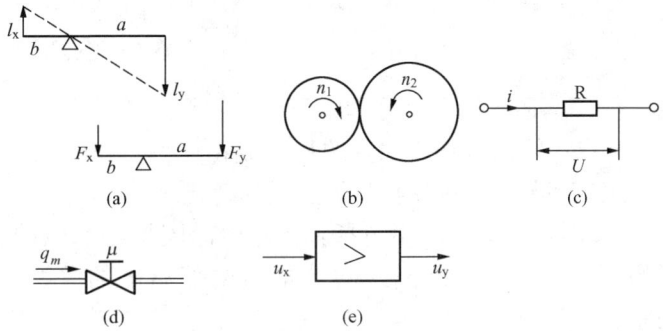

图 7 - 22 比例环节举例

(a) 杠杆；(b) 齿轮；(c) 电阻；(d) 阀门开度与流量；
(e) 电子放大器

给比例环节加入阶跃扰动、斜坡扰动的仿真曲线如图 7 - 23 所示。可以看出，响应曲线的形状与输入扰动完全相同，沿纵轴方向变化，二者之间始终存在比例关系，比例系数 K 的变化只相当于将输入扰动沿纵轴方向拉伸（$K>1$）或压缩（$K<1$），对于阶跃响应，比例环节的输出也为阶跃，瞬间达到稳态，即比例环节不存在动态过渡过程。

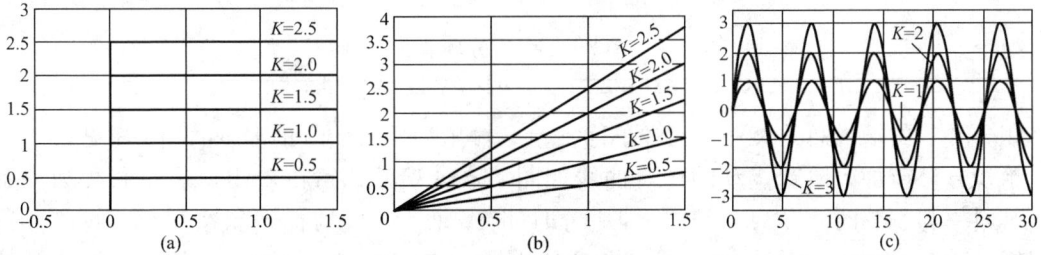

图 7 - 23 比例环节响应曲线
(a) 单位阶跃响应；(b) 单位斜坡响应；(c) 单位正弦响应

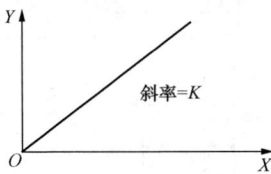

图 7 - 24 比例环节静态
特性曲线

比例环节的静态特性曲线如图 7 - 24 所示。

比例环节的静态特性代数表达式为

$$Y = KX \tag{7 - 29}$$

比例环节是最简单也最容易调节的一种典型环节。

检测器（如热电偶、孔板等）要求及时准确地复现现场热工参数的变化；执行器（如电动执行器）接受调节器指令，通过电机等设备来改变调节机构开度；控制器（阀门、挡板等）只要开度一变，流量就随着变化。在现场分析时，这三类环节都可以近似等效为比例环节。

2. 积分环节

积分环节的微分方程式为

$$y = \frac{1}{T_a} \int_0^t x \mathrm{d}t \tag{7 - 30}$$

积分环节的传递函数为

$$W(s) = \frac{Y(s)}{X(s)} = \frac{1}{T_a s} \qquad (7\text{-}31)$$

式中：T_a 为时间常数，简称积分时间。

阶跃响应函数为

$$y(t) = L^{-1}[Y(s)] = L^{-1}[W(s)X(s)] = L^{-1}\left(\frac{1}{T_a s}\frac{x_0}{s}\right) = \frac{x_0}{T_a}t \qquad (7\text{-}32)$$

式中：x_0 为阶跃输入信号的幅值。

特点：输出量与输入量的积分成正比例，当输入为 0 时，输出保持不变，具有记忆功能；积分环节受到扰动自身无法达到稳定。

［实例］图 7-25 中包括：水箱的净流量与水位的关系；流过电容器的电流与两端电压的关系；储热容器流入的热量与内部温度的关系；流进储气筒的气流与内部压力的关系。

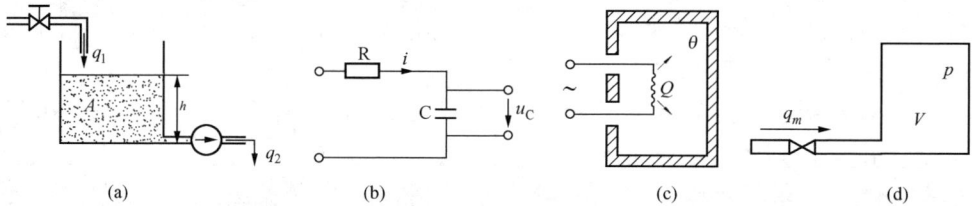

图 7-25　积分环节
（a）水箱；（b）电容器；（c）储热容器；（d）储气筒

积分环节的输入总是某一个对象的净流量，输出为反映储藏量多少的相关参数。

给积分环节加入阶跃扰动的仿真曲线如图 7-26 所示。可以看出，响应曲线为一条直线，其斜率与积分时间 T_a 成反比，即积分时间 T_a 增大，响应曲线斜率减小，响应曲线变化迟缓；积分时间 T_a 减小，响应曲线斜率增大，响应曲线变化陡急。在输入不为零的情况下，输出无法达到稳态，此时积分环节没有静态过程。

给积分环节加入一个矩形波扰动的仿真曲线如图 7-27 所示，可以看出，响应曲线在输入不为零的期间输出随时间变化，当输入变为零时，输出达到稳态，不随时间变化。

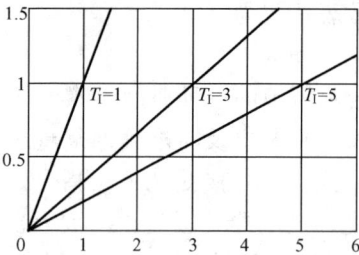

图 7-26　积分环节单位阶跃响应曲线　图 7-27　矩形波输入，$T_I=0.5$ 的积分环节响应曲线

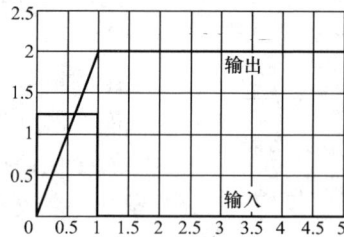

3. 惯性环节

惯性环节的微分方程式为

$$T_c \frac{dy}{dt} + y = Kx \qquad (7\text{-}33)$$

式中：T_c 为惯性环节的时间常数，表示环节惯性的大小；K 为惯性环节的稳态放大系数

（传递系数）。

传递函数为

$$W(s) = \frac{Y(s)}{X(s)} = \frac{K}{T_c s + 1} \tag{7-34}$$

输入信号为幅值是 x_0 的阶跃函数时，输出 y 的阶跃响应为

$$y(t) = L^{-1}\left[W(s)\frac{x_0}{s}\right] = L^{-1}\left(\frac{K}{T_c s + 1}\frac{x_0}{s}\right) = Kx_0(1 - e^{-\frac{t}{T_c}}) \tag{7-35}$$

根据初值定理，有

$$y(0) = \lim_{t \to 0} y(t) = \lim_{t \to 0} Kx_0(1 - e^{-\frac{t}{T_c}}) = 0 \tag{7-36}$$

根据终值定理，有

$$y(\infty) = \lim_{t \to \infty} y(t) = \lim_{t \to \infty} Kx_0(1 - e^{-\frac{t}{T_c}}) = Kx_0 \tag{7-37}$$

特点：输出信号 y 对输入信号 x 的响应存在惯性（输入信号阶跃加入后，输出信号不能突然变化，只能随时间增加逐渐变化）；输出信号最终会稳定在 Kx_0 值。

惯性环节单位阶跃响应曲线如图 7-28 所示。可以看出：阶跃响应输出是一条指数曲线，起始时刻变化速度较快，随后变化速度逐渐减慢，最后 y 稳定在一个新的数值上，呈现非周期性变化，又称非周期环节。

[实例] 图 7-19 所示的 RC 串联电路；汽车的刹车制动（踩刹车后汽车的速度只能逐渐下降）；图 7-20 所示的流出侧装设阀门的水箱均为惯性环节。

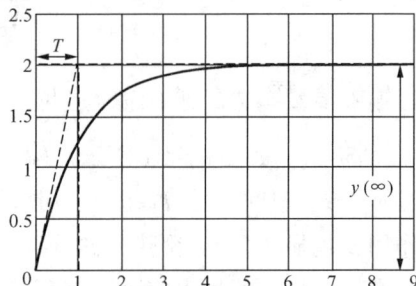

图 7-28　惯性环节单位阶跃响应曲线
（K=2，T=1）

当 $T_c \to 0$ 时惯性环节可以等效为比例环节；当 $T_c \gg 1$ 时惯性环节可等效为积分环节。阶跃响应前半段输出随时间变化，类似于积分环节；后半段达到稳态，不随时间变化，类似于比例环节。所以说，惯性环节具备了比例环节和积分环节的特性。

惯性环节单位阶跃响应的仿真曲线如图 7-29 所示。可以看出，随着 K 值的增大，响应曲线的稳态值加大，起始斜率变陡；随着 T 值的增大，稳态值保持不变，起始斜率变缓，即稳态值与 K 成正比；起始斜率与 K 成正比，与成 T 反比。

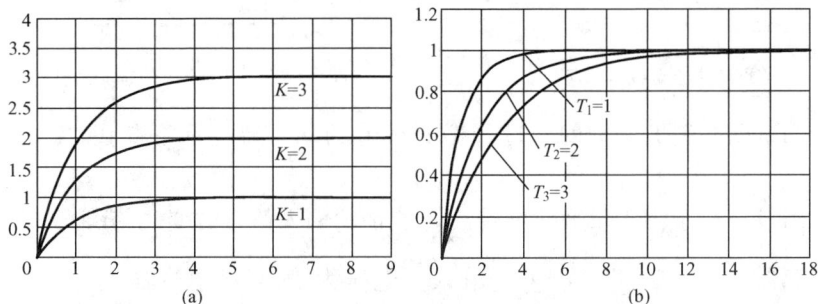

图 7-29　惯性环节单位阶跃响应仿真曲线
(a) K 值变化；(b) T 值变化

惯性环节共同的结构特点：由一个容量（电容、水容、热容、气容等）构成的积分环节

和一个有限阻力（电阻、水阻、气阻等）构成的比例环节反馈连接而成。当输入量阶跃变化时，由于存在容量，输出不会立即阶跃变化，体现为惯性；由于存在有限阻力，输出的变化对输入产生反作用。

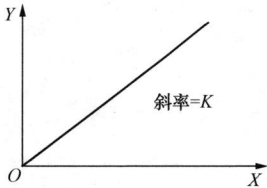

图 7 - 30 惯性环节静态
特性曲线

惯性环节静态特性曲线如图 7 - 30 所示，其静态特性代数表达式为

$$Y = KX \qquad (7 - 38)$$

4. 微分环节

（1）理想微分环节。

微分方程式为

$$y = T_D \frac{dx}{dt} \qquad (7 - 39)$$

式中：T_D 为微分环节的微分时间。

传递函数为

$$W(s) = \frac{Y(s)}{X(s)} = T_D s \qquad (7 - 40)$$

输入信号 x 为斜坡函数 $v_0 t$ 时，斜坡响应为 $y(t) = T_D \frac{dx}{dt} = T_D v_0$，体现为幅值等于 $T_D v_0$ 的阶跃。如图 7 - 31 所示，输入 x 要在 T_D 时间后才能达到输出的数值，可以说，y 比 x 超前了 T_D 时间，故 T_D 也称超前时间。T_D 越大，y 的阶跃幅值越大，超前作用或起始加强作用就越显著，T_D 反映了微分环节的超前或起始加强作用的大小。

理想微分环节的单位阶跃响应仿真曲线如图 7 - 32 所示，可以看出输出体现为一个脉冲函数。

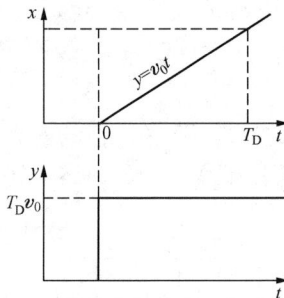

图 7 - 31 理想微分斜坡响应

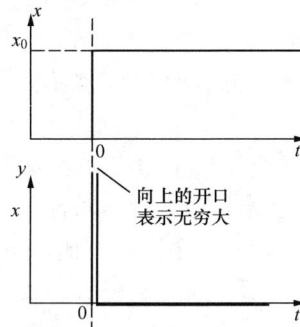

图 7 - 32 理想微分环节的单位阶跃响应仿真曲线

输入信号为阶跃和斜坡函数时，理想微分环节的动态特性都不存在，$t>0$ 后环节进入稳态。

特点：输出量正比于输入量变化的速度，能预示输入信号的变化趋势。

实例：电感器（$u_L = L \frac{di_L}{dt}$，电流为输入、电压为输出）、电容器（$i_C = C \frac{du_C}{dt}$，电压为输入、电流为输出）。

现场控制对象中不存在理想微分环节，控制器也不可能制造成理想的微分环节。理想微分环节仅作为一些特性近似的环节理论分析时使用。

理想微分环节阶跃输入可认为只有静态特性，静态特性表达式为 $Y=0$。

（2）一阶实际微分环节。

微分方程式为

$$T_D \frac{dy}{dt} + y = K_D T_D \frac{dx}{dt} \tag{7-41}$$

式中：K_D 为实际微分环节的放大系数（微分增益、传递系数）；T_D 为实际微分环节的时间常数（复原时间、微分时间）。

传递函数为

$$W(s) = \frac{Y(s)}{X(s)} = \frac{K_D T_D s}{T_D s + 1} \tag{7-42}$$

阶跃响应函数为

$$y(t) = L^{-1}\left(\frac{K_D T_D s}{T_D s + 1} \frac{x_0}{s}\right) = K_D x_0 e^{-\frac{t}{T_D}} \tag{7-43}$$

$$y(0) = \lim_{t \to 0} K_D x_0 e^{-\frac{t}{T_D}} = K_D x_0 \tag{7-44}$$

$$y(\infty) = \lim_{t \to \infty} K_D x_0 e^{-\frac{t}{T_D}} = 0 \tag{7-45}$$

特点：受到阶跃扰动，输出先产生起始跳变，随时间逐渐恢复到原状态。

一阶实际微分环节阶跃响应仿真曲线如图7-33所示。可以看出，在 $t=0$ 时刻，实际微分环节的输出为有限数值 $K_D x_0$，并非无穷大，这样就可以避免调节机构的全开全关动作，经一段动态时间后，输出回复到初始状态进入静态。

一阶实际微分环节单位斜坡响应仿真曲线如图7-34所示。可以看出，响应曲线类似于惯性环节阶跃响应特性。需要注意的是二者的输入信号不同，环节特性也不同。

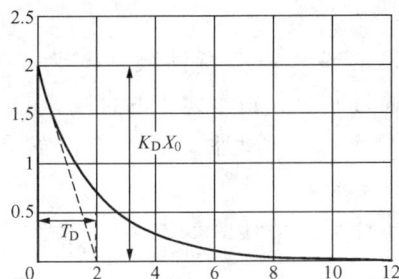

图7-33　一阶实际微分环节阶跃响应仿真曲线　　图7-34　一阶实际微分环节单位斜坡响应仿真曲线

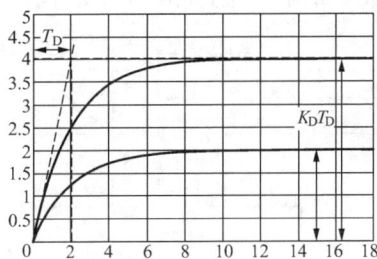

[实例]　图7-35（a）所示为RC电路，图7-35（b）所示为速度热电偶。

一阶实际微分环节单位阶跃响应仿真曲线如图7-36所示。可以看出，随着 K_D 值的增大，响应曲线的起始跳变量加大，起始斜率变陡；随着 T_D 值的增大，起始斜率变缓，即阶跃响应的起始跳变数值与 K_D 成正比；起始斜率与 K_D 成正比，与 T_D 成反比。

一阶实际微分环节既有静态特性，又有动态特性。静态特性表达式为 $Y=0$。

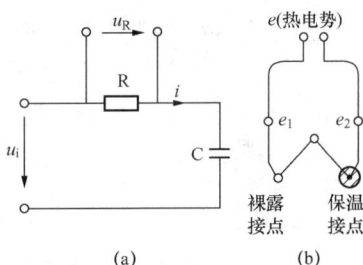

图7-35　一阶实际微分环节
（a）RC电路；（b）速度热电偶

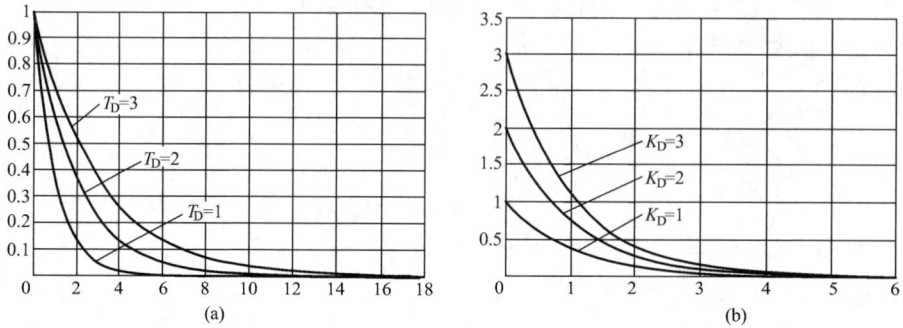

图 7-36 一阶实际微分环节单位阶跃响应仿真曲线

(a) T_D 变化；(b) K_D 变化

5. 纯迟延环节

微分方程式为

$$y(t) = x(t - \tau_0) \tag{7-46}$$

式中：τ_0 为纯迟延时间，即输出落后于输入的时间。

传递函数为

$$W(s) = \frac{Y(s)}{X(s)} = e^{-\tau_0 s} \tag{7-47}$$

特点：输出量能准确复现输入量，但需延迟一固定的时间间隔。

[实例] 给粉机通过输粉管道向锅炉炉膛输送煤粉、给水通过省煤器进入汽包等。

迟延产生的原因：介质在管道中传输需要时间，使管道出口侧的信号落后于入口侧。

给迟延环节加阶跃扰动、斜坡扰动的响应曲线如图 7-37 所示。可以看出，响应曲线只是在原来的基础上延迟了一段时间，其他指标不变。

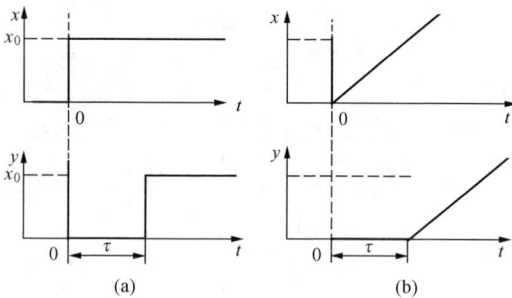

图 7-37 纯迟延环节的响应曲线

(a) 阶跃响应；(b) 斜坡响应

量为电压 u_1，输出量为电压 u_2。

传递函数为

纯迟延环节静态特性表达式为 $Y = X$，是一条通过原点、斜率为 1 的直线。

6. 振荡环节（也称二阶系统，多用于调节系统的分析）

振荡环节的传递函数为

$$G(s) = \frac{K\omega_n^2}{s^2 + 2\zeta\omega_n s + \omega_n^2} \tag{7-48}$$

式中：ζ 为阻尼比；ω_n 为自然振荡角频率（无阻尼振荡角频率）；K 为稳态放大系数。

[实例] 图 7-38 所示 RLC 电路的输入

$$W = \frac{1}{LCs^2 + RCs + 1} = \frac{\frac{1}{LC}}{s^2 + \frac{R}{L}s + \frac{1}{LC}} \tag{7-49}$$

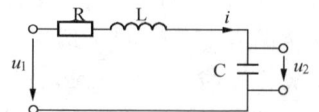

图 7-38 RLC 电路

振荡环节阶跃响应的特征与阻尼比 ζ 的数值有密切关系。下面讨论 $0<\zeta<1$，$\zeta=0$，$\zeta=1$，$\zeta>1$，$\zeta<0$ 五种情况。

（1）欠阻尼（$0<\zeta<1$）情况。仿真曲线如图 7 - 39 所示。从图上可以看出，响应曲线为衰减振荡，振荡程度与阻尼比 ζ 成反比，即随着阻尼比 ζ 的增大，响应曲线的动态偏差 y_{max} 减小，衰减率 φ 加大，调节时间 t_s 减小，系统性能指标变好。

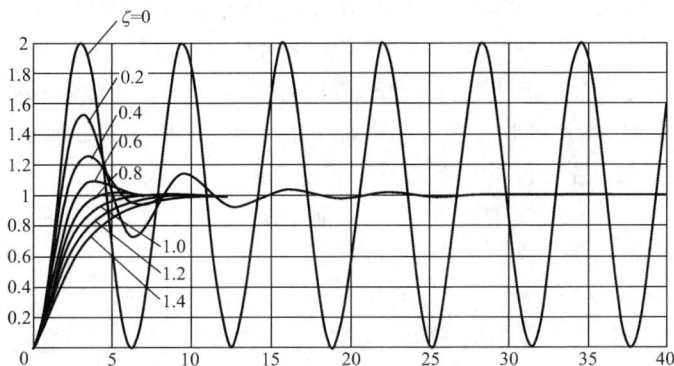

图 7 - 39 振荡环节单位阶跃响应仿真曲线（$K=1$，$\zeta \geqslant 0$，$\omega_n=1$）

（2）无阻尼（$\zeta=0$）情况。仿真曲线如图 7 - 39 所示。从图上可以看出，响应曲线为等幅振荡，系统无法达到稳定。

（3）临界阻尼（$\zeta=1$）情况。仿真曲线如图 7 - 39 所示。从图上可以看出，响应曲线为非周期过程，系统输出无超调、无振荡地过渡到稳态值。

（4）过阻尼（$\zeta>1$）情况。仿真曲线如图 7 - 39 所示。从图上可以看出，响应曲线为非周期过程，系统输出不出现振荡。尽管临界阻尼和过阻尼的响应均为非周期过程，但随着 ζ 的增大，响应曲线变得更为迟缓。

（5）负阻尼（$\zeta<0$）情况。仿真曲线如图 7 - 40 所示。从图上可以看出，响应曲线为发散振荡，系统无法达到稳定状态，且随着 ζ 的减小，振荡加剧。

ω_n 对振荡环节单位阶跃响应曲线的影响如图 7 - 41 所示。从曲线上可以看出，随着 ω_n 增大，振荡频率加大，相当于将响应曲线横向压缩。

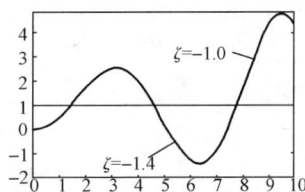

图 7 - 40 振荡环节单位阶跃响应仿真曲线（$K=1$，$\zeta \leqslant 0$，$\omega_n=1$）

K 对振荡环节单位阶跃响应曲线的影响如图 7 - 42 所示。从曲线上可以看出，随着 K 增大，响应曲线纵向拉长，$y(\infty)=Kx_0$。

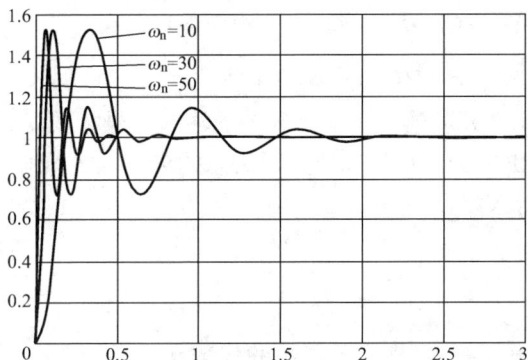

图 7 - 41 振荡环节单位阶跃响应
（$K=1$，$\zeta=0.2$）

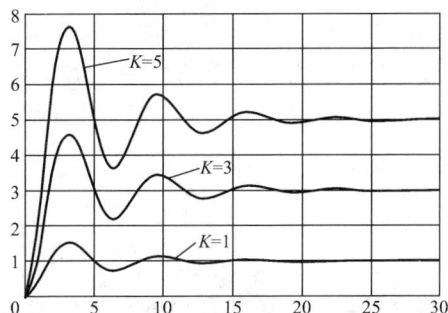

图 7 - 42 振荡环节单位阶跃响应
（$\omega_n=1$，$\zeta=0.2$）

特点：ζ 影响响应曲线的形状，ζ 越大，稳定程度越高（响应曲线从发散振荡→等幅振荡→衰减振荡→非周期过程）；ω_n 影响振荡周期，ω_n 越大，振荡频率就越快；K 影响幅值，K 越大，稳态值越大。

RLC 电路分析：作为一个典型的二阶振荡环节，含有两个储能元件（电感器 L 和电容器 C）和一个耗能元件（电阻器 R），由于两个储能元件之间有能量交换，使系统发生振荡。阻尼比越小，振荡就越激烈，由于耗能元件电阻的存在，振荡会逐渐衰减。

1) 电阻值为零，相当于无阻尼状态，在输入信号作用下，没有能量损耗。电容和电感之间反复不断交换能量，响应曲线表现为等幅振荡过程。

2) 电阻值足够大，相当于过阻尼状态，在输入信号状态下，电容与电感的能量交换在瞬间被电阻消耗，响应曲线表现为非周期过程。

3) 电阻值在适当范围内，相当于欠阻尼状态，在输入信号作用下，电容与电感之间的能量在交换的过程中，电阻也在消耗能量，响应曲线表现为衰减振荡过程。

为了使输出达到稳定，应该保证 $\zeta > 0$。在一般的热工自动控制系统中可以选取 $\zeta = 0.216 \sim 0.43$（对应于衰减率 $\varphi = 0.75 \sim 0.95$）。

二、系统方框图等效变换

1. 环节的基本连接方式

环节之间有串联、并联、反馈三种基本连接方式。

（1）串联。串联环节的方框图如图 7 - 43 所示，在串联连接中，前一个环节的输出作为后一个环节的输入。第一个环节的输入作为整个环节组的输入信号，最后一个环节的输出作为整个环节组的输出信号。

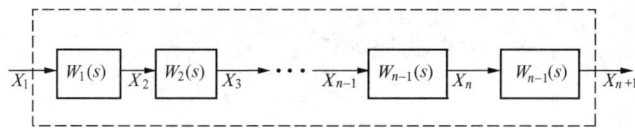

图 7 - 43　串联环节方框图

若各串联环节的传递函数分别为 $W_1(s)$、$W_2(s)$、$\cdots$、$W_n(s)$，则各环节串联后总的传递函数 $W(s)$ 为

$$W(s) = \frac{X_{n+1}(s)}{X_1(s)} = \frac{X_2(s)}{X_1(s)} \cdot \frac{X_3(s)}{X_2(s)} \cdot \cdots \cdot \frac{X_n(s)}{X_{n-1}(s)} \cdot \frac{X_{n+1}(s)}{X_n(s)}$$

$$= W_1(s) \cdot W_2(s) \cdot \cdots \cdot W_{n-1}(s) \cdot W_n(s) = \prod_{j=1}^{n} W_j(s) \qquad (7 - 50)$$

结论：若干环节串联后总的传递函数等于各个环节传递函数的乘积。

（2）并联。并联环节方框图如图 7 - 44 所示。并联连接中，各环节的输入信号相同，设各个并联环节的传递函数为 $W_1(s)$、$W_2(s)$、$\cdots$、$W_n(s)$，则各环节并联后总的传递函数 $W(s)$ 为

$$W(s) = \frac{\sum Y(s)}{X(s)} = \frac{Y_1(s)}{X(s)} \pm \frac{Y_2(s)}{X(s)} \pm \cdots \pm \frac{Y_n(s)}{X(s)}$$

$$= W_1(s) \pm W_2(s) \pm \cdots \pm W_n(s) = \sum_{i=1}^{n} W_i(s) \qquad (7 - 51)$$

结论：若干环节并联后的总的传递函数等于各个环节传递函数的代数和。

（3）反馈。反馈环节方框图如图 7 - 45 所示。正向环节 $W_正(s)$ 的输出信号 y 经反馈环

节 $W_反(s)$ 作用后反馈至正向环节的输入端与系统的输入信号 x_1 比较，其代数和 $x_1 \pm x_2$ 作为正向环节 $W_正(s)$ 的输入信号。反馈作用将两个环节连接成一个闭环系统。

反馈连接可分为负反馈和正反馈两种情况。

1）负反馈。负反馈指反馈信号 x_2 与系统输入信号 x_1 相减，如图 7 - 45（b）所示。

$$\begin{cases} Y(s) = W_正(s)\left[X_1(s) - X_2(s)\right] \\ X_2(s) = W_反(s)Y(s) \end{cases} \tag{7-52}$$

从以上两式中消去 $X_2(s)$ 后得到

$$Y(s) = \frac{W_正(s)}{1 + W_正(s)W_反(s)}X_1(s) \tag{7-53}$$

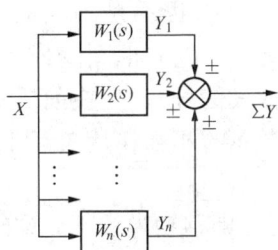

图 7 - 44　并联环节方框图

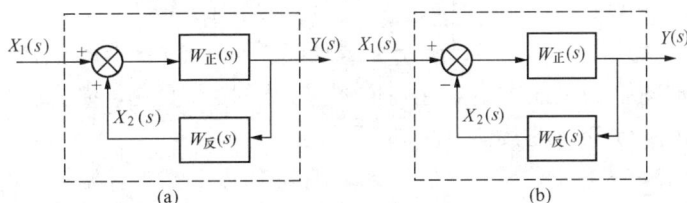

图 7 - 45　反馈环节方框图
(a) 正反馈；(b) 负反馈

从而得出负反馈系统，以 x_1 为系统输入，y 为输出的闭环系统总的传递函数为

$$W_c(s) = \frac{Y(s)}{X_1(s)} = \frac{W_正(s)}{1 + W_正(s)W_反(s)} \tag{7-54}$$

2）正反馈。正反馈指反馈信号 x_2 与系统输入信号 x_1 相加，如图 7 - 45（a）所示。

$$\begin{cases} Y(s) = W_正(s)\left[X_1(s) + X_2(s)\right] \\ X_2(s) = W_反(s)Y(s) \end{cases} \tag{7-55}$$

从以上两式中消去 $X_2(s)$ 后得到

$$Y(s) = \frac{W_正(s)}{1 - W_正(s)W_反(s)}X_1(s) \tag{7-56}$$

从而得出正反馈系统，以 x_1 为系统输入，y 为输出的闭环系统总的传递函数为

$$W_c(s) = \frac{Y(s)}{X_1(s)} = \frac{W_正(s)}{1 - W_正(s)W_反(s)} \tag{7-57}$$

比较式（7 - 54）、式（7 - 57）可知，两种情况的传递函数的区别只是分母 $1 \pm W_正(s)W_反(s)$ 中符号不同，负反馈时分母取"+"号，即 $1 + W_正(s)W_反(s)$。

自动控制系统中只能使用负反馈连接方式。从式（7 - 54）中可以得出一个结论：如果正向环节 $W_正(s)$ 的放大系数很大，有 $\frac{1}{W_正(s)} \to 0$，则反馈系统的传递函数可以简化为

$$W_c(s) = \frac{Y(s)}{X_1(s)} = \frac{W_正(s)}{1 + W_正(s)W_反(s)} = \frac{1}{\dfrac{1}{W_正(s)} + W_反(s)} \approx \frac{1}{W_反(s)} \tag{7-58}$$

即在 $W_正(s)$ 的放大系数很大的情况下，反馈系统的动态特性只由反馈环节的动态特性 $W_反$ (s) 决定，而与正向环节的特性几乎无关。这个原理在自动化仪表及调节系统中得到了广泛

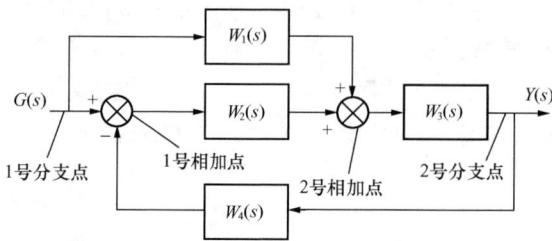

图 7 - 46 复杂系统连接示意

的应用。

2. 方框图的等效变换及简化

在自动控制实际工作中，常遇到一些包含许多反馈回路（有时是交叉反馈）的复杂系统，为了便于分析研究和求取系统的传递函数，需要对复杂的方框图进行等效变换和化简。如图7 - 46所示，给定值 G（s）为输入，被控量 Y（s）为输出，试化简该系统的方框图。

从图上可以看出，W_1（s）、W_2（s）并非并联，W_2（s）、W_3（s）也不是串联，其中 W_2（s）出现了交叉。为此，要进行方框图的等效变换，以消除交叉，把方框图变成串联、并联、反馈基本连接方式。方框图等效变换是指方框图上任一变量（信号），变换前后对应的方框图结构可能发生变化，但逻辑运算关系不变，以保持信号之间的相互作用关系不变。方框图等效变换的具体方法如下所述。

（1）分支点沿环节前后移动以消除交叉［不能有相加点的干扰，即移动过程不允许经过相加点，见图 7 - 47（a）］。

（2）相加点沿环节前后移动以消除交叉［不能有分支点的干扰，即移动过程不允许经过分支点，见图 7 - 47（b）］。

（3）连续相加点移动以消除交叉［不能有分支点的干扰，见图 7 - 47（c）］。

（4）连续分支点移动以消除交叉［不能有相加点的干扰，见图 7 - 47（d）］。

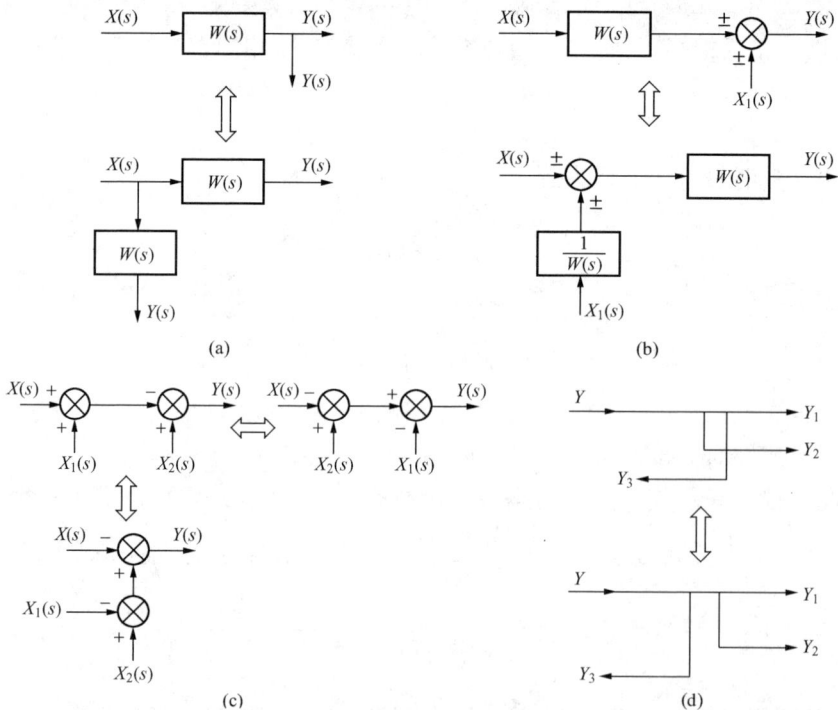

(a)

(b)

(c)

(d)

图 7 - 47 方框图等效变换原则

（a）分支点前后移动；（b）相加点前后移动；（c）连续相加点前后移动；（d）连续分支点移动

如图 7 - 46 所示的复杂系统，在图上有 2 个分支点，2 个相加点，等效变换的具体方法有两种：①1 号相加点沿 $W_2(s)$ 后移；②2 号相加点沿 $W_2(s)$ 前移。

【例 7 - 8】　利用分支点和相加点移动来简化图 7 - 46 所示的系统框图。

解： 等效变换过程见图 7 - 48 （a）和图 7 - 48 （b），等效传递函数为

$$W = \frac{W_3(s)}{1 + W_2(s)W_3(s)W_4(s)}[W_1(s) + W_2(s)]$$

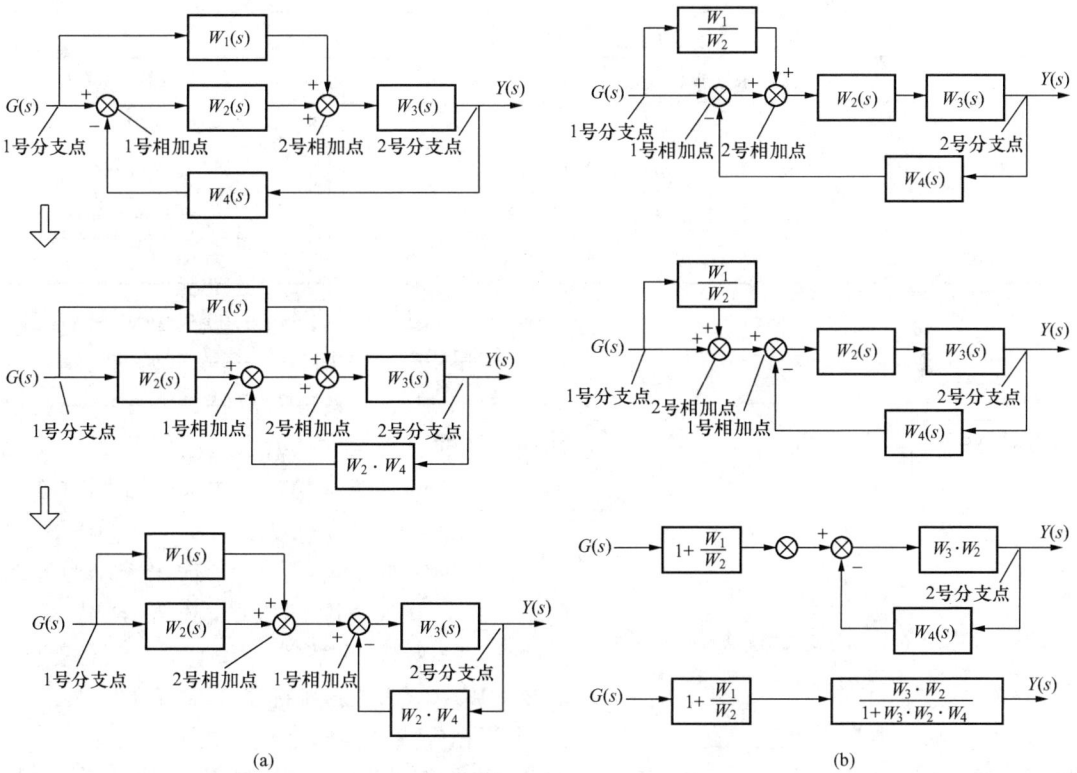

图 7 - 48　系统框图简化过程

第四节　热工对象的动态特性

自动控制系统主要由检测变送器、控制器、执行器、被控对象、控制机构五部分组成，整个控制系统的特性由各组成部分的传递函数决定。由于检测变送器、执行器、控制机构（阀门、挡板、给粉机等）都可以等效为比例环节，且比例系数在一定范围内基本保持不变，它们对系统特性影响不大。那么整个控制系统的特性就主要由控制对象和控制器来决定。

一、被控对象动态特性的特点

火电厂中，有许多结构不同、内部过程机理不同的被控对象，如汽轮机、凝汽器、高低压加热器、除氧器、汽包、锅炉燃烧室、过热器、风机、水泵等设备及相关的生产过程。被控对象的输出量总是反映该设备是否安全经济运行的热工参数，输入量总是该设备或生产过程的流入量、流出量或流经的物理量。以汽包这个汽水分离装置为例，水位 H 是反映汽包

是否安全经济工作的重要指标，实际运行要保证汽包水位 H 稳定，则水位 H 就作为汽包这一热工对象的输出量（汽包锅炉给水控制系统的被控量）；引起水位 H 发生变化的原因主要有流入量——给水流量 W、流出量——蒸汽流量 D。常见被控对象的输入量和输出量见表 7 - 3。

表 7 - 3　　　　　　　　　　　　　常见被控对象输入量和输出量

被控对象	输入量（加下划线的是控制量）	输出量（系统被控量）
汽包	给水流量 W、蒸汽流量 D	汽包水位 H
过热器	减温水量 W、蒸汽流量 D、烟气热量 Q_Y	过热器出口汽温 θ
锅炉燃烧过程	送风量 V、引风量 G	炉膛负压 p_f
	给煤量 B、送风量 V	烟气含氧量 $\varphi(O_2)$
	给煤量 B、蒸汽流量 D	主蒸汽压力 p_t
汽轮机	蒸汽流量 D、外界负荷 P_0	汽轮机转速 n

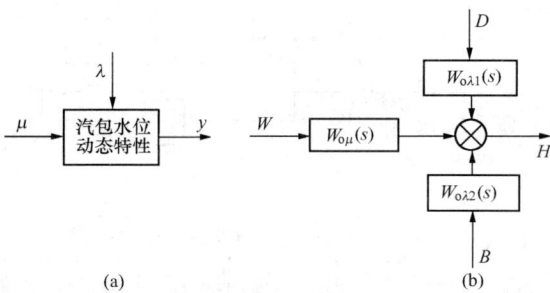

图 7 - 49　汽包水位对象动态特性
(a) 表示方法一；(b) 表示方法二

以汽包为例表示的水位对象动态特性如图 7 - 49 所示，一般有两种表示方法。(a) 不说明具体对象特性，图中 μ 表示控制通道的扰动（给水阀门的开度），λ 表示对象的其他扰动，这里 λ 仅强调对象存在扰动，但具体扰动没有说明。(b) 图中 W 代表给水流量，$W_{o\mu}(s)$ 代表控制通道的特性，D 代表蒸汽流量，$W_{o\lambda1}(s)$ 代表 D 扰动下对象的特性，B 代表燃烧率扰动，$W_{o\lambda2}(s)$ 代表 B 扰动下对象的特性。如果两个及以上扰动同时作用于对象，则对象的输出为相应扰动输出之和。在求取对象某一个扰动的特性，其他所有扰动必须静止不变，否则得到的输出就不是相应扰动的输出。这就是求取相应扰动下对象特性时强调其他扰动不能变化的原因。

热工被控对象动态特性的特点如下所述。

（1）大惯性。热工被控对象总是具有一定的容量（如汽包、凝汽器内部储存水）及流通阻力（管道阻力、阀门阻力），使得当流入或流出的物质或能量发生阶跃变化时，表征对象物质或能量储存量的参数（即被控量）或流量的变化必然出现惯性和迟延。以汽包为例，汽包内水位 H 是被控量，引起水位 H 变化的原因主要有流入量 W 和流出量 D，当流入量 W 或流出量 D 阶跃变化时，汽包内的水只能逐渐增加或减小，不能突变。

（2）不振荡。大多数热工被控对象在某阶跃输入下，其输出呈非周期变化。以汽包锅炉为例，给水流量 $W\uparrow$，水位 $H\uparrow$；蒸汽流量 $D\uparrow$，水位 $H\downarrow$，这是由物质平衡原理决定的，体现为单方向性。

（3）大迟延。热工对象之间有很长的工艺管道，介质在里面传输需要时间，使得管道入口流量发生变化，需要经过一定的时间才能到达管道出口，从而使得被控量的变化存在较大的迟延。

二、热工被控对象的分类

按照自平衡能力可分为有自平衡和无自平衡两大类；按照被控对象具有储存物质或能量的容积个数，可分为单容对象（只有一个储存物质或能量的容积）和多容对象（具有两个及以上个储存物质或能量的容积）。

对象的自平衡能力是指在初始平衡状态下，对象受到阶跃扰动，在不外加控制作用的情况下，依靠被控量的变化又使对象恢复到另一平衡状态的能力。

1. 有自平衡的单容对象

有自平衡的单容对象就是前面介绍过的惯性环节，电厂中单个的高压加热器、低压加热器等在一定条件下都可以看成有自平衡能力的单容对象。

单容水箱就是有自平衡单容对象的典型例子，其结构如图 7 - 50（a）所示。流入流出侧均由阀门控制。

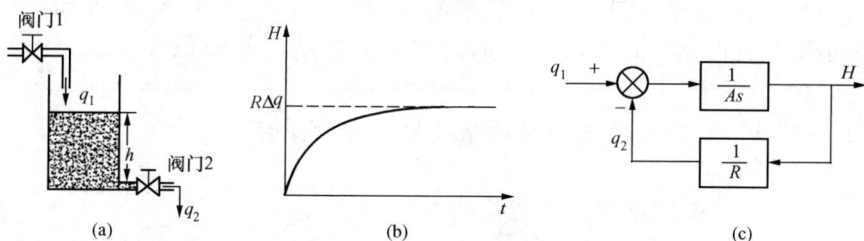

图 7 - 50　有自平衡单容对象
(a) 结构；(b) 阶跃响应曲线；(c) 方框图

单容水箱的方框图如图 7 - 51（c）所示，构成负反馈。对象的传递函数为

$$W(s) = \frac{H(s)}{Q_1(s)} = \frac{\dfrac{1}{As}}{1 + \dfrac{1}{ARs}} = \frac{R}{ARs + 1} \tag{7 - 59}$$

与惯性环节的标准传递函数 $W(s) = \dfrac{K}{Ts + 1}$ 比较可知，$K = R$ 为惯性环节的放大系数；$T = AR$ 为惯性环节的时间常数。

如果在输入端加入阶跃扰动，q_1 的变化幅值为 Δq，q_1 的象函数为 $\dfrac{\Delta q}{s}$，则

$$H(s) = W(s)q_1(s) = \frac{R}{ARs + 1} \cdot \frac{\Delta q}{s} \tag{7 - 60}$$

对式（7 - 60）进行拉普拉斯反变换（查表 7 - 1）得

$$h(t) = R(1 - e^{-\frac{t}{AR}})\Delta q \tag{7 - 61}$$

其响应曲线如图 7 - 50（b）所示。

单容水箱水位 H 的稳态值为

$$h(\infty) = \lim_{t \to \infty} R(1 - e^{-\frac{t}{AR}})\Delta q = R\Delta q \tag{7 - 62}$$

水位的平衡位置还取决于流出侧阀门阻力 R 和扰动强度 Δq 的乘积。

单容水箱水位的初始变化速度为

$$\left. \frac{\mathrm{d}h}{\mathrm{d}t} \right|_{t=0} = \frac{h(\infty)}{T} = \frac{R\Delta q}{AR} = \frac{\Delta q}{A} \tag{7 - 63}$$

由此可知，水位的初始变化速度与扰动量成正比，而与水箱面积成反比。

工程上常用一些特征参数来表征对象的动态特性，具体为自平衡率 ρ、飞升速度 ε 或惯性时间 T、迟延时间 $\tau = \tau_0 + \tau_c$（τ_0 代表纯迟延，τ_c 代表容积迟延，单容对象只有纯迟延 τ_0）。

（1）自平衡率 ρ。自平衡率 ρ 反映被控对象自平衡能力的大小，指被控量变化 1 个单位引起的流量变化的数量，即 $\rho = \dfrac{dq}{dh}$。对单容水箱过程来说，输入流量产生阶跃扰动幅值为 Δq，水位的变化量为 $h(\infty) = R\Delta q$，有

$$\rho = \frac{\Delta q}{h(\infty)} = \frac{\Delta q}{R\Delta q} = \frac{1}{R} = \frac{1}{K} \tag{7-64}$$

可知，自平衡率与阀门阻力 R 成反比，即与稳态放大系数 K 成反比。

（2）飞升速度 ε。惯性时间 T 代表对象惯性的大小，根据 $T = AR$ 可知，惯性时间 T 与水箱的截面积 A 成正比。对于流入侧加入相同的扰动，截面积大的水箱惯性大，水位上升趋势更平缓。

飞升速度 ε 代表单位阶跃扰动下被控量的最大变化速度，即

$$\varepsilon = \frac{被控量的最大变化速度}{阶跃扰动量} = \frac{\left(\dfrac{dh}{dt}\right)_{max}}{\Delta q} = \frac{\dfrac{K\Delta q}{T}}{\Delta q} = \frac{K}{T} \tag{7-65}$$

单容水箱系统
$$\varepsilon = \frac{1}{A} \tag{7-66}$$

飞升速度 ε 与容量系数 A 成反比，即与稳态放大系数 K 成正比，与惯性时间 T 成反比。

（3）迟延时间 τ。迟延时间分为传递迟延 τ_0 和容积迟延 τ_c，单容对象只具有传递迟延（纯迟延 τ_0），由于被控对象的控制机构（如阀门、挡板等）结构上的限制使控制机构的安装位置与被控量所在的设备常有一定的距离，而物质或能量只能以有限的速度传输，这就使被控量在动态响应中表现出迟延的特性。从图 7-1 可以看到，给水控制阀和汽包之间通过省煤器进行连接，省煤器的管道很长。这样，当给水控制阀开度发生变化后，流经控制阀的给水流量 W 立即变化，但要经过整个省煤器管道的传输才能进入汽包，体现为汽包水位 H 的变化要迟延一段时间。上面说的这种迟延是由于物质或能量在传递过程中产生的，故称为传递迟延或纯迟延，用 τ_0 来表示。

综上所述，有自平衡单容对象可等效为一阶惯性环节，传递函数可表示为

$$W(s) = \frac{K}{Ts+1} \tag{7-67}$$

式中：K 为对象的稳态放大系数；T 为对象的惯性时间。

有自平衡能力的单容对象的动态特性可以用 ρ、ε、τ_0 来表示，它们之间的关系是

$$\begin{cases} \varepsilon = \dfrac{K}{T} \\ \rho = \dfrac{1}{K} \\ \tau_0 \end{cases} \tag{7-68}$$

2. 无自平衡的单容对象

无自平衡的单容对象就是前面介绍过的积分环节，电厂中的储水容器，如汽包、凝汽器、除氧器等，在一定条件下都可以看成是无自平衡的单容对象。无自平衡对象的自平衡率为

$$\rho = \frac{\Delta q}{h(\infty)} = \frac{\Delta q}{\infty} = 0 \qquad (7-69)$$

无自平衡对象的自平衡率 $\rho = 0$，对应为流出侧的阻力无穷大。

无自平衡单容对象如图 7-51（a）所示，流出侧受水泵调节，流出量由水泵转速决定，与水位 H 无关。若以流入量 q_1 为输入信号，水箱水位 H 为对象的输出信号，可列出该单容水箱的方框图如图 7-51（b）所示，传递函数为

$$W(s) = \frac{H(s)}{Q_1(s)} = \frac{1}{As} = \frac{1}{T_a s} \qquad (7-70)$$

式中：T_a 为无自平衡对象的飞升时间，此例中 $T_a = A$。
即无自平衡对象可等效为积分环节。

如果在输入端加入阶跃扰动，q_1 的变化幅值为 Δq，q_1 的象函数为 $\frac{\Delta q}{s}$，则

$$H(s) = W(s)q_1(s) = \frac{1}{T_a s} \cdot \frac{\Delta q}{s} \qquad (7-71)$$

对式（7-71）进行拉普拉斯反变换（查表 7-1）得

$$h(t) = \frac{\Delta q}{T_a}t$$

如图 7-52 所示的对象在阶跃扰动下，其被控量 h 的变化速度为 $\frac{\Delta q}{T_a}$，根据对象飞升速度的定义可知，无自平衡能力单容对象的飞升速度为

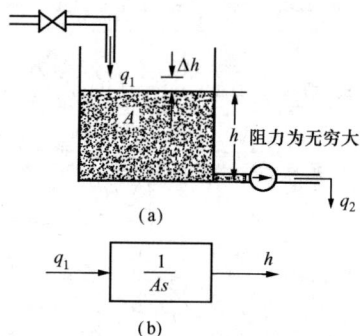

图 7-51　无自平衡单容对象

$$\varepsilon = \frac{\left.\dfrac{dh}{dt}\right|_{t=0}}{\Delta q} = \frac{\dfrac{\Delta q}{T_a}}{\Delta q} = \frac{1}{T_a} \qquad (7-72)$$

综上所述，无自平衡单容对象等效为积分环节，传递函数可表示为

$$W(s) = \frac{1}{T_a s} \qquad (7-73)$$

式中：T_a 为对象的积分时间。

无自平衡能力的单容对象的动态特性可以用 ε、τ_0 表示，它们之间的关系为

$$\begin{cases} \varepsilon = \dfrac{1}{T_a} \\ \tau_0 \end{cases} \qquad (7-74)$$

3. 无自平衡的多容对象

无自平衡多容对象的等效框图和实际系统如图 7-52 所示。从图（a）等效环节来看，由一个及以上个惯性环节串联积分环节构成的对象可以称为无自平衡多容对象。图（b）中可看出三容水箱实际系统由三个单容水槽串联组成，水槽 1、2 称为前置水槽（前置容

积），有自平衡能力，可用惯性环节表示；水槽3称为主水槽（主容积），无自平衡能力，可用积分环节表示。多容对象的输出特点是：输入信号变化后，由于存在着多个中间容量，使输出变化更加缓慢。多容无自平衡对象阶跃响应曲线如图 7 - 53 所示。

无自平衡能力多容对象的等效传递函数为

$$W(s) = \frac{1}{T_a s} e^{-\tau s} \qquad (7 - 75)$$

$$W(s) = \frac{1}{(Ts + 1)^n T_a s} \qquad (7 - 76)$$

式中：τ 为迟延时间；T_a 为飞升时间 $\left(T_a = \frac{1}{\varepsilon}\right)$；$T$ 为每个惯性环节的时间常数；n 为惯性环节的个数（阶次）。

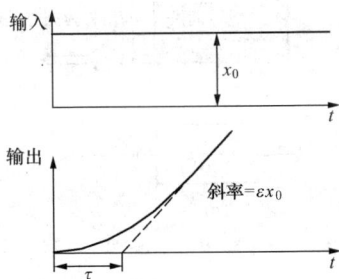

图 7 - 52   无自平衡多容对象
(a) 多容无自平衡对象等效框图；
(b) 多容无自平衡对象水箱等效系统

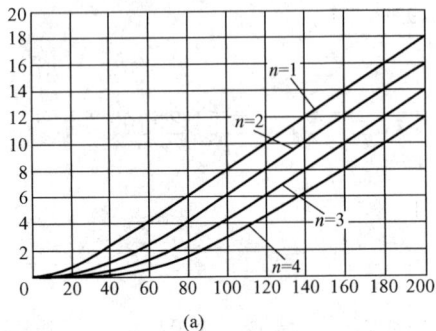

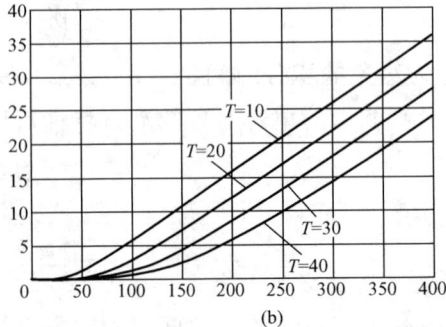

图 7 - 53   无自平衡多容对象
阶跃响应曲线

无自平衡多容对象中惯性环节的时间常数和阶次只对响应曲线的迟延有影响（即 T 和 n 影响 τ），响应曲线的飞升时间 T_a（或 ε）只由对象中的积分环节来决定。

迟延时间 τ 和飞升时间的大小可用作图法来估量。作曲线后半段延长线，交初值线及输入扰动于两点。可得时间常数 T_a 和迟延时间 τ。

根据式（7 - 76），图 7 - 54（a）给出了具有积分环节特性相同，配接 1～4 个同样大小惯性容积的对象的单位阶跃响应。从图上可以看出，惯性对象的容积个数越多，其动态方程的阶次越高，其容积迟延就越大，但飞升速度相同，说明飞升速度只与 T_a 有关。图 7 - 54（b）给出了同为 4 个容积，但惯性时间不同的对象的单位阶跃响应。从图上可以看出，对象的惯性时间越大，容积迟延也越大。实际对象的容积数目 n 可能很多，每个容量系数大小也不同，但它们的阶跃响应曲线与图 7 - 53 是相似的。

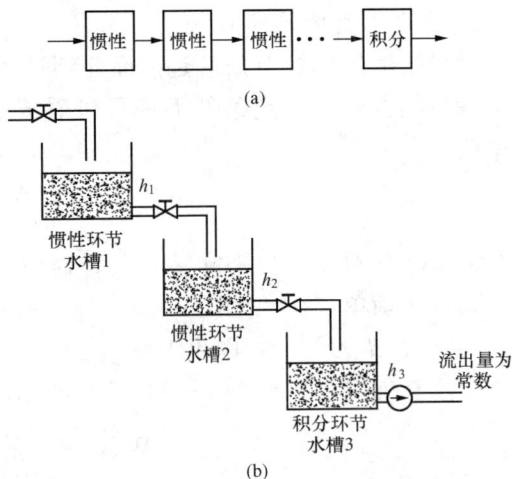

图 7 - 54   无自平衡多容对象单位阶跃响应
(a) $T_a = 10$，$T = 20$；(b) $T_a = 10$，$n = 4$

无自平衡能力多容对象既有纯迟延 τ_0，又有容积迟延 τ_c，动态特性可用两组两个参数描述，即迟延时间 τ（$\tau=\tau_0+\tau_c$）、飞升时间 T_a（或飞升速度 ε、迟延时间 τ）。

4. 有自平衡多容对象

将图 7 - 52 中的积分环节换成惯性环节，无自平衡多容对象就变成有自平衡多容对象。输出阶跃响应曲线如图 7 - 55 所示。从图上可以看出，响应曲线是一条 S 形的变化曲线。拐点 P 处的变化速率最大，起始时刻和无穷大时刻速率为 0。

有自平衡能力多容对象可用下列传递函数表示：

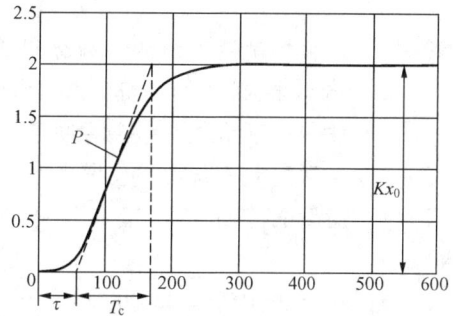

图 7 - 55 有自平衡能力多容对象阶跃响应曲线

$$W(s)=\frac{K}{T_c s+1}\mathrm{e}^{-\tau s} \qquad (7-77)$$

$$W(s)=\frac{K}{(Ts+1)^n} \qquad (7-78)$$

式中：τ 为迟延时间；T_c 为时间常数；K 为放大系数；T 为每个惯性环节的时间常数；n 为惯性环节的个数（阶次）。

根据式（7 - 78），图 7 - 56（a）给出了具有 1～4 个同样大小容积的对象的阶跃响应。从图上可以看出，对象的容积个数 n 越多，其动态方程的阶次越高，响应曲线越平缓，其容积迟延 τ_c 和时间常数 T_c 就越大。图 7 - 56（b）给出了同为 4 个容积，但惯性时间 T 不同的对象的阶跃响应。从图上可以看出，对象的惯性时间 T 越大，响应曲线就越迟缓，容积迟延 τ_c 和时间常数 T_c 也越大。

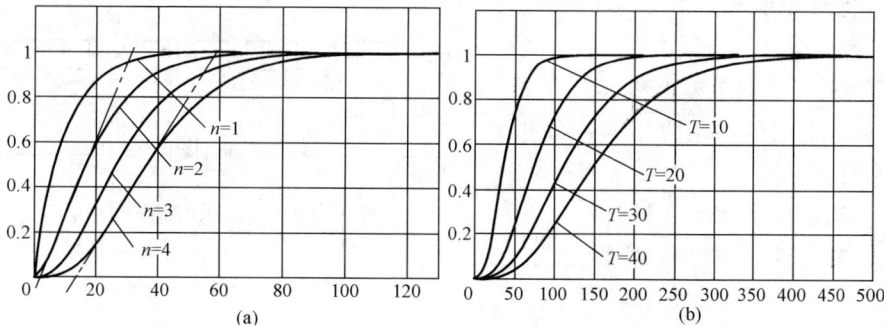

图 7 - 56 有自平衡多容对象单位阶跃响应
(a) $T=10$，$K=1$；(b) $n=4$，$K=1$

多容有自平衡能力对象既有纯迟延 τ_0，又有容积迟延 τ_c，动态特性可用两组三个参数描述，即自平衡率 ρ、飞升速度 ε、迟延时间 τ，即

$$\begin{cases} \varepsilon=\dfrac{K}{T_c} \\[2mm] \rho=\dfrac{1}{K} \\[2mm] \tau=\tau_0+\tau_c \end{cases} \qquad (7-79)$$

复 习 思 考 题

7-1　自动控制装置由哪三部分组成？各自代替运行人员的哪项操作？

7-2　自动控制系统一般由哪五部分组成？其中可看成等效控制器的是（　　）、（　　）、（　　）；可看成等效对象的是（　　）、（　　）。

7-3　自动控制系统有哪些类别？

7-4　衡量控制系统调节品质好坏的稳定性、准确性、快速性指标各用什么参数来评价？

7-5　说出锅炉汽包水位控制系统、过热器出口汽温调节系统各自的被控量、控制量、主要外扰是什么？

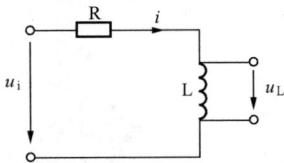

图 7-57　电阻电感串联电路

7-6　如图 7-57 所示的电阻电感串联电路，u_i 为输入，u_L 为输出，试写出其微分方程、传递函数，判别属于何种环节？以及利用表 7-1 求出阶跃响应曲线。（提示：电感 L 的特性为 $u_L = L\dfrac{di_L}{dt}$）

7-7　写出比例、积分、一阶惯性、理想微分（画斜坡响应）、一阶实际微分、纯迟延、振荡环节的传递函数并画出相应的单位阶跃响应曲线。

7-8　设 u_i 为输入，u_o 为输出，试分析下列微分方程对应环节的名称。

(1) $u_i = \int u_o dt$；(2) $u_o = \int u_i dt$；(3) $u_i = \dfrac{du_o}{dt}$；(4) $u_o = \dfrac{du_i}{dt}$。

7-9　化简如图 7-58 所示的方框图并求出传递函数。

(1) G 为输入；(2) λ 为输入。

7-10　写出控制对象的分类并画出相应的阶跃响应曲线。

7-11　纯迟延是越小越好吗？

7-12　容积迟延和传递迟延有什么区别？

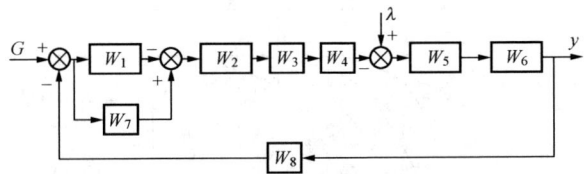

图 7-58　复习思考题第 7-9 用图

7-13　写出比例环节、积分环节、一阶惯性环节、一阶实际微分环节、纯迟延环节的传递函数并画出相应的单位阶跃响应曲线，并在图上标出相关参数值。

7-14　比例环节、积分环节、惯性环节的特点是什么？

7-15　写出二阶环节的标准传递函数。阻尼比与响应曲线形状的关系是什么？

7-16　设 u_i 为输入，u_o 为输出，试分析下列微分方程对应环节的名称。

(1) $u_i = \int u_o dt$；(2) $u_o = \int u_i dt$；(3) $u_i = \dfrac{du_o}{dt}$；(4) $u_o = \dfrac{du_i}{dt}$

7-17　化简图 7-59 所示的方框图并求出传递函数：(1) G 为输入；(2) λ 为输入。

7-18　分析下列传递函数并画出结构图。

(1) $W(s) = \left(10+\dfrac{1}{0.5s}\right) \cdot \dfrac{1}{0.2s+1} \cdot \dfrac{1}{3s+1}$

(2) $W(s) = \left(\dfrac{4s}{2s+1}+\dfrac{1}{2s+1}\right) \cdot \dfrac{1}{4s+1} \cdot \dfrac{1}{6s}$

(3) $W(s) = \dfrac{4s}{2s+1}+\dfrac{1}{2s+1}+\dfrac{1}{4s+1}+\dfrac{1}{6s}$

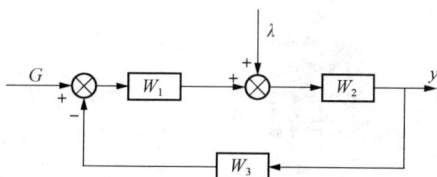

图 7 - 59　复习思考题 7 - 17 用图

7 - 19　已知某控制系统等效传递函数为 $W(s)$ $=\dfrac{200}{s^2+16s+100}$，判断对应系统控制过程有无振荡？是否稳定？有无静态偏差？当给定数值变化 1 个单位时，输出稳定后被控量变化多少单位？

7 - 20　简述被控对象动态特性的特点。

7 - 21　被控对象有哪些类型，写出对应的等效传递函数，画出阶跃响应曲线简图。

7 - 22　某控制系统的输出响应曲线如图 7 - 60 所示。曲线图形第一波峰点的数值等于 160，第二波峰点数值等于 120，曲线稳定后数值等于 100。求该控制系统的衰减率 φ 和衰减比 n。

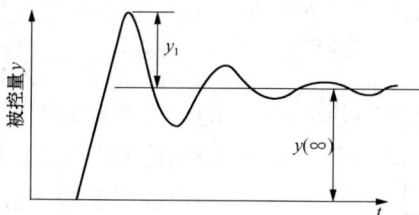

图 7 - 60　复习思考题 7 - 22 用图

第八章 基本控制规律及其控制过程

第一节 自动控制器典型控制规律及控制过程分析

控制器的基本控制规律是 PID（proportional integral derivative）控制，即比例（P）积分（I）微分（D）控制，具有结构简单、稳定性好、工作可靠、调整方便的特点，被广泛应用于工业过程控制系统。

一、基本控制规律

1. 比例（P）控制规律

比例环节的传递函数为

$$W_P = \frac{1}{\delta} \tag{8-1}$$

式中：$\delta = \frac{1}{K_P}$ 为控制器的比例带（比例度），δ 越大，比例作用就越弱。

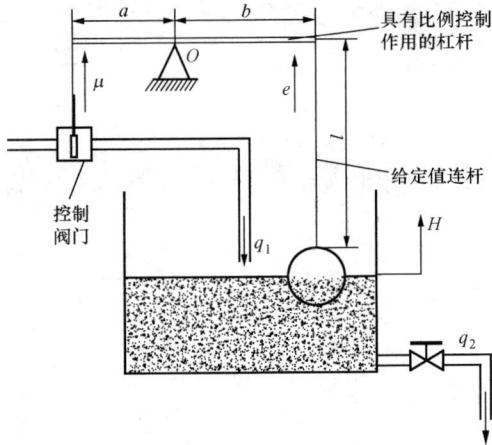

图 8-1 比例（P）控制系统

图 8-1 所示为浮子式水位控制器。该系统的被控对象是有自平衡能力的单容水箱，浮子起到检测器的作用，用于感受水位的变化；比例控制器就是杠杆本身，杠杆以 O 点为支点可以顺时针或逆时针转动。给定值的大小与给定值连杆的长短有关；选择流入侧阀门作为控制阀，由控制器来控制它的开度变化。当某种扰动使水位升高时（说明此时流入量 q_1＞流出量 q_2），浮子随之升高，通过杠杆作用使阀芯下移，关小控制阀，流入量 q_1 减小直至等于流出量 q_2。反之，当某种扰动使水位降低时（说明此时流入量 q_1＜流出量 q_2），浮子随之降低，通过杠杆作用使阀芯上移，开大控制阀，流入量 q_1 加大直至等于流出量 q_2。$h\uparrow \Rightarrow \mu\downarrow$，$h\downarrow \Rightarrow \mu\uparrow$，动作方向始终正确，朝着减小被控量波动的方向努力。

图 8-1 中连杆长度为 l。假设在目前控制阀门开度 μ 下流入流出正好平衡，水位稳定不变。此时，将给定值连杆变短后重新装入，由于连杆变短，水位还是原数值没有变化，所以控制器杠杆右侧下降左端升高，控制阀门开度阶跃开大，使流入量 q_1 阶跃增加，$q_1 > q_2$，进而引起水位 H 上升，水位上升的同时，控制杠杆右侧又不断回升，杠杆左端下移，控制阀开度不断关小，使 q_1 减小，当 $q_1 = q_2$ 时，水位处于新的平衡状态。这个新的水位高于原来的水位，因此给定值连杆长度变短相当于给定值的增加。

自动控制系统主体是由被控对象（单容水箱）、控制机构（流入侧阀门）、检测器（浮子）、控制器（杠杆）、执行器（阀门杆）组成，方框图如图 8-2 所示。

为便于分析，对控制系统进行了简化。图中 K_m 代表检测器（浮子）传递函数，此系统 $K_m = 1$（为了分析方便，对控制系统进行简化，假设检测器和执行器的传递函数都等于 1，因为实际系统虽然不等于 1，但等于常数，故图 8-2 上省略执行器）；$K_{\mu 1}$ 反映流入侧阀门开度和流量之间的关系；$\dfrac{1}{\delta}$ 为控制器传函，此系统 $\dfrac{1}{\delta} = \dfrac{a}{b}$；$\dfrac{1}{As}$ 反映水箱这一环节净流量与

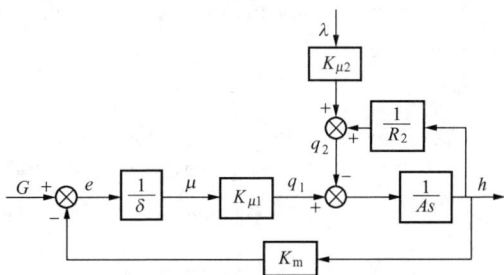

图 8-2　比例控制系统方框图

水位的关系；R_2 代表水箱流出侧阀门阻力；λ 代表流出侧阀门开度扰动；$K_{\mu 2}$ 反映流出侧阀门开度与流量之间的关系。

选择给定值 G 为输入，水位 H 为输出，传递函数可化简为

$$W = \frac{\dfrac{K_{\mu 1} R_2}{\delta(AR_2 s + 1)}}{1 + \dfrac{K_{\mu 1} R_2}{\delta(AR_2 s + 1)}} = \frac{K_{\mu 1} R_2}{\delta AR_2 s + \delta + K_{\mu 1} R_2} = \frac{\dfrac{K_{\mu 1} R_2}{\delta + K_{\mu 1} R_2}}{\dfrac{\delta AR_2}{\delta + K_{\mu 1} R_2} s + 1} \qquad (8-2)$$

这是一个一阶惯性环节，稳态放大系数

$$K = \frac{K_{\mu 1} R_2}{\delta + K_{\mu 1} R_2} \qquad (8-3)$$

当给定值扰动为幅值为 x_0 的阶跃扰动时，输出水位的稳态值为

$$h(\infty) = \frac{K_{\mu 1} R_2}{\delta + K_{\mu 1} R_2} x_0 \qquad (8-4)$$

$$e(\infty) = G - h(\infty) = x_0 - \frac{K_{\mu 1} R_2}{\delta + K_{\mu 1} R_2} x_0 = x_0 \left(\frac{\delta}{\delta + K_{\mu 1} R_2} \right) = x_0 \frac{1}{1 + \dfrac{K_{\mu 1} R_2}{\delta}} \qquad (8-5)$$

可以看出，静态偏差与 δ 成正比。

给定值单位阶跃扰动仿真曲线如图 8-3 所示，从图中可知，随着 $\delta \uparrow$，静态偏差 $e(\infty)$ 也相应 $\uparrow$，但响应曲线始终体现为一阶惯性环节特性，为非周期响应，系统始终很稳定。

给定值 G 不变，流出侧阶跃扰动时，H 的仿真曲线如图 8-4 所示。从曲线上可以看出，流出侧阀门开大时（$\lambda \uparrow$），水位 $H \downarrow$，且随着 $\delta \uparrow$，静差 $e(\infty) \uparrow$，响应曲线为非周期响应。

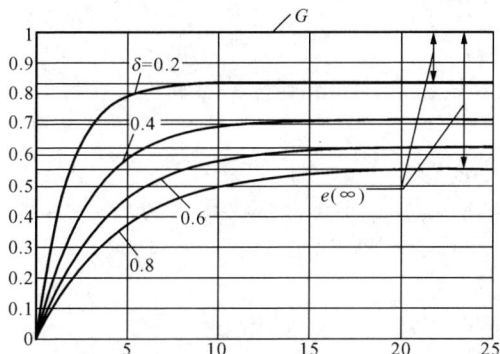

图 8-3　给定值单位阶跃响应

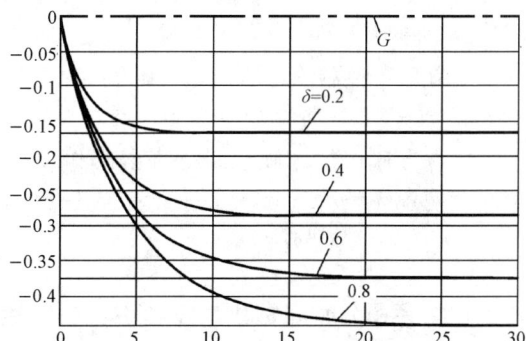

图 8-4　流出侧 λ 单位阶跃扰动

该控制系统只有被控量一个反馈回路，简称单回路控制系统，典型单回路控制系统方框图如图 8-5 所示。

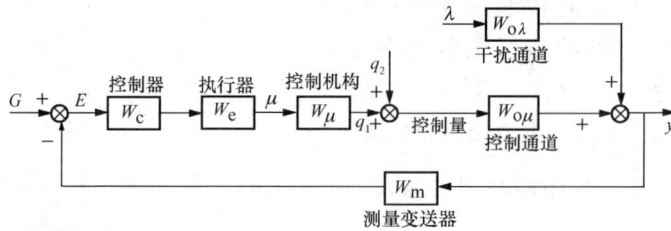

图 8-5　单回路控制系统方框图

给定值 G 加入单位阶跃扰动的双容对象控制系统仿真曲线如图 8-6 所示［执行器、控制机构、检测器的传递函数简化为 1，控制通道的传递函数为 $\dfrac{1}{(20s+1)^2}$］，从图上可以看出，随着比例带 δ 的增大，响应曲线振荡程度逐渐减小，系统稳定性提高，但静态偏差也逐渐加大。

对方框图 8-5 进行等效变换，执行器、控制机构、检测器的传递函数简化为 1，控制通道的传递函数简化为 $\dfrac{1}{(Ts+1)^2}$，化简出给定值作为输入时的系统等效传函为

$$W = \frac{\dfrac{1}{\delta}\dfrac{1}{(Ts+1)^2}}{1+\dfrac{1}{\delta}\dfrac{1}{(Ts+1)^2}}$$

$$= \frac{1}{\delta T^2 s^2 + 2\delta T s + \delta + 1}$$

$$= \frac{\dfrac{1}{\delta T^2}}{s^2 + \dfrac{2}{T}s + \dfrac{\delta+1}{\delta T^2}} \qquad (8-6)$$

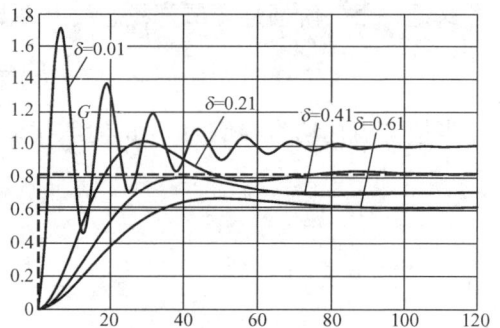

图 8-6　给定值单位阶跃扰动响应
（比例控制器配接双容对象）

随着 $\delta\uparrow$，$K\downarrow$，静态偏差 $e(\infty)\uparrow$，静态准确性指标变坏；$\zeta\uparrow$，系统稳定程度提高，对提高系统稳定性有利；$\omega_n\downarrow$，振荡频率 $f\downarrow$，响应曲线振荡周期加大（控制时间加长）。

通过上面分析，可以得出比例控制作用的优点是动作方向始终正确，且加大比例带 δ 对提高系统的稳定性有利（多容对象）；缺点是存在静态偏差，且静差与比例带成正比。因为现场对象多数是多容对象，所以，当控制比例带时，其对系统稳定性和准确性的影响正好相反。

2. 积分（I）控制规律

比例控制的最大缺点是存在静态偏差，要想减小静态偏差，比例带就要选择得非常小，而这会使系统的稳定性大大降低，这是我们不希望的。积分控制规律的传递函数为

$$W_I = \frac{1}{T_I s} \qquad (8-7)$$

式中：T_I 为积分时间常数，T_I 越小，输出的变化就越快，称为积分作用越强。

对于图 8-5 所示的单回路控制系统，控制器采用积分控制器，传递函数为 $W_c = \dfrac{1}{T_I s}$，

对象采用有自平衡单容对象，控制通道传递函数表示为 $W_{o\mu} = \dfrac{K_{o\mu}}{T_{o\mu}s + 1}$；选择给定值 G 作为输入，被控量 y 作为输出，构成的负反馈回路如图 8-7 所示，系统传递函数为

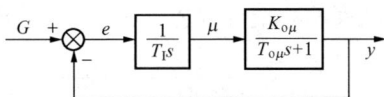

图 8-7　积分控制系统方框图
（配接有自平衡单容对象）

$$W = \frac{\dfrac{1}{T_{I}s}\dfrac{K_{o\mu}}{1 + T_{o\mu}s}}{1 + \dfrac{1}{T_{I}s}\dfrac{K_{o\mu}}{1 + T_{o\mu}s}} = \frac{K_{o\mu}}{T_{I}T_{o\mu}s^2 + T_{I}s + K_{o\mu}} = \frac{\dfrac{K_{o\mu}}{T_{I}T_{o\mu}}}{s^2 + \dfrac{1}{T_{o\mu}}s + \dfrac{K_{o\mu}}{T_{I}T_{o\mu}}} \qquad (8-8)$$

与二阶系统的标准传递函数 $W = \dfrac{K}{s^2 + 2\zeta\omega_{n}s + \omega_{n}^2}$ 比较，列出联立方程组

$$\begin{cases} K\omega_{n}^2 = \dfrac{K_{o\mu}}{T_{I}T_{o\mu}} \\ \omega_{n}^2 = \dfrac{K_{o\mu}}{T_{I}T_{o\mu}} \\ 2\zeta\omega_{n} = \dfrac{1}{T_{o\mu}} \end{cases} \qquad (8-9)$$

解之得

$$\begin{cases} K = 1 \\ \omega_{n}^2 = \dfrac{K_{o\mu}}{T_{I}T_{o\mu}} \\ \zeta = \dfrac{1}{2}\sqrt{\dfrac{T_{I}}{K_{o\mu}T_{o\mu}}} \end{cases} \qquad (8-10)$$

由式（8-10）可知，$K = 1$ 与其他变量无关，对于给定值为幅值为 x_0 的阶跃扰动，$y(\infty) = Kx_0 = x_0$，静态偏差 $e(\infty) = G - y(\infty) = x_0 - x_0 = 0$。

比例控制器配接有自平衡的单容对象构成的系统总是稳定的非周期变化过程，而采用积分作用当 $\zeta = \dfrac{1}{2}\sqrt{\dfrac{T_{I}}{K_{o\mu}T_{o\mu}}} < 1$ 时，系统响应则为衰减振荡，说明引入积分作用降低了系统的稳定性，造成振荡。ζ 的大小与积分时间 T_{I} 成正比，即 T_{I} 减小，ζ 减小，系统稳定性下降，振荡加剧。

通过分析可以得出积分控制作用的优点是清除静态偏差；缺点是过程中容易产生过调，引起被控量反复振荡，系统稳定性下降。积分时间越小其积分作用越强，输出的变化越快，过调就越严重，系统的振荡就越剧烈。

单容有自平衡能力水箱配接积分控制器给定值单位阶跃扰动的水位仿真曲线如图 8-8 所示。可以看出，$T_{I}\downarrow$ 时，动差 $\uparrow$（$\sigma\uparrow$，$y_m\uparrow$），稳定性 $\downarrow$（$\varphi\downarrow$）；$T_{I}\uparrow$ 时，动差 $\downarrow$（$\sigma\downarrow$，$y_m\downarrow$），稳定性 $\uparrow$（$\varphi\uparrow$）。T_{I} 对稳定性和动差的影响正好相反。但 T_{I} 也不是越大越好。（a）、（b）图比较可知，T_{I} 过大，系统的响应迟缓，控制时间 t_s 加大，快速性指标变坏。说明选择积分控制器的参数既要能很快地消除误差（T_{I} 尽量小，以缩短 t_s），又要尽量使系统稳定（T_{I} 尽量大）。

因为积分控制会造成振荡现象，使得积分作用在实际系统中一般不单独使用，需要和比例配接，构成比例积分（PI）控制，控制器采用 P、I、PI 规律的仿真曲线如图 8-9 所示。可以看出，单纯的 P 作用稳定性最好，但存在静态偏差；单纯的 I 作用可以消除静差，但动

差最大，稳定性最差；采用 PI，既消除了静差（和 P 比），又提高了稳定性（和 I 比）。

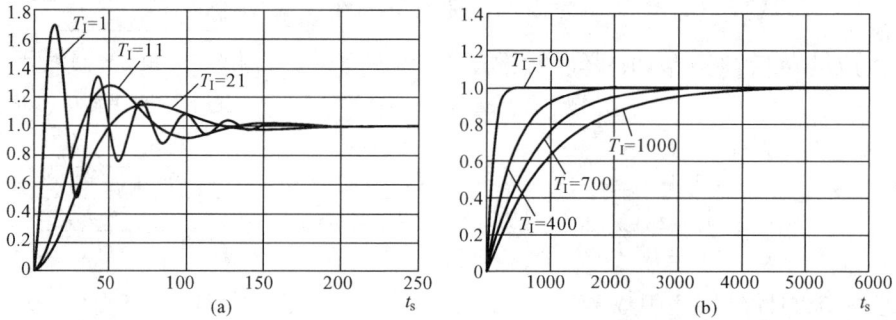

(a)

$$图 8-8 \quad I 控制器配接单容对象 W_{\mathrm{o}\mu} = \frac{1}{20s+1}（G 单位阶跃扰动）$$

(a) T_{I} 较小；(b) T_{I} 过大

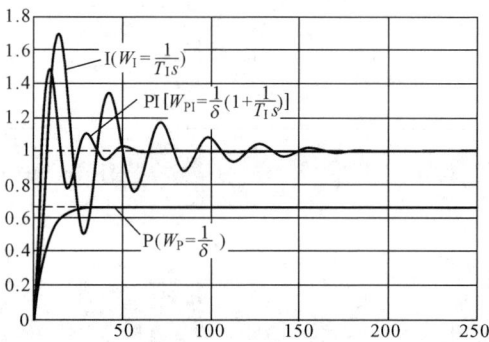

图 8-9　P、I、PI 效果比较

（G 单位阶跃扰动）

$$\delta = 0.5, \quad T_{\mathrm{I}} = 1, \quad W_{\mathrm{o}\mu} = \frac{1}{20s+1}$$

3. 微分（D）控制规律

微分控制规律的传递函数表示为

$$W_{\mathrm{D}} = T_{\mathrm{D}}s \qquad (8-11)$$

式中：T_{D} 为微分时间，T_{D} 越大，微分作用就越强。

当控制对象的主容积中一旦出现流入量与流出量不平衡时，立刻就有一个与此不平衡流量成正比的被控量变化速度出现。而此瞬时后被控量才能逐渐发生变化，在一小段时间内，因被控量的偏离还很小，比例、积分控制器的输出均很小。按式（8-11），微分控制器的输出与偏差的变化速度 $\mathrm{d}e/\mathrm{d}t$ 有关，迅速改变控制阀的开度，减小流量差，使被控量的动态偏差大为减小，故将微分作用称为超前控制。

微分作用虽然有超前控制作用，但在反馈控制中不能单独使用，主要原因如下：

（1）控制过程结束后，被控量误差变化速度为零，这时不论被控量与给定值的稳态误差有多大，控制器都不动作，显然不能满足生产过程的要求。

（2）如果控制对象只受到很小的扰动，则被控量以控制器不能察觉到的微小速度"爬行"，这种微小速度又不能像误差那样可以叠加起来由小变大，所以微分控制器不会动作，但经过一段时间后，被控量的误差却可以积累到相当大的数值得不到纠正，这也是生产上不能允许的。

微分控制作用的优点是减小动态偏差，缩短控制时间，特别适合于惯性和容量迟延大的对象；缺点是对无变化或缓慢变化的对象不起作用。微分控制规律在反馈控制中只能起辅助控制作用（必须与比例 P 配合）。但在前馈（开环）控制中，常用微分器获得超前的控制信号，使控制阀提前动作，以改善控制品质。例如炉膛负压控制系统中，被控量是炉膛负压 p_{f}，控制量是引风量 G。送风量 V 是一种主要的外扰，引入送风量 V 的微分前馈信号，可以明显改善控制效果。

有自平衡双容对象配接比例微分控制规律的控制系统，当给定值发生单位阶跃扰动时，仿真曲线如图 8 - 10 所示，从图上可以看出，当比例带 δ 相同时，引入微分作用可以在静态偏差相同的情况下，减小动态偏差，改善系统性能。

$$W_{PD} = \frac{1}{\delta}(1 + T_D s), \quad W_{o\mu} = \frac{1}{(20s + 1)^2}$$

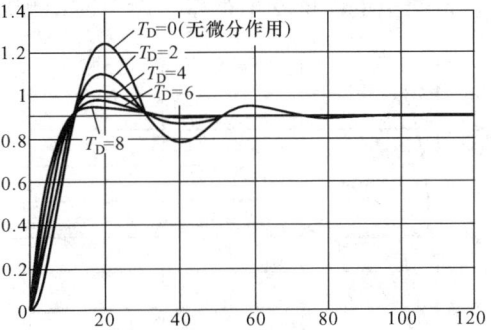

图 8 - 10　PD 控制规律
（G 单位阶跃扰动）

二、对象特性对控制质量的影响

以有自平衡被控对象为例，引起被控量变化的因素可分为干扰作用和控制作用，它们到输出量（被控量）的信号联系称为控制通道$\left[W_{o\mu} = \dfrac{K_{o\mu}}{(T_{o\mu}s + 1)^n}e^{-\tau s}\right]$和干扰通道$\left[W_{o\lambda} = \dfrac{K_{o\lambda}}{(T_{o\lambda}s + 1)^n}e^{-\tau s}\right]$，通道的特征参数变化会对控制系统的控制质量产生相应的影响。

1. 干扰通道的特征参数对控制质量的影响

（1）放大系数 $K_{o\lambda}$ 对控制质量的影响。图 8 - 11 列出了干扰通道的放大系数 $K_{o\lambda}$ 分别为 1、2、3 时的仿真曲线，可以看出系统的动态偏差、静态偏差随着 $K_{o\lambda}$ 的增大而增大，而稳定性指标（φ 或 n）、快速性指标（t_s 和 t_P）不变。因此干扰通道放大系数越小越好，这样可以减小动差、静差，提高控制精度。

（2）时间常数 $T_{o\lambda}$ 对控制质量的影响。图 8 - 12 列出了干扰通道的时间常数 $T_{o\lambda}$ 分别为 20、40、80 时的仿真曲线。可以看出，随着干扰通道时间常数 $T_{o\lambda}$ 的增大，系统的稳定性（φ）提高，动态偏差（y_m、σ）减小，静态偏差保持不变。

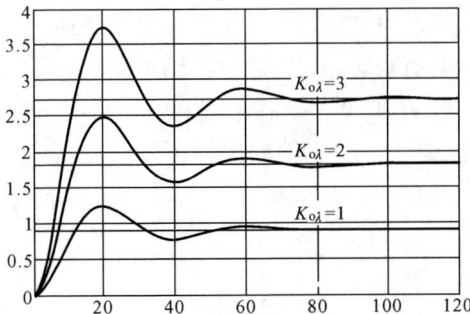

图 8 - 11　干扰通道 $K_{o\lambda}$ 不同时
的仿真曲线（λ 扰动）

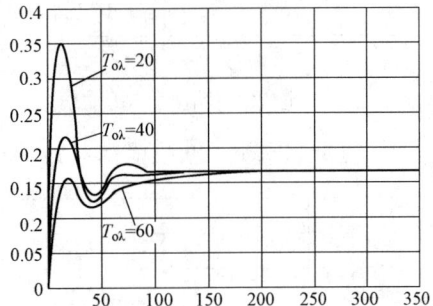

图 8 - 12　干扰通道 $T_{o\lambda}$ 不同时
的仿真曲线（λ 扰动）

（3）阶次 n 对控制质量的影响。若干扰通道为高阶惯性环节，即 $W(s) = \dfrac{1}{(1 + T_\lambda s)^n}$ 时，当 $n = 1$、2、3 时的仿真曲线如图 8 - 13 所示，从图上可以看出，系统的动态偏差随着 n 的增大而减小。

（4）迟延时间 τ 对控制质量的影响。图 8 - 14 列出了干扰通道存在迟延时间 τ 时的仿真曲线，可以看出，系统的被控量 $y(t)$ 是 $y_1(t)$ 平移了迟延时间 τ。但控制通道存在纯迟延时，系统稳定性将变得很差，严重时出现剧烈振荡。

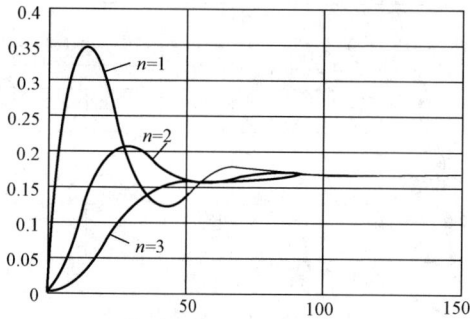

图 8-13　干扰通道阶次 n 不同时的
仿真曲线（λ 扰动）

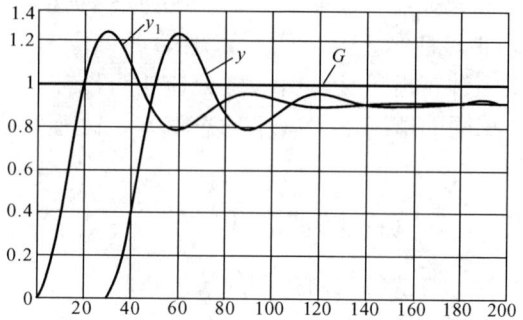

图 8-14　干扰通道存在纯迟延时
G 扰动仿真曲线

2. 控制通道的特征参数对控制质量的影响

（1）放大系数 $K_{o\mu}$ 对控制质量的影响。控制器参数 K_P 保持不变，$K_{o\mu}$ 分别等于 1、2、3 时的 λ 扰动仿真曲线如图 8-15 所示，可以看出随着控制通道放大系数 $K_{o\mu}$ 的增大，动态偏差、静态偏差减小，但稳定性下降。

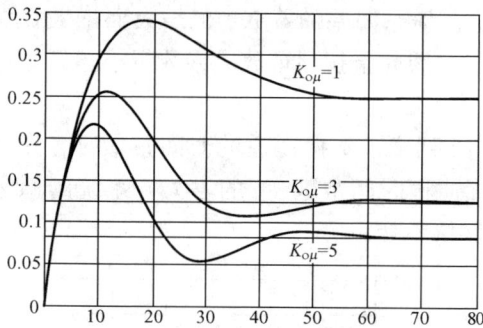

图 8-15　控制通道 $K_{o\mu}$ 变化时 λ 扰动仿真曲线

应该注意到控制器与控制通道串联使 $K_P K_{o\mu}$ 形成一种互补的关系，对于线性控制系统 $K_P K_{o\mu}$，可以通过调整控制器的比例系数 K_P 来保证两者的乘积不变，满足设计的要求，使性能指标不受影响。

（2）时间常数对控制质量的影响。

图 8-16 列出了控制通道的时间常数 T 分别为 20、40、60 时的仿真曲线，（a）为 λ 扰动响应，（b）为 G 扰动响应，可以看出随着 T 加大，控制系统响应的峰值时间 t_p 加大，曲线 f 降低，控制时间 t_s 增大，快速性指标变坏，静态偏差保持不变。

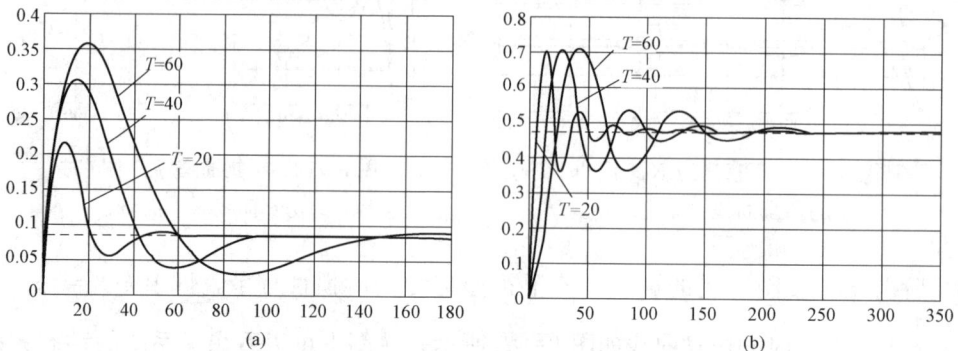

（a）　　　　　　　　　　（b）

图 8-16　控制通道 T 变化时仿真曲线
（a）λ 单位阶跃扰动；（b）G 单位阶跃扰动

在实际组成控制系统时，控制通道是由执行器、变送器及对象串联组成广义对象。广义对象内部各环节具有不同的时间常数，这些时间常数之间应相互错开，要求它们之间有一个良好的匹配关系，因为它们之间的匹配关系对控制质量有重要影响。

（3）阶次 n 对控制质量的影响。图 8 - 17 列出了控制通道的惯性对象阶次 n 分别等于 1、2、3、4 时的仿真曲线，可以看出，随着 n 的加大，系统稳定性降低、动态偏差和控制时间增大，静态偏差不变。

（4）纯迟延时间对控制质量的影响。控制通道存在迟延 τ 会对控制质量产生不利的影响。图 8 - 18 表示了迟延时间变化对控制质量的影响。从曲线上可以看出，当对象特性的其他条件不变时，迟延 τ 越大，动态偏差 y_m 和 σ 加大、控制时间 t_s 加长、衰减率 φ 变小，只有静态偏差 $e(\infty)$ 与之无关。

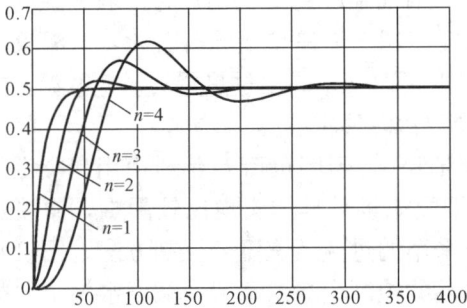

图 8 - 17　控制通道阶次 n 不同的 G 单位阶跃响应　　图 8 - 18　控制通道 τ 不同时 λ 扰动仿真曲线

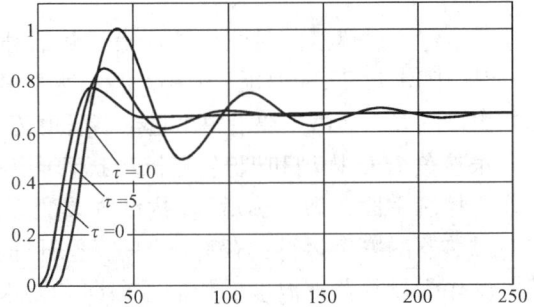

通过上面的分析，结论如下：从提高控制质量角度要求，希望干扰通道的放大系数 K_{∂} 小，时间常数 T_{∂} 大，阶次 n 高；控制通道的时间常数 T、阶次 n、迟延时间 τ 则越小越好。

第二节　串级过热汽温控制系统

单回路控制系统（只有被控量一个反馈回路）也称为简单控制系统，虽然是一种最基本的、使用最广泛的控制系统，但由于现场实际对象多属于大迟延大惯性，用单回路控制系统性能指标很差。因此，需要改进控制结构、增加辅助回路或添加其他环节，组成串级、前馈 - 反馈复合控制系统。电厂最典型的控制系统是过热汽温串级控制系统和串级三冲量给水控制系统。

一、串级过热汽温控制系统的任务

串级过热汽温控制的任务是维持过热器出口蒸汽温度在允许的范围内，并且保护过热器，使管壁温度不超过允许的工作温度。过热蒸汽温度过高，可能造成过热器、蒸汽管道和汽轮机的高压部分金属损坏；过热蒸汽温度过低，又会降低全厂的热效率并影响汽轮机的安全经济运行。

二、过热汽温控制对象动态特性

影响过热器出口蒸汽温度变化的原因很多，如蒸汽流量变化、燃烧工况变化、锅炉给水温度变化、进入过热器的蒸汽温度变化、流经过热器的烟气温度和流速变化、锅炉受热面结垢等。归纳起来主要有三个方面：蒸汽流量（负荷）D 扰动、烟气热量 Q_y 扰动、减温水流量 W 扰动。图 8 - 19 列出了三种扰动的出口汽温仿真曲线。从图上可以看出，汽温响应的共同特点是：有迟延、有惯性、有自平衡能力；D、Q_y 扰动与汽温变化成正比，W 扰动与汽温变化成

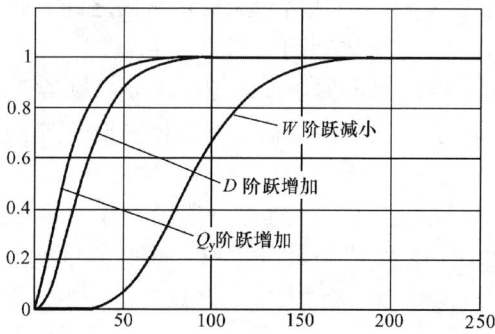

图 8-19　W、D、Q_y 扰动下出口汽温仿真曲线

反比；Q_y 扰动的迟延和惯性最小，W 扰动的迟延和惯性最大。

负荷 D 扰动增加时，因为锅炉同时会加大燃烧率，从而使烟气温度速度均增加，且烟气速度增加的幅度更大，使得对流式过热器出口汽温增加，辐射式过热器出口汽温下降（因炉膛温度升高不多，辐射传热并没有明显增加）。但因现代大型锅炉对流受热面大于辐射受热面，因此总汽温将随负荷增加而升高。烟气热量 Q_y 扰动（烟气温度速度变化）时，烟气温度速度变化是沿整个过热器同时改变的，沿过热器整个长度使烟气传递热量同时变化，汽温反应较快，其时间常数 T_c 和迟延 τ 最小。减温水量 W 扰动时，改变了高温过热器的入口汽温，进而影响出口汽温。但由于要沿整个过热器管道传输，所以汽温反应最慢。

虽然负荷 D 扰动和烟气热量 Q_y 扰动的迟延和惯性小，但因负荷 D 信号由用户决定，不能作为控制手段；烟气热量 Q_y 扰动（改变烟温或烟气流量）具体实现比较困难，而喷水减温对过热器的安全运行比较有利，是现场目前广泛采用的过热蒸汽温度控制方法。用喷水减温方法作为过热蒸汽温度的控制手段时，要求有足够的控制余量。一般在减温水门全关的情况下，减温器入口蒸汽温度要高于设定值 30～40℃。

针对过热汽温控制对象控制通道惯性迟延大、被控量出口汽温反馈慢的特点，从对象的控制通道中找出一个比被控量反应快的中间点信号（喷水减温器出口汽温）作为控制器的补充反馈信号，以改善对象控制通道的动态特性，提高控制质量。构成的串级过热汽温控制系统如图 8-20 所示。

三、串级控制系统结构

系统中有主副两个控制器，主控制器接受被控量出口汽温 I_θ 及其给定值信号，主控制器的输出 $I_给$ 与喷水减温器出口汽温 $I_{\theta 1}$ 共同作为副控制器输入，副控制器输出 I_T 控制执行机构位移，从而控制减温水控制阀门的开度。假如有喷水量 W_B 的自发性↑造成的内扰，如果不及时加以控制，出口汽温 θ 将会↓。但因为喷水内扰引起的 θ_1 ↓快于 θ 的↓，温度测量变送器输出 $I_{\theta 1}$ ↓，副控制器输出 I_T ↓，通过执行器使喷水阀开度 μ↓，则 W_B↓，使扰动引起的 θ_1 波动很

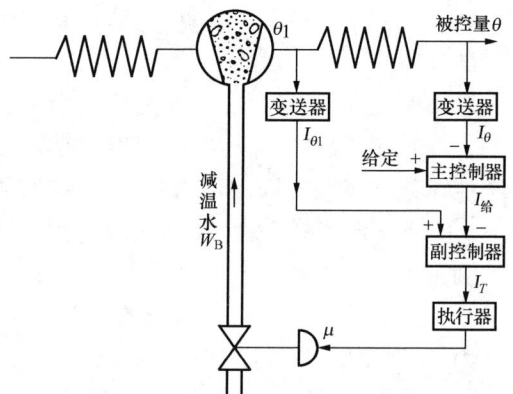

图 8-20　串级过热汽温控制系统

快消除，从而使主蒸汽温度 θ 基本不受影响。另外副控制器还受到主控制器输出的影响，假如负荷或烟气扰动引起主蒸汽温度 θ↑，测量变送器输出 I_θ ↑，I_θ 对主控制器是反作用，主控制器输出 $I_给$ ↓，$I_给$ 对副控制器也是反作用，使副控制器输出 I_T ↑，通过执行器使喷水阀开度 μ ↑，则 W_B↑，从而稳定主蒸汽温度 θ。

从图 8-20 中可看到，串级系统和单级系统有一个显著的区别，即在结构上形成了两个闭环。一个闭环在里面，被称为内回路或副回路，包括副对象（其输入为控制量 W_B，输出

为 θ_1）、副参数 θ_1 测量变送器、副控制器、执行器、喷水阀，内回路任务是尽快消除减温水量的自发性扰动和其他进入内回路的各种扰动（喷水减温器入口蒸汽温度、流量变化），在控制过程中起着粗调的作用，副控制器一般采用 P 或 PD 控制器。一个闭环在外面，被称为外回路或主回路，包括主对象（即过热器，其输入为 θ_1，输出为 θ）、主参数 θ 测量变送器、主控制器、副回路，外回路的任务是保持过热器出口汽温等于给定值，起细调作用，主控制器一般采用 PI 或 PID 控制器。

【例 8-1】　设过热蒸汽温度串级控制系统的方框图如图 8-21 所示，其中主副对象的传递函数分别为 $W_{o1} = \dfrac{1.27}{(40s+1)^4}$，$W_{o2} = \dfrac{-1}{(15s+1)^2}$，主副控制器参数分别为 $W_{T1} = \dfrac{1}{\delta_1}\left(1+\dfrac{1}{T_{I1}s}\right)$，$W_{T2} = \dfrac{1}{\delta_2}$；执行器传递函数 $K_Z = 10$；控制阀传递函数 $K_\mu = 1$；测量变送器传递函数 $\gamma_{\theta1} = \gamma_\theta = 1$。

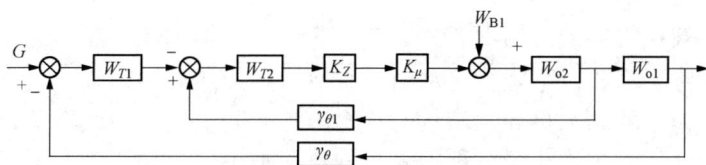

图 8-21　过热汽温串级控制系统原理框图

解：仿真结果如图 8-22 所示。当采用串级控制系统时，主副控制器参数为 $\delta_1 = 0.8$、$T_{I1} = 143$、$\delta_2 = 0.8$；采用单回路控制系统时，控制器参数为 $\delta_1 = 1.3$、$T_{I1} = 100$。系统衰减率均为 0.75。可以看出，采用串级控制，内扰下的最大偏差从单回路控制时的 0.80 减小到 0.049；给定值扰动下的最大动态偏差也从单回路控制时的 0.476 减小到 0.32，并且控制时间 t_s 也大大缩短。可见串级控制明显改善了控制效果。

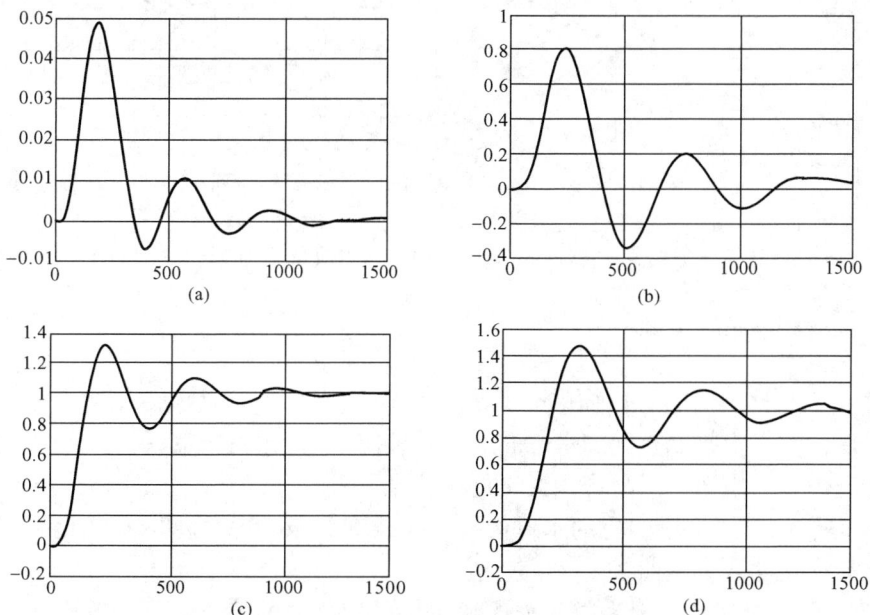

图 8-22　[例 8-1] 仿真曲线

（a）串级内扰 W_B 扰动；（b）单级内扰 W_B 扰动；（c）串级给定值扰动；（d）单级给定值扰动

第三节　汽包锅炉串级三冲量水位控制系统

一、汽包锅炉水位控制系统的任务

汽包锅炉水位自动控制的任务是使锅炉的给水量适应锅炉蒸发量的需要，并且维持汽包水位在规定的范围之内。

汽包水位反映了锅炉蒸汽负荷与给水量之间的平衡关系，维持汽包水位正常是保证锅炉和汽轮机安全运行的必要条件。汽包水位过高，会影响汽包内汽水分离装置的正常工作，造成出口蒸汽水分过多而使过热器管壁结垢，容易烧坏过热器，严重时会造成汽轮机损坏，直接影响机组运行的安全性和经济性；汽包水位过低，可能破坏锅炉水循环，造成水冷壁管过热而破裂。

二、水位被控对象的动态特性

汽包锅炉水位被控对象的结构示意如图 8 - 23 所示。给水经省煤器进入汽包，蒸汽经过热器流出汽包，汽包下部通过下降管将水引入水冷壁经加热后返回汽包。汽包内的水处于沸腾状态，水位由汽包中的储水量和水面下的气泡容积共同决定，因此，凡是引起汽包中储水量变化和水面下的气泡容积变化的各种因素都是给水被控对象的扰动。主要的扰动有给水流量 W、锅炉蒸发量 D 等。

（1）给水流量 W 扰动体现为有迟延、有惯性、无自平衡能力的特点，阶跃响应如图 8 - 24 所示。由图可知，$W\uparrow$，$H\uparrow$，迟延、惯性及无自平衡能力加大了控制的难度。

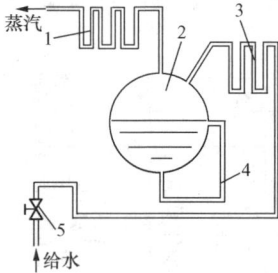

图 8 - 23　给水被控对象结构示意
1—过热器；2—汽包；3—省煤器；
4—水冷壁；5—给水控制阀

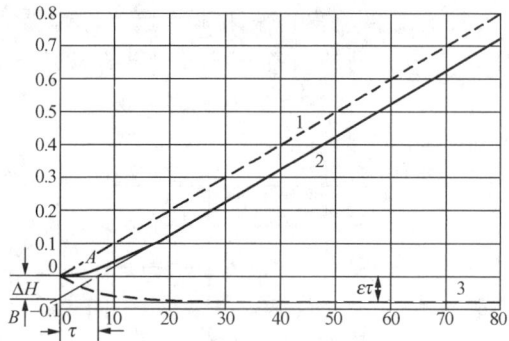

图 8 - 24　给水流量 W 阶跃扰动下的水位 H 响应

当 $W\uparrow$ 时，虽然 $W>D$，按物质平衡原理水位 H 应该上升，但由于给水温度低于汽包内饱和水温度，给水吸收原有饱和水中的部分热量使水面下气泡容积减小，所以扰动初期水位不会立即升高。当水面下气泡容积变化过程逐渐平衡，水位才会逐渐上升。图 8-24 中曲线 1 为仅考虑汽包内储水量变化的水位曲线；曲线 3 为仅考虑气泡容积变化引起的水位变化。实际水位变化曲线 2 是曲线 1、3 的合成。

（2）蒸汽流量 D 扰动体现为虚假水位和无自平衡能力的特点，阶跃响应如图 8-25 所示。可知 $D\uparrow$，H 初期不仅不下降，反而迅速上升，出现虚假水位，经过一段时间，H 才会由物质平衡关系下降，且无自平衡能力。

$D\uparrow$时，按物质平衡原理水位应该下降。但由于汽包水空间内气泡的体积与压力成反比，压力升高气泡受压则体积缩小；压力降低则体积膨胀。蒸汽流量D的扰动体现为负荷的变化，当负荷需要增加时，主汽门开大，D的增加会引起主蒸汽压力的下降，气泡体积膨胀引起水位上升；同时由于协调系统的工作，在加大D的同时，锅炉会加强燃烧，这也加剧了水冷壁内水的沸腾。压力和燃烧这两个因素均使水位在初期上升，体现为虚假水位。

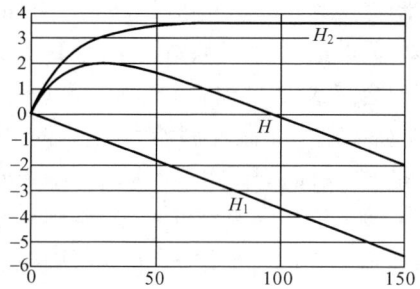

图 8 - 25　蒸汽流量 D 阶跃扰动
下的水位 H 响应

三、串级三冲量水位控制系统

由于给水W需要经过省煤器进入汽包，使汽包水位H存在较大的迟延和惯性，若采用单回路控制汽包水位（直接把H作为主信号反馈到控制器，控制器直接去控制给水阀门开度）无法取得满意的控制品质。同时蒸汽流量D作为主要干扰，引起的虚假水位会造成控制器的错误控制，引起振荡，使性能指标变坏。所以，单回路控制系统在克服给水流量W的内扰和蒸汽流量D的外扰方面能力很差，必须改进控制结构、增加辅助回路或增添其他环节，组成串级、前馈 - 反馈控制系统。

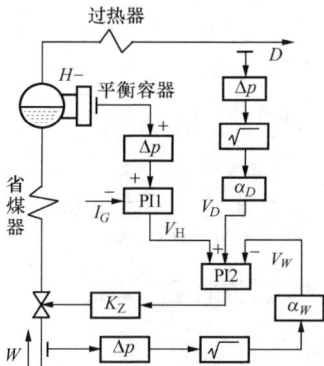

图 8 - 26　串级三冲量给水控制系统

Δp—差压变送器；$\sqrt{\ }$—开方器；α_W—给水流量信号灵敏度；α_D—蒸汽流量信号灵敏度；K_Z—执行机构；PI1—主控制器；PI2—副控制器

串级、前馈 - 反馈锅炉汽包三冲量水位控制系统如图 8 - 26 所示。被控对象是锅炉汽包，被控量是汽包水位H，给水控制的核心是要保证汽包水位H的恒定。引起水位变化的主要原因是给水流量W、蒸汽流量D的扰动，为此，控制器共引入了H、W、D三个冲量信号（所以称为三冲量控制系统）。

与单级汽包水位控制系统相比，其水位控制任务由两个控制器 PI1（接受水位H检测信号）、PI2（接受主控制器输出V_H和蒸汽流量信号V_D、给水流量信号V_W）来完成，构成串级控制。系统采用改变给水阀门开度（或给水泵转速）的方法来控制给水流量W，其中汽包水位H是被控量，也称为主信号。为了改善控制品质，引入蒸汽流量D的前馈控制和给水流量W的反馈控制。具体分析如下：

假设水位H受到干扰$\uparrow$，水位检测变送器平衡容器输出差压$\downarrow$，差压变送器输出差压$\downarrow$，作用到主控制器 PI1 输入端，因主控制器是正作用，相应主控制器 PI1 输出$V_H\downarrow$，副控制器 PI2 输出$\downarrow$，驱动执行机构相应减少给水流量W，使升高的水位H得以恢复。水位反馈信号目的是实现水位无静态偏差。

假设蒸汽流量D增加，由于D增加引起虚假水位H增加，使得主控制器 PI1 输出V_H减小，要求副控制器 PI2 输出减小（此控制动作错误）；蒸汽流量D增加会使V_D增加，PI2输出$\uparrow$，这样会抵消V_H减小而引起的副控制器输出减小的作用。控制器最终的动作是H和D两种作用的叠加，可知蒸汽流量D的前馈信号能有效地克服或减小虚假水位所引起的控制器误动作，并能当 D 改变时能正确迅速地控制给水流量 W，保证 D 和 W 的平衡。

假设给水流量 W 由于给水管路的内扰（给水管路压力变化）增加，如果不及时加以控制，会使水位 H 升高；而随着 W 的增加，给水流量 W 检测变送器转换为的给水流量信号 V_W 增大，由于副控制器为反作用，所以副控制输出减小，相应减小给水流量 W，可知给水流量 W 反馈信号能够迅速消除给水管路自发性内扰。

该串级控制系统主控制器 PI1 接受水位 H 与水位给定值的偏差信号，任务是实现水位无静态偏差，对水位 H 进行精确控制。主控制器 PI1 输出和蒸汽流量信号叠加后作为副控制器给定数值，给水流量信号作为副控制器的测量信号。副控制器 PI2 的主要任务是消除给水压力波动等因素引起的给水流量自发性扰动以及当蒸汽负荷改变时迅速控制给水流量，以保证给水流量和蒸汽流量平衡，有效克服或减小虚假水位所引起的控制器误动作。副控制器 PI2 可采用比例 P 或比例微分 PD 控制器，对水位 H 的稳定起粗调作用，保证副回路的快速性。

控制器接受的 D、W、H 三个冲量信号，W 是控制量、H 是被控量、D 是主要的外扰，W、H 在控制回路之内，属于反馈信号；D 由外界负荷决定，在控制回路之外，属于前馈信号。

复 习 思 考 题

8-1 比例控制规律的优缺点是什么？

8-2 积分控制规律的优缺点是什么？

8-3 微分控制规律的优缺点是什么？

8-4 写出 P、PI、PD、PID 控制规律各自的传递函数。

8-5 过热器出口汽温控制系统的任务是什么？过热汽温控制对象动态特性的特点是什么？

8-6 画出过热器出口汽温串级控制系统图，并回答被控量、控制量、反馈信号、主要外扰各是什么？主控制器、副控制器的作用是什么？

8-7 汽包锅炉水位控制系统的任务是什么？汽包锅炉水位被控对象动态特性的特点是什么？

8-8 画出汽包锅炉串级三冲量水位控制系统图，并回答被控量、控制量、前馈信号、反馈信号、主要外扰各是什么？主控制器、副控制器的作用是什么？

第九章 分散控制系统及其设备

分散控制系统（distributed control system，DCS），有时也称集散控制系统或分布式控制系统。

分散控制系统的控制功能主要由计算机技术（computer）、控制技术（control）、图形显示技术（CRT）和通信技术（communicate）来完成，一般也称为 4C 技术。4C 技术是 DCS 的四大支柱。DCS 中通信技术更为重要，操作员站的操作、工程师站系统的组态以及现场设备信息的交换都依靠通信技术通过系统网络来完成。

第一节 DCS 概述

计算机其实就是程序执行机器，当计算机与操作员交互地控制相关程序时，计算机就被称为操作员站；当计算机执行热工人员相应的系统组态程序后，计算机就被称为工程师站；当计算机执行现场的对象控制程序后，计算机就被称为现场控制器（或 DPU 相当于过去的调节器）。不过由于现场环境原因，现场控制器结构上和操作员站、工程师站有所不同，但内部结构基本相同。

控制技术依靠计算机程序而发挥作用。由于计算机程序运行的灵活性，例如，可以进行逻辑分析、判断以及具有强大的存储功能，确实将控制作用发挥得淋漓尽致。经典的 PID 控制技术，由于 I 作用在扰动开始阶段误差比较大，且调节作用过强，经常引起系统振荡。但通过 P 或 D 调节，误差逐渐减小后，最终又需要 I 作用消除偏差。这样的控制过程肯定希望扰动初期不要 I 作用，而后期将其加入。过去的非计算机仪表不可能完成以上控制，但计算机仪表可以很方便地完成以上控制。

从控制角度看，DCS 有过去控制仪表的控制功能，故可称 DCS 为控制仪表。但由于 DCS 分布在整个电厂现场，控制任务的完成是整个 DCS 协调控制的结果，所以该仪表是一种分布式仪表。它由分布在现场的具有各种功能的计算机完成操作、组态以及过程控制等任务。

一、DCS 的基本组成

自 1975 年 Honeywell 公司推出第一套 DCS 以来，已经有几百种 DCS 产品应用，虽然这些产品各不相同，但在体系结构方面却大同小异，所不同的只是采用了不同的计算机设备、不同的网络或不同的应用软件。分散控制系统的原理见图 9 - 1，无论 DCS 的控制设备多么复杂，所有 DCS 均由四类接口构成。

操作员站也称为运行操作接口。运

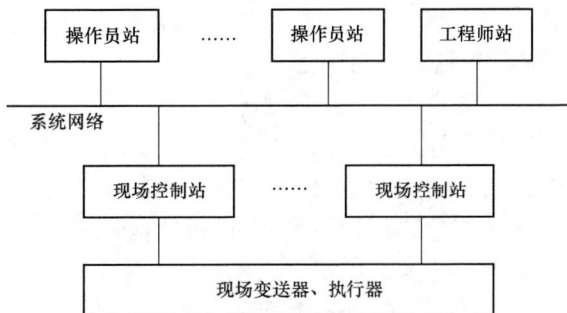

图 9 - 1 分散控制系统的原理

行人员通过此设备对现场的所有对象实施控制和操作。CRT 监视器上主要显示的是工艺流程图，运行人员可以方便地在流程图上操作各种设备。例如使用鼠标点击某个阀门图标，以完成阀门的打开、关闭、自动和手动等操作。

工程师站也称为开发维护接口，和操作员站外形一样，只是该设备放置在工程师工作的房间。工程师可以利用此设备改变现场控制设备的参数或对控制系统重新组态等工作。

控制站也称为现场过程控制接口、过程控制站或现场控制站。控制单元由安装在控制室内的多个机柜组成。每个机柜相当于一台计算机，运行其中的程序完成对现场所有设备的控制。控制站在操作员站的控制下进行工作，当需要改变现场设备的状态时，操作员站发出的命令（通过鼠标点击等操作）将通过控制站来控制现场。

系统网络也称为系统网络接口。系统网络用于系统通信，把控制站、操作员站、工程师站等硬件设备连接起来，构成完整的分散控制系统，并使分散的过程数据和管理数据实现共享。还可以将工业过程控制的局域网和外界的网络（例如工厂的厂级网络或 Internet 大型网络）连接起来，实现信息交互共享，将现场的"信息孤岛"融入厂网或更大的网络之中。如果在现场控制允许的情况下，运行人员可以在家中通过网络对现场设备进行控制和操作。

DCS 的组成可以简单地归纳为"三站一网"或"三站一线"。"三站"是指三种不同类型、完成不同功能的设备，也称节点。这三种不同类型的节点是面向被控过程的现场控制站、面向操作人员的操作员站、面向 DCS 管理人员的工程师站。"一网"是指系统网络，是将这三种不同类型的设备连接起来的通信网络，是 DCS 的网络架构。

另外，随着数据库技术和网络技术的发展，很多 DCS 厂家增加了管理计算机，硬件一般使用服务器形式，用来对全系统的数据进行集中存储与管理。

二、分散控制系统的特点

DCS 采用控制分散、操作和管理集中的基本设计思想，采用多层分级、合作自治的结构形式。其主要特征是它的集中管理和分散控制。就 DCS 的发展过程而言，有如下特点：

1. 系统模块化和智能化

系统的模块化和智能化均体现在硬件和软件两个方面。DCS 的早期投资可以只投资部分设备或软件，随着以后的发展逐步完成整个 DCS。该系统不要求设备或软件一次到位。

DCS 的智能化主要体现在软件上，随着控制知识的累积和发展，软件继承和发展原来的控制体系，使软件的灵活、智能等性能大大提高。例如，目前出现的模糊控制、神经网络控制、专家系统等，都是 DCS 智能性的具体体现。而很多智能执行、检测设备的应用代表硬件具有一定的智能特性。

2. 采用局域网络通信技术

DCS 采用工业局域网络形式进行通信，传输控制信息，进行全系统信息综合管理。通过通信网络和人机接口软件实现对分散在现场的控制仪表和生产设备进行操作管理。大多数采用同轴电缆或光纤传输媒介进行通信，通信的可靠性和安全性比较高。

3. 软件功能丰富

DCS 具有丰富的软件功能。它能为各种工业过程提供相适应的控制软件，控制涉及行业范围非常广泛。就电厂控制软件而言，它不仅可以完成控制，而且可以完成报警、报表、仪表故障监视、事故追忆等功能。

4. 具有很高的可靠性

由于构成 DCS 的控制对象分散在控制现场不同的位置，当局部控制设备发生故障时不会影响控制全局。由于 DCS 所有重要控制回路都采用了硬件冗余措施，即使局部控制设备发生故障，冗余设备会自动立即替代故障设备，所以 DCS 具有非常高的可靠性。

在通信方面，除了采用冗余技术外，还采用先进的 CRC 纠错和查错技术，从理论上通信准确率几乎为 100%。

5. 安装维修方便

DCS 的控制方案靠软件组态来实现，这就大大节约了安装设备的时间和成本。由于系统具有自诊断和自检测等智能功能，硬件采用带电插拔技术，使系统的维修十分方便。

三、分散控制系统的发展趋势

1. 向智能化方向发展

DCS 在自身发展壮大的同时向智能化方向发展的趋势十分明显，如 DCS 具有自诊断、自适应（根据对象特性的变化调整控制策略）等功能。随着现场控制单元中现场测控功能的下移分散和通信技术的发展，特别是现场总线的发展，出现了各种精确度高、量程宽、重复性好、可靠性高、具有双向通信和自诊断功能、操作使用维护方便的现场智能仪表。这些智能仪表与分散控制系统的有机结合大大加强了分散控制系统的功能。

2. 现场控制接口向现场总线拓展

现场总线是 20 世纪 80 年代中期在国际上发展起来一种适合生产现场，在测控设备之间实现双向串行多点数字通信的网络总线，简称 FCS。尽管目前 FCS 的国际标准较多，但作为一种技术发展趋势不可阻挡。现场总线适应了工业过程向分散化、网络化、智能化发展的方向，其具有的系统开放性、结构的高度分散性、设备的互换性、仪表的智能化特性、对现场环境的适应性等特点，使得现场总线具有广阔的发展应用前景。

3. 向管理控制一体化方向发展

分散控制系统在宏观上处于信息获取和利用的底层，仅仅将信息用于工业过程中的控制现场。对于大型复杂的系统，各个分散控制系统将形成所谓"信息孤岛"。目前分散控制已经与全厂信息管理系统（SIS）、实时信息监控系统（CIS）乃至企业资源计划（ERP）实现了互联互通。

第二节　LN2000 分散控制系统

一、LN2000 分散控制系统概述

LN2000 系统是山东鲁能控制工程公司推出的一种新型的分散控制系统产品。它继承和发扬了传统 DCS 的优点，实现了控制功能分散，显示、操作、记录、管理集中，采用了多种先进技术，如计算机技术、图形显示技术、数据通信技术、先进控制技术等。该系统以其系统结构合理、功能强大、丰富的控制软件、充分体现现代意识的简洁操作界面、得心应手的组态和维护工具及开放的通信系统，集数据采集、过程控制、生产管理于一体，能够满足大、中、小不同规模的生产过程的控制和管理需求，有着广泛的应用领域。

1. LN2000 系统整体结构

LN2000 系统为分散控制系统，它具有精确度高、可靠性强、模块化结构、智能化体系

等特点，系统整体网络结构如图 9-2 所示。

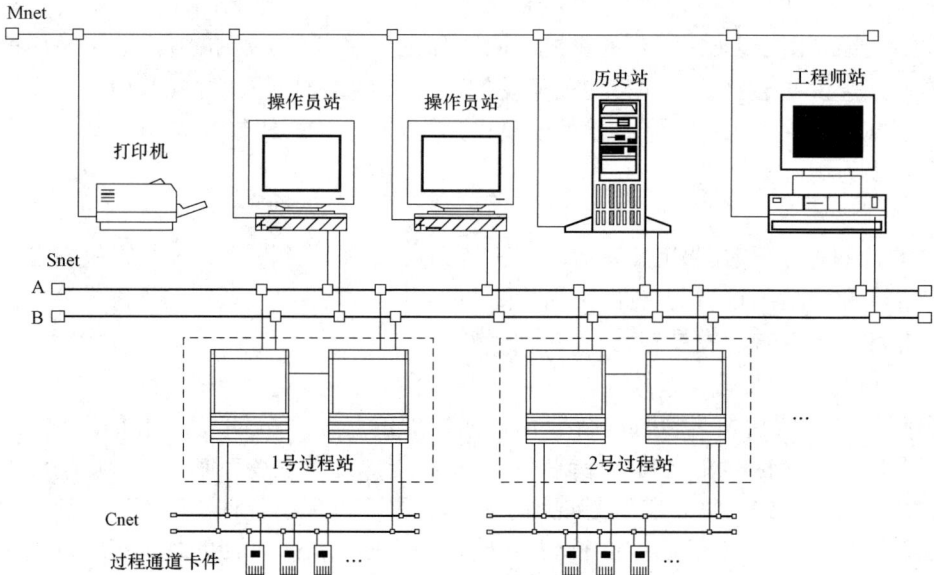

图 9-2　系统整体网络结构

2. 系统主要硬件

（1）站：按照通信系统对通信设备的定义，通信网络中的硬件设备称为站，又称为节点。在 LN2000 系统中，有下列类型的站：过程控制站、操作员站、工程师站、外部数据接口站、历史数据/记录站等。操作员站、工程师站、外部数据接口站、历史数据/记录站通称为上位站或人机接口站，过程控制站又称为下位站。

（2）过程控制站（LN-PU）：以高性能微处理器为核心，能进行多种过程控制运算，并通过 I/O 模块完成模拟量控制、逻辑控制等功能的计算机，简称 PU。

（3）操作员站（OS）：具有对现场过程进行监视、操作、记录、报警、数据通信等功能，以通用计算机为基础配置专用监控软件的计算机。

（4）工程师站（ES）：采用通用的计算机和操作系统，以及完整的专用组态软件，用于过程控制应用软件组态、系统调试和维护的计算机称为工程师站。

（5）外部数据接口站：用于 LN2000 同其他系统通信的站，来自其他系统的数据称为外部数据。

（6）实时数据网络：用于系统通信，作用是把过程控制站、操作员站等硬件设备连接起来，构成完整的分散控制系统，并使分散的过程数据和管理数据实现共享的软硬件结构。采用双网同时工作的冗余方式，使用高性能以太网交换机实现。

（7）I/O 模块：是过程控制站与现场生产过程之间的桥梁，过程控制站通过 I/O 模块完成过程数据采集并实现对生产过程的控制。在 LN2000 系统中，I/O 模块以微处理器为核心，自行完成数据检测与处理，无须过程控制站干涉。

（8）CAN 现场总线：CAN 是控制局域网络（control area network）的简称，在 LN2000 系统中，过程控制站和智能模块通过 CAN 协议的现场总线进行通信，又称为 I/O 通信总线、I/O 通信网络，也采用双网冗余方式。

（9）过程控制柜：冗余的过程控制站及其管理和控制的 I/O 模块安装到专用机柜中形成一个整体，称为过程控制柜，又称系统机柜。

3. 现场控制柜结构

LN2000 系统中直接控制单元的硬件都安装在标准的控制机柜中。这些控制机柜除了有安装 LN‐PU 和 I/O 模块的过程控制柜外，还有继电器柜、系统电源分配柜等，其布置如图 9‐3 所示。图 9‐3（a）中由上而下依次为：对流风扇、LN‐PU 和电源、交换机、I/O 模块。

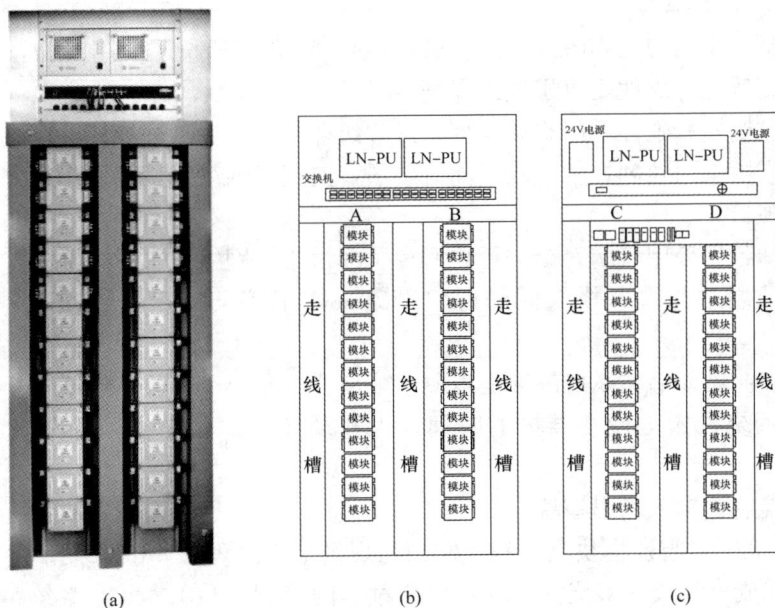

图 9‐3　现场控制柜布置
（a）外形；（b）正面示意；（c）背面示意

二、过程控制站主控单元

过程控制站（LN‐PU）是能接收工程师站下装的组态信息，采集 I/O 模块数据，执行控制策略，通过 I/O 模块控制生产过程的计算机。

1. 过程控制站的硬件结构

过程控制站是过程控制柜内的最重要的部件，由下列部分组成：系统母板、CPU 主板、双 CAN 接口卡、电源、外壳及指示灯等。其中 CPU 主板配置为嵌入式低功耗 CPU、64MRAM、32M 电子盘（DOM）、双 100M 以太网接口、双 CAN 接口卡，CAN 通信速率最高为 1Mb/s。供电电源：220V（AC），0.5A，其外观如图 9‐4 所示。

2. 过程控制站的主要功能

LN‐PU 采用了实时多任务操作系统，应用软件为山东鲁能控制工程有限公司自行研制的嵌入控制专用软件，主要完成以下任务：接收并执行工程师站编译下装的控制策略、接收 I/O 模块采集的数据、向 I/O 模块发送指令及

图 9‐4　过程控制站外观

数据、接收操作员站的操作指令、向上位站发送实时数据、实现自动冗余备份。

应用软件及下装的控制策略保存在电子盘中，在失电的状态下不会丢失组态数据。过程控制站是冗余配置的，通过其内置的两个互为冗余的以太网接口实现实时数据通信和站间的冗余。处于备用状态的 LN-PU 能够自动跟踪运行的 LN-PU，一旦主控状态的 LN-PU 出现故障，备用 LN-PU 将立即承担过程控制任务，实现 LN-PU 间的无扰切换。

LN-PU 上的两个 CAN 网络控制器，采用主从方式与 I/O 智能模块通信，具有完整的冗余能力，完成对 I/O 模块的管理。

3. 过程控制站的特点

（1）控制站采用低功耗 CPU，无须风扇换热，极大地延长了使用寿命，提高了工作的稳定性，为提高系统可靠性提供了硬件保证。

（2）过程控制站有硬件看门狗并实现了进程级监控，解决意外死机的问题。

（3）数据广播采用独创技术，双网同时广播，实现了网络流量的均衡控制，避免了网络广播"风暴"现象。

（4）过程站备份采用双网冗余进行，避免了通过第三网络或平行电缆单一备份的弊端。

（5）过程控制站与 I/O 模块间的通信网络采用了冗余配置 CAN 现场总线，提高可靠性。

（6）过程控制站能够在线修改数据点属性或离线组态及组态后在线下装。保证了系统可用率，节约了系统投入运行和维护的时间，为在现场调试、安装、用户熟悉系统带来了方便。

三、过程控制站输入输出模块

输入输出（I/O）智能模块是过程控制站与现场生产过程之间的桥梁，过程控制站通过 I/O 智能模块完成过程数据采集并实现对生产过程的控制。在 LN2000 系统中，I/O 智能模块以微处理器为核心，自行完成数据检测与处理，无须过程控制站干涉。

1. I/O 智能模块的主要特点

（1）采用高性能低功耗十六位单片机。

（2）完全独立的隔离型双 CAN 总线接口。

（3）双路 24V 冗余隔离 DC/DC 供电。

（4）两级看门狗，离线自恢复。

（5）故障或复位时输出自保持。

（6）模拟输入/输出信号路一路隔离。

（7）模拟量输入可通过跳线选择内、外供电，支持两线制变送器。

（8）事故顺序记录（SOE）模块带三个独立 CAN 接口，模块间精确同步，SOE 分辨率小于 1ms。

（9）带双 CAN 接口和 RS232/RS485 接口的 GPS 模块，提供标准时间授时。

（10）模块可远程安装，模块通信波特率可设置。

（11）通信距离为 3.3km/（20kb/s），620m/（100kb/s），270m/（250kb/s），130m/（500kb/s）。

（12）模块保险及通道回路自恢复保险，两级过流保护。

（13）独立电源端子，独立 CAN 通信端子，与信号端子分离。

（14）现场电缆可直接连接到可插拔的模块端子排，无须中间端子转接。

（15）四个面板指示灯（电源、运行、CAN-A 状态、CAN-B 状态）。

（16）全部采用工业级器件，工作温度为−10～＋60℃。

（17）物理尺寸为宽 120mm，高 112mm，厚 48mm，卧置金属外壳。

I/O 智能模块软件固化于片内，系统稳定性高。通信方式为 CAN 现场总线。CAN 总线上最多可挂接 63 个智能模块，通信协议采用 CAN2.0A 协议。智能模块按照用户组态指定的时间周期定时与过程控制站交换数据。

2. 模块的指示灯及接线端子

模块外观如图 9-5 所示，模块指示灯和接线端子见表 9-1。

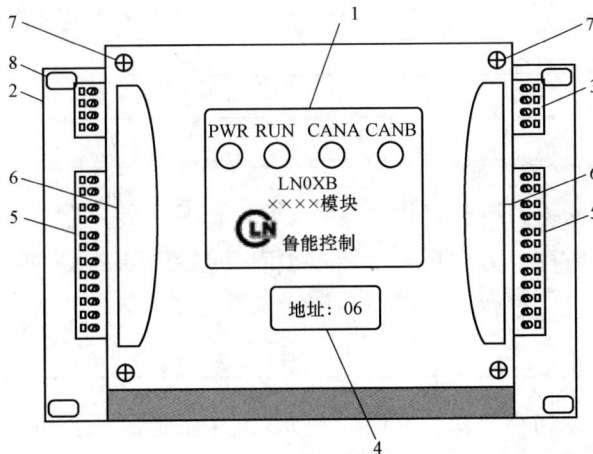

图 9-5　模块外观

表 9-1　　　　　　　　　　　　　　　　模块指示灯和接线端子

序号	名称	说明
1	面板指示灯	模块面板有四个发光管指示灯：一个单色红色指示灯，一个单色绿色指示灯，两个双色（红、绿）指示灯。从左到右依次为电源（PWR）指示灯，运行（RUN）指示灯，CANA 和 CANB 指示灯
2	双路 24V（DC）接线端子	双电源 24V（DC）±10％供电，给模块提供冗余 24V（DC）电源
3	双 CAN 接线端子	两个独立 CAN 总线接口，冗余发送接收数据
4	模块地址标识	标示拨码开关所指示此模块在控制柜内的地址号
5	接线端子排	按照标签 6 的标示进行接线
6	端子接线标签	标示接线各端定义
7	模块面板固定	位于模块面板的四角
8	模块固定辅助板	位于模块辅助板的四周，椭圆形孔用于将模块与机柜导轨固定

3. I/O 模块数据

I/O 模块主要技术数据，见表 9-2。

表 9 - 2　　　　　　　　　　　　　　I/O 模块主要技术数据

类型	型号	通道	信号范围
模拟量输入 AI	LN-01B	8 通道双端输入相互隔离	4～20mA/0～10mA/0～5V
热电偶输入 TC	LN-02B	8 通道双端输入，相互隔离	热电偶 B、J、K、T、E、R、S、N（mV，非标）
热电阻输入 RT	LN-03B	8 通道三线制输入，相互隔离	热电阻 Pt50，Pt100，Cu50，Cu100（Ω，非标）
脉冲量输入 PI	LN-04B	4 通道（频率/计数）	1～24V 交流或脉冲信号（可叠加直流信号，可选择触发门限）
模拟量输出 AO	LN-05B	4 通道，相互隔离	4～20mA/0～10mA/1～5V/0～10V
开关量输入 DI	LN-06B	12 通道	干接点，查询电压 24V（DC），查询电流 6mA
开关量输出 DO	LN-07B	16 通道，相互隔离	光 MOS 继电器（最大负载电压 60V，最大负载电流 400mA）
SOE 模块	LN-09B	11 通道	干接点，查询电压 24V（DC），查询电流 6mA

四、系统配电方案

LN2000 系统要求现场供给双路独立交流 220V 电源。双路独立 220V 交流电源通过电源分配机柜内配电电路分配至各个机柜，作为柜内直流电源模块及部分开关量输出的电源。所以当其中一路电源出现故障时，系统自动切换至另一路，保证正常工作并发出电源故障报警，以便维护人员及时维修。

系统供电要求：电压为 220V（AC）±10%；频率为 50Hz±2Hz；正弦波形畸变率为电压波形各次谐波分量总和小于基波分量的 5%；电压瞬变的干扰脉冲、浪涌等在电压正弦波上叠加最大幅值应小于 100V，幅宽小于几十微秒至几百微秒。

五、系统通信网络

分散控制系统的主要特点是分散控制、集中管理，广泛采用多处理机的结构，以实现功能分散、危险分散，同时每一处理机的功能又能得以提高。多处理机之间必须通过网络连为一体，这样，相互间的协调及管理会更加便捷。由于模块的智能化，使得模块间的通信也变得十分灵活，从当初的并行总线，转变到现今的串行通信。可见，各处理机之间、模块间的数据传输技术变得极其重要。可以说，数据通信是分散控制系统的重要技术支柱之一。

LN2000 系统采用当今流行的通信协议及网络结构，构成了系统的通信网络，如图 9-2 所示。具有两层网络结构：上层为高速以太网，是操作员站、工程师站及过程控制站间的信息通路，又称实时数据网（Snet），A、B 互为冗余；下层为目前在工业控制领域迅速发展，且具有广泛应用前途的 CAN 协议现场总线网（Cnet），作为过程控制站与 I/O 模块间的通信网络，也采用冗余结构。

六、LN2000 软件系统界面

分散控制系统是通过组态工具软件对系统进行组态来完成其控制功能的，组态软件承担着系统设计、现场调试、系统维护等一系列功能。

组态工具软件是在工程师站上运行的，工程师站的操作系统采用了 WINDOWS2000。工具软件主要有三个：系统数据库组态软件（DATABASE）、SAMA 图组态软件（SAMA）、监控画面组态软件（GRAPHIC）。这些工具软件把系统所需的组态、调试、维护、监控等功能融合在整个结构中，具有容易掌握使用、操作简洁化等特点。

1. 概述

在 LN2000 分散控制系统中，系统管理软件 StartUp 程序启动后，它是一个始终运行的程序，负责把下位过程站采集的实时数据进行分类、存储，收集下位及上位各站的启停状态，并通过共享内存供其他程序使用。具有启动用户管理、启动其他程序、对过程站操作及系统对时等功能。

2. 启 动

双击系统管理软件 StartUp 程序，用户需要输入用户名和口令。用户 administrator 为超级用户初始口令为 adm，此用户拥有对工程师站所有的操作权限，其他操作员的名称和口令都由超级用户进行设置。登录后用户界面如图 9-6 所示。

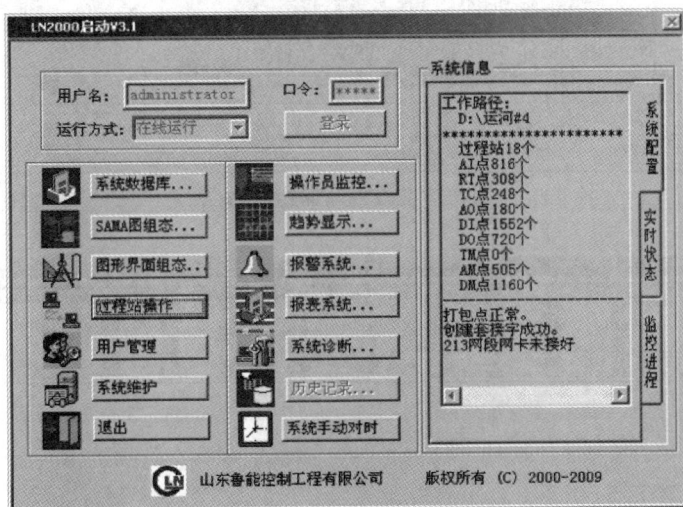

图 9-6　StartUp 登录后用户界面

运行方式分为离线组态和在线运行两种方式。正常工作时，应该选［在线运行］方式。当本机未安装网卡或者需要进行离线组态时，可选［离线组态］方式。在离线组态方式下工作时，下列要求在线运行的功能按钮变成灰色，不能运行：过程站操作、趋势显示、报警显示、系统诊断、系统对时、文件上传。

［系统信息］部分能对本机两个网段所属网卡的工作状态进行诊断。当提示某一网段网卡卡工作不正常时，应找管理人员及时进行检查修复。

3. 启动其他程序

单击 StartUp 界面上相应程序控件按钮，即可启动该程序。当用户的某些权限有限制时，相应控件按钮变为灰色，不能启动该程序。

4. 过程站操作

单击过程站操作按钮后，弹出过程站操作对话框（见图 9-7）。根据各站主从站的不同状态，可以进行相应的操作。下装数据库到主站、下装数据库到备用站、从主站复制数据库到备用站、切换主备站，并显示过程站操作记录、操作过程。

5. 用户管理

使用超级用户账户可以添加、修改、删除其他用户的权限，如图 9-8 所示。

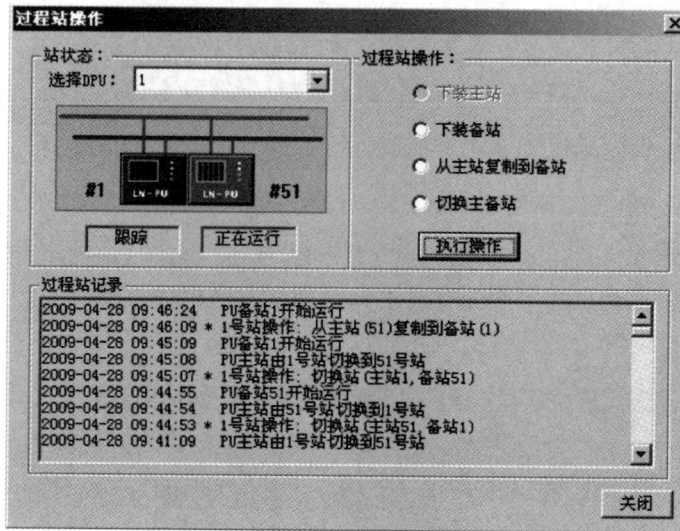

图 9-7　过程站操作对话框

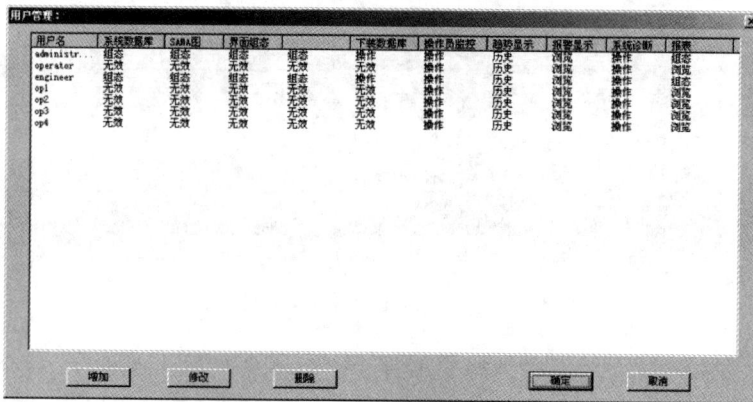

图 9-8　超级用户管理界面

6. 退 出 系 统

按［退出系统］按钮后，出现图 9-9（a）所示的画面。选择重新登录或退出系统后，弹出 LN2000 分散控制系统用户验证对话框（见图 9-10）。输入正确的密码后，出现图 9-9（b）的提示，确定后退出 LN2000 系统。

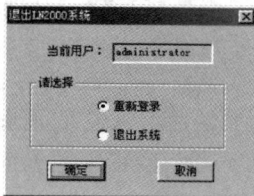

（a）

（b）

图 9-9　退出系统
（a）退出系统对话框；（b）退出系统提示对话框

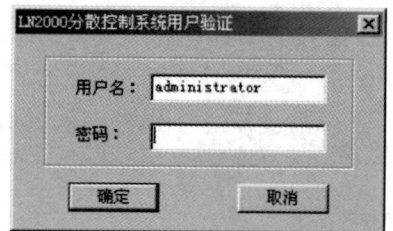

图 9-10　LN2000 分散控制系统
用户验证对话框

七、系统数据库组态软件

LN2000 系统组态软件功能是对 LN2000 系统进行网络配置、模块、过程站和所有数据点的组态，还具有在线查询修改数据点的当前值和状态值的功能。

1. DATABASE（系统数据库）的功能

在图 9-6 的主画面中，单击 [系统数据库] 按钮，出现图 9-11 所示的 LN2000 系统数据库界面。界面分为左右两个切分的视图，左侧的树形视图显示了过程站的配置信息，以及各过程站中模块的配置信息。右侧的列表形视图显示了左侧的树形视图中当前选中位置的所有数据点信息，或者是当前查询结果的所有数据点信息。

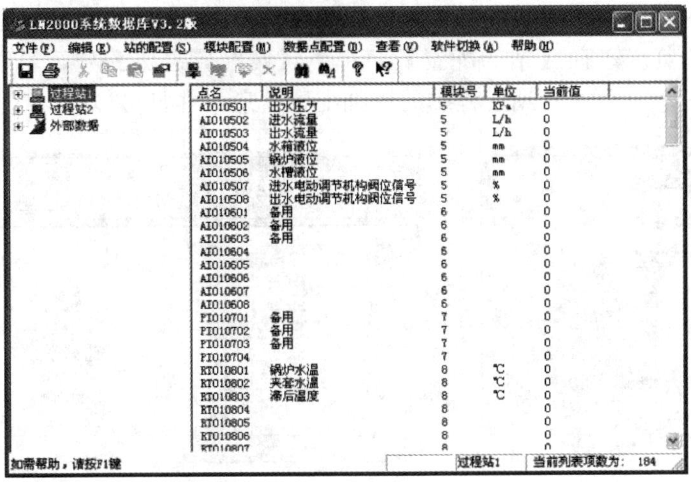

图 9-11　系统数据库组态软件界面

菜单栏及菜单项分布见表 9-3。

表 9-3　　　　　　　　　　　　　菜单栏及菜单项分布

文件	编辑	站的配置	模块配置	数据点配置	查看	软件切换	帮助
保存	报警组设置	设置网段	增加模块	增加数据点	选择显示列	LN2000 启动	使用帮助
—	—	—	删除模块	删除数据点	—	—	关于
导入	剪切	增加过程站		查询	查询	图形组态	
导出	复制	删除过程站	模块配置总览	强制	单点查询	SAMA 图组态	
—	粘贴			解除强制	—	操作员监控	
在线	—	需要外部数据收集			工具栏	趋势显示	
	属性	取消外部数据收集			状态栏	报警显示	
读上传数据库						系统诊断	
		站配置总览				报表	
打印							
打印预览							
页边距设置							
打印设置							
—							
退出							
—							

系统数据库除了提供各过程站的点信息的配置功能之外，还提供了与其他 DCS 产品的数据接口。通过这个接口，LN2000 可以与其他 DCS 之间交换相关数据。

2. 站的操作

第一次使用，如果没有通过"导入 I/O 数据 Excel 表"功能生成系统数据库，则需要手动配置过程站。

选择"站的配置"菜单下"增加过程站"或工具条上相关按钮，或者在左侧树形视图中任意位置单击鼠标右键，选择"增加站"项打开对话框（见图 9-12），选择站的类型并输入站的各项属性。新增加的过程站将显示在左侧树形视图中，工程师站和操作员站并不显示在该视图中。

（1）站配置总览。选择【站的配置】菜单下【站配置总览】项，可以打开"站配置总览"对话框（见图 9-13），看到过程站的详细配置信息，并且可以打印配置信息。

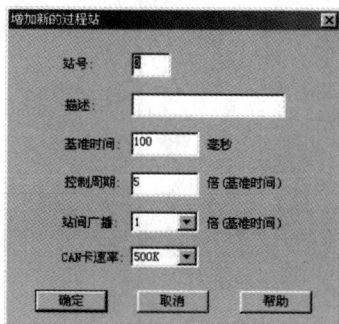

图 9-12　增加新的过程站对话框

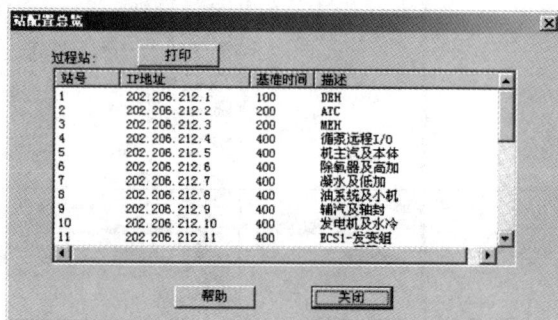

图 9-13　站配置总览对话框

（2）增加过程站。选择菜单【站的配置】下的【增加过程站】选项，出现图 9-14 所示的"增加新的过程站"对话框，设置好站号、描述、基准时间、控制周期、站间广播周期、CAN 网卡速率等参数，然后单击【确定】即可。

【描述】通常是指本过程站的功能描述；【基准时间】是 SAMA 图控制周期和系统数据库进行站间广播时进行时间分配的最小单位，以毫秒为单位；【控制周期】是 SAMA 图的控制逻辑的运算周期，是基准时间的整数倍；【站间广播】是系统数据库进行站间广播的周期，以基准时间的倍数形式出现，本站每隔这样一个周期，就将本站的站间数据向外广播一次，供其他站调用；【CAN 网卡速率】即本站所选用的 LN 系列智能模块通信速率，可在 500、1000、100、20 中选择。

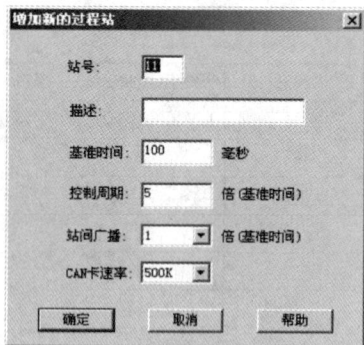

图 9-14　增加过程站对话框

（3）删除过程站。首先在左侧树形视图中单击选中相应站号，再选择【站的配置】菜单下【删除过程站】项，或者在相应的站号上单击右键后，从出现的快捷菜单中选择【删除过程站】项，出现删除站点提示对话框（见图 9-15）。

（4）站属性的设置。如果想修改现有站点的

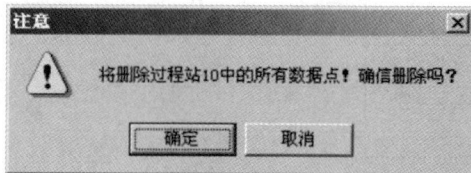

图 9-15　删除过程站确认对话框

属性，可以在相应的站号上单击右键，然后从出现的快捷菜单中选择属性；也可以先选择待修改的站点，再从菜单【编辑】中选择【属性】，调出图9-16所示的站点属性设置对话框。

从该对话框中可以修改过程站的一些基本设置信息：描述、基准时间、控制周期、站间广播周期、CAN卡速率。

3. 模块操作

有九种数据类型需要配置模块：模入量（AI）、热电偶（RT）、热电阻（TC）、模出量（AO）、开入量（DI）、开出量（DO）、数值量（AM）、逻辑量（DM）和时间量（TM）。

其中，AI、RT、TC、AO、DI、DO等变量是来自现场控制柜的相应LN智能模块。增加数据点之前要先选择这个点所在的相应模块。AM、DM和TM中存储的变量是各个过程站SAMA图组态中要调用的中间变量。增加数据点时只需要在相应的右侧区域双击直接增加即可。

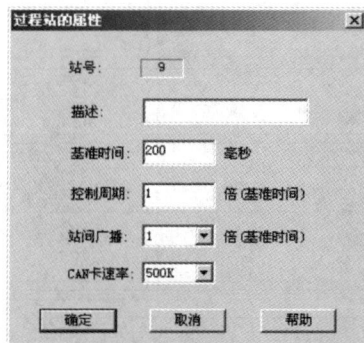

图9-16　过程站属性的设置

外部数据是LN2000系统与其他DCS产品之间的数据接口，通过这个接口，LN2000系统可以与其他第三方软件之间交换相关数据。增加外部数据点时只需要在相应的右侧区域双击直接增加即可。

（1）增加模块。在左侧树形视图中选择过程站，展开后选择要增加的模块类型，再选择【模块配置】菜单下【增加模块】或工具条上相关按钮，打开"增加模块"对话框（见图9-17），输入模块的各项属性即可。新增加的模块将显示在相应的类型下。

（2）删除模块。在左侧树形视图中选择要删除的模块，再选择"模块配置"菜单下"删除模块"项。出现如图9-18所示的提示对话框，单击【确认】即可。

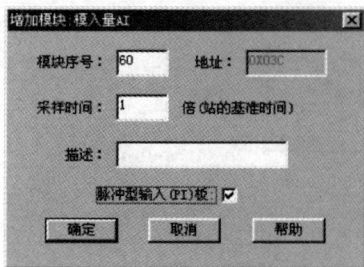

图9-17　增加模块对话框图　　　　图9-18　删除模块提示对话框

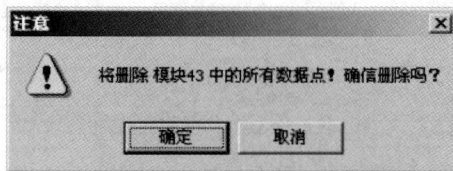

（3）模块配置总览。选择"模块配置"菜单下"模块配置总览"项，可以打开模块配置总览对话框（见图9-19），看到所有模块的详细配置信息，并且可以打印配置信息。

4. 数据点操作

模块配置完毕后，需要对所配模块配置相应的数据点。

（1）增加数据点。在左侧树形视图中选择过程站，展开后选择要增加的数据类型。

对于AI、RT、TC、AO、DI和DO，需要进一步展开后选择模块号，然后在右侧列表形视图中的空白处双击鼠标左键打开数据点属性对话框；或单击鼠标右键选择弹出菜单中的"增加数据点"项；也可以通过选择【数据点配置】菜单下"增加数据点"项或工具条上相

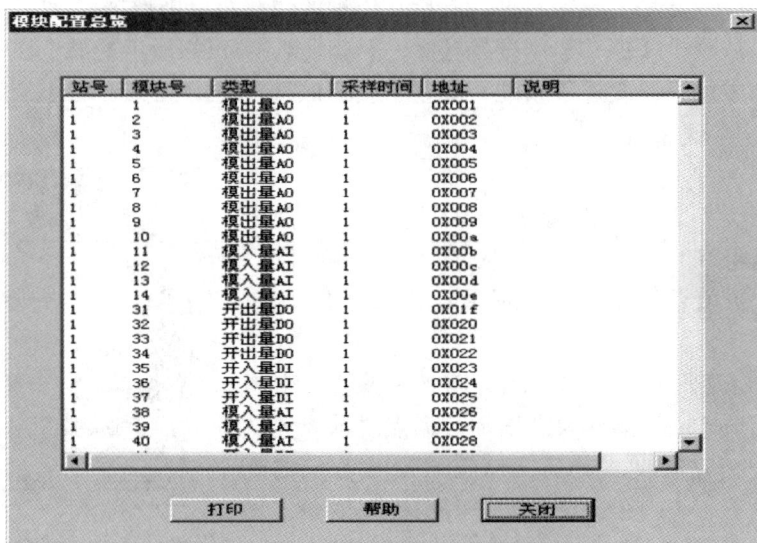

图 9-19　模块配置总览对话框

关按钮，打开数据点属性对话框（见图 9-20），设置各项属性即可。新增加的数据点将显示在右侧列表形视图中。

对于 AM、DM 和 TM，则无须指定相应的模块号。增加此类数据点时，只要选取相应的数据类型后，在右侧列表形视图中的空白处双击鼠标左键打开数据点属性对话框，直接增加数据点即可。对话框如图 9-21 所示。

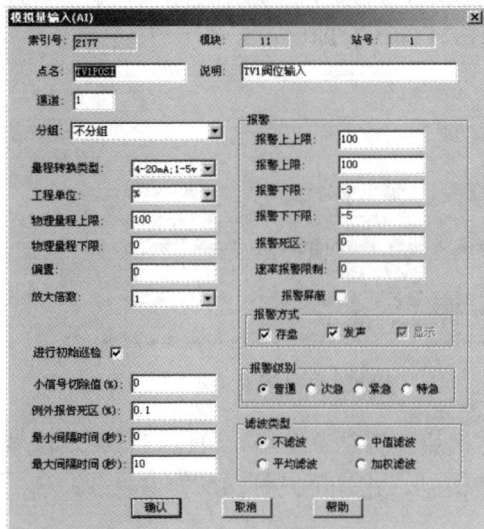

图 9-20　增加数据点对话框

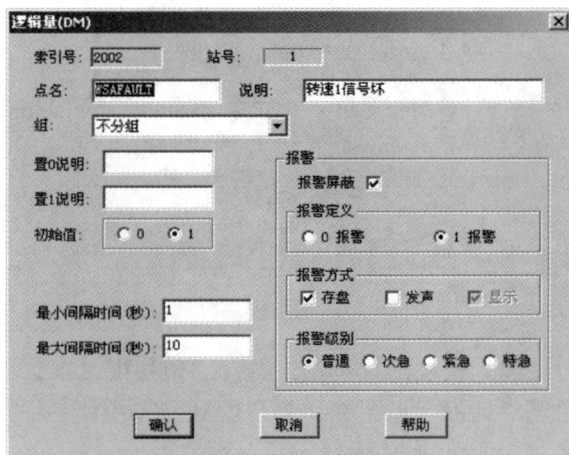

图 9-21　增加外部数据点对话框

（2）删除数据点。在右侧列表形视图中先选择要删除的数据点，选择【数据点配置】菜单下"删除数据点"项或工具条上相关按钮或直接按 delete 键，出现图 9-22 的提示，单击【确定】即可。

5. 报警组设置

选择【编辑】菜单下"报警组设置"项，可以打开"报警组定义"对话框，(见图 9-23)，完成报警组的增加、插入、修改和删除等功能。

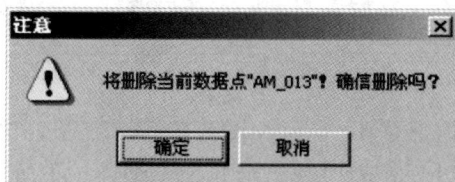

图 9-22　删除数据点对话框

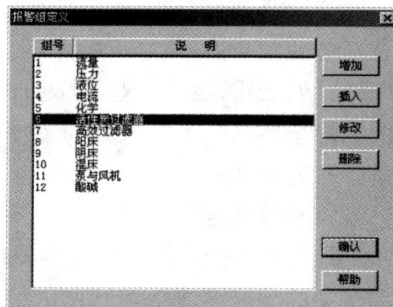

图 9-23　报警组定义对话框

6. 在线

选择【文件】菜单下"在线"项，可以实现在线监视点数据和修改参数。再次选择，取消在线状态。

可以在线刷新数据点的当前值和状态字以及各项报警参数等，在线时状态字用汉字描述，例如"正常""坏值""报警"等。

系统处于在线运行状态时，采样点数据用不同的颜色显示状态。红色表示故障或报警；蓝色表示正常；粉色代表数据点强制。如图 9-24 所示。

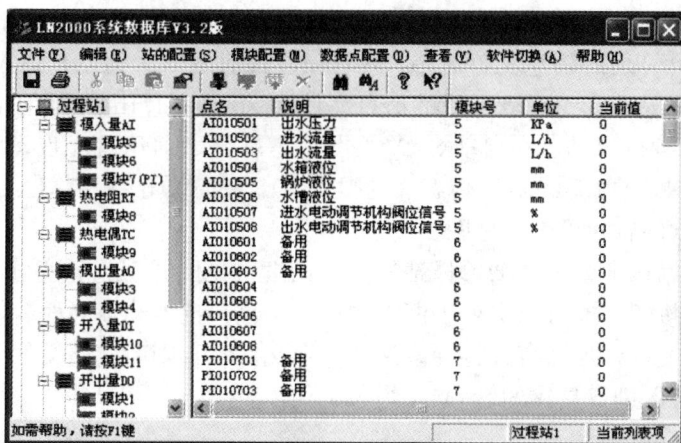

图 9-24　系统数据库在线显示

在线修改：系统处于在线运行状态时，在某个数据项上双击鼠标左键，或者先选中某个数据项，选择【编辑】菜单下"属性"项，打开数据项属性对话框，修改完毕，确定后出现图 9-25 所示的提示，再确定即可。

注意：数据库中点的参数在线修改后立即起作用，离线修改参数编译再下装，参数才起作用。

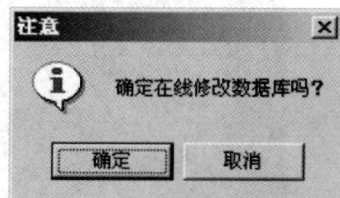

图 9-25　在线修改数据库对话框

数据库在线时，从点属性对话框中单击【确定】按钮，可以在线同时修改主、备站的数据库组态参数。如果从站没有启动，会提示未能修改备用站参数，主备站的组态参数会不一致，当从站工作正常后需要从主站复制数据库到备用站。如果不想在线修改参数，请不要从点属性对话框中按【确定】按钮。

强制和取消强制功能：数据库在线时，可以使用强制功能强制数据点的值。强制操作对主和备用站（处于跟踪状态时）都起作用。如果从站没有启动，会提示未能强制备用站参数，主备站的组态参数会不一致，当备用站工作正常后会自动备份主站强制点，如果有其他改动需主备站拷贝。

八、系统控制策略组态软件

LN2000 系统中的连续控制和顺序控制功能都是由 SAMA 图来完成的。SAMA 图就是将系统内部定义的功能算法块按照要求的运算处理逻辑过程组合起来，编译后下装到过程控制站 LN‑PU 中进行调用和执行。

1. SAMA 图组态软件

SAMA 图组态软件为用户提供了方便的 SAMA 图的编辑生成和编译运行的人机界面，SAMA 图组态以站中的页为单位进行。在该软件的支持下，程序的编制被转化为对算法块的组织、绘制过程，用户只需从算法块库中选定算法块，再按规定的数据加工流程将这些算法块用信号连接线连接起来即可。

SAMA 图组态软件的文件路径配置要求，在 SAMA 图组态软件当前路径下的 Project 文件夹中必须存在两个文件夹：DataBase 和 Fbd。其中 DataBase 文件夹里保存有数据库文件，SA‑MA 图组态软件里多处要从该文件读取数据库信息；Fbd 文件夹用来保存 SAMA 图自己使用的保存文件（1 号站的保存文件为 sama＿1．fbd，其他站依次类推）、提供下位机计算用的信息文件（1 号站计算用的信息文件为 ps＿1．fbd，其他站依次类推）以及供图形组态软件用的信息文件（1 号站图形组态软件用的信息文件为 graph＿1．fbd，其他站依次类推）。

SAMA 图组态软件启动，在启动 SAMA 图组态软件之前请首先启动系统管理软件 St‑artUp．exe，进入 LN2000 系统主控画面（见图 9‑6）。然后单击【SAMA 图组态】按钮，进入 SAMA 图组态软件启动界面（见图 9‑26）。

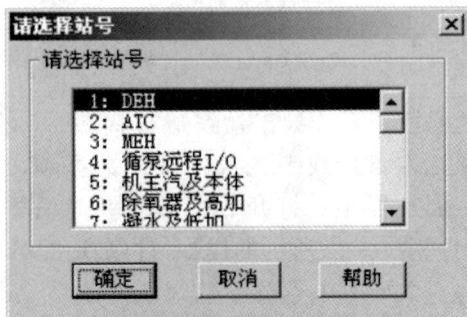

选文件中打开站选项弹出"请选择站号"对话框（见图 9‑27），单击列表框中的站号，然后单击【确定】按钮（或者双击列表框中的目标站号）进入编辑界面。如果在指定的目录下存在所选站保存文件，那么直接打开该站的保存文件，否则新建站文件（从数据库添加该过程站）。然后就可以进行具体的 SAMA 组态工作了。

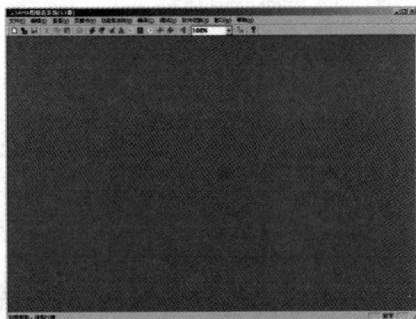

图 9‑26　SAMA 图组态软件启动界面　　　　　　图 9‑27　选择站号对话框

2. 新建页

新建页对话框（见图 9-28），打开对话框时，页号编辑框中会自动给出新建页号，该页号为该站内的最大页号加上 1（注意：可以修改新建页号，但是不要与已有页号重复）。同时可以输入页描述和页运算周期，然后单击【确定】按钮即可。

3. 删除页

删除页总是对当前页进行操作的，如果只有一个页，那么会弹出出错消息对话框。在删除页之前，会出现是否确定删除该页的提示消息（见图 9-29），确定以后会删除掉该页，页内的所有算法块同时被删除。

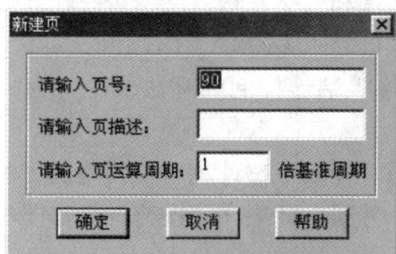

图 9-28 新建页对话框

图 9-29 删除页提示消息对框

4. 页属性

页属性对话框可以对页描述进行编辑（见图 9-30）。

5. 文本标注工具

在页面缩放组合框的左侧，有一个文本标注工具 ，能在 SAMA 图需要做标注的位置插入必要的文字说明，如图 9-31 所示。

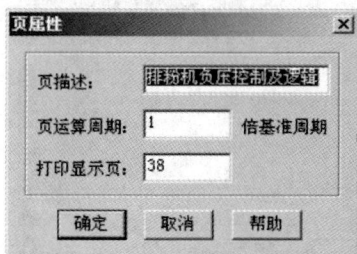

图 9-30 页属性对话框

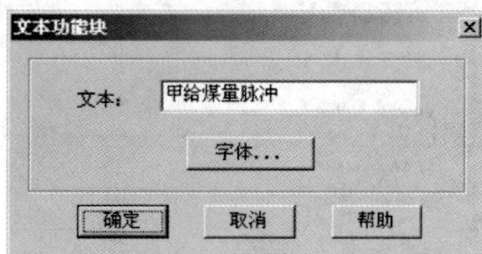

图 9-31 文本功能块示意图

6. 编译

在完成 SAMA 图组态工作以后，需要进行编译，检查 SAMA 图中的组态错误，生成下装文件和供图形组态软件使用的文件。选择菜单项【编译】下的"编译"项，系统提示是进行整体编译还是单站编译，如图 9-32 所示。单击确定后开始进行编译。编译完毕后，系统会提示编译成功，如图 9-33 所示。

7. 编译过程

首先检查输入输出功能算法块有没有连接到数据库点上，如果没有连接，那么提示出错，弹出出错消息对话框，并指出出错的算法块，单击【确定】后，直接切换到该算法块所在的页，并自动选中该算法块，这样可以很方便地找到并对出错的算法块快速定位。

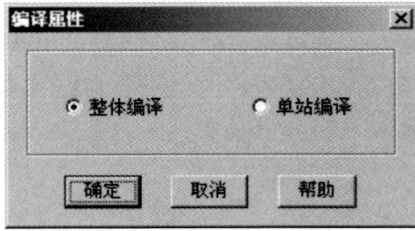

图 9 - 32　编译属性对话框　　　　　　图 9 - 33　编译成功提示框

　　然后检查检查页与页之间连接用的模拟量输入端和数字量输入端是否已经连接到相应的输出端上了，如果没有，那么提示出错，因为这样会导致 SAMA 图不完整。

　　最后检查站间引用的模拟量输入端和数字量输入端连接到的算法块是否为相应的输出端，如果不是，那么提示出错。

　　在完成查错工作以后，确定算法块之间的关系，提取下位计算时要使用的算法块，按照先进的控制理论对这些算法块运算顺序进行排序，并根据此顺序依次将计算需要的算法块信息保存到文件中。

　　8. 调试运行

　　启动 StartUp 时，如果选择的是"在线运行"状态，那么 SAMA 图组态系统软件的菜单【调试】下的"调试运行"处于可用状态，否则该项处于灰色不可用状态。

　　选中"调试运行"后，系统处于调试运行状态，如图 9 - 34 所示。通过在线调试运行功能，可以实现在线监视各算法块输入输出数据和修改算法块参数。这时算法块的输出端会显示出算法块的当前输出值，字体颜色为蓝色。

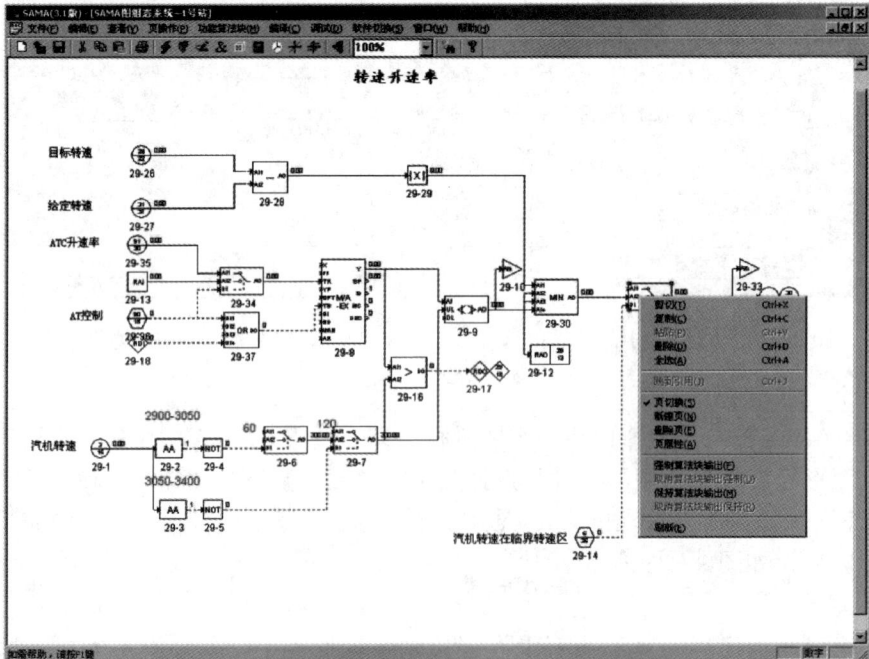

图 9 - 34　SAMA 图在线调试运行及"右键浮动菜单"

另外，数字量参数的连接线还以不同颜色进行区分，使连线的走向更加清晰明了。红色的连线表示数字"1"、蓝色的连线表示数字"0"。

SAMA 图在线修改参数时，从算法块属性对话框中单击【确定】按钮，可以在线同时修改主站、备用站该算法块的组态参数。如果从站没有启动，会提示未能修改备用站参数，主备站的组态参数会不一致，当从站工作正常后需要从主站复制数据库到备用站。

如果不想在线修改参数，请不要在算法块属性对话框中按【确定】按钮。离线状态下修改的 SAMA 图及参数设定需要下装才能运算（即只有调试状态下允许修改的参数之外其他情况对 SAMA 图的任何修改都需要重新编译下装，否则修改部分不起作用）。

9. 在线修改算法块的参数

调试运行状态下，可以在线修改算法块的参数。弹出算法块的属性对话框，修改算法块的参数，按下对话框里的【确定】键以后，修改后的算法块参数会下发到对应的正在运行的主、备用过程控制站，过程控制站接收修改后的参数，并根据修改后的参数计算运行。

10. 强制和保持算法块的输出值

在调试运行状态下，可以强制和保持算法块的输出值。右键单击需要强制或保持输出的算法块，会弹出浮动菜单（见图 9-34），其中有这样两项可供选择："强制算法块输出"和"保持算法块输出"，而"取消算法块输出强制"和"取消算法块输出保持"两项为不可选择状态。在调试运行时，选中一个算法块，如果算法块有输出，那么强制算法块输出和保持算法块输出处于可用状态。

当选择"强制算法块输出"项时，如果该算法块有多个输出量，那么弹出对话框，选择强制第几个输出，然后弹出设置强制值对话框，设置强制值的大小。算法块的输出处于强制状态时，输出字体的颜色会变为红色，被强制操作的算法块颜色变为粉红色，如图 9-35所示。

当选择"保持算法块输出"项时，同样，如果算法块的输出个数多于一个，那么弹出对话框，选择保持第几输出值。算法块的输出处于保持状态时，输出字体的颜色会变为绿色，如图 9-36 所示。

如果设置了强制算法块输出或者是保持算法块输出后，可以选择进行"取消算法块输出强制"或者是"取消算法块输出保持"。

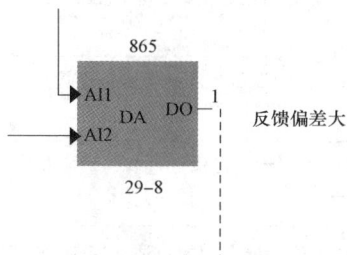

图 9-35　算法块强制输出　　　　图 9-36　算法块保持输出

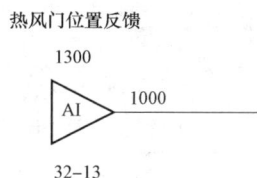

强制和取消强制功能：SAMA 在线修改参数时，可以使用强制功能，强制算法块输出指定值。强制操作对主站和备用站（处于跟踪状态时）都起作用。如果从站没有启动，会提示未能强制备用站参数，主备站的参数会不一致，当备站工作正常后需要从主站复制数据库到备用站。

九、SAMA 图常用功能块

算法块是 SAMA 图组态的最小单位，与高级编程语言中的函数相同，在组态界面中通常是带有输入输出端的矩形或三角形的形式出现，如图 9-37 所示。

算法块 ID 号：代表本算法块在本过程站的 ID 号，在本过程站内是唯一的。该参数由系统自动生成，用户不能修改。

页号和序号：代表该算法块在本过程站当前页的页号以及在当前页内的序号。页号由系统自动生成，用户无法修改。序号用户可以修改，但是在每个页内该序号是唯一的。如果修改后的页内序号与其他算法块的序号发生冲突，系统会给出提示，如图 9-38 所示。

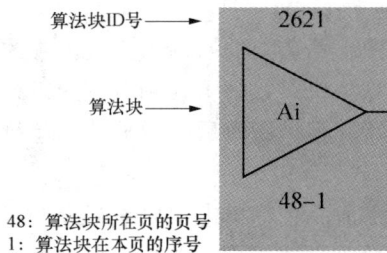

算法块ID号————2621
算法块————Ai
48-1
48：算法块所在页的页号
1：算法块在本页的序号

图 9-37　算法块

错误
在第31页内已经存在1号块，请重新输入块号！
确定

图 9-38　页号和序号

算法块的数据处理是按照从左到右的方向进行的，因此定义算法块的左侧为输入端，右侧为输出端。算法块在执行时，输入参数用信号连线接到输入端，其运行结果通过输出端传递出去。算法块内部的执行流程由系统定义。

在 LN2000 系统中模块按其功能分为九个功能组，共 93 个算法块，见表 9-4。

表 9-4　　　　　　　　　　　　　　　　算法块明细

序号	功能组	算法块
1	输入输出算法块	模拟量输入、模拟量输出、数字量输入、数字量输出；数值量输出、逻辑量输出、时间量输出；站间模拟量输入、站间模拟量输出、站间数字量输入、站间数字量输出；页间模拟量输入、页间模拟量输出、页间数字量输入、页间数字量输出；模拟量返回点输入、模拟量返回点输出、数字量返回点输入、数字量返回点输出
2	数学运算算法块	加法、减法、乘法、除法、开方、绝对值、指数、幂函数、对数、三角函数、反三角函数、数学多项式算法块
3	逻辑功能算法块	与、或、非、异或、符号判断；RS 触发器、D 触发器；计数器、比较器、偏差报警、点质量检查
4	选择功能算法块	模拟量输入选择、模拟量输出选择、数字量输入选择、数字量输出选择、中值选择、最大值、最小值、数字信号三选二
5	控制功能算法块	PID算法、PID优化算法块、基于单个神经元的自适应控制、模拟手动站算法块、模拟手动站优化算法块、数字手动站、模拟给定值发生器、数字给定值发生器、超前滞后算法、步序控制、8 输入平衡、2 输入平衡、两变送器整合、三变送器整合、设备驱动算法
6	时间功能算法块	定时器、定时器优化算法块、周期定时器、积算器、系统当前时间算法块、系统当前时间算法块 2

续表

序号	功能组	算法块
7	线性功能算法块	常系数、纯迟延、积分、微分、连续传递函数1、连续传递函数2、离散传递函数、数字信号加法器
8	非线性功能算法块	幅值、幅值报警、速率、速率报警、死区、开关、齿轮间隙、滞环开关、磁放、分段线性算法
9	信号源算法块	阶跃信号、斜坡信号、正弦信号、方波、锯齿波、折线信号、多段方波信号、随机信号

1. 模拟量输入算法块（AI）

（1）算法块图例如图9-39所示。

（2）算法块设置界面如图9-40所示。

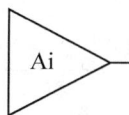

图9-39 AI算法块   图9-40 算法块设置

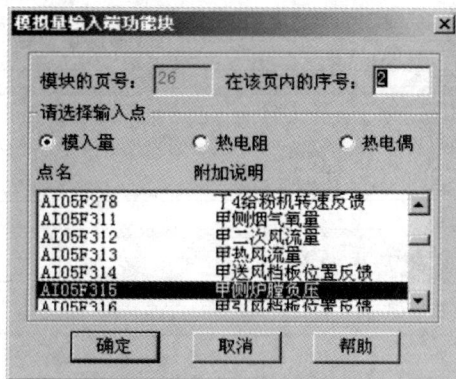

（3）算法块参数见表9-5。

表9-5   AI算法块参数

项目		符号	说明	类型
参数项	系统生成	Index	算法块ID号	Int
		PAGENO.	页号	Int
	用户录入	NO.	页内序号	Int
输入输出项		AO	输出值	Double

（4）功能说明。从指定的AI点获得模拟输入量。

（5）算法说明。只能从系统数据库中已定义的点中指定一个，作为本算法块的模拟输入量。指定的AI点必须是已经在系统数据库中定义的点。点的类型可以是模入量、热电偶或热电阻。

2. 模拟量输出算法块（AO）

（1）算法块图例如图9-41所示。

（2）算法块设置界面见图 9 - 42。

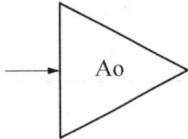

图 9 - 41　AO 算法块

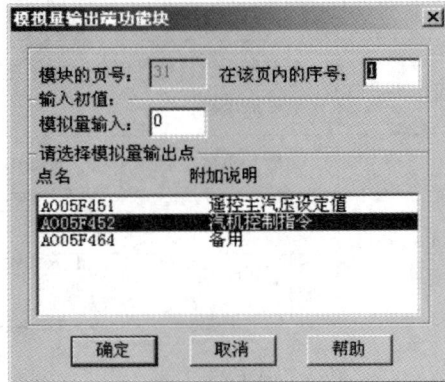

图 9 - 42　AO 算法块设置

（3）算法块参数见表 9 - 6。

表 9 - 6　　　　　　　　　　　　　AO 算法块参数

项目		符号	说明	类型
参数项	系统生成	Index	算法块 ID 号	Int
		PAGENO.	页号	Int
	用户录入	NO.	页内序号	Int
输入输出项		AI	输入值	Double

（4）功能说明。将模拟量输出到指定的 AO 点。

（5）算法说明。指定的 AO 点必须是已经在系统数据库中定义的点。

3. 数字量输入算法块（DI）

（1）算法块图例如图 9 - 43 所示。

（2）算法块设置界面如图 9 - 44 所示。

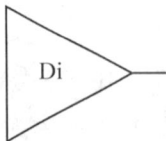

图 9 - 43　DI 算法块

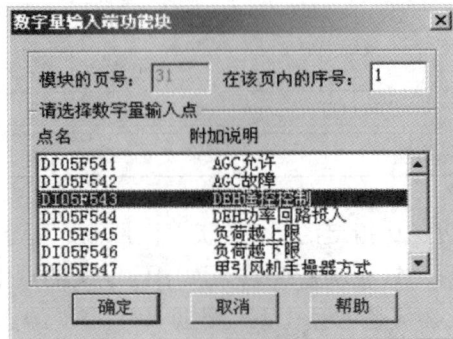

图 9 - 44　DI 算法块设置界面

（3）算法块参数见表 9 - 7。

表 9 - 7　　　　　　　　　　　　　**DI 算法块参数**

项目		符号	说明	类型
参数项	系统生成	Index	算法块 ID 号	Int
		PAGENO.	页号	Int
	用户录入	NO.	页内序号	Int
输入输出项		DO	输出值	Int

（4）功能说明。从指定的 DI 点获得数字输入量。

（5）算法说明。指定的 DI 点必须是已经在系统数据库中定义的点。

4.数字量输出算法块（DO）

（1）算法块图例如图 9 - 45 所示。

（2）算法块设置界面如图 9 - 46 所示。数字量输入初值可以在 0 和 1 中进行选择。

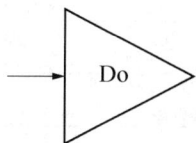

图 9 - 45　DO 算法块　　　　　　图 9 - 46　DO 算法块界面

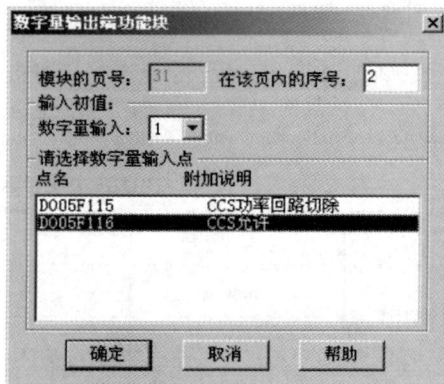

（3）算法块参数见表 9 - 8。

表 9 - 8　　　　　　　　　　　　　**DO 算法块参数**

项目		符号	说明	类型
参数项	系统生成	Index	算法块 ID 号	Int
		PAGENO.	页号	Int
	用户录入	NO.	页内序号	Int
输入输出项		DI	输入值	Bool

（4）功能说明。将数字量输出到指定的 DO 点。

（5）算法说明。指定的 DO 点必须是已经在系统数据库中定义的点。

5.PID 控制算法块（PID）

（1）算法块图例如图 9 - 47 所示。

（2）算法块设置界面如图 9 - 48 所示。

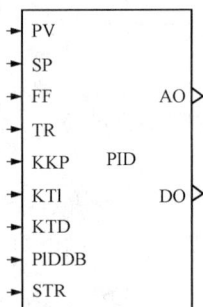

图 9-47　PID 算法块

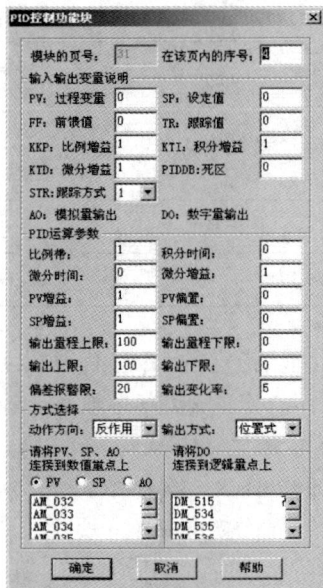

图 9-48　PID 算法块设置界面

（3）算法块参数见表 9-9。

表 9-9　　　　　　　　　　　　　　　　**PID 算法块参数**

项目		符号	说明	类型
参数项	系统生成	Index	算法块 ID 号	Int
		PAGENO.	页号	Int
	用户录入	NO.	页内序号	Int
PID 运算参数		δ	比例带	Double
		TI	积分时间（＝0 时表示无积分）	Double
		TD	微分时间（＝0 时表示无微分）	Double
		KD	微分增益	Double
		PVGain	PV 增益	Double
		PVBias	PV 偏置	Double
		SPGain	SP 增益	Double
		SPBiao	SP 偏置	Double
		OutMode	输出方式（增量式，位置式）	Enum
		Direct	动作方向（正作用，反作用）	Enum
		HighRange	输出量程上限	Double
		LowRange	输出量程下限	Double

项目	符号	说明	类型
PID 运算参数	HighLmt	输出上限	Double
	LowLmt	输出下限	Double
	ErrALM	偏差报警限	Double
	OutRate	输出变化率	Double
输入输出项	PV	过程变量	Double
	SP	设定值	Double
	FF	前馈值	Double
	TR	跟踪值	Double
	KKP	KKP 比例增益	Double
	KTI	KTI 积分增益	Double
	KTD	KTD 微分增益	Double
	PIDDB	PID 死区	Double
	STR	跟踪方式（0—自动；1—跟踪）	Bool
	AO	模拟量输出	Double
	DO	数字量输出	Bool

（4）功能说明。本算法块能完成常规 PID 控制算法。有多种工作状态，手动、自动、跟踪，这些状态间的切换是无扰的。具有前馈、反馈输入端，可以进行变比例带调节，抗积分饱和，积分项平衡，绝对值和偏差报警。

PV 增益和 PV 偏置：对过程变量 PV 进行标度变换，使 PV 处于 0～100％范围内。

SP 增益和 SP 偏置：对设定值 SP 进行标度变换，使 SP 处于 0～100％范围内。

（5）算法说明。

在自动时

$$Y(s) = \frac{KKp}{\delta} + \frac{KT1}{T1 \cdot S} + \frac{KD \cdot KTD \cdot TD \cdot S}{TD \cdot S + 1}$$

在跟踪时

$$Y(s) = TR(s)$$

然后，将 Y 限制在 HighRange 和 LowRange 之间。

本功能块具有输出速率限制的功能，输出 Y 的变化率被限制在输出变化率 OutRate 以内。当发生偏差报警时，DO 输出为 1；当偏差报警解除后，DO 输出为 0。

6. PID 优化算法块（PID－EX）

（1）算法块图例如图 9‐49 所示。

（2）算法块设置界面如图 9‐50 所示。

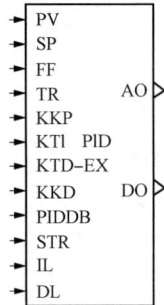

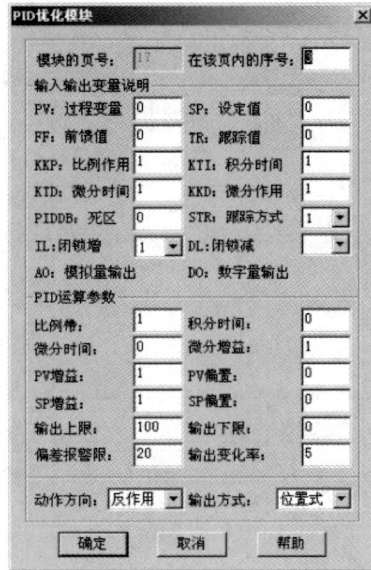

图 9-49　PID 优化算法块　　　　　图 9-50　PID 优化算法块设置界面

（3）算法块参数见表 9-10。

表 9-10　　　　　　　　　　　　　　PID 优化算法块参数

项目		符号	说明	类型
参数项	系统生成	Index	算法块 ID 号	Int
		PAGENO.	页号	Int
	用户录入	NO.	页内序号	Int
PID 运算参数		δ	比例带	Double
		TI	积分时间（＝0 时表示无积分）	Double
		TD	微分时间（＝0 时表示无微分）	Double
		KD	微分增益	Double
		PVGain	PV 增益	Double
		PVBias	PV 偏置	Double
		SPGain	SP 增益	Double
		SPBiao	SP 偏置	Double
		OutMode	输出方式（增量式，位置式）	Enum
		Direct	动作方向（正作用，反作用）	Enum
		HighRange	输出量程上限	Double
		LowRange	输出量程下限	Double
		HighLmt	输出上限	Double
		LowLmt	输出下限	Double
		ErrALM	偏差报警限	Double
		OutRate	输出变化率	Double

续表

项目	符号	说明	类型
输入输出项	PV	过程变量	Double
	SP	设定值	Double
	FF	前馈值	Double
	TR	跟踪值	Double
	KKP	KKP 比例增益	Double
	KTI	KTI 积分增益	Double
	KTD	KTD 微分增益	Double
	KKD	KKD 微分作用	Double
	PIDDB	PID 死区	Double
	STR	跟踪方式（0—自动；1—跟踪）	Bool
	IL	闭锁增	Bool
	DL	闭锁减	Bool
	AO	模拟量输出	Double
	DO	数字量输出	Bool

（4）功能说明。本算法块能完成常规 PID 控制算法。有多种工作状态，手动、自动、跟踪，这些状态间的切换是无扰的。具有前馈、反馈输入端，可以进行变比例带调节，抗积分饱和，积分项平衡，绝对值和偏差报警。

PV 增益和 PV 偏置：对过程变量 PV 进行标度变换，使 PV 处于 $0 \sim 100\%$ 范围内。

SP 增益和 SP 偏置：对设定值 SP 进行标度变换，使 SP 处于 $0 \sim 100\%$ 范围内。

（5）算法说明。

在自动时

$$Y(s) = \frac{KKp}{\delta} + \frac{KT1}{T1 \cdot S} + \frac{KD \cdot KTD \cdot TD \cdot S}{TD \cdot S + 1}$$

在跟踪时

$$Y(s) = TR(s)$$

然后，将 Y 限制在 HighRange 和 LowRange 之间。

本功能块具有输出速率限制的功能，输出 Y 的变化率被限制在输出变化率 OutRate 以内。当发生偏差报警时，DO 输出为 1；当偏差报警解除后，DO 输出为 0。

本功能块具有输出闭锁增减限制的功能，当输入端有触发信号时就闭锁相应的动作方向。

7. 模拟手动站算法块（M/A）

（1）算法块图例如图 9 - 51 所示。

（2）算法块设置界面如图 9 - 52 所示。

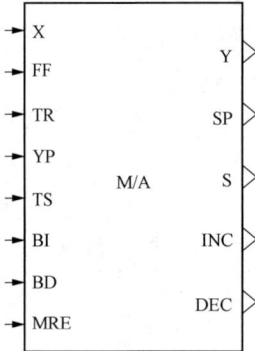

图 9 - 51　M/A算法块　　　　　图 9 - 52　M/A算法块设置界面

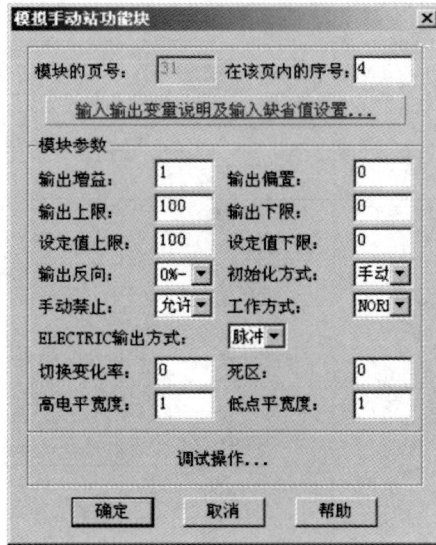

（3）算法块参数见 9 - 11，输入输出变量说明见表 9 - 12。

表 9 - 11　　　　　　　　　　　　　　　M/A算法块参数

项目		符号	说明	类型
参数项	系统生成	Index	算法块 ID 号	Int
		PAGENO.	页号	Int
	用户录入	NO.	页内序号	Int
		K	输出增益	Double
		Bias	输出偏置	Double
		YH	输出上限	Double
		YL	输出下限	Double
		SPH	设定值上限	Double
		SPL	设定值下限	Double
		TurnOver	输出反向（0—0%～100%；1—100%～0%）	Bool
		FP	初始化方式（0—手动；1—自动）	Bool
		MANF	手动禁止（0—允许手动；1—只能自动）	Bool
		MODE	工作方式（0—Normal；1—Electric）	Bool
		EMODE	Electric 输出方式（0—长信号；1—脉冲）	Bool
		TRATE	跟踪切换时变化率	Double
		Deadband	死区	Double
		OnTime	高电平宽度	Double
		OffTime	低电平宽度	Double

表 9 - 12 　　　　　　　　　　　　　**输入输出变量说明**

输入输出变量说明	输入参数	X	M/A 站输入	Double
		FF	前馈输入	Double
		TR	跟踪输入	Double
		YP	位置反馈	Double
		TS	跟踪切换	Bool
		BI	闭锁增	Bool
		BD	闭锁减	Bool
		MRE	强制手动信号	Bool
	输出参数	Y	M/A 站输出	Double
		SP	设定值输出	Double
		S	手操器状态（0—自动；1—手动）	Bool
		INC	输出增信号	Bool
		DEC	输出减信号	Bool

（4）功能说明。当系统发出驱动执行机构的控制信号时，模拟手动站为操作员提供了一个对该控制信号进行人工干预的界面。模拟手动站有自动、手动两种工作方式。

1）自动方式。$Y=(K×X+Bias)+FF(YLYYH)$，FF 为前馈信号；当跟踪切换信号 TS＝1 时，$Y=TR$（TR 为跟踪输入）；当闭锁增 BI＝1，闭锁减 BD＝1 时，Y 保持不变；设定值 SP 即是由运行人员在手操面板上操作的设定值，随面板上 SP 增减按钮而增加和减少，且 SPL≤SP≤SPH；在自动方式下，手动输出增减按钮不起作用。

2）手动方式。输出 Y 由操作员通过手操面板上的手动增减按钮确定。当闭锁增 BI＝1，闭锁减 BD＝1 时，Y 保持不变；当跟踪切换信号 TS＝1 时，$Y=TR$（TR 为跟踪输入），此时屏蔽闭锁增、闭锁减和手动增减信号。SP 在此方式下也不起作用，但可增减。

3）两种方式切换。强制手动：MRE＝1 时，M/A 站切为手动方式；手操面板上的手动、自动按钮使 M/A 站切至手动、自动方式。

当处于自动状态的时候，S 手操器状态输出为 0；当处于手动状态的时候，S 输出为 1。

4）操作记录。以下操作在操作员事件记录中进行记录：SP 改变开始、SP 改变结束、输出改变开始、输出改变结束、方式切换。

5）M/A 站的软伺放工作方式：M/A 站的软伺放（ELECTRIC）工作方式，是指当输出 Y 与位置反馈 YP 之间有差且偏差大于死区时，若 $Y>YP+DEADBAND$，则输出 INC 为 1；若 $Y<YP-DEADBAND$，则输出 DEC 为 1。

（5）算法说明。

自动：$Y=(K×X+Bias)+FF(YLYYH)$。

手动：$Y=MANOUT$。

Y 被限制在 YH 和 YL 之间，同时，在跟踪切换期间提供了速率变化限制。

8. 模拟给定值发生器算法块（ASETPOINT）ASET

（1）算法块图例如图 9 - 53 所示。

（2）算法块设置界面如图 9 - 54 所示。

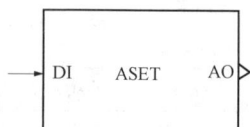

图 9-53　ASET 算法块　　　　　　图 9-54　ASET 算法块设置

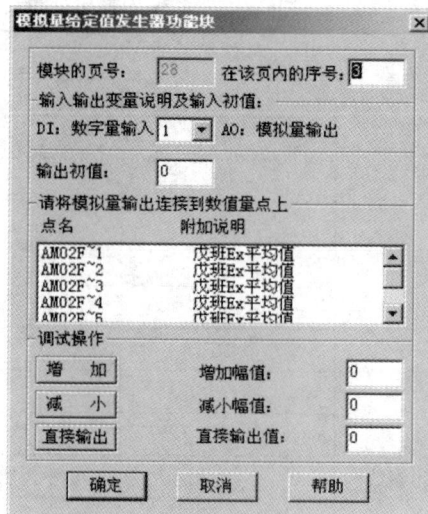

（3）算法块参数见表 9-13。

表 9-13　　　　　　　　　　　　　ASET 算法块参数

项目		符号	说明	类型
参数项	系统生成	Index	算法块 ID 号	Int
		PAGENO.	页号	Int
	用户录入	NO.	页内序号	Int
		MO	设定输出初值	Double
输入输出项		DI	使能端	Bool
		AO	控制输出	Double

（4）功能说明。当使能端 DI＝0 的时候，操作员无法进行手动增减给定值的操作；当 DI＝1 的时候，操作员可以选择增减给定值。

（5）算法说明。当 DI＝1 时，操作员可以发送手动增减，设定给定值的操作，当 DI＝0 时，输出被复位。

十、系统图形组态软件

GRAPHIC 程序用来绘制操作员站的监控画面，它提供的按钮和热点工具实现了人和计算机之间的便捷交流，按钮和热点的功能可以定义为切换画面、弹出窗口、下发操作命令等。本图形组态软件是在 WinXP 或 Win2000 操作系统下运行的 32 位应用程序。它为用户提供了各种基本绘图工具，如直线、矩形、圆角矩形、椭圆、扇形、多边形、折线、三维图形、文字、位图等。还提供动态数据点连接工具，如模拟量点、开关量点、棒图、指针、实时曲线、XY 曲线、报警。可以通过鼠标简便地绘制操作员监控画面。各基本图元都有动态属性连接，可以根据连接的动态数据点改变颜色，闪烁，隐藏，移动。它还提供了丰富的编辑功能，使工作效率大大提高。程序还有导航图功能，可以帮助用户在绘制过程中清晰地掌握各图之间的层次关系，方便地在各图之间进行切换。

在启动图形组态软件之前请首先启动主控制软件 StartUp. exe，然后单击图形组态按钮，启动图形组态软件，进入启动界面（见图 9 - 55）。

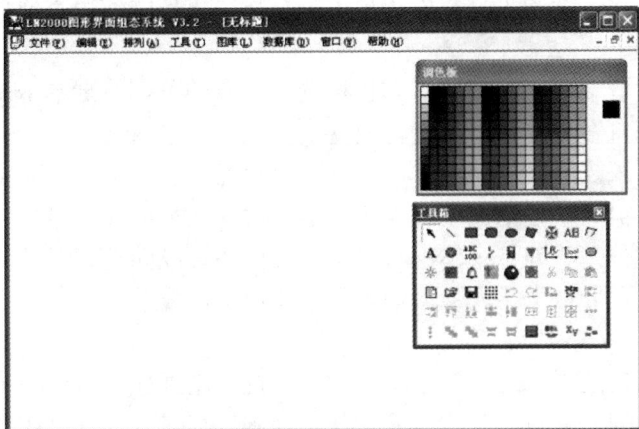

图 9 - 55　图形组态软件启动界面

LN2000 系统底图文件分两类，一类是扩展名为 . grap 的底图文件，用于显示工艺流程；另一类是扩展名为 . wnd 的窗口文件，用于操作员操作。

1. 基本图元工具

（1）直线工具。鼠标左键单击调色板选择直线颜色，按下直线工具。如要选择直线的宽度，单击鼠标右键，从浮动菜单选择线属性命令，弹出线属性对话框来选择线的宽度。当直线处于选中状态时，点击调色板，可以改变直线颜色。

（2）矩形工具。左键单击调色板选择矩形边框色，右键单击调色板选择矩形填充色。按下矩形工具。如要选择填充样式，单击鼠标右键，从浮动菜单选择填充属性命令，弹出填充属性对话框（见图 9 - 56）选择填充样式。按住鼠标左键并拖动鼠标，生成一个矩形。

当鼠标拖动时按下 Shift 键，可以生成正方形。或先从工具框中按下矩形工具然后双击矩形弹出图 9 - 57 所示的图来修改矩形的颜色和填充属性。

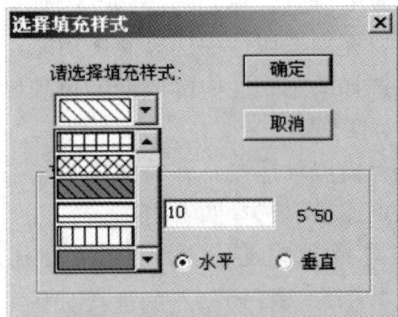

图 9 - 56　"选择填充色样式"对话框

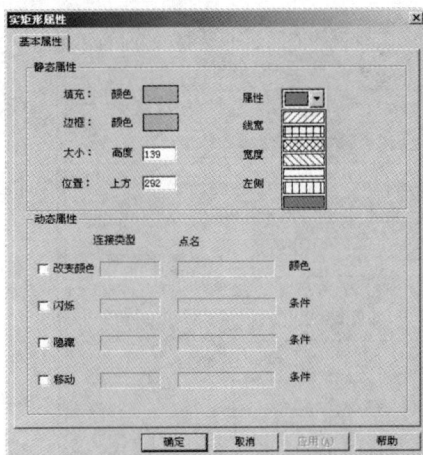

图 9 - 57　"选择填充色样式"对话框

当矩形或圆柱体处于选中状态时，左键单击调色板修改矩形边框色，单击右键调色板修改矩形填充色。

（3）圆角矩形工具、椭圆工具、多边形工具、折线工具的使用类似，不再赘述。

2. 文字工具

选择文字颜色及背景色（左键单击调色板选取文字颜色，右键单击调色板选取背景色），选择文字工具，在窗口客户区单击左键，出现输入光标，输入文字。输入完成后，点击客户区其他区域，完成输入。双击文字，弹出对话框（见图9-58），可以修改文字内容和字体。当文字透明选中被取消时，显示文字背景色，选中"总在最前面"时如果文字放于矩形闪烁底图上则不论背景部分是否闪烁字体都将显示在最前边，纵向选中时从修改字体左侧中选择带@符号的字体，确定后从文字属性中输入的字将以纵向显示。

3. 基本图元的动画连接

直线、矩形、圆角矩形、椭圆等基本图元可以进行动画连接，即与动态数据连接来改变颜色，移动，隐藏，闪烁。双击基本图元，弹出动画连接对话框（见图9-59）。可以在此界面上修改图形的填充、边框、大小、位置、属性、线宽属性。

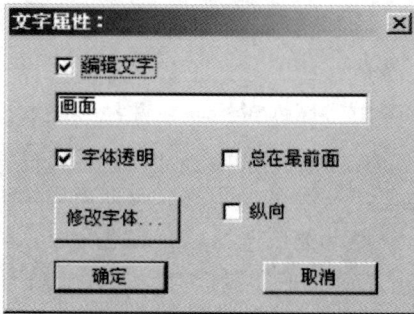

图9-58　"文字属性"对话框

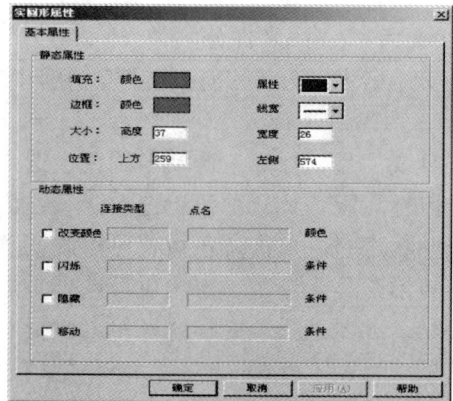

图9-59　"动画连接"对话框

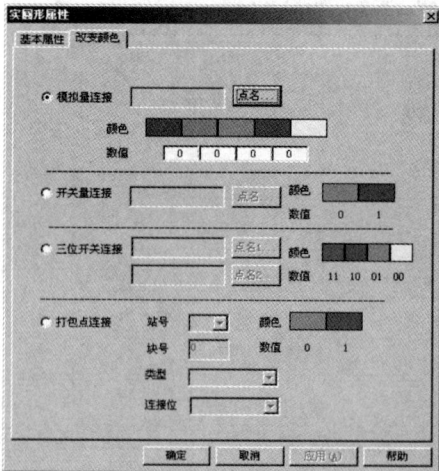

图9-60　实图形属性

根据所要实现的功能来对动态数据连接来改变颜色、移动、隐藏、闪烁项进行选择组态，根据需要可以选择一种功能属性也可以多组同时选用，注意如果没有改变颜色、移动、隐藏、闪烁之一的功能要求请不要在动态属性中选择此项功能。

例如，选择动态属性中的改变颜色项则会出现如图9-60对话框。

连接分为模拟量连接、开关量连接、三位开关连接和打包点连接，选择四者之一。

图形是对模拟量连接时，则点击其后边的 点名… ，从数据库选择动态点的连接如图9-61所示，图示为所选点的类型与数据库中相对应的类型点，根据需要从数据库中选择要进行连接的动态连接点确定。当颜色和数值根据需要或要求进行修改时，如图 9-62 所示，选中的此点当数值在 10 以下显示为第一种颜色，10～20 显示第二种颜色，20～30 显示第三种颜色，30～40 显示第四种颜色，40 以上为第五种颜色。这些连接点和颜色变化值从基本属性中可以回显，如图 9-63 所示。

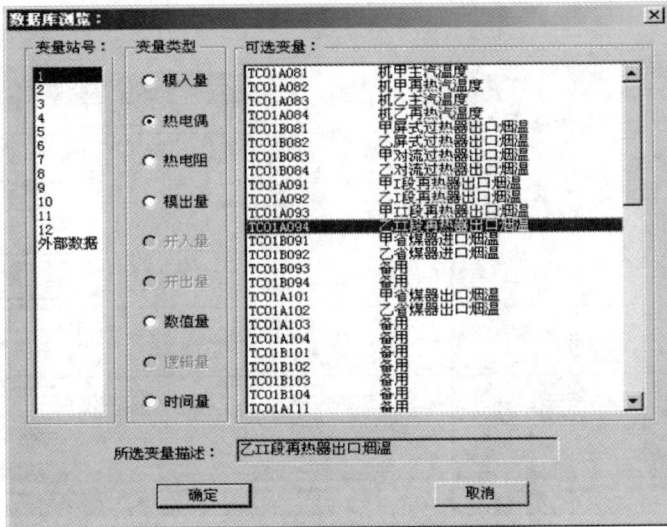

图 9-61　数据库连接

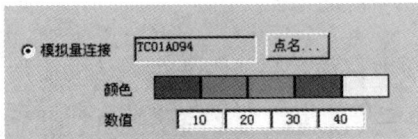

图 9-62　模拟量连接

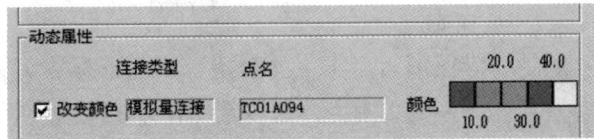

图 9-63　模拟量连接回显

图形是对开关量连接时，则单击其后边的 点名... ，从数据库选择动态点的连接如图 9-64 所示。不同的是，此时显示的都是开关量类型点，0 和 1 两种状态的显示颜色可以

图 9-64　开关量连接

根据需要用单击颜色处从调色板上修改，开关量动态连接在基本属性框中的回显如图 9-65 所示。同样，闪烁、隐藏或移动功能连接与基本属性的回显也是相同的。多边形、折线图元进行动画连接，即与动态数据连接来改变颜色、移动、隐藏、闪烁。

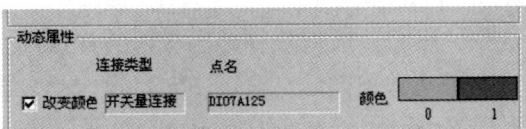

图 9-65　开关量连接回显

连接分为模拟量连接、开关量连接、三位开关连接和打包点连接。选择四者之一如图 9-66 所示。如选择修改基本图元的边框色或填充色，点中【修改边框色】或者【修改填充色】单选框，弹出

对话框，如图9-67所示。单击 [?] 按钮，能调出系统数据库浏览窗口（见图9-61）。从中选择要连接的模拟量点。变量值有5个，对应颜色也有5个。根据需要在相应位置填入变量值，不需要的变量值可以保留原来的默认值。在图9-67中，当模拟量点 AI_001 的值小于5时，图元填充色显示绿色。当 AI_001 的值大于5小于18时图元填充色为红色。

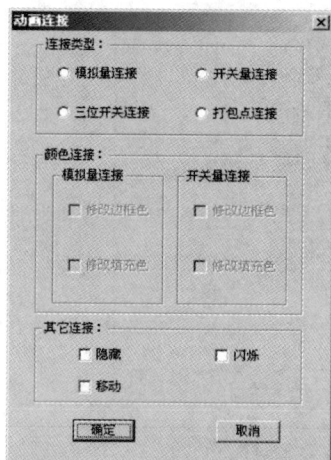

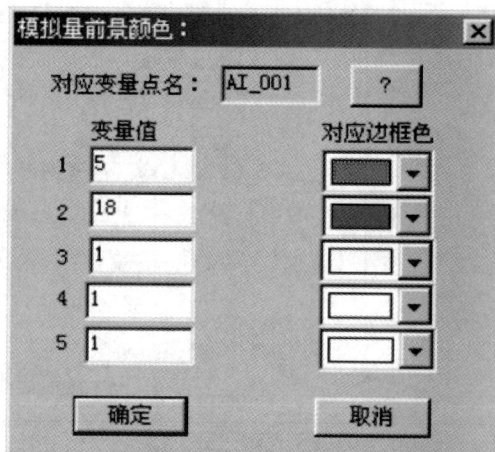

图9-66　多边形组态　　　　　图9-67　"模拟量填充色"对话框

如果选择其他连接中的隐藏，则出现"可见属性"对话框，如图9-68所示。

4. 三维图形

绘制三维图形时点击工具条上三维图形标志，在底图上拉动，会显示一个默认的矩形三维图形，如图9-69所示。可以选中向左右上下拉动出理想的图形，如果想改变方向或者形状，可双击此三维矩形弹出如图9-70所示的窗口，选择所要绘制的三维图形。

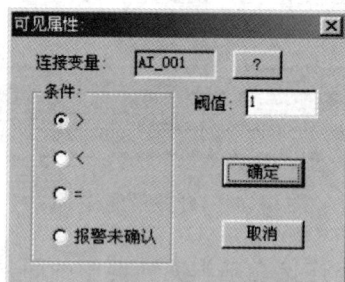

图9-68　"可见属性"对话框　　　　图9-69　矩形三维图形

5. 动态点工具

（1）模拟量点。左键单击调色板选择动态数据的颜色，右键选择动态数据的背景色。按下动态数据按钮，在客户区单击鼠标左键，生成一动态数据图元。双击图元，弹出动态数据对话框，如图9-71所示。从下拉列表框中单击 [?] 按钮，并在数据库浏览对话框中的可选变量中选择数据点。数据格式5.4为小数点后显示四位小数。选上显示单位，在画面监控时就会自动把数据库上的单位显示在数据后边。可以用改变文字颜色或背景颜色来改变数据在不同值时的颜色。文字透明时显示文字，如不透明则显示底色。对数据点的颜色与背景色也可以用鼠标左右键从调色板上修改，左键字体色右键背景色。

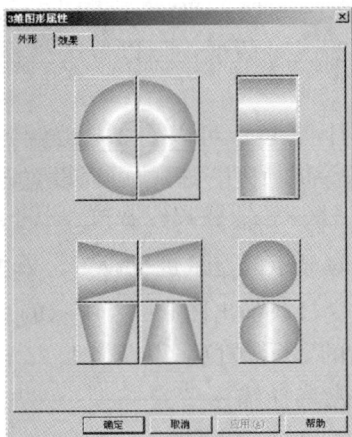

图 9-70　三维图形属性　　　　图 9-71　"动态数据点"对话框

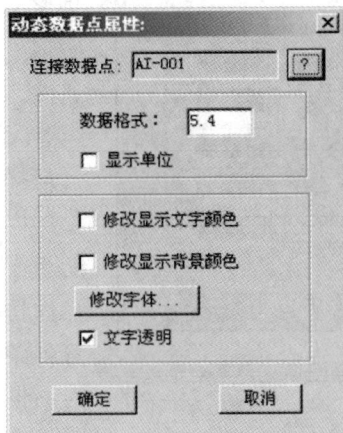

　　（2）开关量点。单击工具箱的【开关量】按钮，在客户区单击鼠标左键，生成一开关量图元。左键单击调色板选择开关量的颜色，右键选择开关量的背景色。双击图元，弹出开关量对话框（见图 9-72），从下拉列表框中输入点名，输入字符串的描述当触发条件满足时显示，颜色显示可以根据具体要求修改。

　　（3）棒图。单击工具箱的棒图按钮，在客户区单击鼠标左键，生成一个棒图。双击图元，弹出棒图设置对话框，如图 9-73 所示。从下拉列表框中输入连接数据点名（即棒图所代表的数据的变量名字），可以选择显示方向以及前景、背景颜色，可以设定最小填充值、最大填充值、最小值和最大值等属性值。选中"改变棒图填充色"，出现图 9-74 所示的模拟量填充色对话框。当连接变量变化到不同的值时，填充色会相应发生变化。

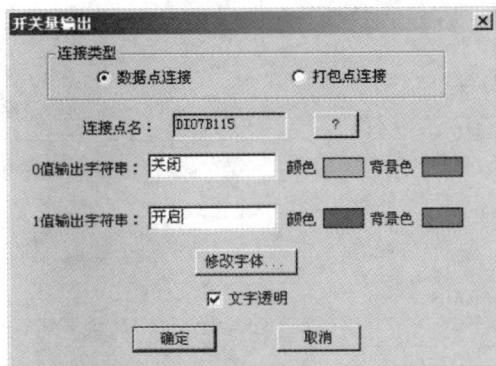

图 9-72　"开关量"对话框　　　　图 9-73　"棒图"对话框

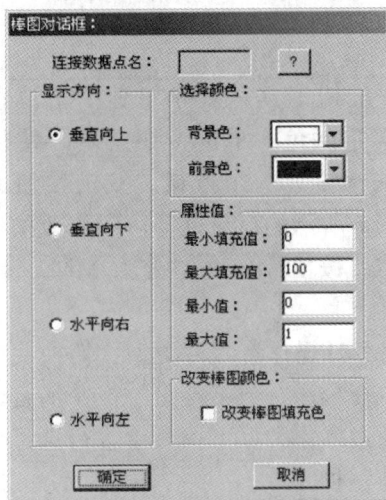

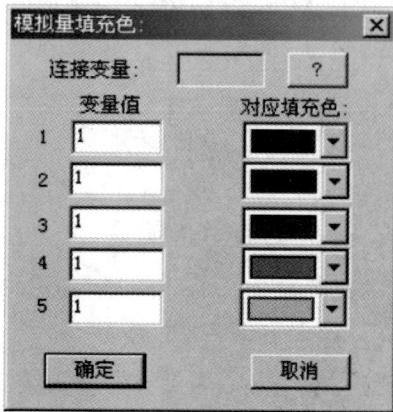

图 9-74　"棒图填充色"对话框

进行选择即可。

（4）实时曲线。单击实时按钮，在客户区单击鼠标左键，生成一个实时曲线图元，每个实时曲线窗口最多可以同时显示四条曲线。双击图元，弹出图 9-75 所示的实时曲线对话框，可以修改坐标轴属性和曲线属性。

"显示时间长度"可以在 2.5 分钟到 2 小时之间进行选择；"坐标轴属性"栏中可以设置背景色和轴线颜色，以及 X 轴、Y 轴分割线宽度；"曲线属性"栏中，能对需要实时显示的变量进行设置。单击 ? 按钮，选择连接点的变量，弹出图 9-76 所示的对话框。然后设置各条曲线的显示颜色，以及各自的上、下限。在此对话框中要先选择输入变量类型，然后从可选变量中进行选择即可。

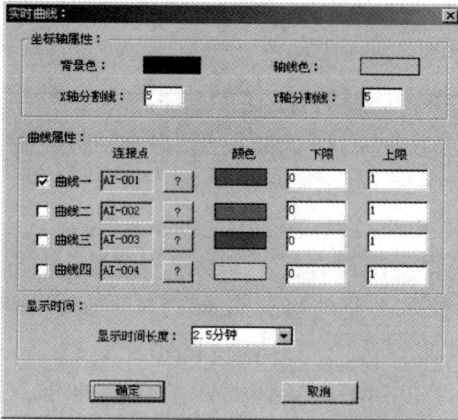

图 9-75　"实时曲线"对话框

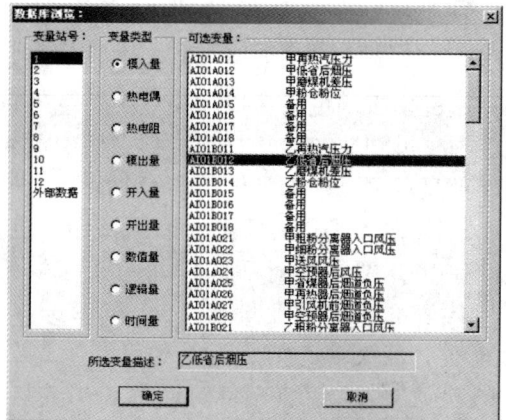

图 9-76　"数据库浏览"对话框

6. 触摸点工具

（1）按钮工具。鼠标左键单击调色板，选择按钮文字颜色。单击按钮工具，按住鼠标左键拖动鼠标生成一个按钮。双击按钮图元，弹出图 9-77 所示的对话框。可以修改按钮文字和按钮字体。按钮操作类型分为 MMI 操作和 PU 操作两种。

1）MMI 操作有六种类型：切换底图、弹出窗口、执行程序、数字键盘、报警消音、报警确认可以通过操作类型下拉菜单进行选择。下面简单说明前三种。

①选择"切换底图"后，按下 [...] 键，弹出图 9-78 所示的对话框。选择所要连接的底图文

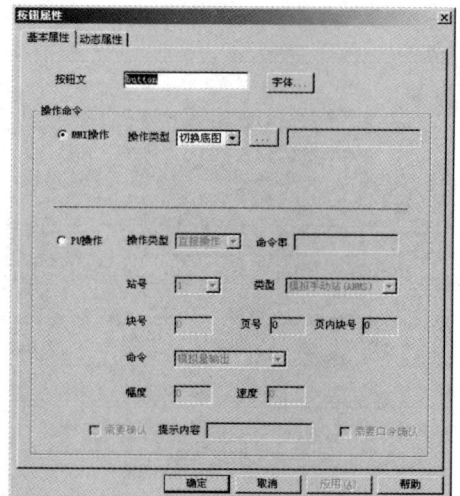

图 9-77　"按钮操作类型"对话框

件名称。

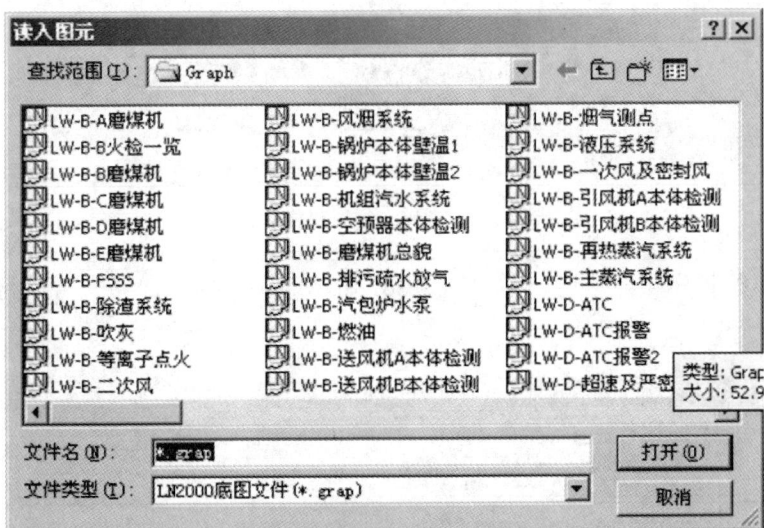

图 9-78　"切换底图"对话框

　　底图的选择方法有两种。方法一是按下██████按钮，选择要切换的底图；方法二是利用
导航图功能，选择要切换的底图是该图的上层图，同层图还是下层图。相应的底图将显示在
右边的列表框中，双击选中某一要切换的底图。

　　②选择"弹出窗口"选项后，点████弹出对话框（见图 9-79），选择连接的窗口文
件名。

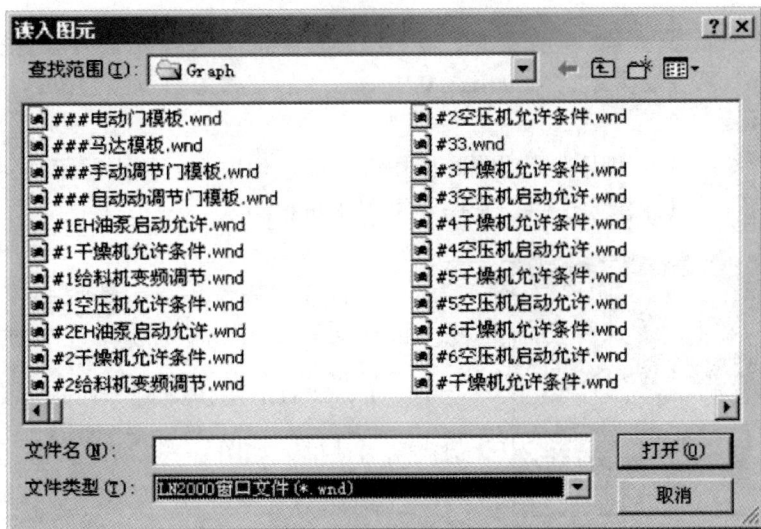

图 9-79　"弹出窗口属性"对话框

　　窗口的位置为在监控程序中该弹出窗口在显示屏上的位置，坐标原点为屏幕的左上
角。位置可以修改，也可用默认值。窗口的大小不可修改。弹出位置坐标修改如图 9-80

显示。

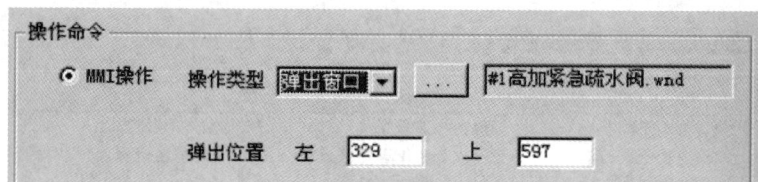

图 9-80 弹出位置坐标修改

③选择"执行程序"命令后，弹出图 9-81 所示的对话框，选择一可执行程序，确定后即可。

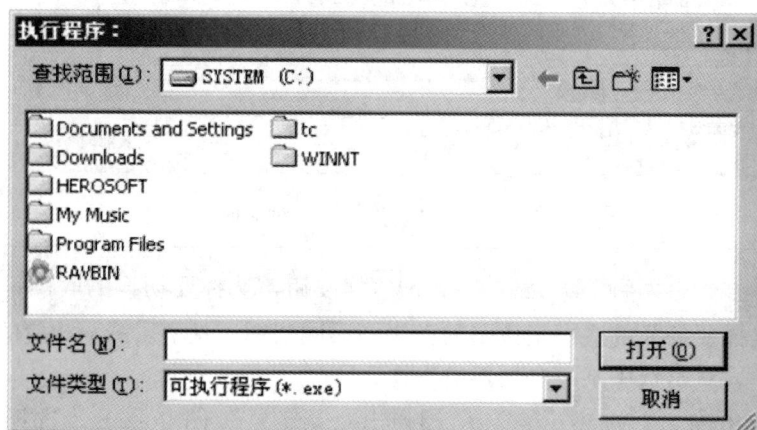

图 9-81 "执行程序"对话框

2）PU 操作。选择了 PU 操作类型（见图 9-77）后，选择要下装命令算法块的站号、页号、算法块号、算法块类型、命令串，其中命令串的某些参数可以修改，这些量组成一个下发命令字符串。

（2）热点工具。热点的用法及功能同按钮。在监控程序中，热点并不显示，但当鼠标移动到热点区域内时，鼠标变为小手，操作效果与按钮相同。

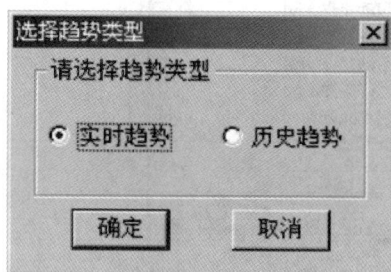

图 9-82 选择趋势类型对话

7. 趋势曲线系统

（1）新建趋势显示。启动程序以后，下拉主菜单上的"文件"，单击"新建"项；或者单击工具条上的 ；或者运用快捷键 ctrl＋N，会出现选择趋势类型对话框，如图 9-82 所示。选择趋势类型（实时趋势或者历史趋势），然后单击【确定】，生成新的趋势组显示，如图 9-83 所示。

（2）打开。打开趋势组保存文件，将实时趋势对话框和历史趋势对话框分别显示。下拉主菜单上的"文件"，选中"实时趋势"，或者单击工具条上的 ，弹出打开实时趋势对话框（见图 9-84）。同样，下拉主菜单上的"文件"，

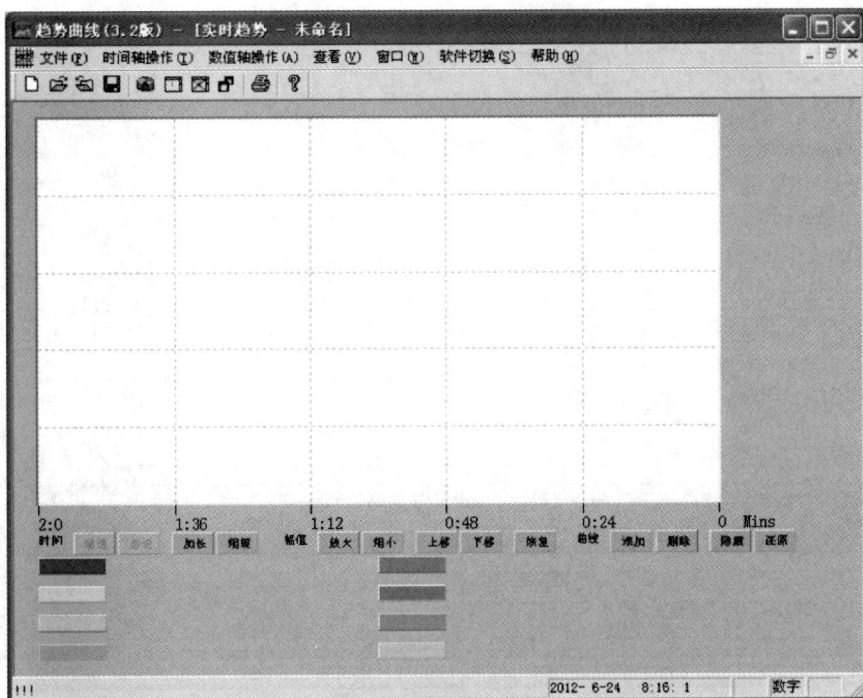

图 9 - 83　新建的趋势组画面（实时趋势）

选中"历史趋势"，或者单击工具条上的 ，弹出打开历史趋势对话框，如图 9 - 85 所示。

图 9 - 84　打开实时趋势对话框　　　　　图 9 - 85　打开历史趋势对话框

　　选中趋势组，然后单击【打开】按钮，打开所选趋势组，以实时趋势为例，选中"实时趋势（二）"，打开后如图 9 - 86 所示。

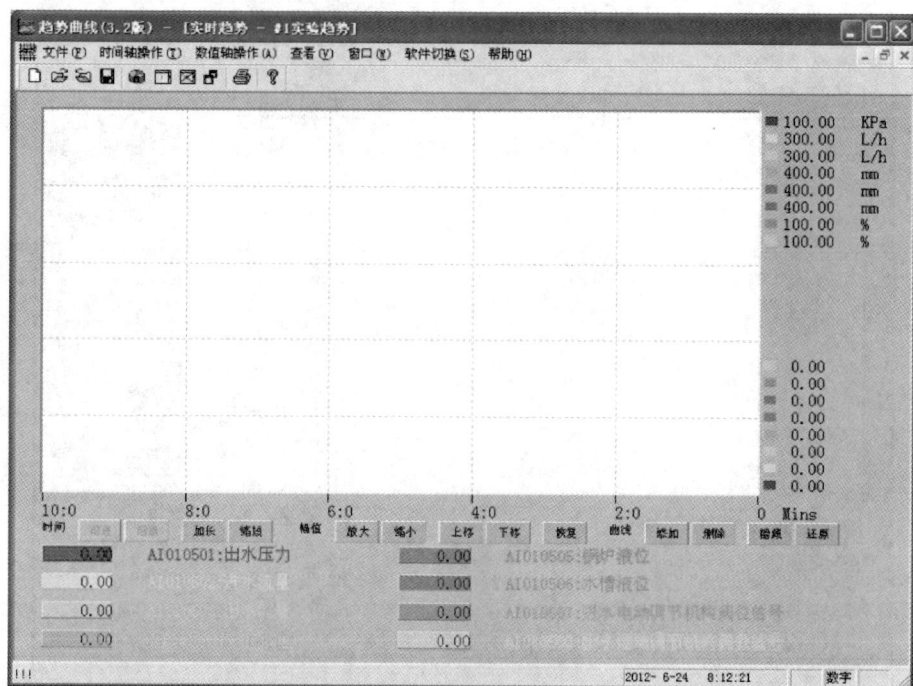

图 9-86　打开趋势保存文件后显示画面

第三节　锅炉流动水温度控制 LN2000 系统组态设计

DCS 组态的一般过程是先熟知被控对象，然后分别进行硬件组态和软件组态，硬件组态是配置 DPU、通信板卡、I/O 模块等，组态软件分为用户信息组态、系统数据库组态、控制策略组态、监控画面组态、调试运行等。上述过程没有严格的先后次序之分，往往需要反复进行调整完善。

一、被控对象

过程实训装置由高位水箱、电加热锅炉、低位储水箱三个串接，经 PPR 管道连接而成。电加热锅炉由不锈钢锅炉内胆加温筒和封闭式锅炉夹套构成，用于模拟电厂锅炉加热工艺，如图 9-87 所示。

控制对象由工艺设备和现场仪表、电气负载三部分组成。

（1）工艺主设备包括：内部 4.5kW 三相星形连接电热丝；21L 的热水夹套锅炉；38L 的高位溢流水箱（产生稳定压力的工艺介质——水）；105L 的低位水槽；配三相电机的循环水泵；2 只电磁阀（扰动）和 17 只手动球阀。

（2）现场仪表配置见表 9-14。

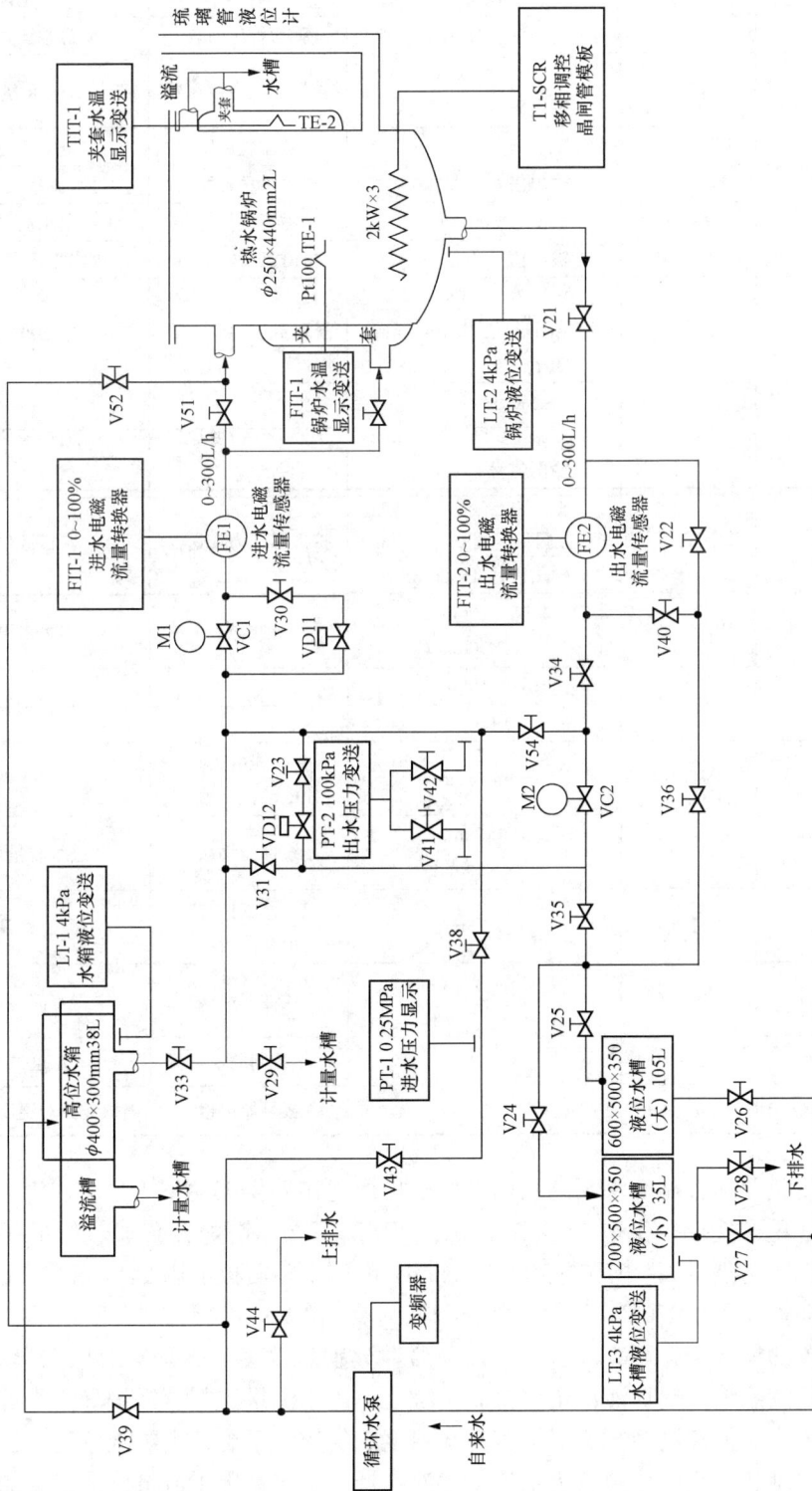

图 9 - 87　控制对象的工艺流程和现场仪表的总图

表 9 - 14 现场仪表配置

序号	图位号	型号	规格	名称	用途
1	PL - 1	Y - 100	0～0.25MPa	弹簧管压力表	进水压力指示
2	PT - 2	DBYG	0～100kPa （输出信号 4～20mA）	扩散硅压力变送器	出水压力变送器
3	FE - 1	LDG - 10S	0～300L/h	电磁流量传感器	进水流量检测
4	FIT - 1	LD2 - 4B	输出信号 4～20mA	电磁流量转换器	进水流量变送和显示
5	FE - 2	LDG - 10S	0～300L/h	电磁流量传感器	出水流量检测
6	FIT - 2	LD2 - 4B	输出信号 4～20mA	电磁流量转换器	出水流量变送和显示
7	LT - 1	DBYG	0～4kPa （液位测量量程 0～400mm） （输出信号 4～20mA）	扩散硅压力变送器	水箱液位变送
8	LT - 2	DBYG	0～4kPa （液位测量量程 0～400mm） （输出信号 4～20mA）	扩散硅压力变送器	锅炉液位变送
9	LT - 3	DBYG	0～4kPa （液位测量量程 0～400mm） （输出信号 4～20mA）	扩散硅压力变送器	水槽液位变送
10	TE - 1	WZP - 270	155×100mm Pt100	铂电阻	锅炉水温检测
11	TE - 2	WZP - 270	155×100mm Pt100	铂电阻	夹套水温检测
12	M1	PSL201	行程 16mm	直行程电子式 电动执行器	配 Vc1 调节阀
13	VC1	V7 - 16	DN＝20mm dN＝10mm	线性铸钢阀	进水流量调节阀
14	M2	PSL201	行程 16mm	直行程电子式 电动执行器	配 Vc2 调节阀
15	VC2	VT - 16	DN＝20mm dN＝10mm	线性铸钢阀	出水流量调节阀
16	T1 - SCR	EFPT - 0104		水温控制的执行器	温度调控器
17	EFPT/E - D9901	E - D9901		接触器模板	锅炉液位对温度调节的连锁

（3）电气负载包括：循环水泵的三相电机（星形连接）供电端子 U，V，W；锅炉加热的三相电热丝（星形连接）供电端 RL1，RL2，RL3，RN；锅炉夹套加热的单相电热丝供电端子 RL，RN（可选件）；电磁阀 VD11～VD12 的端子，面板上用 24V（DC）的 0V 端子为－24V，经继电器后为 220V（AC）到电磁阀。

该实训装置功能齐全，可完成多个实训项目，分别是双容（二阶）对象数学模型研究、进水流量定值控制系统、锅炉液位定值控制系统之一进水流量控制、锅炉静止水温度定值控制系统、出水压力定值控制系统、锅炉流动水温度定值控制系统、锅炉液位定值控制系统之二给水泵转速控制、锅炉液位串级进水流量的液位控制系统、出水流量作为前馈的锅炉液位控制系统、进水流量跟随出水流量的比值控制系统。

二、分散控制系统 I/O 清单

LN2000 分散控制系统配置模块有模入量（AI）、模出量（AO）、开入量（DI）、开出量（DO）、热电偶（RT）、热电阻（TC）、脉冲量（PI）、数值量（AM）、逻辑量（DM）和时间量（TM）。数据点配置见表 9-15。

表 9-15　　　　　　　　　数据点配置

序号	点名	说明	类型	站号	卡件号	通道号
1	DO010101	进水电磁阀 VD11 开/关指令	DO	1	1	1
2	DO010102	出水电磁阀 VD12 开/关指令	DO	1	1	2
3	DO010103		DO	1	1	3
4	DO010104		DO	1	1	4
5	DO010109		DO	1	1	9
6	A0010301	进水电动调节机构控制信号	AO	1	3	1
7	A0010302	出水电动调节机构控制信号	AO	1	3	2
8	A0010303	电加热器控制信号	AO	1	3	3
9	A0010401		AO	1	3	2
10	A0010402		AO	1	3	3
11	AI010501	出水压力	AI	1	5	1
12	AI010502	进水流量	AI	1	5	2
13	AI010503	出水流量	AI	1	5	3
14	AI010504	水箱液位	AI	1	5	4
15	AI010505	锅炉液位	AI	1	5	5
16	AI010506	水槽液位	AI	1	5	6
17	AI010507	进水电动调节机构阀位信号	AI	1	5	7
18	AI010508	出水电动调节机构阀位信号	AI	1	5	8
19	AI010601		AI	1	6	1
20	AI010602		AI	1	6	2
21	AI010603		AI	1	6	3
22	PI010701		AI	1	7	1
23	PI010702		AI	1	7	2
24	PI010703		AI	1	7	3
25	RT010801	锅炉水温	RT	1	8	1
26	RT010802	夹套水温	RT	1	8	2
27	RT010803	滞后温度	RT	1	8	3
28	DI011001	锅炉液位高报警	DI	1	10	1
29	DI011002	锅炉液位低报警	DI	1	10	2
30	DI011003	锅炉水温高报警	DI	1	10	3
31	DI011004	锅炉水温低报警	DI	1	10	4
32	DI011005	夹套温度高报警	DI	1	10	5

三、检测仪表、执行机构及数据传输

1. 检测仪表

（1）压力变送器：三个压力传感器分别用来检测高位水箱、电加热锅炉和给水泵的出水压力，精确度为等级为 0.5 级。采用工业用的扩散硅压力变送器，带不锈钢隔离膜片，同时采用信号隔离技术，对传感器温度漂移跟随补偿。采用标准二线制传输方式，工作时需提供 24V 直流电源，输出 4～20mA（DC）。

（2）温度传感器：装置中两个 Pt100 铂热电阻温度传感器，分别用来检测锅炉内胆、锅炉夹套温度。Pt100 测温范围：－200～＋420℃。连接温度变送器可将铂热电阻信号转换成 4～20mA 直流电流信号输出。Pt100 传感器精确度高，热补偿性较好。

（3）电磁流量计：如图 9-88 所示，电磁流量计分别用来检测电加热锅炉进水、出水流量。采用标准二线制传输方式，工作时需提供 24V 直流电源。流量范围：0～300L/h；准确度等级为 0.5 级；输出 4～20mA（DC）。它的优点是测量精确度高，反应快。

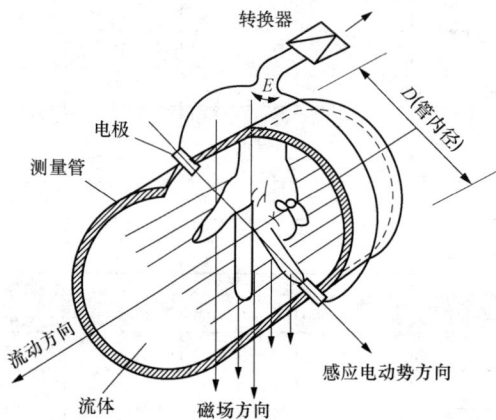

图 9-88　电磁流量计测量原理

电磁流量计的测量原理基于法拉第电磁感应定律。当一个导体在磁场内运动，在与磁场方向、运动方向互相垂直方向的导体两端，会有感应电动势产生。电动势的大小与导体运动速度和磁感应强度大小成正比。在图 9-88 中，当导电流体以平均流速 v（单位为 m/s）通过装有一对测量电极的一根内径为 D（单位为 m）的绝缘管子流动时，并且该管子处于一个均匀的磁感应强度为 B（单位为 T）的磁场中。那么，在一对电极上就会感应出垂直于磁场方向和流动方向的电动势 E（单位为 V）。则由电磁感应定律可写为

$$E = KBvD$$

式中：K 为仪表常数

其感应电压信号通过二个与液体直接接触的电极检出，并通过电缆传送至放大器，然后转换成统一的标准输出信号。要求被测的流动液体具有最低限度的电导率。

电磁流量计由流量传感器和转换器两部分组成。测量管上下装有励磁线圈，通励磁电流后产生磁场穿过测量管，一对电极装在测量管内壁与液体相接触，引出感应电势，送到转换器。励磁电流则由转换器提供。

2. 执行机构

（1）电动执行器：本装置采用直行程电子式电动执行器，配接线性铸钢阀，用来对控制回路的流量进行调节。电动执行器型号为：PSL201。具有精度高、技术先进、体积小、重量轻、推动力大、功能强、与控制单元一体化、可靠性高、操作方便等优点，电源为单相 220V，控制信号为 4～20mA（DC）或 1～5V（DC），行程 16mm，输出为 4～20mA（DC）的阀位反馈信号，使用和校正非常方便。

（2）水泵：本装置采用磁力驱动泵，型号为 16CQ－8P，流量为 30L/min，扬程为 8m，功率为 180W。泵体完全采用不锈钢材料，防止生锈。本装置采用两只磁力驱动泵，一只为三相 380V 恒压驱动，另一只为三相变频 220V 输出驱动。

（3）电磁阀：在本装置中作为电动调节阀的旁路，起到阶跃干扰的作用。电磁阀型号为 2W－160－25；最小工作压力为 0kg/cm²，最大工作压力为 7kg/cm²；工作温度为－5～

+80℃；工作电压为 24V（DC）。

（4）三相电加热管：由三根 1.5kW 电加热管星形连接而成，用来对锅炉内胆内的水进行加温，每根加热管的电阻值约为 50Ω。

3. 现场设备与 I/O 智能模块之间的数据传输

现场设备变送器侧、执行机构侧的端子排与机柜侧端子排之间用信号电缆连接。I/O 智能模块与机柜侧端子排之间一般使用硬接线的方式连接，如图 9-89 所示。

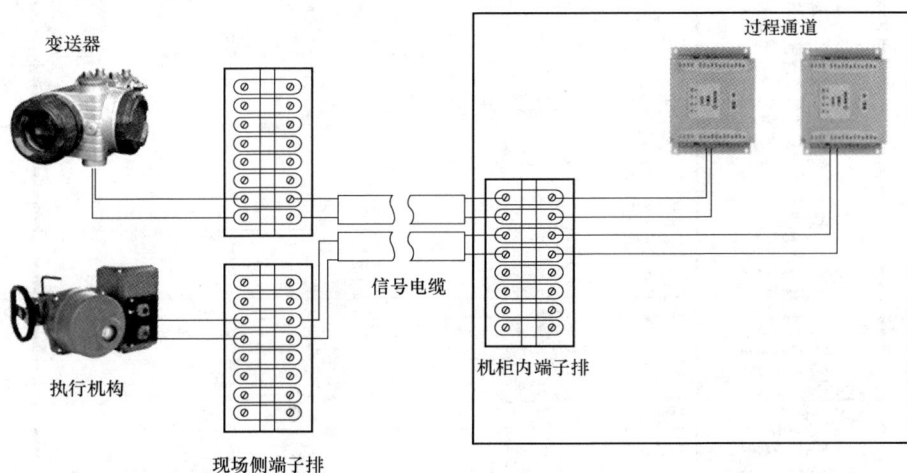

图 9-89　现场设备与 I/O 智能模块之间的连接

四、控制方案设计

锅炉流动水温度控制系统的控制方案如图 9-90 所示，采用单回路控制。

五、组态过程

LN2000 系统组态由工程师站或超级用户完成，工程师站的基本功能包括：组态系统数据库；组态控制系统 SAMA 图；组态操作员站用的图形界面、报警界面以及趋势曲线界面；过程控制站状态和数据库管理；系统用户管理；系统对时。

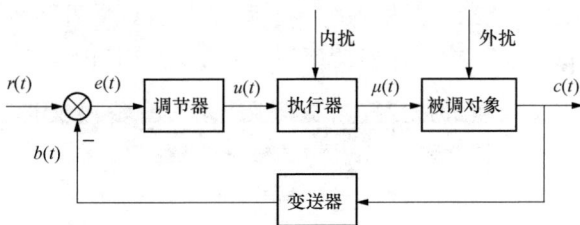

图 9-90　原理结构方框图

组态一般步骤如下：

（1）用户信息组态，参见 LN2000 软件系统中的用户管理。

（2）使用 DATABASE 进行系统数据库组态。

（3）使用 SAMA 进行控制策略组态。

（4）使用 GRAPHIC 进行监控画面组态。

（5）在线监控运行。

以上组态步骤并没有严格的先后次序之分，往往穿插进行。

六、锅炉流动水温度控制系统数据库组态

根据前面所述系统数据库组态操作过程，针对过程控制装置锅炉流动水温度控制任务，结合控制对象，建立 LN2000 系统数据库如下：过程控制站 2 个、I/O 模块 11 个（AI 模块 2、PI 模块 1、RT 模块 1、TC 模块 1、AO 模块 2、DI 模块 2、DO 模块 2）、数据点 85 个（详见表 9 - 15），如图 9 - 91 所示。

图 9 - 91　过程控制装置所建数据库

七、锅炉流动水温度控制系统 SAMA 图组态

锅炉流动水温度控制策略采用单回路控制方案，原理结构方框图如图 9 - 90 所示。编译成功的 SAMA 图如图 9 - 92 所示。SAMA 图组态完毕后，要经过编译、并下装到过程控制站 LN - PU 中，才能调用执行。下面详细介绍各个算法块的连接及属性设置。

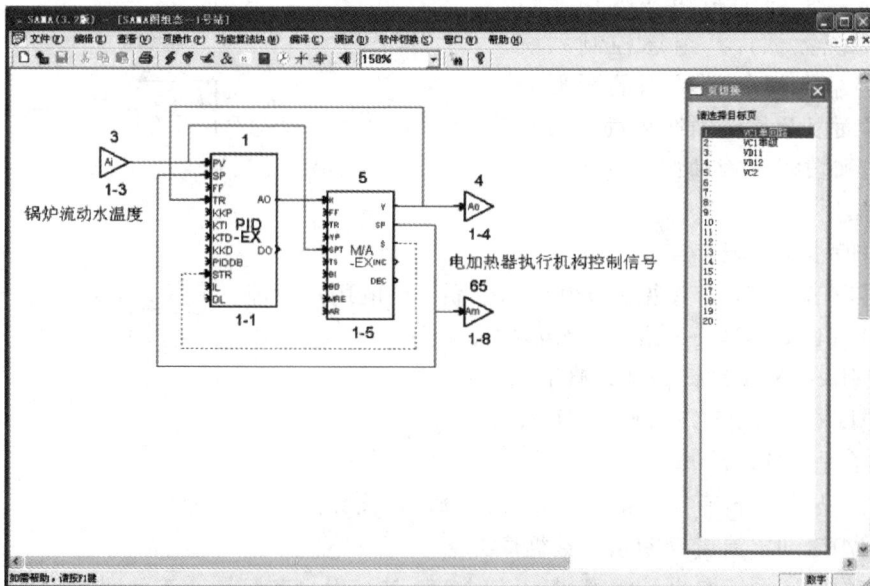

图 9 - 92　锅炉流动水温度控制系统 SAMA 图

1. AI 算法块

SAMA 图中 AI 算法块连接热电阻数据点 RT010801，点 RT010801 连接于热电阻 RT 模块的通道 1，如图 9-93 所示，属性设置如图 9-94 所示。

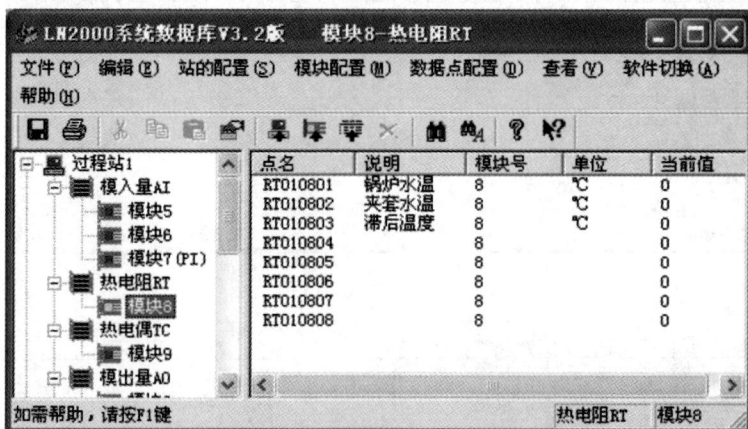

图 9-93　热电阻 RT 模块 8

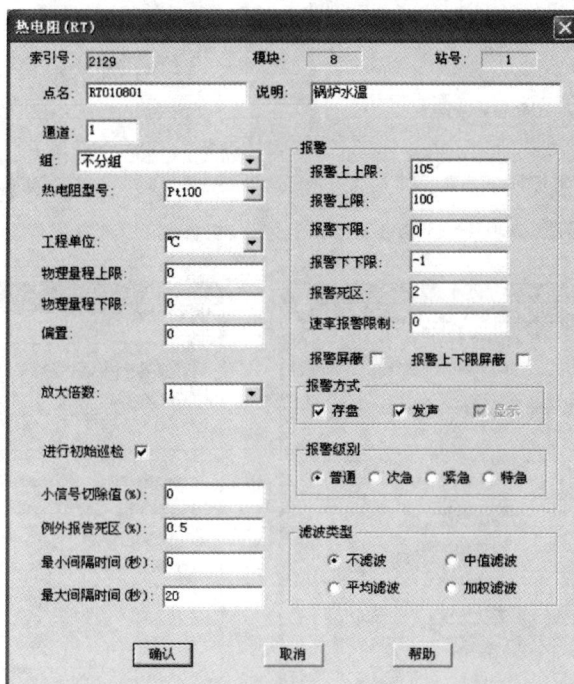

图 9-94　数据点 RT010801 属性

2. AO 算法块

AO 算法块连接数据点 A0010303，点 A0010303 连接于模出量 AO 模块的通道 3、如图 9-95 所示，属性设置如图 9-96 所示。

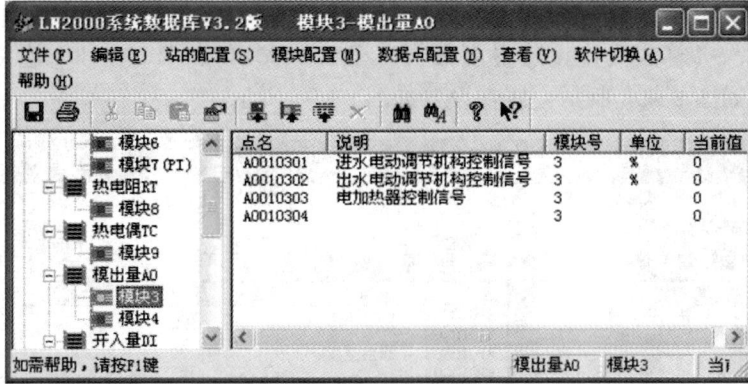

图 9-95 模出量 AO 模块 3

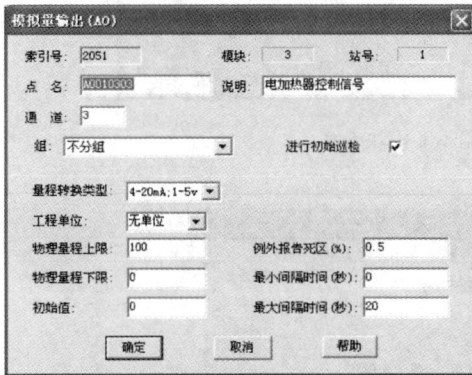

图 9-96 数据点 A0010303 属性

3. 模拟手动站算法块（M/A）

模拟手动站算法块完成手动自动切换，手动状态时完成手动输出，需结合操作器使用。初始方式为手动，属性设置如图 9-97 所示。

4. PID 优化算法块（PID-EX）

该算法块有手动、自动、跟踪多种工作状态，这些状态间的切换是无扰的，需结合操作器使用。属性设置如图 9-98 所示。P、I、D 参数需根据工程整定法进行确定。

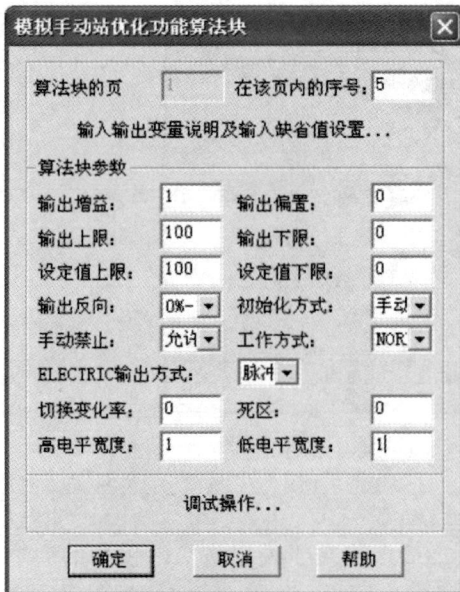

图 9-97 模拟手动站属性

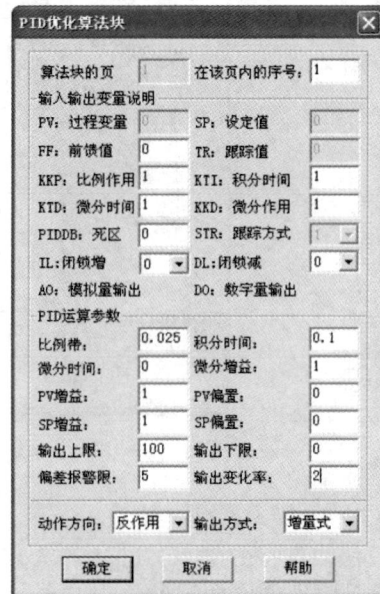

图 9-98 PID 优化算法块属性

八、锅炉流动水温度控制系统图形界面组态

锅炉流动水温度控制系统图形界面组态主要分为操作员监控画面、添加动态点、制作操作器、建立趋势曲线四个方面，下面分别介绍。

1. 操作员监控画面

根据被控对象的工艺流程，绘制操作员监控画面，如图 9-99 所示。

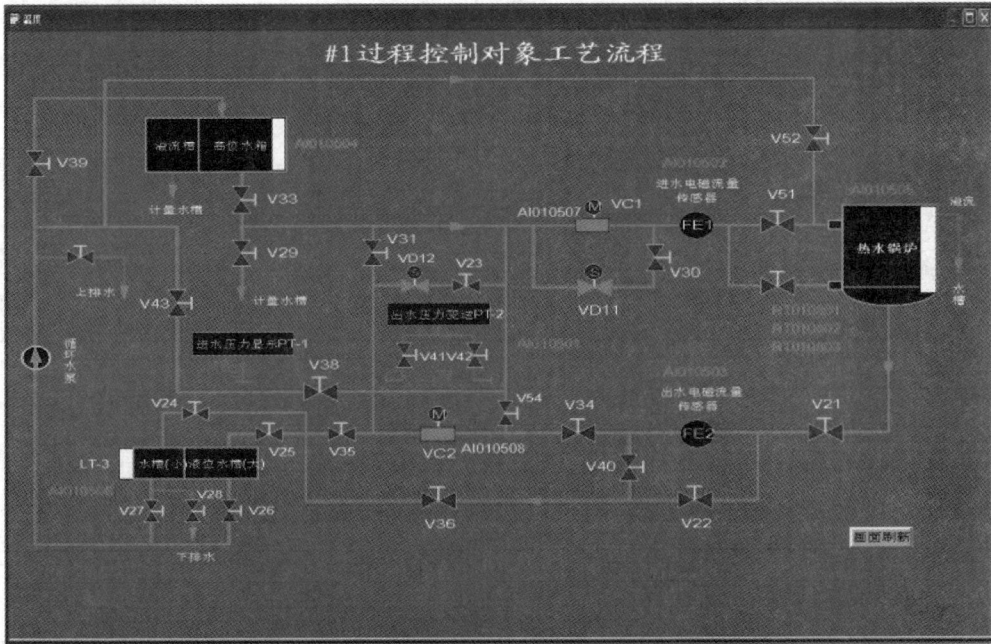

图 9-99　操作员监控画面

2. 添加动态点

在监控画面上添加动态点 AI010501 - 出水压力、AI010502 - 进水流量、AI010503 - 出水流量、AI010504 - 水箱液位、AI010505 - 锅炉液位、AI010506 - 水槽液位、RT010801 - 锅炉水温、RT010802 - 夹套水温、RT010803 - 滞后温度。

3. 制作操作器

MAN 为手动方式，AUTO 为自动方式。PV 为实际值，SV 为设定值。Out 为输出信号，FB 为执行器反馈，以百分数显示。向上向下箭头为相应的增加减小按钮，如图 9-100 所示。

4. 建立趋势曲线

将 I010501 - 出水压力、AI010502 - 进水流量、AI010503 - 出水流量、AI010504 - 水箱液位、AI010505 - 锅炉液位、AI010506 - 水槽液位、RT010801 - 锅炉水温、A0010303 - 电加热器控制信号建立趋势组画面。实时趋势组显示画面，调

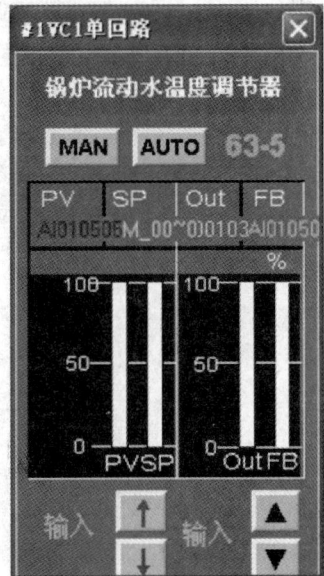

图 9-100　温度调节器

用实时趋势时，将会自动实现实时趋势与历史趋势数据无缝对接，如图 9 - 101 所示。

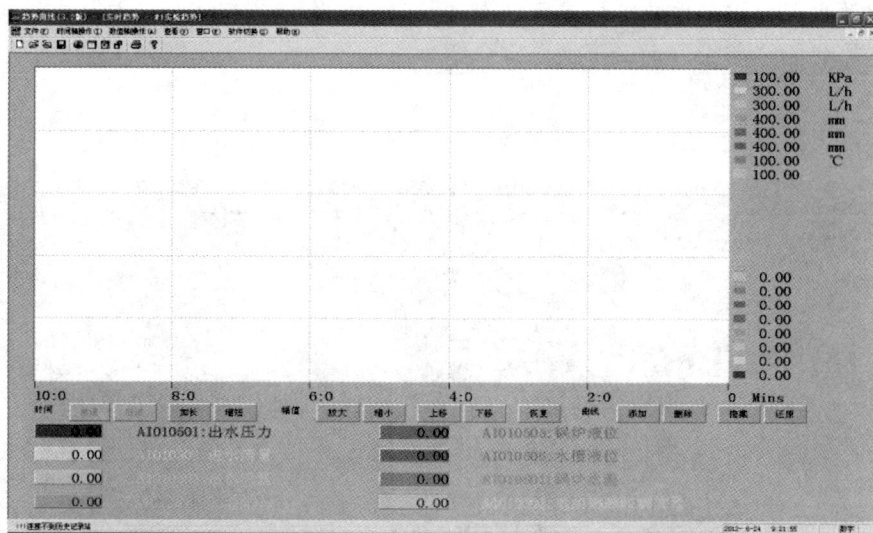

图 9 - 101　趋势组画面温度

九、在线监控运行

DCS 组态最后一步是在线调试运行，以检验数据库、控制策略、监控画面等是否达到了预期效果（从稳定性、准确性、快速性三个方面来考虑）。往往还需要经过几次反复修改才能到达令人满意的控制效果

将 SAMA 组态好的控制策略下装到过程站，DCS 即按照既定控制策略运行。按下图 9 - 6 画面中的过程站操作按钮后，弹出过程站操作对话框（见图 9 - 102）。根据各站主、从站的不同状态，可以进行相应的操作。

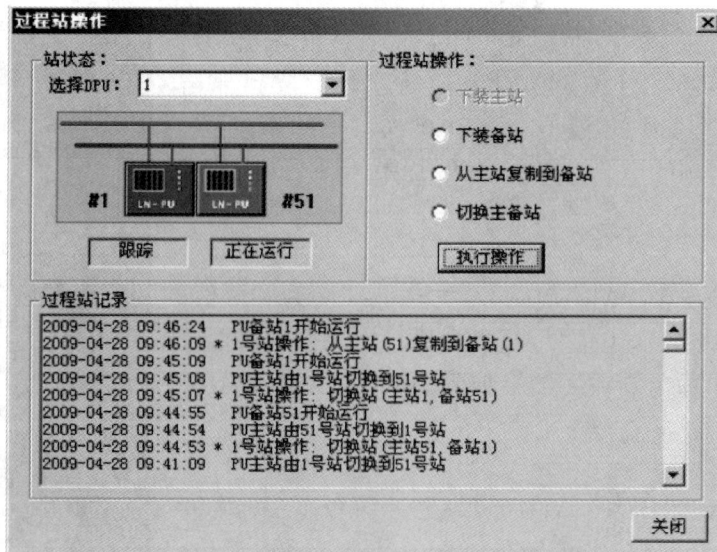

图 9 - 102　过程站操作对话框

1. 操作步骤

（1）首先选择要操作的 PU 站的站号。

（2）选择完成如下操作：

1）下装数据库到主站。点击后出现图 9-103 所示对话框，选择是否确认操作。

2）下装数据库到备用站。

3）从主站复制数据库到备用站。

4）切换主备站

5）操作记录，显示操作过程。

（3）提示：

1）系统进行每项操作时，都自动对需要操作的 PU 主站和从站状态进行自检，如果某项操作不符合条件，则无法进行相应操作。

2）在图 9-103 中，选取相应操作，弹出图 9-104。

图 9-103　下装数据库到主站对话框　　　　图 9-104　下装主站提示

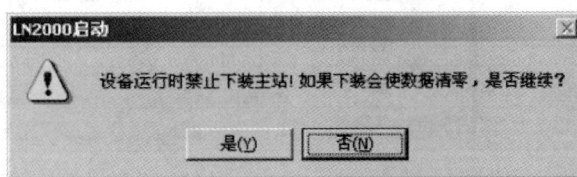

2. 操作说明

过程站下装操作每次仅针对一个过程站进行。

（1）下装数据库到主 PU 站。当过程控制 PU 站处于初始状态或者单站运行时，可以选择下装数据库到主 PU 站。

提示：选择下装时会提示图 9-104，因为单站运行下装属在线下装，对正在主控运行 PU 在线下装存在风险，可能会出现 PU 下线重启情况，会影响机组运行安全性，因此尽量选择双 PU 在线时再对 PU 进行操作。

（2）下装数据库到备用 PU 站。修改数据库组态（增加、删除数据点）或 SAMA 图组态后，可以将数据库和 SAMA 图下装到备用 PU 站（跟踪状态），下装过程时间约 10s。下装结束后，切换主从 PU 站使修改的数据库点或控制逻辑起作用。注意此时主 PU 站和备用 PU 的运行的内容不完全相同。

（3）从主 PU 站复制数据库到备用 PU 站。在自诊断程序（selftest）中，通过对过程控制站的颜色状态，可以判断主备 PU 站运行内容是否一致，备用 PU 站可能站处于部分跟踪状态（主备过程站组态相同部分跟踪）或初始状态，如果要使备站处于完全跟踪状态，需要从主 PU 站复制数据库到备用 PU 站。

（4）切换主备 PU 站。其作用是将当前主 PU 站切换为备用 PU 站，备用 PU 站切换为主 PU 站。

3. 在线调试

选择“文件”菜单下“在线”项，可以实现在线监视点数据和修改参数。再次选择，可取消在线状态。

可以在线刷新数据点的当前值和状态字以及各项报警参数等，在线时状态字用汉字描述，例如"正常""坏值""报警"等。

系统处于在线运行（见图 9 - 105）状态时，采样点数据用不同的颜色显示状态。红色表示故障或报警；蓝色表示正常；粉色代表数据点强制。

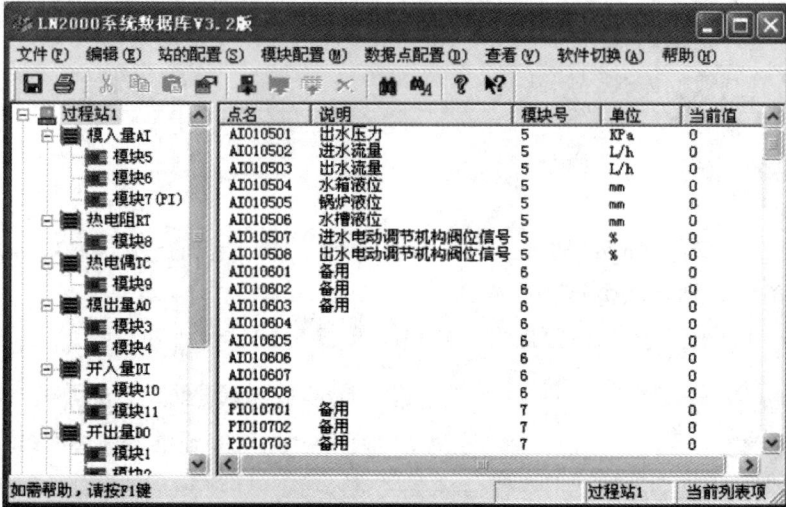

图 9 - 105　系统数据库在线运行显示

在线修改：系统处于在线运行状态时，在某个数据项上双击鼠标左键，或者先选中某个数据项，选择"编辑"菜单下"属性"项，打开数据项属性对话框，修改完毕，确定后出现图 9 - 106 所示的提示，再确定即可。注意：数据库中点的参数在线修改后立即起作用，离线修改参数编译再下装，参数才起作用。

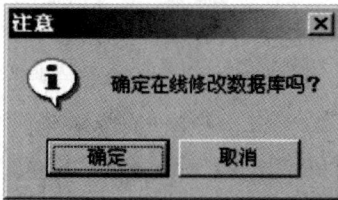

图 9 - 106　在线修改数据库对话框

（1）在线修改系统数据库。系统数据库在线时，从点属性对话框中单击【确定】按钮，可以在线同时修改主、备站的数据库组态参数。如果从站没有启动，会提示未能修改备用站参数，主、备站的组态参数会不一致，当从站工作正常后需要从主站复制数据库到备用站。如果不想在线修改参数，请不要从点属性对话框中单击【确定】按钮。

强制和取消强制功能：数据库在线时，可以使用强制功能强制数据点的值。强制操作对主站和备用站（处于跟踪状态时）都起作用。如果从站没有启动，会提示未能强制备用站参数，主备站的组态参数会不一致，当备用站工作正常后会自动备份主站强制点，如果有其他改动需主备站拷贝。

（2）在线修改算法块的参数。SAMA 图处于调试运行状态下，可以在线修改算法块的参数。这时算法块的输出端会显示出算法块的当前输出值，字体颜色为蓝色。

另外，数字量参数的连接线还以不同颜色进行区分，使连线的走向更加清晰明了。红色的连线表示数字"1"，蓝色的连线表示数字"0"。

双击算法块弹出算法块的属性对话框，修改算法块的参数，单击对话框里的【确定】键以后，修改后的算法块参数会下发到对应的正在运行的主备过程控制站，过程控制站接收修改后的参数，并根据修改后的参数计算运行。如果不想在线修改参数，请不要在算法块属性对话框中单击【确定】按钮。

SAMA 在线调试运行时，从算法块属性对话框中点击【确定】按钮，可以在线同时修改主、备站该算法块的组态参数。如果从站没有启动，会提示未能修改备用站参数，主备站的组态参数会不一致，当从站工作正常后需要从主站复制数据库到备用站。

离线状态下修改的 SAMA 图及参数设定需要下装才能运算（即只有调试状态下允许修改的参数之外其他情况对 SAMA 图的任何修改都需要重新编译下装，否则修改部分不起作用）。

4. 系统运行

启动 StartUp 时，如果运行方式选择的是"在线运行"状态，在 DCS 电源正常情况即投入运行状态，单击【操作员监控】按钮便可实时监控锅炉流动水温度控制系统各个参数，且可进行相应的操作。图 9 - 107 为给定值操作的键盘式输入画面。操作员站的基本功能包括：

（1）监视所有生产过程的输入输出数据点的状态和当前值。

（2）监视和处理各种报警。

（3）监视和调整控制系统工作状态。

（4）监视所有控制设备状态，包括网络、过程控制站、所有数据采集卡件以及采集通道。

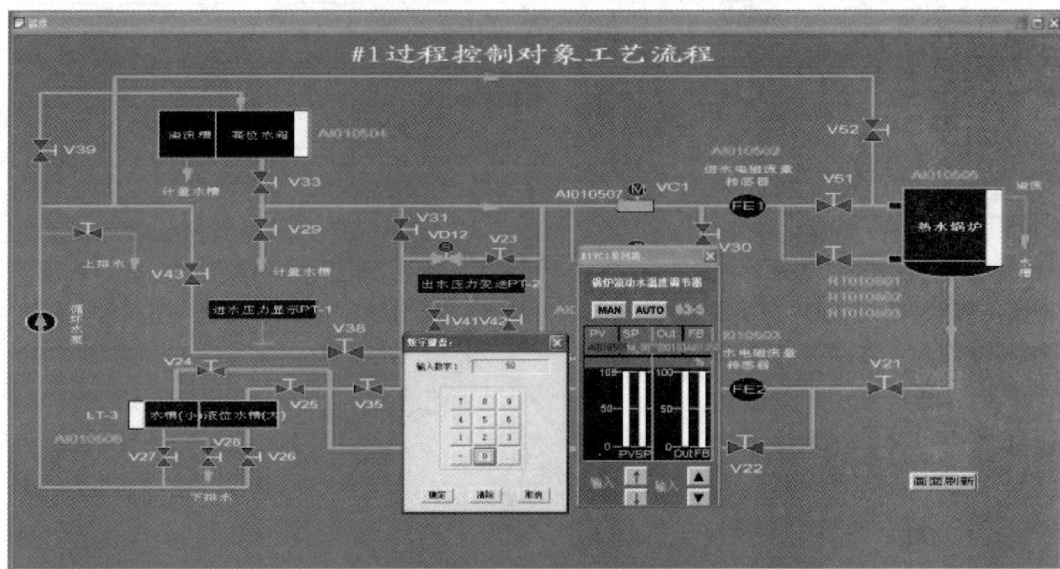

图 9 - 107　给定值设定操作

5. 退出系统

如需退出 LN2000 系统，则在启动主程序中单击【退出系统】按钮后，选择退出系统，输入预设的密码进行用户验证，确定后退出系统。关闭系统电源、关闭过程实训装置电源。

第四节　600MW 火电机组主控系统应用

某发电厂新建一台 600MW 超临界燃煤空冷汽轮发电机组。主机选用国产超临界褐煤直接空冷机组，采用石灰石－湿法烟气脱硫设施。

一、DCS 控制系统硬件设计

DCS 控制系统包括数据采集（DAS）、模拟量控制（MCS）、锅炉炉膛安全监控（FSSS）、顺序控制（SCS）、电气控制（ECS）以及公用系统等。根据设计的控制系统输入输出数据表（I/O 点表），按照生产工艺流程，对 DCS 过程控制站数量、功能进行分配。DCS 控制系统共配置过程控制站的数量为 34 对，其中 MCS 为 3 对，SCS 为 17 对，FSSS 为 5 对，ECS 为 4 对，空冷岛为 3 对，BPS 为 1 对，远程站为 1 对。远程 I/O 过程控制站的安装位置在电子间控制柜内。1 台工程师站，1 台历史站，5 台操作员站，1 台值长站。系统硬件配置见图 9 - 108，过程控制站详细分配见表 9 - 16。

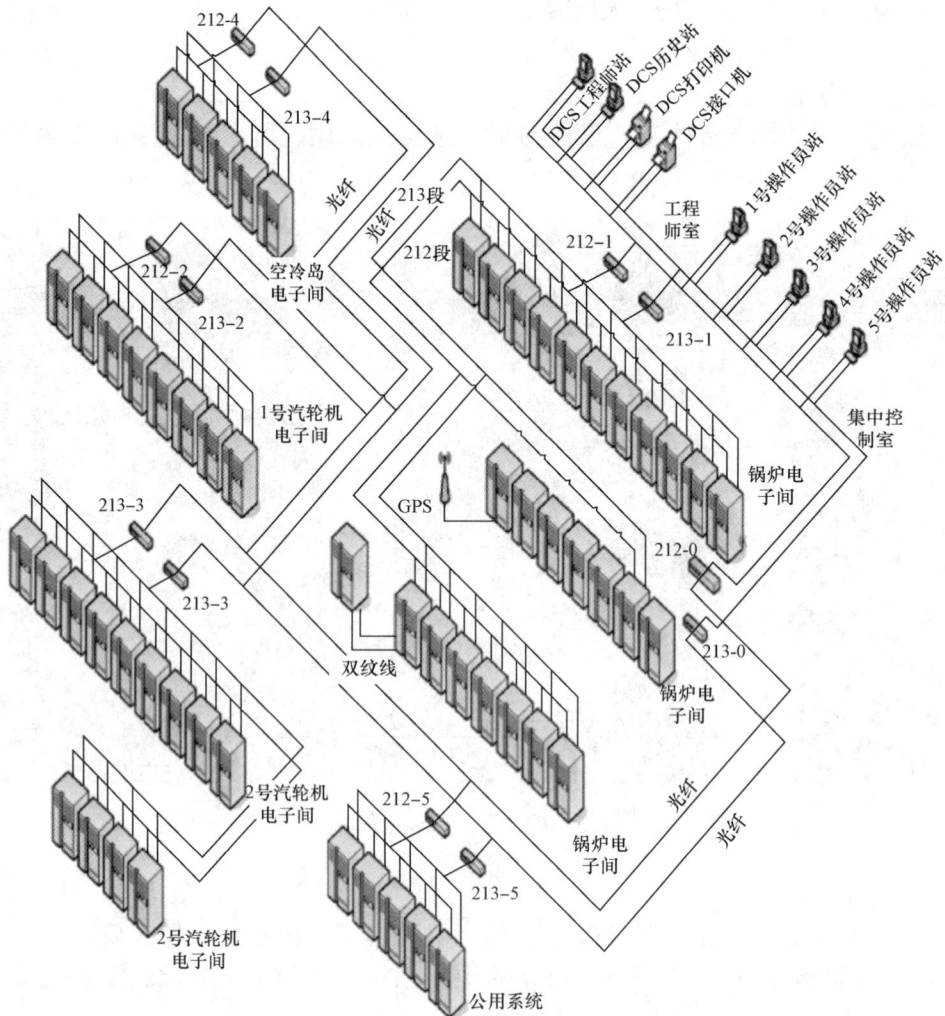

图 9 - 108　系统硬件配置

表 9 - 16　　　　　　　　　　过程控制站详细分配

PU 站号	系统名称	主要设备
1	FSSS1	MFT、火检风机、密封风机、供油阀、回油阀等
2	FSSS2	等离子、AB 层油、CD 层油、EF 层油、其他
3	FSSS3	A、D 磨，A、D 给煤机，AB 层油，磨油站，冷热风门
4	FSSS4	B、E 磨，B、E 给煤机，CD 层油，磨油站，冷热风门
5	FSSS5	C、F 磨，C、F 给煤机，EF 层油，磨油站，冷热风门
6	CCS1	锅炉主控、二次风
7	CCS2	给水控制
8	BSCS 锅炉汽水	过热器、再热器系统及疏水
9	BSCS 风烟 A	A 侧送、引、一次风机及油站，本体监测，空预器
10	BSCS 风烟 B	B 侧送、引、一次风机及油站，本体监测，空预器
11	BSCS 锅炉疏水	锅炉排汽及本体疏水、PCV 阀
12	BSCS 暖风器系统	暖风器系统、吹灰系统
13	BSCS 炉给水	锅炉启动系统
14	除渣系统	除渣系统、暖风器系统
15	油系统	主汽轮机润滑油系统、EH 油系统
16	凝水系统	凝结水泵 A、低压加热器系统、真空系统
17	给水系统	凝结水泵 B、除氧系统、高压加热器系统
18	轴封及辅助蒸汽	轴封、辅助蒸汽
19	给水 1	A 电动给水泵及汽轮机疏水 1
20	给水 2	B 电动给水泵及汽轮机疏水 2
21	给水 3	C 电动给水泵及其他
22	汽轮机主控	汽轮机主控及其他
23	开闭式水	开闭式泵及其他
24	旁路控制	BPS
25	发电机氢、油、水	不包括 IDAS 测点
26	电气 1	发变组
27	电气 2	厂用电 1
28	电气 3	厂用电 2
29	空冷岛系统 1	第 1、3、7 列风机
30	空冷岛系统 2	第 4 列风机、真空泵
31	空冷岛系统 3	第 2、5、6 列风机
32	燃油泵房远程	远程 I/O 柜
33	热工公用	空压机 A、B、C、D
34	电气公用	

二、监控画面

监控画面包括锅炉、汽轮机、电气运行流程画面，自启停流程帮助画面，棒状图（BAR）、趋势图（TREND）等。在流程图上，运行人员可以监视各主要参数的实时数值，并可根据其颜色判断报警状态，从被控设备上可以直接调出相应的操作画面，在监视实时参数的同时进行控制操作。

监控画面分为机组主控系统、锅炉显示操作系统（见图 9-109）、汽轮机显示操作系统、电气显示操作系统。其中机组主控图 1 幅、锅炉流程图 27 幅、汽轮机流程图 30 幅、电气流程图 11 幅、菜单 4 幅、软光字牌报警 7 幅。另外，自启停流程帮助画面、棒状图（BAR）、趋势图（TREND）、机组运行报表、顺序事件记录（SOE）等可在对应流程图上方便调出。

图 9-109　锅炉显示操作系统

三、控制策略设计组态

1. 模拟量控制系统（MCS）

模拟量控制系统最主要的部分是机组协调控制系统，其中包括了如下内容：机炉协调控制方式、AGC 功能、锅炉跟踪方式下锅炉主控指令的形成、协调控制方式下锅炉主控指令的形成、锅炉主控、汽轮机主控、RUNBACK 功能、煤主控等。MCS 配置 3 对过程控制站，即♯6PU、♯7PU 和♯22PU。除氧器水位控制 SAMA 组态如图 9-110 所示。

2. 炉膛安全监控系统

炉膛安全监控系统（furnace safeguard supervisory system，FSSS）包括燃烧器控制系统及燃料安全系统，是现代大型火力发电机组的锅炉必须具备的一种监控系统。它能在锅炉正常工作和启停等不同运行方式下，连续监视燃烧系统的大量参数与状态，不断进行逻辑判断和运算，必要时发出指令，通过不同连锁装置使燃烧设备中的有关部件（如磨煤机组、点火器组、燃烧器组等）严格按照既定的合理程序完成必要的操作，或对异常工况和未遂性事故做出快速反应和处理。防止炉膛的任何部位积聚燃料与空气的混合物，防止锅炉发生爆燃而损坏设备，保证操作人员和锅炉燃烧系统的安全，FSSS 不但是监控系统，还是安全装置，是安全连锁功能级别中的最高等级。FSSS 包括系统的控制、连锁、保护功能。

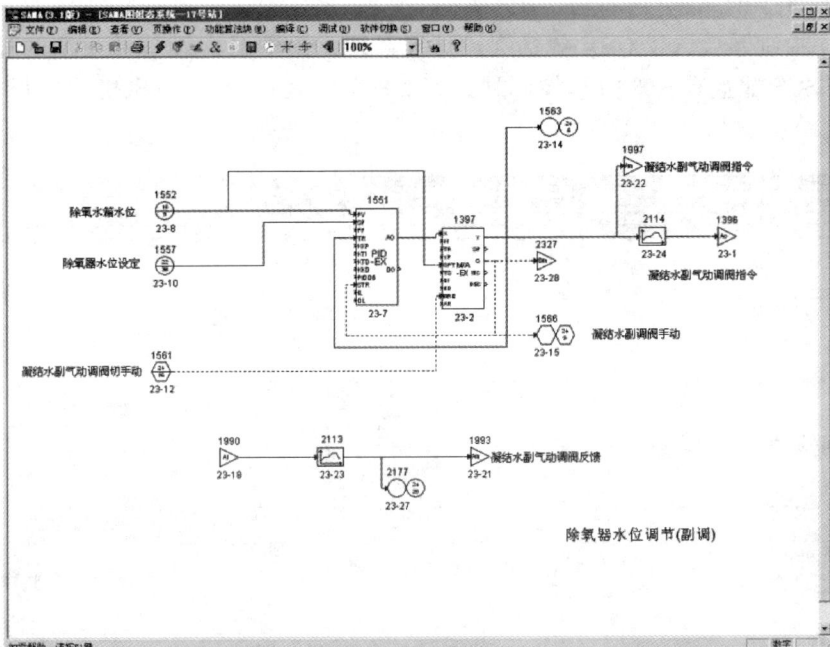

图 9 - 110　除氧器水位控制 SAMA 组态

FSSS 系统的硬件组成共分配了 5 对过程控制站，♯1PU～♯5PU。送、引风机停止到主燃料跳闸的 FSSS 逻辑 DCS 组态，如图 9 - 111 所示。

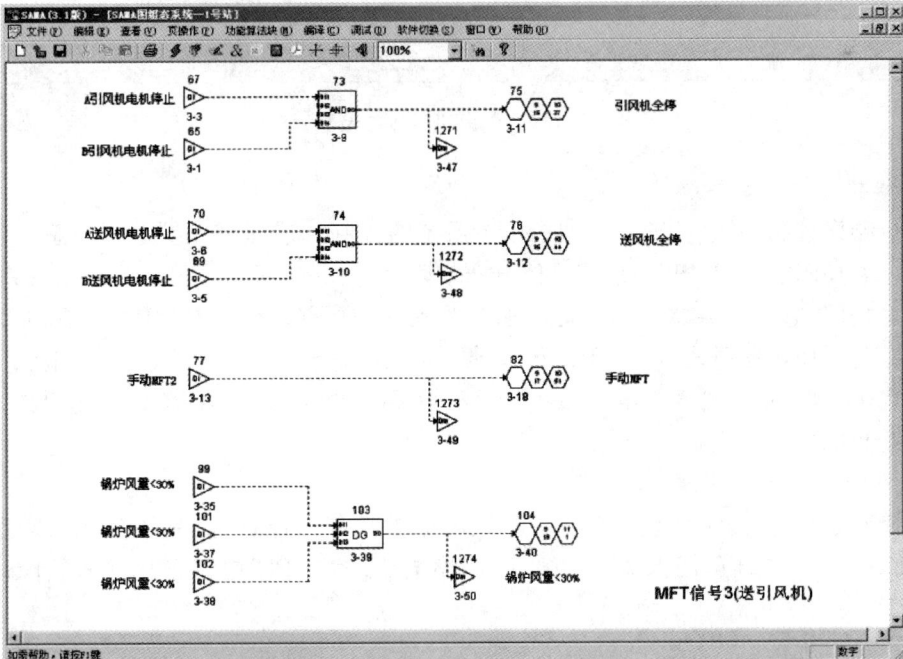

图 9 - 111　FSSS 逻辑 DCS 组态

3. 锅炉顺序控制系统

锅炉顺序控制系统（BSCS）包括锅炉烟风系统、锅炉辅机设备及系统的控制、连锁、保护功能。BSCS 配置有 6 对过程控制站，即♯8PU～♯13PU。引风机顺序控制启动如图 9-112 所示。

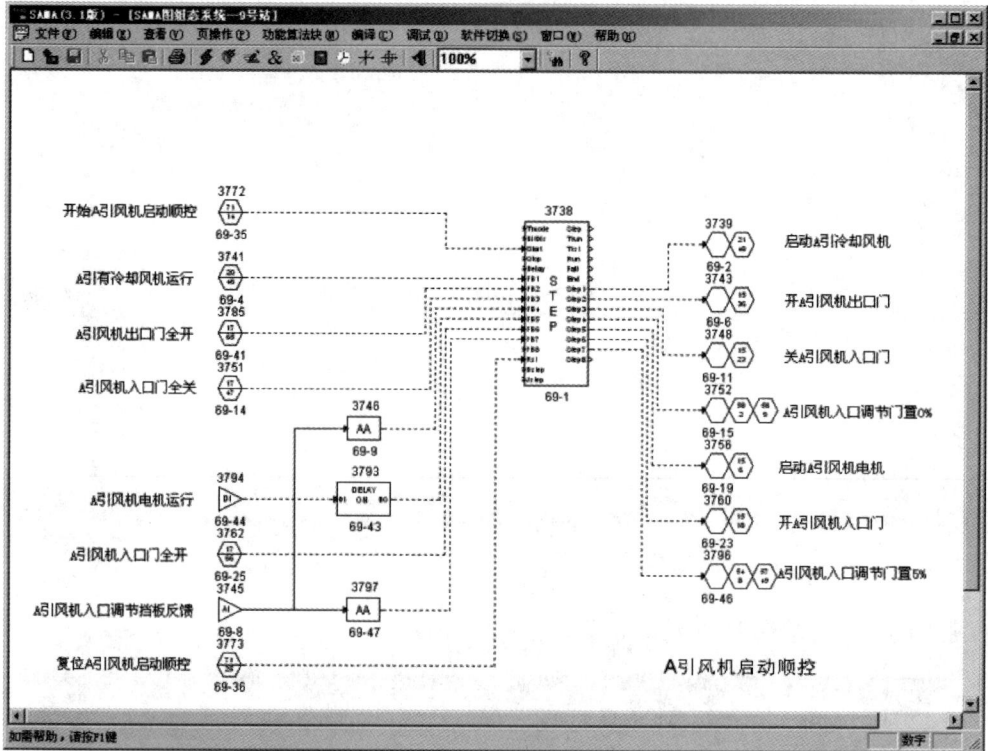

图 9-112　引风机顺序控制启动

4. 汽轮机顺序控制系统

汽轮机顺序控制系统（TSCS）包括以下系统的控制、连锁、保护功能。系统硬件配置有 8 对站，♯15PU～♯23PU。系统具体分布如下：♯15PU 负责主汽轮机润滑油系统、EH 油系统，♯16PU 包含凝结水泵 A、低压加热器系统、真空系统，♯17PU 包含凝结水泵 B、除氧系统、高压加热器系统，♯18PU 包含轴封及辅助蒸汽，♯19PU 包含 A 电动给水泵及汽轮机疏水 1，♯20PU 包含 B 电动给水泵及汽轮机疏水 2，♯21PU 包含 C 电动给水泵，♯23PU 包含开闭式泵。

5. 电气控制系统

电气控制系统（ECS）包括控制、连锁、保护功能。ECS 系统配置有 4 对站，即♯26PU 发变组、♯27PU 厂用电 1、♯28PU 厂用电 2、♯34PU 电气公用。机组顺序控制并网组态逻辑见图 9-113。

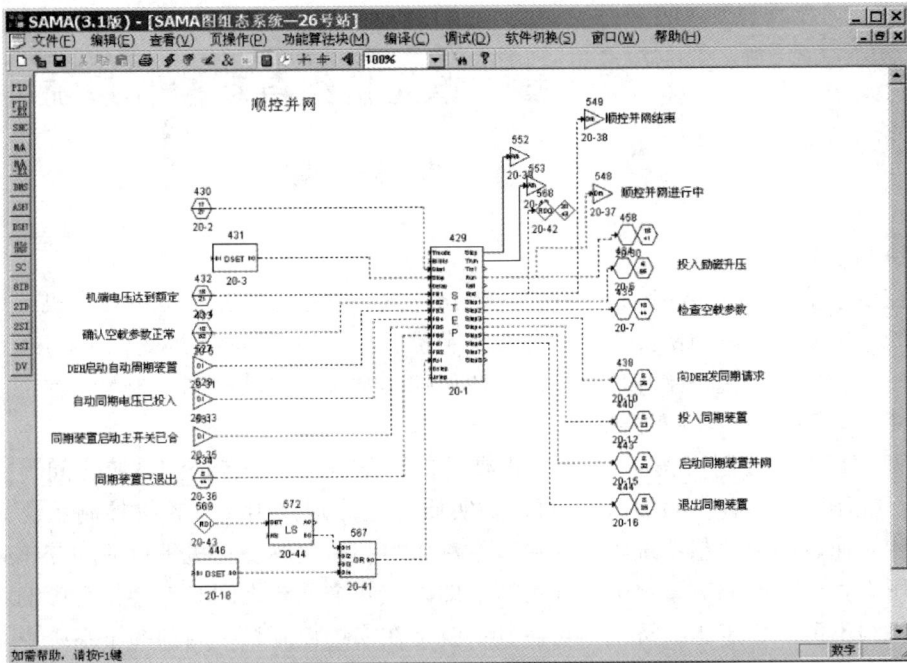

图 9-113 机组顺序控制并网组态逻辑

复习思考题

9-1 分散控制系统主要由哪四方面技术构成？

9-2 LN2000 分散控制系统主要硬件有哪些？

9-3 LN2000 分散控制系统过程控制站（LN-PU）功能是什么？

9-4 LN2000 分散控制系统操作员站（OS）功能是什么？

9-5 LN2000 分散控制系统工程师站（ES）功能是什么？

9-6 LN2000 分散控制系统 I/O 智能模块功能是什么？

9-7 LN2000 分散控制系统实时数据网络为什么采用冗余方式工作？

9-8 LN2000 分散控制系统 CAN 现场总线为什么采用冗余方式工作？

9-9 简述 DCS 组态的一般过程。

第十章　单元机组自动控制系统

第一节　协　调　主　控

一、协调控制概述

协调控制系统（coordination control system，CCS）通常是指现代电厂中机、炉所有闭环控制系统的集合。原电力部热工自动化委员会推荐采用模拟量控制系统（modulating control system，MCS）来代替闭环控制系统、协调控制系统、自动控制系统等名称，但习惯上人们仍然使用 CCS 来代表协调控制系统。

DCS 诞生以前的控制仪表，如 DDZ-Ⅱ或组装仪表等，由于各控制系统之间不能进行有效的通信，控制系统"各自为战"，故机、炉实质上是分别控制。汽轮机控制系统只管调节机组负荷和转速，锅炉控制系统则主要调节主汽压力和控制燃烧。机组负荷的变化必然影响到主蒸汽压力，燃烧的调节肯定会改变负荷，即以上两个系统之间必然会相互影响，没有协调控制，机组不可能稳定、经济地运行。其实就是在锅炉控制系统内部的子系统中（例如燃烧控制）也需要控制系统之间的协调，当燃料变化时，送风和引风必须随之改变，这就是协调的内涵。可见，对协调控制的需求由来已久，过去由于控制仪表的特性而不能实现。随着DCS 的出现，计算机、通信、CRT 进入控制领域，使得协调控制成为可能。

所谓协调就是通过一套控制回路协调锅炉、汽轮机控制回路的工作，使机组能快速、安全、经济地对外界负荷作出响应。

协调控制中有以下常用术语。

1. Run Back—自动快速减负荷

通过计算当前机组最大允许出力与机组实际出力进行比较，当机组实际出力大于允许的最大出力，即发生 RB 工况时，机组目标负荷由当前值按照引起 RB 的辅机所需的 RB 速率进行减小。当机组目标负荷到达 RB 目标值，即机组允许的最大出力后，RB 结束。例如，一台送风机出现故障停机，机组不可能继续满负荷运行，必须将负荷快速降低到安全数值以下。此时，DCS 中相应的控制回路会产生 Run Back 信号，发送到各相关设备，协调各设备快速降低负荷。机组由于辅机故障而快速降低负荷的状态称为 Run Back 工况。

Run Back 回路包括以下组成部分：

（1）重要辅机出力计算；

（2）机组允许的最大出力计算；

（3）RB 工况判断；

（4）RB 速率计算；

（5）RB 状态指示。

2. FCB—快速甩负荷，也称负荷快速切回

当发电机由于故障而跳闸甩负荷后，锅炉也必须快速将负荷降低到适应水平。当发电机甩负荷后，DCS 相关调节回路产生 FCB（fast cut back）信号，协调各设备降低负荷到安全水平，一般将锅炉负荷降低到只带厂用电水平，保持锅炉在最低负荷下运行，待发电机故障

排除后重新升负荷。

3. Run Up、Run Down—强增负荷、强减负荷

当锅炉负荷低于一定数值（一般是30%）后，负荷继续降低，会影响到锅炉运行的安全（例如：锅炉灭火等事故）时，DCS产生Run Up信号发往相关电路，迫使负荷上升，直到Run Up信号消失为止。当锅炉负荷大于一定数值后，也同样会危及机组安全，DCS产生Run Down信号强迫负荷降低，直到该信号消失。

4. MFT—锅炉主燃料跳闸

当发生炉膛灭火等事故后，如不切断进入炉膛的燃料可能造成煤粉爆炸等危及锅炉安全的事故，此时，相关电路会产生MFT（master fuel trip）主燃料跳闸信号，使机组协调控制系统进入MFT工况，以切断锅炉的所有燃料供给。

5. ETS—汽轮机紧急跳闸

当继续运行危及汽轮机设备安全时，例如，汽轮机超速、发电机甩负荷等工况出现时，相关控制器使汽轮机进入ETS工况，强行关断进汽阀门，以保护汽轮机等设备的安全。

6. AGC—自动发电控制

整个机组的负荷由调度通过微波信号或光纤回路到机组负荷控制单元，称为AGC（automatic generation control）。

还有CCS—单元机组协调控制系统、BMS—燃烧管理系统、SCS—顺序控制系统、DAS—数据采集系统、DEH—汽轮机数字电液控制系统、BPS—旁路控制系统。

二、协调控制的基本方式

协调控制一般有四种基本方式供运行人员选择使用。

（1）炉跟随方式，也称炉跟机。该方式是汽轮机主控控制负荷，锅炉主控控制主蒸汽压力。具体原理见图10-1。

当机组负荷变化时，运行人员通过手动，改变"手动负荷指令"。通过"汽轮机主控"最终改变汽轮机输出功率。当负荷改变影响到主蒸汽压力 p_T 后，由于压力给定 p_{TG} 没有改变，从而产生汽压偏差，通过"锅炉主控"回路，控制"燃料控制阀"开度以调节主

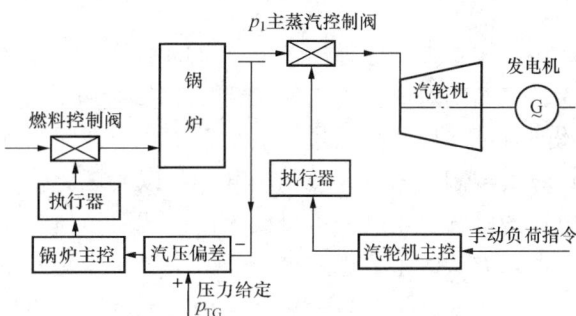

图10-1　炉跟随方式原理示意

蒸汽压力。这种汽轮机先动作，而锅炉随后动作的调节称为炉跟随或炉跟机调节模式。

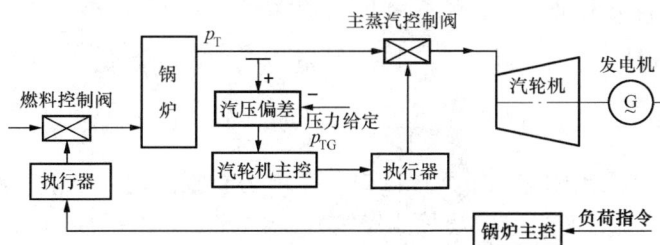

图10-2　机跟随方式调节原理框图

炉跟随方式的特点是，充分利用锅炉蓄热，机组功率变化比较快，但主蒸汽压力波动比较大。

（2）机跟随方式，也称为机跟炉。该方式下，锅炉主控控制机组功率，汽轮机主控控制主蒸汽压力，原理框图见图10-2。

"汽轮机主控"为正作用控制

器，当主汽压力升高时，控制器输出增加，"主汽控制阀"开大，迫使汽压下降最终等于"压力给定"数值 p_{TG}。

当机组功率发生变化后，"负荷指令"的改变，使"锅炉主控"首先动作，开大"燃料控制阀"迫使机组功率变化。当机组功率变化影响到主汽压力后，"汽轮机主控"开始调节"主汽控制阀"以适应机组负荷变化。锅炉调节在前，汽轮机调节在后，称为机跟随或机跟炉。

机跟随方式特点是：机组功率变化过程中，主汽压力波动比较小，但燃料的燃烧最终变成机组功率需要一定时间，所以机组功率对外界负荷适应性比较差。

（3）协调方式，该方式是机组控制的最高级形式。当机组负荷变化后，汽轮机主控和锅炉主控同时动作，这样既可以使机组快速满足外界的负荷要求，又能使主蒸汽压力波动比较小，原理见图 10-3。

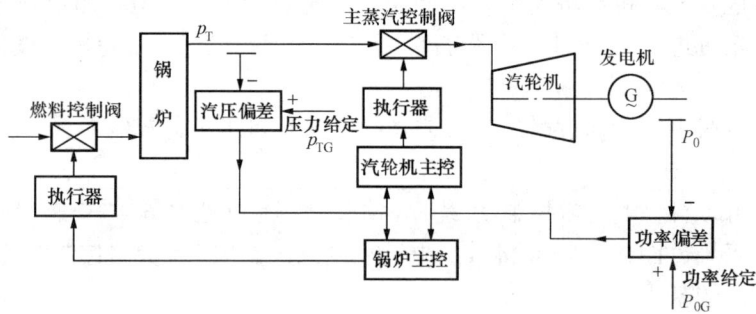

图 10-3　协调方式控制原理示意

协调方式控制原理比较复杂，图 10-3 仅为原理示意，真正控制系统所控制的对象是多输入、多输出对象。由于两个系统相互影响，简单的信号连接不但不能使系统达到预期目标，还有可能使干扰信号在两个系统之间来回窜动，使整个控制系统永远不能进入稳态。随着计算机控制技术进入控制领域，可以实现比较复杂算法，这些问题已经得到解决。目前国内电厂的多数机组已经可以投入"协调"，对整个机组进行控制。

协调方式的主要思路是，当机组负荷变化或主汽压力变化后，与其等到被控量变化后被动调节，不如在被控量变化前主动实施调节。考虑到无论是负荷变化或是主蒸汽压力变化，最终都会影响到两个控制回路，所以将两者变化差值同时输入到两个控制系统中。例如，当外界负荷需要变化时，"功率偏差"将信号同时送往"汽轮机主控"和"锅炉主控"，分别通过"主汽控制节阀"和"燃料控制阀"同时调节。这样，会使机组既能以比较快的速度适应外界负荷变化，也能保证主蒸汽压力波动较小。

（4）手动方式。该方式下，"汽轮机主控"切手动，控制机组功率。"锅炉主控"切手动，控制主蒸汽压力。

三、协调控制系统

为了能结合实际操作界面介绍协调主控原理，下面以国电华北电力有限公司太原第一热电厂（简称太原一热）11 号机组为例介绍协调主控及其他控制系统内容。在本书后面出现的所有资料，凡未加说明的均指太原一热 11 号机组资料。

太原一热 11 号机组为 300MW 机组，20 世纪 90 年代投产发电，原来控制系统由组装仪表构成，在 2003 年由北京国电智深控制技术有限公司将其改造为 DCS。太原一热 11 号机组协调控制系统由负荷运算、锅炉主控和汽轮机主控组成。

在介绍具体的控制系统之前，先介绍组成系统的各种图形符号，以便读者能理解本书中的图形资料。

（PT）：圆形表示现场的参数测量仪表，图形中的文字表示测量的具体内容。例如，PT 表示主蒸汽压力，MW 表示功率等。

测量仪表的二次信号或运算电路的输出。

SELECT3：方框表示信号处理环节。方框中文字表示环节特性。如 SELECT 表示该环节是选择环节，在输入的众多信号中选择一个作为输出。

LAG：LAG 表示惯性运算。

对两个输入信号进行差值运算。

手动控制单元。在 CRT 显示屏幕上可以通过鼠标或键盘控制该环节的输出大小。上方数字表示该环节在调节之前的初始数值的大小。

输入信号切换环节。右上方文字表示切换条件，当"机炉协调"方式成立时条件满足。当条件满足时，切换环节输出等于 Y 侧的输入，即环节上方输入的信号。"机炉协调"方式不成立时，环节输出等于 N 侧信号，即由手动控制决定该切换单元的输出。

LIM：固定常数输出数值幅值限制环节。限制数值由程序设定，当输入信号数值超过限制数值后，环节输出等于限制数值大小。例如，限制数值等于 105，当输入数值小于 105 时，环节输出等于环节的输入；当环节输入为 110 超过限制数值后，环节输出等于 105。

高限报警环节。环节输入为模拟量，输出为开关量。上方数字为输入信号的高限数值，当输入信号超过高限数值，电路输出报警信号（输出"1"信号）；输入信号低于高限数值时，电路没有报警信号输出（输出"0"信号）。

低限报警环节。和高限报警电路类似，当输入信号低于上方低限数值后，电路输出报警信号。

函数运算环节。坐标横轴对应环节的输入，坐标纵轴对应环节输出。在有效范围内的输入信号都可以在纵轴查到对应输出。总之，环节输出和输入之间关系由函数 $f(x)$ 确定。

带显示的手动控制单元，手动控制过程中，在 CRT 上可以实时显示控制结果。这种单元是运行人员可以使用鼠标或键盘对输出进行调节的单元。

RAMPC：上、下速率限制输出环节，上方为输入信号，下方为输出信号，左侧为限制条件，右侧上边为输出高限数值，右侧下方为输出低限数值。当左侧限制条件（一般为开关量信号）成立时，环节输出的变化速率将受到高、低限制数值的限制。当环节的输入变化速率超过高限数值时，环节输出最大变化速率等于高限数值（往往用于限制上升速率）；当环节输入变化速率低于低限数值时，环节输出最小变化速率等于低限数值（往往用于限制下降速率）；环节输入变化速率只有在高限、低限数值之间时，环节输出等于环节输入。当左侧限制条件无效时，环节输出永远等于其输入，即环节速率限制不成立时，输入信号可以不经限制传递给输出。当环节限制条件成立时，环节输出变化速率将受高限、低限数值的限制。

    ：大值选择环节。选择电路的输出等于两路输入信号中最大的一个。

    ：小值选择环节。选择电路的输出等于两路输入信号中最小的一个，例如，两输入信号分别为 80 和 95，电路输出等于 80。

    ：求和算法块。环节的输出等于两路输入信号的代数和。

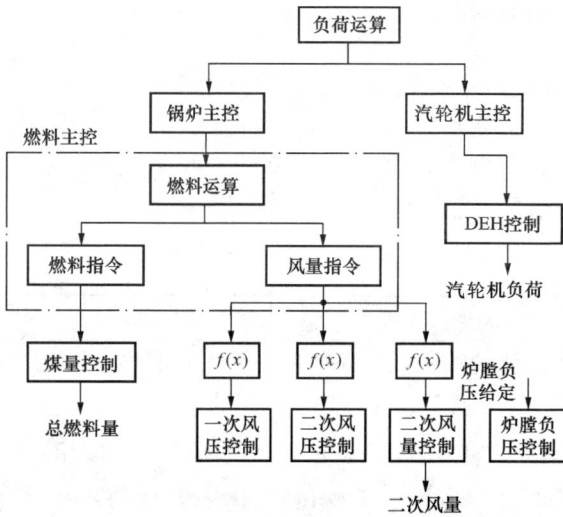

图 10 - 4   协调控制系统原理示意

1. 协调控制系统总体介绍

电厂协调控制系统原理见图 10 - 4。"负荷运算"模块以外，协调控制系统的左侧为锅炉控制系统、右侧为汽轮机控制系统。右侧的汽轮机控制回路比较简单，DEH 在汽轮机主控回路的"指挥"下，控制汽轮机负荷等于给定数值即可。因此协调控制功能主要集中在锅炉控制系统。锅炉控制系统既要控制最终的"总燃料量"和机组负荷相适应，还要控制二次风量、一次风压、二次风压和炉膛负压等被控制量。总之，在控制系统最上层"负荷运算"回路的协调下，使所有的被控制量协调一致。

2. 负荷运算

负荷运算回路只有在协调控制方式下才起作用，负荷运算回路见图 10 - 5。负荷运算的任务可以用一个操作、两个校正、一个限制来概括。

一个操作是回路的中间部分，通过"操作员设定"的手动操作单元，运行人员使用鼠标或键盘可以设定机组负荷的大小。负荷设定还要通过下部的 LIM 限幅环节、最大负荷限制、最小负荷限制以及负荷变化率限制后，才能作为负荷运算回路的输出去控制锅炉和汽轮机。这样做的目的主要是防止运行人员的误操作。

如果"AGC 方式"成立（由运行人员操作确定），则机组负荷由中调微波或光纤传送的"AGC 指令"决定。

两个校正为主蒸汽压力校正和频率偏差校正。当主蒸汽压力不等于压力给定数值时，由负荷运算电路最左侧的压力校正支路对机组负荷进行校正，以保证主汽压力等于给定数值。当机组频率和电网频率出现偏差后，由负荷运算电路最右侧的频率偏差校正支路对机组负荷进行校正，以保证机组输出负荷和电网的负荷需求相平衡。

一个限制是指当负荷变化时，对负荷的变化速度加以限制，以保汽轮机设备的安全。限制回路为图 10 - 5 中的 RAMPC 单元。左侧为限制回路有效条件"速率限制有效"，当该条件成立时，RAMPC 回路对输入负荷的变化率进行限制，否则输出负荷等于输入负荷，即不

主蒸汽压力测量值 TPSP　　主蒸汽压力设定值　实发功率　　AGC指令　　　　　　　　负荷速率　　　　　　频率偏差

PT　PT　PT　DZ/3　　MW　MW　MW　　ADS　　　　　　I　A　　　　　　Hz

SELECT3　　　　SELECT3　操作员设定　AGC方式　BR/5　AGCMODE

LAG　　　　　　LAG　　　I　A　T

△

0　N　Y　CCMODE机炉协调
A　　　　LIM

BX/8　LDCTRK 负荷指令跟踪　　负荷闭锁增　N Y 0　　0 A Y　负荷闭锁减 T

Y　N　T

MW
50
−5.4 −0.4　0.3 5.3 MPa
−50　　f(x)

>　最小负荷限制

<　最大负荷限制　　　RB速率　N T　RB　　投入频率校正 BO/5 Y

MW
96
0.2 5
−5 −0.2
−96　Hz
f(x)

RAMPC　　　　　　　　　　　　　T N A 0
LDCTRKN 速率限制有效

Σ

Σ

LIM

AJ/2

LOADCMD LDC输出

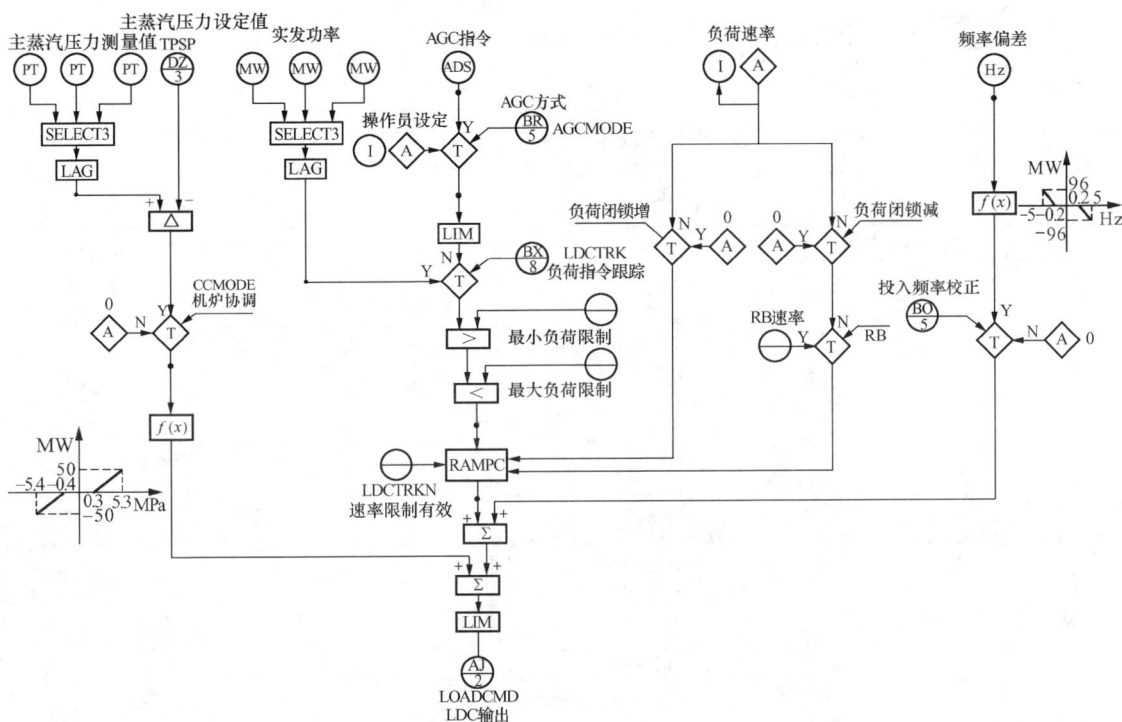

图 10-5　协调主控中负荷运算回路

限制负荷变化速度。RAMPC 右侧上部为负荷上升速率限制，下部为负荷下降速率限制。例如，上下速率限制数值为 5（假设为 5MW/min），即无论负荷增加或减小，负荷的变化不能大于 5MW/min。例如，操作员通过鼠标或键盘，短时间内完成了负荷增大 20MW 的操作，该负荷指令到达 RAMPC 后，如果限制条件成立，限制电路的输出只会以 5MW/min 的速度改变负荷，4min 后才能将操作员的负荷改变数值完全输出。

3. 锅炉主控

锅炉主控回路，接收"负荷运算"电路的输出"LOADCMD"，通过相关运算后，将运算后的负荷指令输出给燃料主控，最终控制进入炉膛燃料的多少。

锅炉主控回路原理图见图 10-6。锅炉主控回路中共有三处切换。最下边的"炉主控跟踪"切换，是当所有给煤机手动后"炉主控跟踪"条件成立，此时炉主控回路跟踪总燃料量，炉主控的输出与负荷无关，跟踪是为了保证将来的无扰切换。只要有一台给煤机投入自动，"炉主控跟踪"无效，输出由其上方回路决定。第二个切换是"锅炉主控"的自动/手动切换。当锅炉主控切换到手动时，锅炉主控的负荷输出由操作员手动操作确定，当锅炉主控处于自动方式时，由其上方回路的输出确定。第三个切换为"锅炉跟随方式"成立时的切换，炉跟随方式成立，必然是锅炉主控为自动、汽轮机主控为手动，此时锅炉主控回路的输出由图 10-6 中左侧的压力控制回路来确定。例如，主蒸汽压力高于给定数值，控制器输出减小（控制器为反向），锅炉主控输出的负荷指令减小，最终燃料量减小。锅炉主控左侧回路仅在炉跟随方式下使用，其余方式不使用。

锅炉主控回路主要任务是将负荷运算来的负荷指令（LOADCMD），传递给燃料主控，

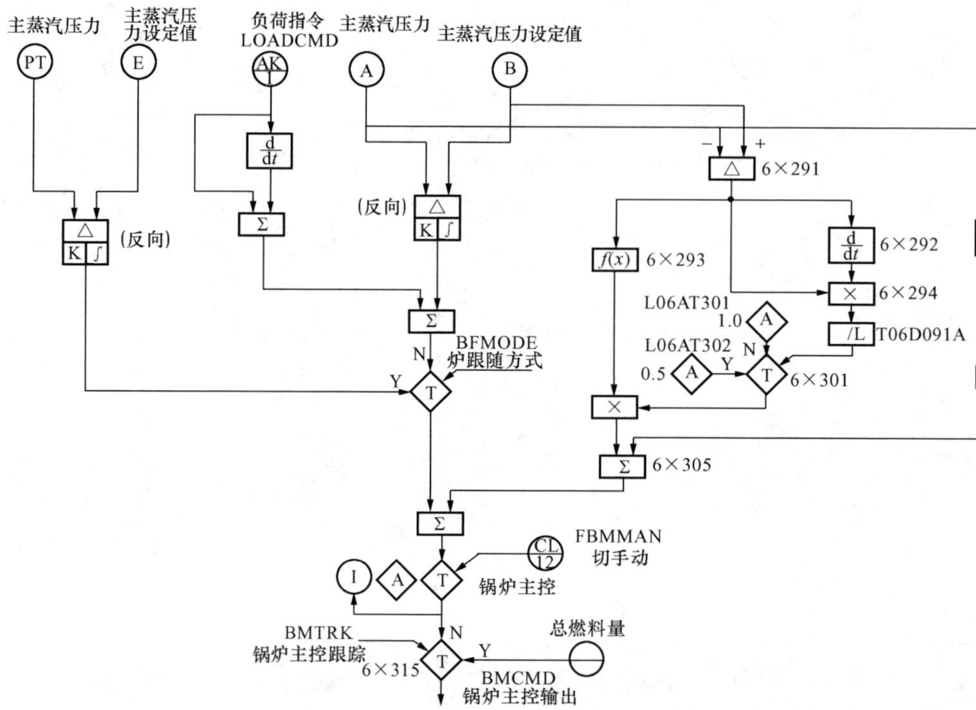

主蒸汽压力　主蒸汽压力设定值　　负荷指令 LOADCMD　主蒸汽压力　主蒸汽压力设定值

PT　　E　　AK　　A　　B

$\frac{d}{dt}$

$-$　$+$

△　6×291

Σ　（反向）　△ K∫　　$f(x)$ 6×293　　$\frac{d}{dt}$ 6×292　　$\frac{d}{dt}$ 6×302

△ K∫　（反向）

L06AT301　　×　6×294

1.0 A　　/L T06D091A

L06AT302 N　　　　　　$f(x)$ 6×304

0.5 A Y T 6×301

Σ　BFMODE 炉跟随方式

N　　　　　　×

Y T

Σ 6×305

Σ

CL 12　　FBMMAN 切手动

I A T　锅炉主控

BMTRK 锅炉主控跟踪　　　　　　总燃料量

N

6×315 T Y

BMCMD 锅炉主控输出

图 10-6　锅炉主控回路

以便最终控制进入炉膛中的燃料量。但为了能使锅炉负荷变化适应机组的负荷需求，在下传负荷指令时也作了必要的处理。首先使用微分环节让锅炉提前感知负荷的变化（煤燃烧变成热量需要时间，锅炉对负荷的响应有一定迟延），当负荷为常数后，该路输出为零，所以微分回路左侧负荷指令的直接通道是确定锅炉主控负荷指令输出的重要部分。

锅炉主控回路的中间部分（主蒸汽压力调节）和右侧回路为压力校正电路。在负荷运算电路中也有压力校正，见图 10-5。在负荷运算回路中，当压力升高时，负荷运算回路输出的负荷指令增加，这种指令若通过"锅炉主控"再传递到燃料主控进而影响到燃料时，显然是不合理的（正反馈）。因此在锅炉主控中使用中间的压力调节回路，来抵消负荷运算中由于压力变化产生的不合理指令。此处压力升高时，控制器输出是下降的。这种控制也是维护机炉负荷平衡的重要手段。

锅炉主控最右侧的电路是压力偏差和压力变化所引起的前馈控制信号。压力变化前馈控制使用了微分和函数（6×304）运算。压力偏差使用变系数运算模式，当压力偏差大且变化比较明显时，将由压力偏差和函数（6×293）运算得到的前馈控制信号乘以系数 1，而压力偏差小且变换比较缓慢时乘以系数 0.5。

4. 汽轮机主控

汽轮机主控输出指令通过增、减方式发送到 DEH 系统。DCS 通过比较汽轮机主控指令与 DEH 负荷参考信号（相当于 DEH 阀门的位置反馈）的偏差决定是否发出 DEH 负荷增或 DEH 负荷降信号。当两者的偏差在控制的死区范围内时，不再发出增减信号。

汽轮机主控原理见图 10-7。汽轮机主控接收来自"负荷运算"单元的负荷指令，只有在"协调"方式下，负荷指令才能通过"汽轮机主控"去控制 DEH 阀门的开度，其他工作方式下，不使用负荷指令的运算结果。当处于"机跟随"方式时，汽轮机主控使用右上角的主蒸汽压力控制器来输出指令，以控制 DEH 阀门开度。

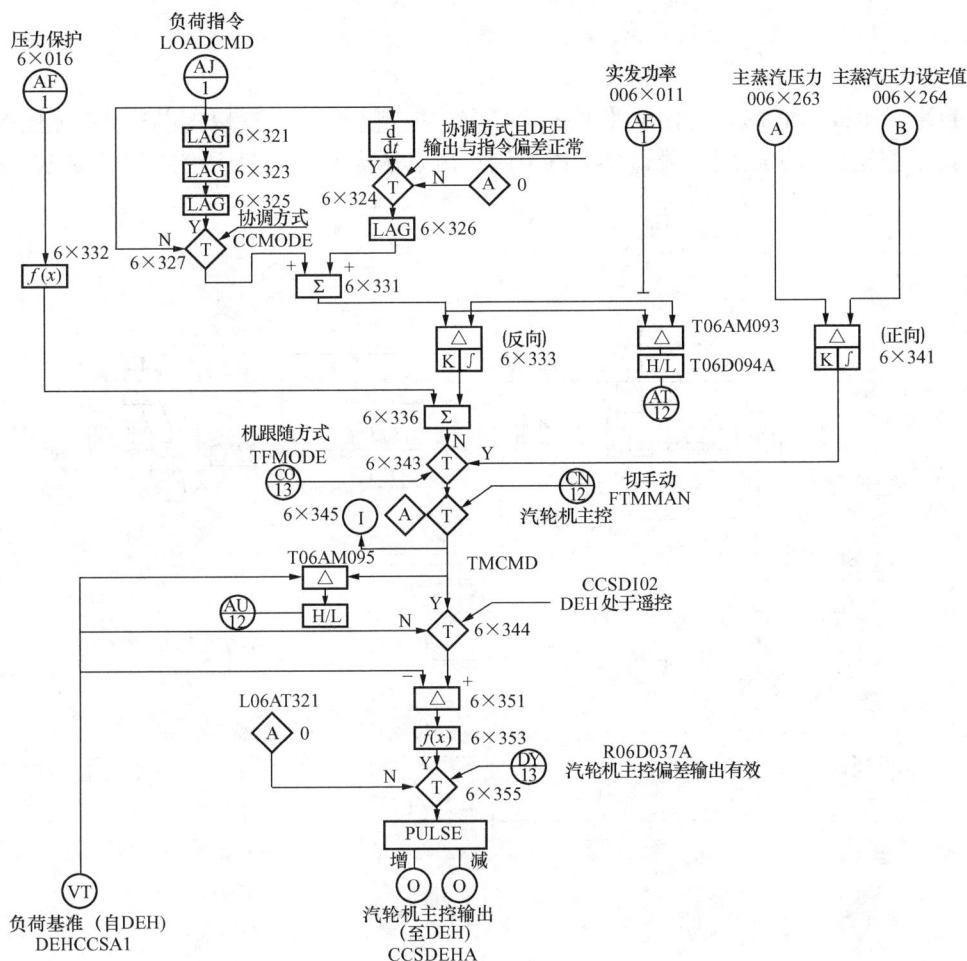

图 10 - 7　汽轮机主控原理

图 10 - 7 中 6×345 是汽轮机主控自动/手动切换单元。当锅炉主控为手动、汽轮机主控也为手动时（6×345 切手动），机组协调控制处于"手动"方式；当锅炉主控手动、汽轮机主控自动时（6×345 切自动），机组协调控制处于"机跟随"状态；当锅炉主控自动、汽轮机主控手动（6×345 切手动），机组协调控制处于"炉跟随"状态；当锅炉、汽轮机主控都切自动后，机组协调控制处于"协调"状态。

6×344 切换单元的切换条件是"DEH 处于遥控"时，切换单元传递 Y 侧的信号，即来自上方负荷运算或压力控制或手动负荷调节的信号。当"DEH 处于遥控"条件不成立时，切换单元传递 N 侧信号，即 DEH 的位置反馈差值。"DEH 处于遥控"状态时，DEH 可以接受其他回路的控制。

当 6×344 切换单元的"DEH 处于遥控"条件成立时，6×351 计算负荷指令（即来自切换单元 6×344 的输出）和 DHE 位置反馈（图 10 - 7 中的负荷基准）差值，以决定汽轮机主控的输出增大或减小脉冲。

第二节　燃 烧 控 制 系 统

一、燃料主控

燃料主控电路接收锅炉主控电路的负荷指令，控制给煤机转速以控制进入炉膛燃料的多少。燃料主控还要产生合理的风量指令以控制送风量的大小，燃料主控原理见图 10-8。

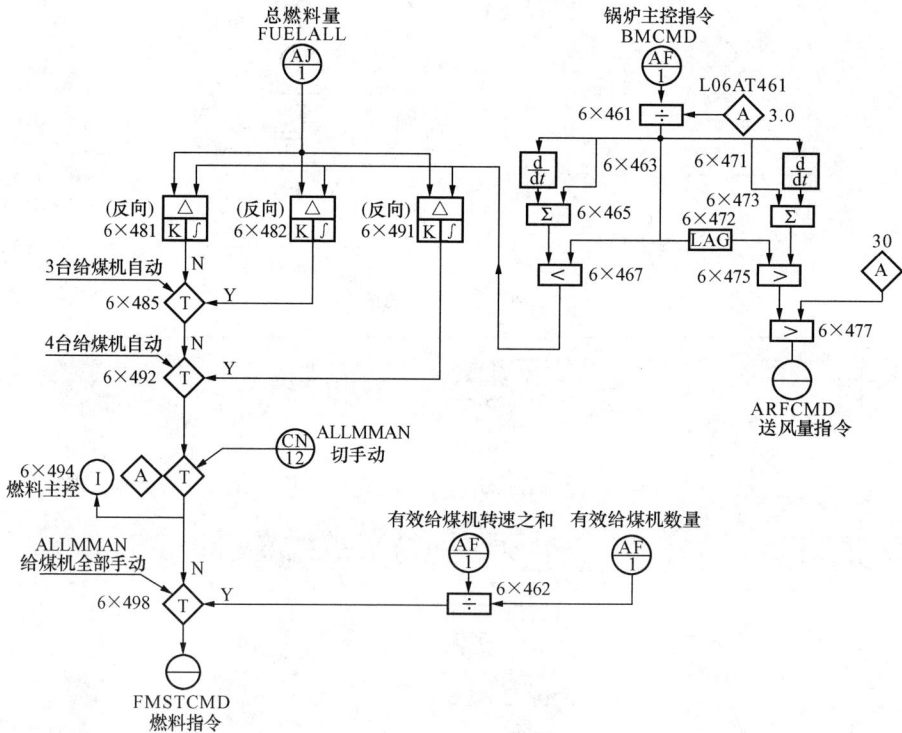

图 10-8　燃料主控原理框图

来自锅炉主控的负荷指令"BMCMD"，经过除法环节后，转换成总燃料量指令。其实总燃料量并不能直接测量，一般使用给煤机转速来替代，燃料主控回路将锅炉主控来的指令除以 3 后，将负荷指令转换成等效的转速指令，即 6×461 除法环节的输出。6×461 环节输出分两路继续下传。左侧经过 6×467 小选环节后变成燃料控制器的给定数值。右侧经过6×475 大选环节后变成送风量指令 ARFCMD。

6×467、6×475 和其上微分环节构成的电路可以完成：增负荷先增风，减负荷先减煤的一般负荷变动时的控制任务。例如，当负荷增加时，6×467 的两路输入信号中，带微分的一路大于直通路的信号，根据小选环节特点，该环节输出直通信号，这样负荷增加时，燃料量给定数值适当增加，而 6×475 同样有两路信号输入，由于大选环节的作用，选择带微分路的信号作为输出。显然，带微分的信号，在负荷增加时大于直通信号，所以风量增加量比燃料增加要显著得多。这样就完成了增负荷先增风的控制任务。当负荷减小时，微分输出为负，直通路信号大于带微分路的信号，6×467 燃料侧小选环节选择小的一路，带微分路被选中，燃料量快速减小。6×475 大选环节选择比较大的直通信号，实现减负荷先减煤。

左侧三个控制器的给定数值为燃料主控运算后的燃料输入指令（6×467 电路的输出），被控制量为燃料量（以磨煤机转速等效的燃料量）。当投入 2 台以下磨煤机时使用 6×481 控制器进行控制，投入 3 台磨煤机时使用 6×482 调节器进行控制，投入 4 台以上磨煤机时使用 6×491 进行控制。

燃料主控通过 6×494 中的切换单元可以将输出指令切换到手动，通过 6×494 中的操作单元设定磨煤机的转速。

二、煤量（给煤机）控制

给煤机控制回路原理见图 10 - 9。给煤机接收来自燃料主控回路输出的转速指令，直接驱动给煤机。给煤机控制回路主要设置了 M/A 切换和偏置操作。图 10 - 9 的给煤机控制回路共有 5 个，图中仅画出 3 号给煤机控制回路，5 个控制回路接收同一个转速指令。

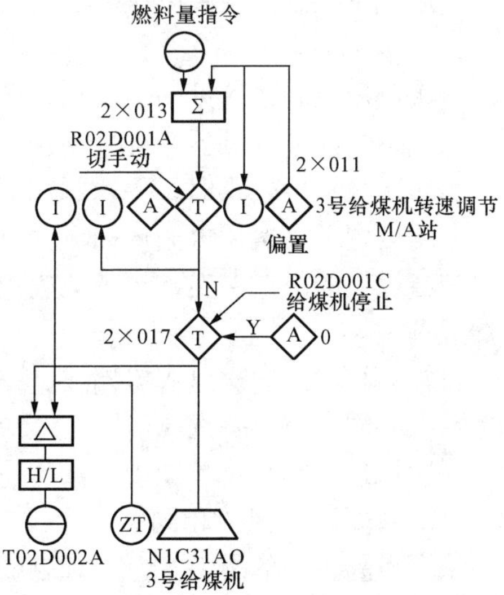

给煤机控制回路中 2×011 手动操作单元可以产生偏置调节。因为燃料主控输出的转速指令，同时送达多台给煤机，当多台给煤机接收同样的转速指令而转速不相同时，利用类似的 2×011 可以对各台给煤机的转速进行微调，以保证各台给煤机转速一致。给煤机停止后，由 2×017 切换单元施加恒定的 0 转速指令，以保证给煤机处于停止运行状态。

图 10 - 9　给煤机控制回路

当 M/A 切换单元在自动状态时，该台给煤机在燃料主控输出的转速指令下进行工作。当处于手动状态时，由运行人员来确定该台给煤机的转速。自动到手动的切换分两种情况：一是运行人员在 CRT 上操作进行切换，即人为切换；二是当满足一定逻辑条件，系统自动进行切换。自动/手动切换逻辑见图 10 - 10。

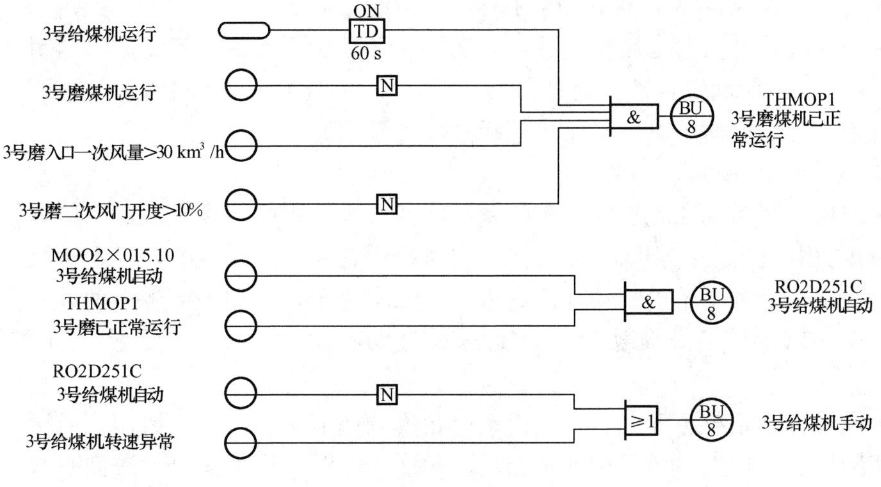

图 10 - 10　自动/手动切换逻辑

给煤机由手动切换到自动状态时，必须符合切换条件，否则不能进行切换。图 10 - 10 中，例如当"3 号磨煤机已正常运行"条件成立后，才能将给煤机投入自动。给煤机正常运行条件共四个，给煤机投入运行超过 60s；对应的磨煤机已经运行；对应磨煤机入口一次风量大于一定数值；对应磨煤机二次风门开度应小于一定数值。以上四个条件同时满足后，"3 号磨煤机已正常运行"条件成立。当 3 号给煤机自动条件被破坏或者 3 号给煤机运行异常，都会导致给煤机由自动切换到手动。

三、风量控制系统

电厂风量控制由一次风压、二次风压、二次风量和炉膛负压四部分构成。

1. 一次风压控制系统

一次风压控制系统见图 10 - 11，图中线条较粗的为一次风系统。一次风经由入口挡板分别进入 1、2 号一次风机。一次风机系统由电动机、液压联轴器和一次风机构成，转速可调节。当一次风量比较小时，一次风机运行将很不稳定，为了能在一次风量较小的场合下运行，系统设置了一次风再循环挡板调节机构。一次风分两路输出，冷一次风直接送往磨煤机以调节磨煤机的出口温度，经过空气预热器的一次风称为热一次风，送往磨煤机对煤粉进行干燥处理。

正常运行时，一次风入口挡板、一次风机转速和一次风再循环挡板均为自动调节，三个调节系统共同来调节一次风压。

一次风压控制系统见图 10 - 12。一次风机共有 A、B 两台，在图中仅画出 A 风机控制原理图，B 风机和 A 风机相同。

来自燃料主控的燃料指令 FMSTCMD，经过 5×111 函数运算后转换成一次风压指令。通过下方 SP 给定数值设定单元来微调风压指令，经过 SP 微调后的风压指令，一路作为 5×117 反向控制器的一次风压给定数值，另一路作为再循环挡板开度的给定数值。

5×117 控制器的被控量为一次风压，当一次风压升高或降低时，控制器输出减小或增大，最终会使"一次风机 A 勺管调节"和"一次风机 A 挡板调节"关小或开大，以控制一次风压降低或升高。5×117 控制器输出的控制指令通过"偏置"控制（两台一次风机负荷的平衡手段）后，一路通过限幅电路形成"一次风机 A 勺管调节"指令，另一路通过函数变换后作为"一次风机 A 挡板调节"指令。

再循环挡板开度没有专用控制器，其实再循环挡板开度和负荷之间关系由 5×251 单元对应的函数 $f(x)$ 所确定，即负荷和再循环挡板一一对应即可。例如，负荷大时，再循环挡板开度应关小些，负荷小时，再循环挡板开度应开大些。

2. 二次风压控制系统

二次风压控制系统和一次风压控制系统类似，也使用两台送风机对风压进行控制。结构上和一次风机系统也基本相同。但不同是送风机没有入口挡板调节，每个送风机各有一个再循环挡板。送风机利用风机的动叶角度来调节二次风压，再循环挡板手动调节合适的开度即可，所以二次风压调节系统实质上就是送风机动叶角度的调节。二次风压控制系统见图 10 - 13。

二次风压控制系统主要利用送风机动叶角度的调节来控制二次风压。风机动叶角度增大时，在相同风机转速下，风量增加；当动叶角度减小时，风量减小，进而引起风压变化。来自燃料主控的送风量指令 ARFCMD，经过函数转换后，形成二次风压指令，再经过 SP 手

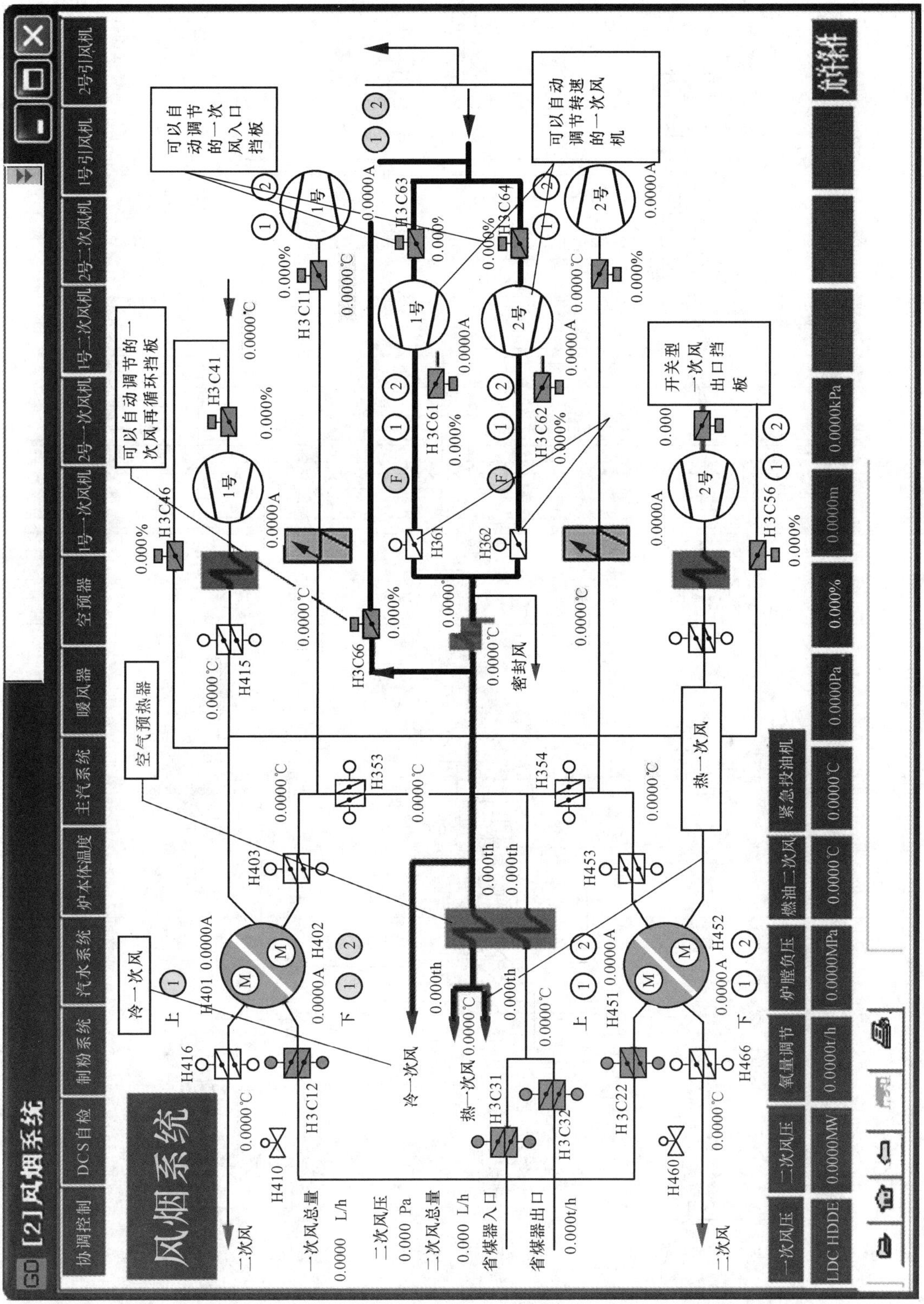

图 10 - 11　一次风压控制系统

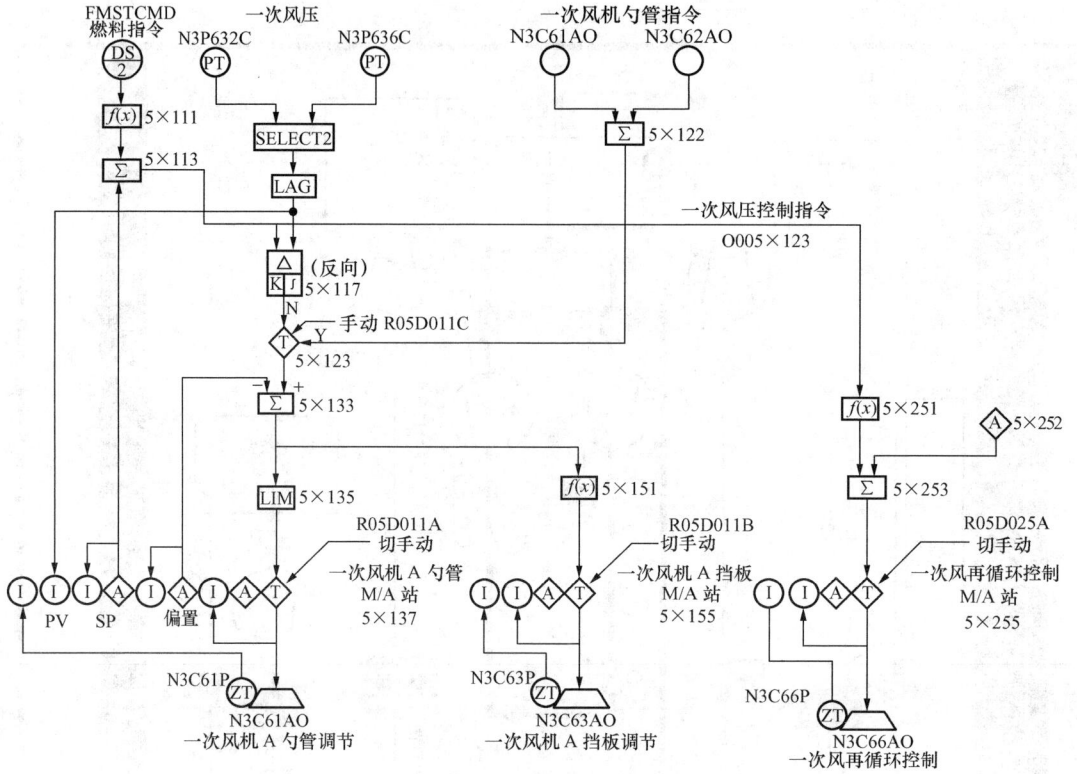

图 10-12　一次风压控制系统

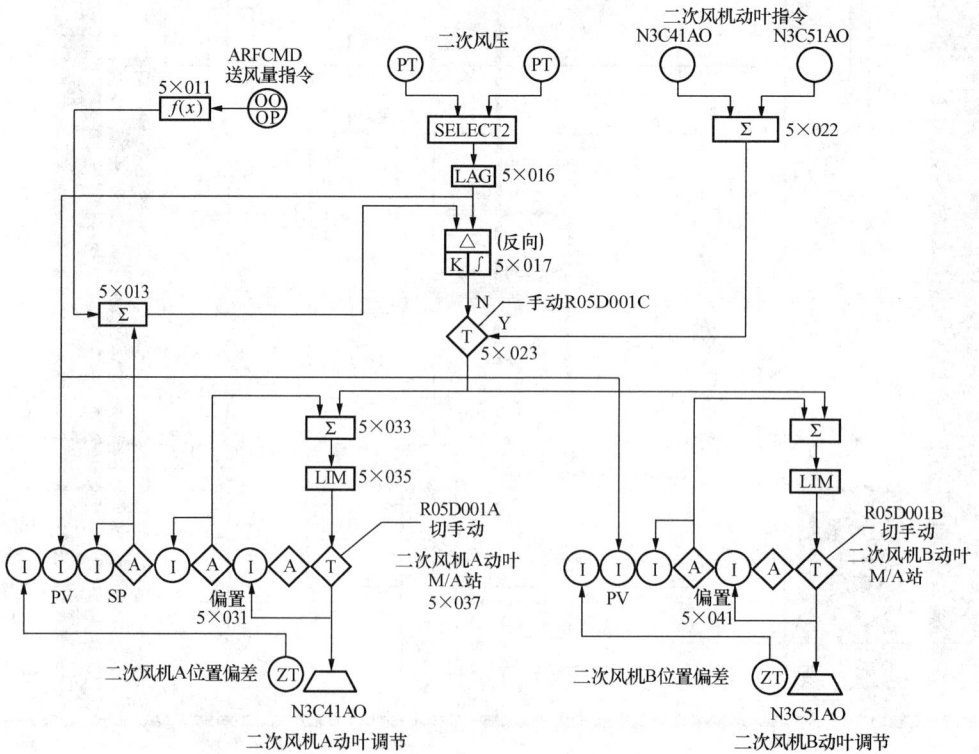

图 10-13　二次风压控制系统

动调节后，形成二次风给定数值，传送到 5×017 控制器给定端。控制目标使二次风压测量数值等于其给定。5×017 的输出分两路分别传送给 1 号和 2 号送风机。为了平衡两台风机的出力，使用偏置对两台风机的动叶进行微调。手动/自动切换类似一次风压控制，不再赘述。

3. 二次风量控制系统

二次风量是组织燃烧的重要变量，锅炉燃烧的安全性、经济性等指标和二次风量密切相关。但风量又不可能准确测量，所以要精确控制二次风量大小，仅依靠二次风量测量是远远不够的。一般使用烟气中含氧量的测量对风量进行校正，以控制锅炉燃烧的经济性。二次风量控制系统见图 10 - 14。

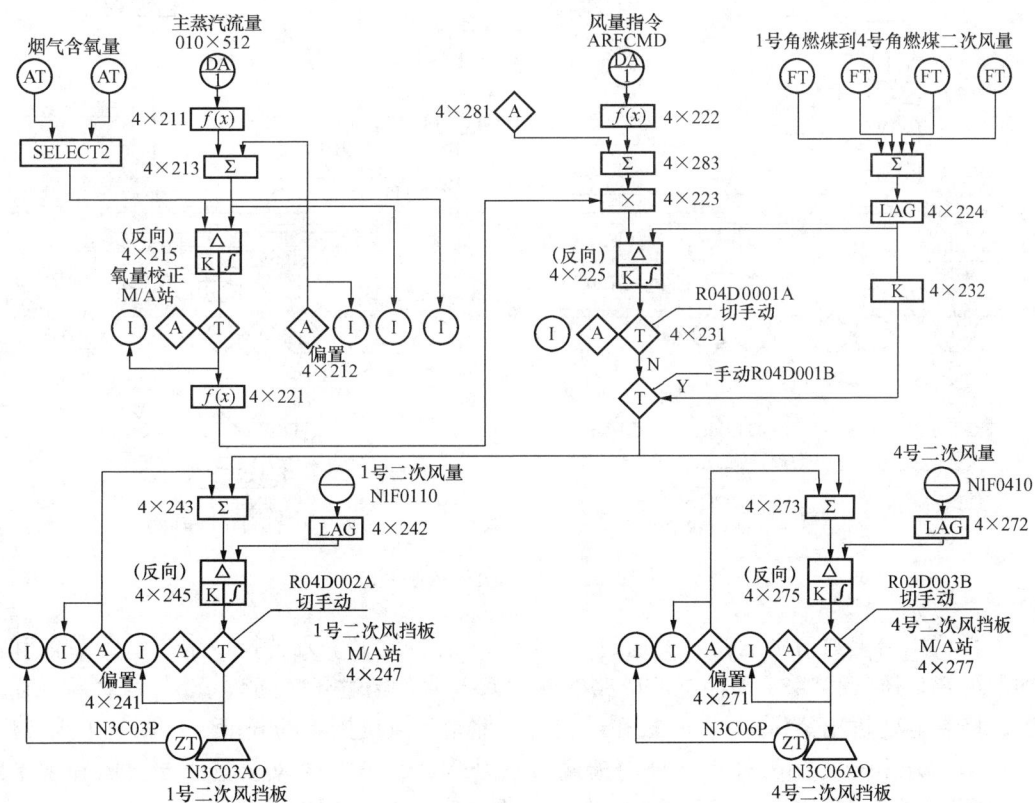

图 10 - 14　二次风量控制系统

来自燃料主控的"风量指令" ARFCMD，经过函数 $f(x)$ 变换后，再经过左上角的氧量校正电路校正（乘以系数），形成二次风量指令，经过 4×225 二次风量控制器的输出控制二次风挡板开度，以控制进入炉膛的二次风量。

由于风量很难准确测量，即使二次风量指令运算得非常准确，也不能保证进入炉膛的风量恰好等于给定数值，不能保证经济燃烧，但燃烧经济与否可以通过烟气中含氧量的多少来间接得到。这就是系统使用氧量校正的原因。

假设 4×225 控制器按给定的二次风量和反馈的二次风量测量数值进行调节，调节结束后实际风量小于需要的风量，燃料燃烧后烟气中含氧量势必太小。根据左上角氧量调节原理：主汽流量代表负荷，通过函数 $f(x)$ 换算成一定的含氧量，即在一定负荷下对应应有的含氧量。当烟气中含氧量减小时，4×215 氧量控制器输出增大（反向调节），最终通过 4×223 给二次风量乘以较大的系数，使到达 4×225 控制器的给定数值增加，调节后二次风量会增加。

4. 炉膛负压控制系统

炉膛负压控制与负荷几乎无关，在控制系统中，炉膛负压给定数值由运行人员手动控制来确定。炉膛负压控制系统原理见图 10‑15。

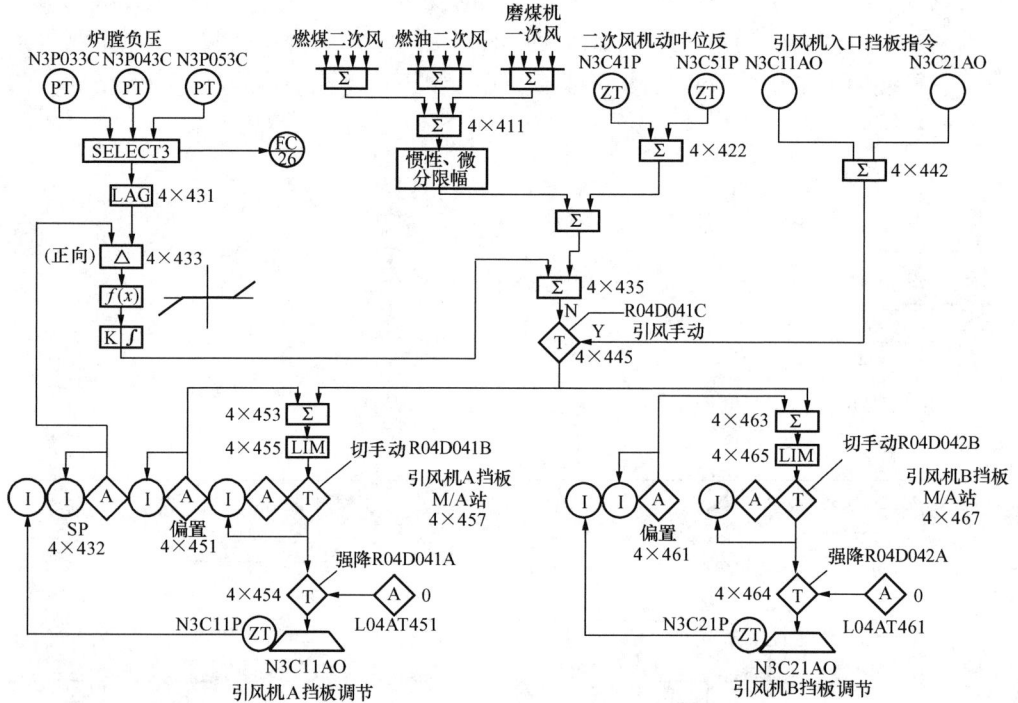

图 10‑15　炉膛负压控制系统

炉膛负压给定数值由运行人员通过 4×432SP 给定设定单元进行设定，给定数值和测量得到的炉膛负压（4×431 惯性滤波电路的输出）差值，经过死区函数 $f(x)$ 运算后，输入控制器。控制器的输出经由 4×435 求和单元后，控制引风机挡板的开度，以调节炉膛负压。

4×435 求和单元的另外一路是前馈调节信号。当燃煤二次风、燃油二次风和携带煤粉的一次风增加后，最终会影响到炉膛负压。如果等到炉膛负压发生变化后再调整，势必会引起炉膛负压的较大波动。引入前馈控制信号则不同，当以上影响炉膛负压的信号变化后，通过前馈环节将信号直接反馈给引风机挡板调节机构，在炉膛负压还没有变化时，引风机挡板已经开始调节，这样可以抵消以上信号的干扰，使炉膛负压波动较小。

送风机的动叶开始变化也意味着二次风量的增加，前馈控制也可以抵消由于送风机动叶开度变化的扰动。

第三节　给水控制系统

汽包锅炉和直流锅炉的给水控制系统任务不太相同。汽包锅炉给水自动控制系统的任务是维持汽包水位在设定数值。直流锅炉给水自动控制系统的任务，往往是使用给水流量来控制锅炉负荷或控制过热器中间点温度。给水自动控制系统是锅炉运行中一个重要的控制系统。

对于汽包锅炉，若汽包水位过高，影响汽包内汽水分离装置的正常工作，造成出口蒸汽中水分过多，结果会使过热器受热面结垢而导致过热器烧坏，同时还会使过热蒸汽温度产生急剧变化，直接影响汽轮机设备的安全运行。若汽包水位过低，会破坏锅炉的水循环工况，造成水冷壁供水不足而烧坏。直流锅炉和汽包锅炉类似，无论是控制锅炉负荷或过热器中间点温度，控制不当同样会威胁汽轮机或过热器本身的运行安全，影响机组运行的经济性指标。

随着锅炉参数的提高和容量的扩大，对给水控制提出了更高的要求，其主要原因有以下几个。①汽包体积相对于机组容量大为减小，直流锅炉甚至不存在汽包，使得锅炉的蓄水量和蒸发面积相对减小，从而加快了水位的变化速度，使水位对象在负荷或给水流量扰动时，飞升速度大为提高。锅炉容量的增大显著地提高了锅炉蒸发面的热负荷，使锅炉负荷变化对给水控制的影响更大，这些因素都增加了水位控制的难度。②锅炉工作压力的提高，使给水控制阀和给水管道系统变得相应复杂，控制阀的流量特性更难满足控制系统的要求。对于采用调节给水阀和给水泵转速相结合的情况，从机组启动到带满负荷，全程给水控制的大型机组给水控制系统，组成更加复杂。

一、给水控制的基本方案

单元制锅炉给水全程控制系统中有一段控制和两段控制之分。所谓"段"是指完成给水控制任务，需要控制系统的套数。一段是使用一套控制系统控制给水；两段是使用两套独立控制系统控制给水。单元制给水全程控制方案很多，以下介绍三种方式。

1. 两段、给水阀门两端压差为常数的给水控制系统

给水控制系统原理见图 10 - 16。锅炉启动阶段采用 PI1 单冲量控制系统，使用小阀门控制汽包水位，负荷达到一定数量后，采用 PI2 三冲量控制系统，使用大阀门控制汽包水位。无论负荷大小总是使用 PI3 控制器控制给水泵转速，以控制给水阀门两侧的压差。

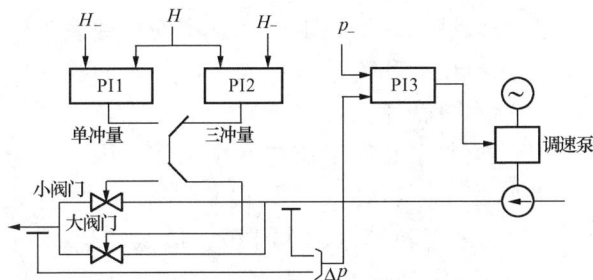

图 10 - 16　给水阀门两侧压力为常数的
给水控制系统原理

以上系统的优点是当阀门两端压力固定时，阀门开度和流量成正比，阀门特性为线性，利于控制；缺点是负荷越大，阀门的能量损失就越大，经济性就越差。

2. 两段、保证给水泵出口压力在安全区域给水控制系统

控制系统的两段任务明确，一段控制水位，一段控制给水泵出口压力以确保给水泵工作在安全区域，控制系统原理见图 10 - 17。小负荷时使用 PI1 控制小阀门的开度以控制水位，大负荷时使用 PI2 控制大阀门开度以控制水位。无论负荷大小，PI3 永远控制给水泵出口压力以保证给水泵工作在安全区域。

该方案和图 10 - 16 的方案相似，只是 PI3 控制的是给水泵出口压力。优点是结构简单；缺点是经济性稍差。

3. 启动阶段两段，正常运行一段给水控制系统

该系统在启动或小负荷阶段使用 PI1 采用单冲量控制小阀门开度以控制水位，PI3 控制给水泵转速以控制出口压力在安全区域。当负荷增大到一定程度后，关闭小阀门后将大阀门完全

打开，使用 PI2 采用三冲量系统和 PI3 构成串级控制以控制水位，控制系统原理见图 10 - 18。

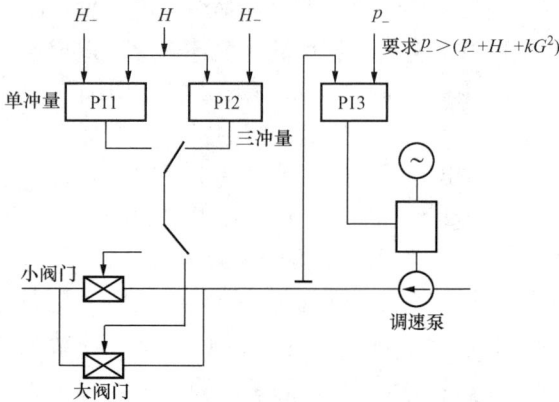

图 10 - 17 两段、保证给水泵出口压力在安全
区域的控制系统原理

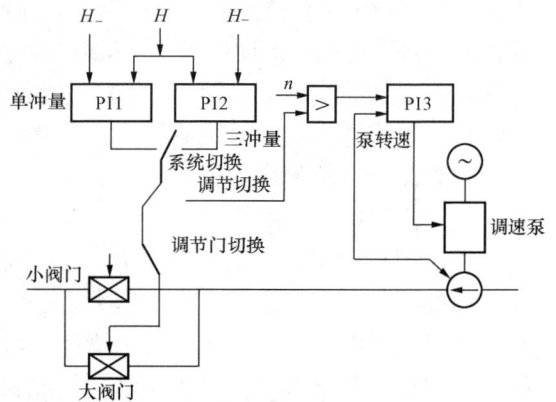

图 10 - 18 启动阶段两段正常运行一段
给水控制系统原理

该系统在小负荷时使用两段控制，大负荷时使用一段控制，即给水泵转速控制水位。系统优点是大负荷时，利用转速控制给水，大阀门全开，压力损失小，经济性好；系统缺点是切换线路复杂，可靠性下降。目前 DCS 多采用此种控制方法。

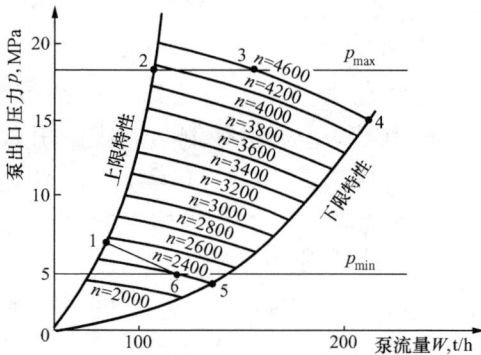

图 10 - 19 给水泵安全工作区域示意

二、给水泵安全工作区

采用变速泵的给水全程控制系统，要求给水泵必须运行在安全工作区域内。给水泵安全工作区域示意见图 10 - 19。中间的曲线为给水泵出口压力和流量特性曲线，每条曲线对应一个给水泵转速。

给水泵必须工作在安全工作区内，安全工作区由上限特性（12 线段）、下限特性（45 线段）、最高转速（34 线段）、最低转速（56 线段）、泵出口最高压力（23 线段）和泵出口最低压力（61 线段）6 条曲线围成的区域。

给水泵工作在上限特性以外区域时，由于对应的给水流量比较小，泵冷却水量不够，使给水泵温度过高，会造成给水泵汽蚀。给水泵工作在下限特性以外区域时，由于超过对应转速下的最大流量数值，泵的工作效率下降。给水泵工作在最低和最高转速以外区域时，都会使给水泵稳定性变差。给水泵出口压力小于泵出口最低压力时，容易造成给水汽化，造成给水泵汽蚀。给水泵出口压力大于泵出口最高压力后，有可能损坏泵体。

控制给水泵工作在安全区域之内，是给水控制系统必须考虑的问题。

三、带有汽水分离装置的给水控制

电厂给水控制工艺流程如图 10 - 20 所示。机组配置了三台电动给水泵及给水小流量控制阀，以控制分离器水位。在机组刚启动或负荷较低时，一台电动泵运行，采用小流量控制阀控制分离器水位。随着机组负荷的升高，主给水门打开，给水旁路门关闭，此时通过调节电泵转速控制分离器水位。三台电动给水泵每个可带负荷 50%，平时两台运行一台备用。

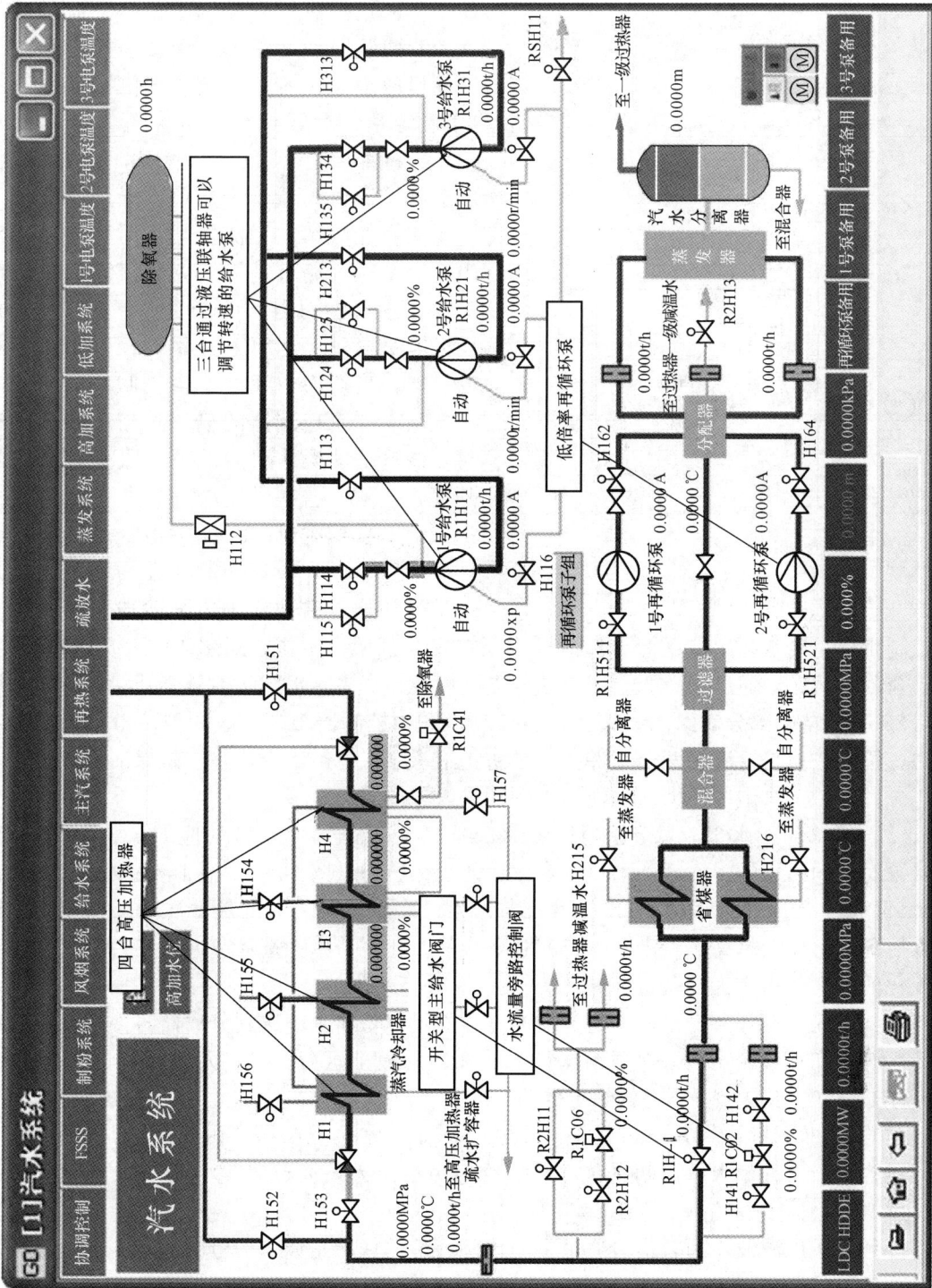

图 10 - 20　电厂给水控制工艺流程

全程给水控制系统可分成给水泵转速控制和小流量控制阀控制两大系统。给水泵转速控制又分为分离器水位控制的指令运算单元和给水泵控制单元两部分。启动阶段或小负荷时，使用小流量控制阀来控制水位，小流量控制阀控制回路原理见图 10-21。该控制系统为三冲量串级水位调节系统。水位给定数值由"水位定值"单元给出，被控量为分离器水位，通过主控制器（反向）10×641 运算后，形成副控制器流量给定数值。副控制器也采用反向控制规律，当流量增加时，控制器输出变小。蒸汽流量是为了克服蒸汽流量扰动下的虚假水位而引入的变量。下方 10×657 切换电路提供了运行人员手动控制小流量阀的可能，当切换单元处于自动状态时，接收上方 10×651 控制器的输出。当切换到手动时，通过手动操作单元调节小流量控制阀的开度。

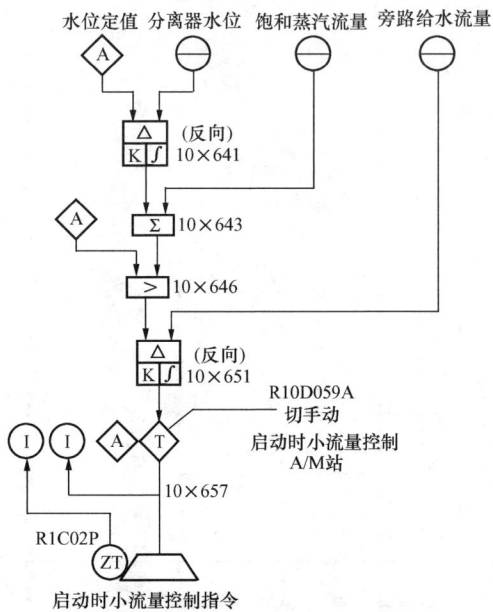

图 10-21　小流量控制阀控制回路原理

给水泵转速控制系统中指令运算单元原理见图 10-22。转速控制要在两种工作方式下进行切换。启动或小负荷阶段，转速控制系统控制目标是给水泵出口压力，保证给水泵在安全区域内工作，即图 10-22 中的非"主给水门全开"状态，通过 10×555 切换单元进行切换。当主给水阀门不是全开状态时，利用图 10-22 中的左侧部分对给水泵转速进行控制。图中控制器 10×553 的被控量是锅炉给水泵压力，给定数值需要满足两个条件：一是防止给水泵入口给水汽化，二是保证出口压力必须高于分离器中蒸汽饱和压力，以便给水顺利进入分离器。

1、2 号和 3 号给水泵流量分别通过 10×531、10×532、10×534 对应的 $f(x)$ 函数，得到给水泵对应的最小的，不会使入口给水汽化的工作压力（图 10-19 中 16 线段由以上函数产生），再通过 10×533 和 10×535 大选环节产生三台给水泵出口的最低压力。在相同的给水温度情况下，压力越高，给水泵入口就越不容易汽化，所以大选环节选择三台给水泵中不出现汽化的最大压力作为控制目标。

当 10×535 大选环节输出的给定数值太低，不足以将给水输送到分离器时，即该压力小于 10×543 求和环节的输出（保证给水进入分离器的最小压力）时，大选环节将选择 10×543 的输出作为给水泵出口压力的给定数值。

当主给水门全开后，10×555 切换环节条件满足，水位控制指令由右侧回路运算输出。右侧回路为串级三冲量水位控制系统，水位给定由运行人员通过对 10×513SP 单元操作而产生。串级控制器中主控制器为 10×513，副控制器为 10×525，对蒸汽流量和给水流量均采用惯性环节予以滤波，两者信号通道中的比例环节的作用是调节信号的静态平衡。最右侧的饱和蒸汽流量通过 PD 环节接入，主要作用是前馈控制。

给水泵转速控制指令运算单元输出的"水位控制指令"，传递给给水泵保护和执行回路，见图 10-23。当该回路不存在给水泵压力过高或过低保护时，"水位控制指令"通过 10×

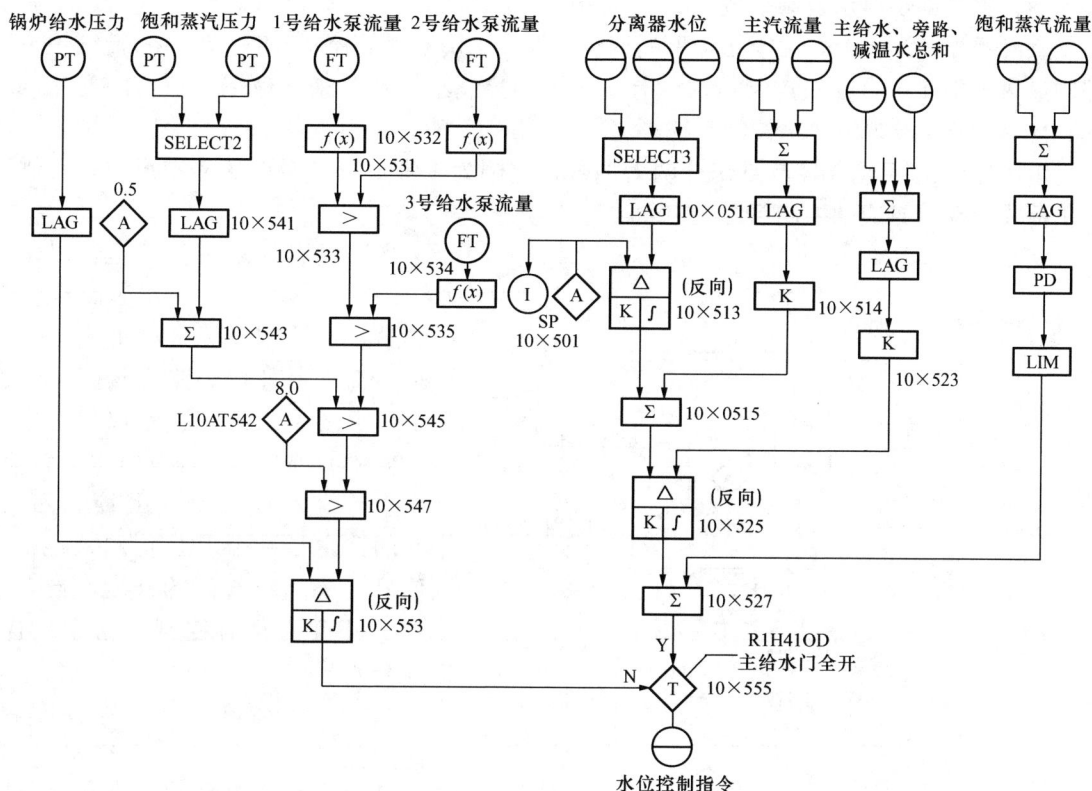

图 10 - 22　给水泵转速控制的指令运算单元原理

573、10×575 两个切换单元，在给水泵自动状态时，再通过 10×585 自动/手动切换单元，直接驱动给水泵电机（正常运行时）。

　　当给水泵出口压力过低时，"1 号泵低保护动作"动作成立，切换环节 10×573 将其上方 10×571 控制器的输出作为本环节的输出，该输出控制给水泵转速，控制目标为给水泵出口压力等于"1 号给水泵流量压力限制"所给定的数值（保证给水泵入口不产生汽化的最低压力）。调节过程结束，系统进入稳态后，"1 号泵低保护动作"条件无效，切换环节 10×573 又接收"水位控制指令"信号作为自己的输出，以控制给水泵转速。"1 号泵高保护动作"和"1 号泵低保护动作"过程类似，只是高保护动作后，控制给水泵出口压力等于 22.5MPa。

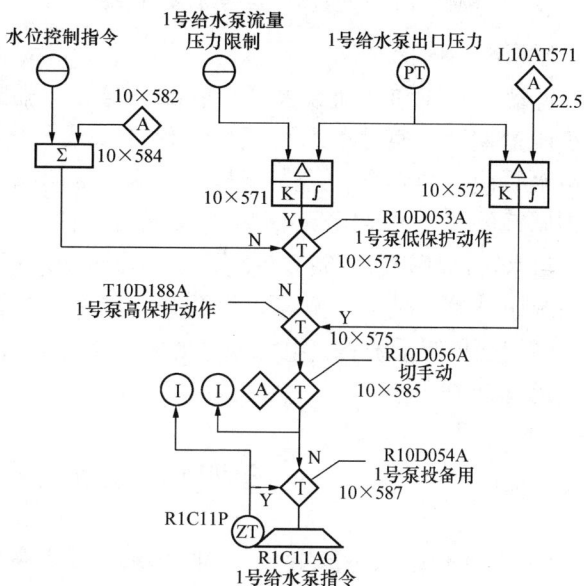

图 10 - 23　给水泵保护和执行回路

四、直流锅炉给水控制系统

直流锅炉和汽包锅炉由于结构上的变化，往往采用不同的控制策略。有些直流锅炉采用控制过热器中间点温度来控制给水，有些则采用控制给水流量来适应锅炉负荷的变化。图 10 - 24 是 CE 直流锅炉给水控制系统。

由图 10 - 24 可见，控制系统分两大部分，左侧为正常负荷时对应的控制系统，右侧为小负荷或启动时对应的控制系统。

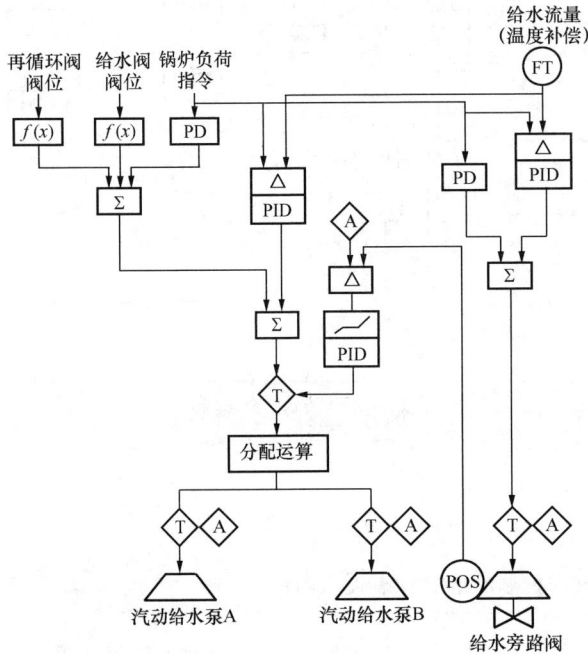

图 10 - 24　CE 直流锅炉给水控制系统

当机组启动或小负荷运行时，给水主阀门全部关闭，使用旁路小阀门控制给水，控制目标是给水流量等于锅炉负荷。另外在旁路小阀门调节过程中，需要给水泵转速予以配合。图 10 - 24 中间部分就是控制给水泵转速，以配合旁路小阀门动作的控制回路。中间回路也是一个 PID 控制系统，输入信号为旁路小阀门的开度，当旁路小阀门开度变化时控制给水泵转速，以配合调节。

当机组负荷增大到一定程度后，关闭旁路小阀门，开启主给水阀门，控制给水泵转速来控制给水流量以适应负荷变化。正常运行工况下，使用左侧 PID 控制器控制给水流量，使用再循环阀门、给水阀门以及锅炉负荷指令作为前馈信号，以消除这些变量对控制系统的干扰。

电动给水泵和汽动给水泵一般都设置最小流量控制系统。通常使用再循环阀门来完成最小流量控制。通过给水再循环，保证给水泵出口流量不低于最小流量设定数值，以保证给水泵设备的安全。给水泵最小流量控制系统通常为单回路控制系统。给水泵最小流量控制系统仅工作在给水泵启动和低负荷阶段，锅炉给水流量一旦大于最小流量设定数值，给水再循环门就会完全关闭。最小流量给水再循环控制阀门通常设计为反向动作，即控制系统输出为 0 时，再循环阀门全开；控制系统输出 100％时，再循环阀门全关。这样一来，即使在控制系统失去电源或气源时，系统输出必然为 0，对应再循环阀门全开，对设备安全运行有利。

第四节　主蒸汽温度控制系统

600MW 机组大多采用一次中间再热，以提高机组效率。一般蒸汽温度控制系统包括过热蒸汽温度控制系统和再热蒸汽温度控制系统。再热蒸汽温度控制系统和过热温度控制系统类似，本书仅对过热温度控制系统进行介绍。下面以太原一热过热汽温控制系统为例，分析过热蒸汽减温控制原理。

一、主蒸汽温度控制系统工艺流程及结构

主蒸汽温度控制系统结构见图 10-25。蒸汽从分离器出发通过锅炉顶部的悬吊管以及蒸汽集汽联箱后，进入一级过热器。一级过热器分左右两侧布置，一级过热器通过左右两侧管道，将过热蒸汽输送到二级过热器。在一级过热器和二级过热器之间安装了一级喷水减温装置。该装置主要是防止二级过热器的温度过高。由二级过热器输出的蒸汽分四路输送到三级过热器，输送方式采用半交叉，即左右两侧过热器中分别有一路从一侧流向另一侧。三级过热器到四级过热器的蒸汽输送采用全交叉流动，即左侧蒸汽通过两根管道流向右侧，右侧蒸汽也通过管道流向左侧。在二级过热器之后安装了二级喷水减温装置，其作用是避免三级过热器超温运行。在三级过热器之后安装了三级喷水减温装置，以保证四级过热器和汽轮机设备的运行安全。

二、蒸汽温度控制系统原理

主蒸汽温度由三级减温系统组成，第三级控制主蒸汽温度的输出，第二级和第一级减温系统并非真正的独立系统，被它们减温后蒸汽温度给定数值都和第三级的减温相关。

1. 过热器三级减温控制

过热器三级减温控制系统分主蒸汽温度设定和温度调节两个环节。

主蒸汽温度设定见图 10-26。选择 1～4 号管第四级过热器（四过）出口温度中最低的温度加 10℃ 作为最初的主蒸汽温度设定数值，由图中 14×021、14×023、14×025 和 14×027 来完成。在机组的启动阶段，蒸汽温度还很低，14×035 小选环节会选择 14×027 的输出作为主蒸汽温度的给定数值。也可以通过图中 14×028 "主蒸汽温度设定"单元，由运行人员在 CRT 上设定主蒸汽温度数值，但系统通过图中 14×033 小选环节，选择人工设定和环节自动产生设定数值中的最小者。该数值还要通过图中 14×035 小选环节的选择后，方可最终作为主蒸汽温度设定数值。

14×035 输入信号的另外一路，是根据汽轮机高压缸壁温产生的主蒸汽温度给定数值。高压缸壁温超过 500℃ 时，高压缸壁温加 50℃ 作为主蒸汽温度设定数值，该运算主要是为了防止主蒸汽温度过高，造成过大的热应力而损坏设备。当高压缸壁温不超过 500℃ 时，500℃＋50℃ 作为主蒸汽温度给定数值。该运算由图中 14×032 大选环节和 14×034 求和环节来实现。

14×034 的输出和 14×033 的输出，通过 14×035 小选环节，选择最小的一个作为最终主蒸汽温度给定数值。给定数值还要经过图中 T14AM001 变化率限制环节限制后，才能作为主蒸汽温度给定数值来使用。变化率限制数值也是根据 1～4 号管四过出口中最低温度，再通过 14×017 函数 $f(x)$ 运算出给定数值的最大变化率数值，和运行人员通过"主蒸汽温度速率设定"得到的数值中，选择最小数值，作为主蒸汽温度给定数值的最大变化率限制，以防止主蒸汽温度变化过快。

将主蒸汽温度设定数值通过 14×057 切换单元切换到手动设定后，主蒸汽温度设定环节的输出，等于 1 号管到 4 号管四过出口温度手动设定中的最小数值。

主蒸汽温度设定环节的输出，分别传送给三级减温系统中的 1～4 号减温阀控制系统。四路减温中只要有一路工作在自动状态，主蒸汽温度设定数值输出有效，即"设定值手动"条件无效。

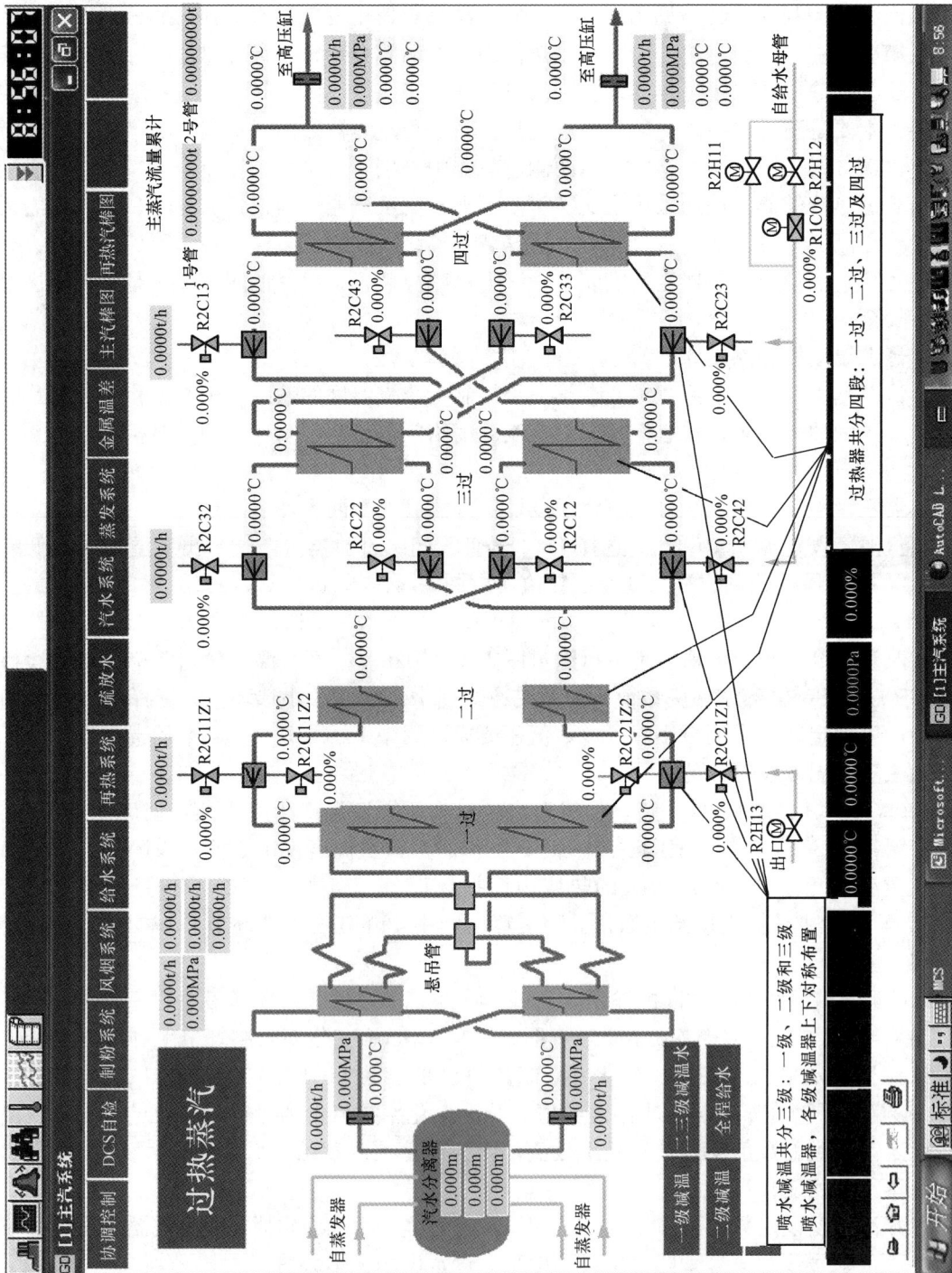

图 10-25 主蒸汽温度控制系统

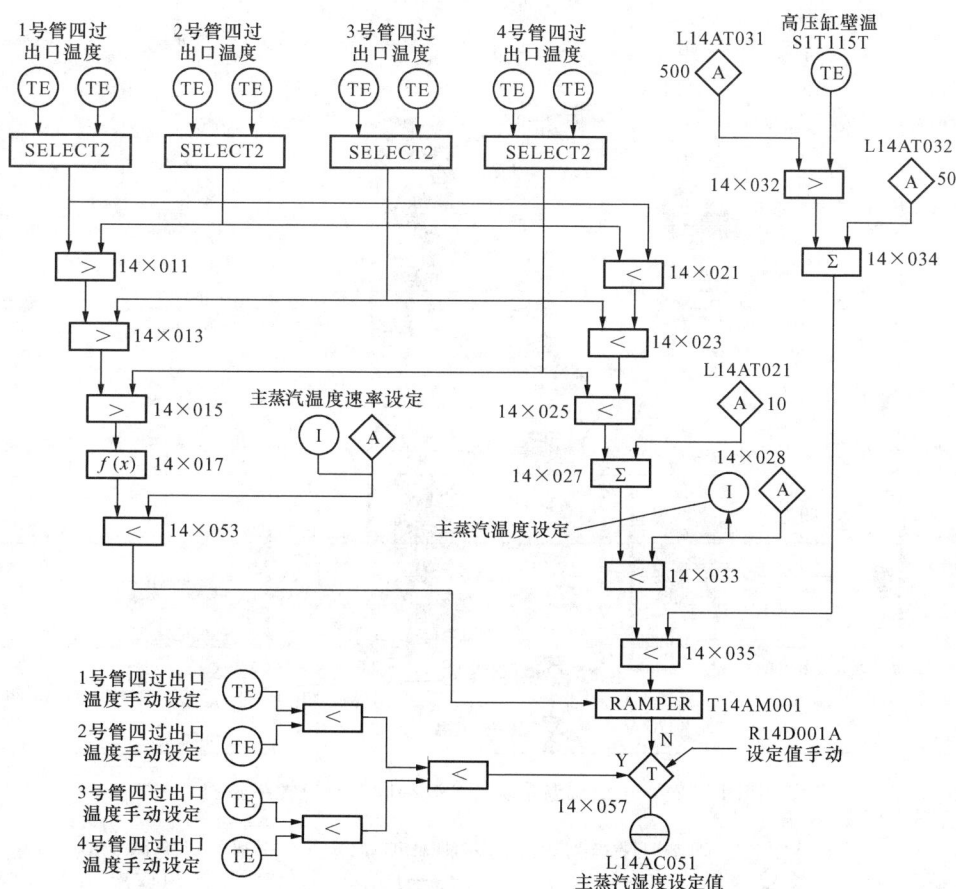

图 10-26　主蒸汽温度设定

三级减温采用交叉布置，每个减温阀控制的对应管路温度如图 10-27 所示。1 号三级减温阀控制的是 3 号管四过出口蒸汽温度、2 号三级减温阀控制的是 1 号管四过出口蒸汽温度、3 号三级减温阀控制的是 4 号管四过出口蒸汽温度、4 号三级减温阀控制的是 2 号管四过出口蒸汽温度。

图 10-28 是典型的三级减温控制系统，整个系统共四套，在四个过热器管道上安装了四套减温阀，图中仅画出 1 号三级减温阀控制系统图，其余三级减温阀控制系统和此类似，只是被控量有所区别，读者可根据图 10-27 减温阀和被控量之间关系，理解其他减温阀控制系统。图 10-28 中 14×113 为串级调节系统中的主控制器，控制作用保证 3 号管四过出口温度等于给定数值。14×115 为串级控制系统中的副控制器，当减温水出现扰动后，由该控制器快速消除扰动，以保证整个系统的稳定运行。

14×117 切换单元的切换条件 T14D002A 见图 10-29。当四过出口蒸汽温度过低，例如，接近其饱和蒸汽对应的温度时，T14D002A 条件成立，控制任务将由图 10-28 中 14×114 所构成的单回路控制器来完成。该控制器直接控制减温阀，使四过出口温度等于给定数值。

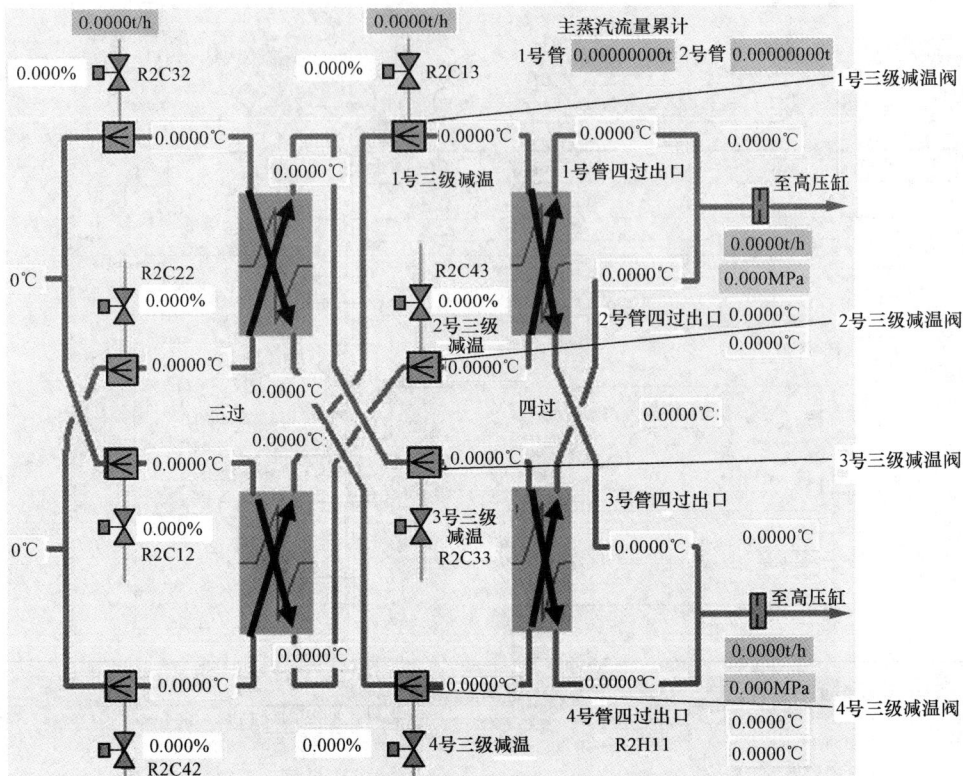

图 10 - 27　三级减温系统每个减温阀的对应管路温度

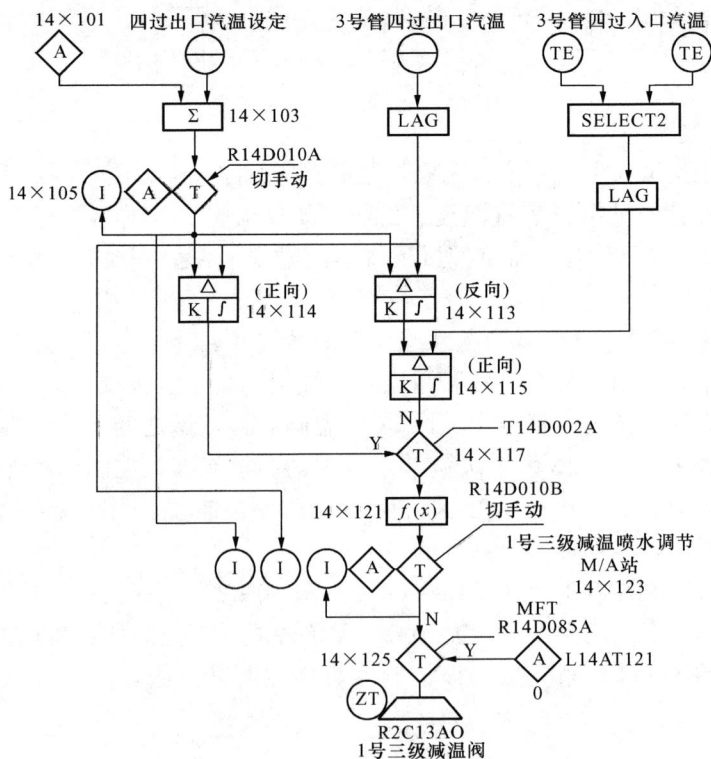

图 10 - 28　三级减温控制系统

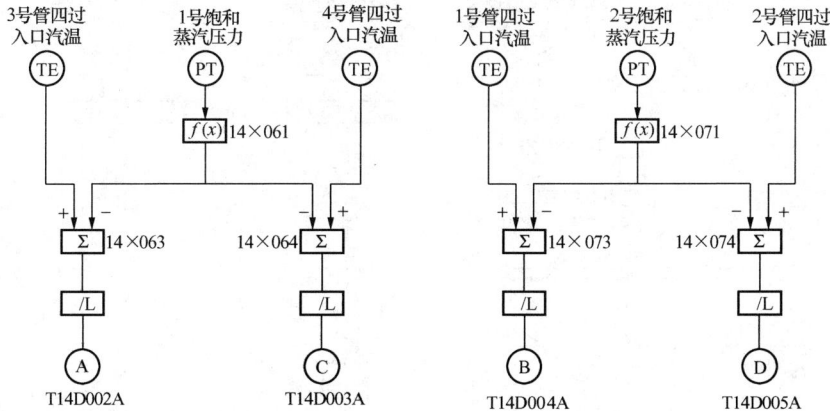

图 10 - 29　三级减温阀控制系统切换条件

2. 过热器二级减温控制

二级减温控制系统和三级减温控制系统类似，在四个过热器管道上安装了四套减温控制系统。减温阀和管道对应情况见图 10 - 27，由于过热器管道交叉布局，减温阀和对应管道不在同一直线上。但布局原则是减温阀和被控量在同一条管道上。

二级减温控制系统见图 10 - 30。控制系统结构也是常见的串级控制系统，和三级减温的主要区别是给定数值的产生方法不同。二级减温给定数值以被控制管道上四过的入口温度（4 号管四过入口汽温）为基础进行运算，另外加上同一管道上四过出口温度（1 号管四过出口汽温）和对应四过出口温度设定数值（2 号三级减温设定）之差。当该二级减温阀对应的主蒸汽温度（四过出口）等于给定数值时，14×252 单元输出等于零，二级减温给定数值就等于对应四过入口温度，如果二级减温系统真的能控制三过出口温度等于四过入口温度，则四过就不用喷水减温了。可见以上给定数值产生的原则是正确的。当二级减温阀对应的主蒸汽温度（四过出口）不等于其给定数值时，三级减温肯定会通过喷水减温来改变四过的入口温度。例如，主蒸汽温度偏低时，三级减温会减小喷水量使四过入口温度升高，此时，二级减温也应该将三过出口温度（二级被控制量）提高，以便和三级控制协调一致。14×252 的输出就是二级和三级之间的协调信号。

二级减温控制系统也可以通过自动/手动切换电路将电路工作状态切换到"手动"，这样可以由运行人员直接控制减温水阀门的开度。

3. 过热器一级减温控制

一级减温安装在一过和二过之间，一过和二过之间只有两条蒸汽管道，每条蒸汽管道上安装了两个减温阀门，图 10 - 31 中仅画出一个控制阀门驱动环节，另一个和其完全相同，图中省略。

一级减温控制系统见图 10 - 31。一级减温控制采用单级控制方式，使用一个控制器调节二过出口温度。一级减温控制系统的被控量为 TEXT717 电路的输入信号，和其他控制系统的差别主要在给定数值的运算方法上。

给定数值分两部分。

4号管四过入口汽温　1号管四过出口汽温　2号三级减温设定

LAG 14×231　　LAG 14×241

4号管三过出口汽温　　4号管三过入口汽温

TE　TE　　　TE　TE

SELECT2 TE×T709　　SELECT2 TE×T713
R2T1310　　　　　　R2T1230

LAG 14×262　　LAG 14×264

− ＋
Σ 14×252

Σ 14×257

I　A　T　　R14D025A
14×261

△ （反向）
K ∫ 14×263

△ （正向）
K ∫ 14×267
R14D025B
切手动

I　I　I　A　T
1号二级减温喷水调节
M/A站 14×271

MFT R14D085A
N
14×273　T　Y　　A　L14AT121
　　　　　　　　　　0
ZT
R2C12AO
1号二级减温阀

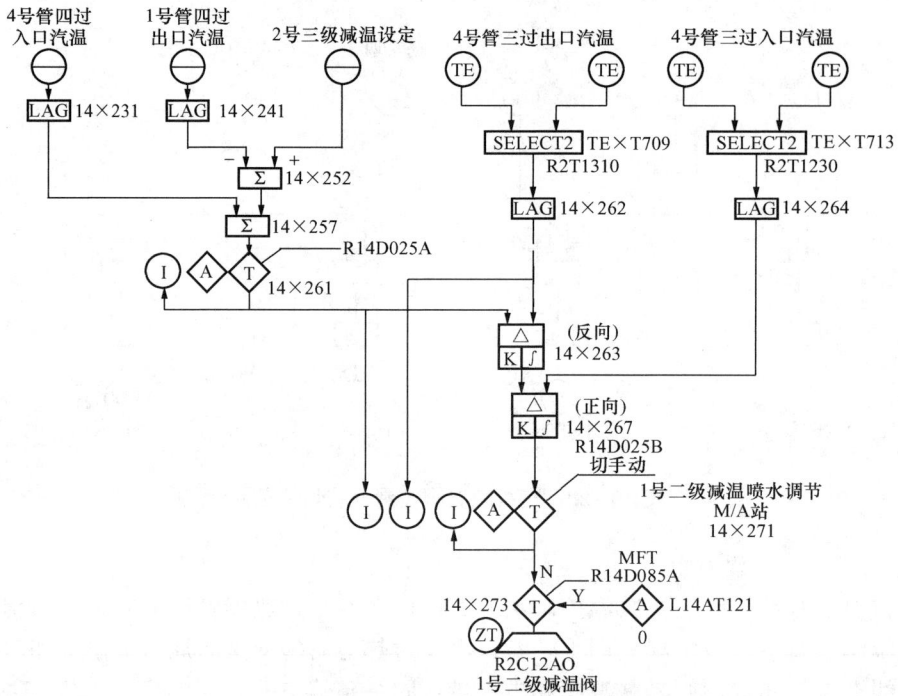

图 10 - 30　二级减温控制系统

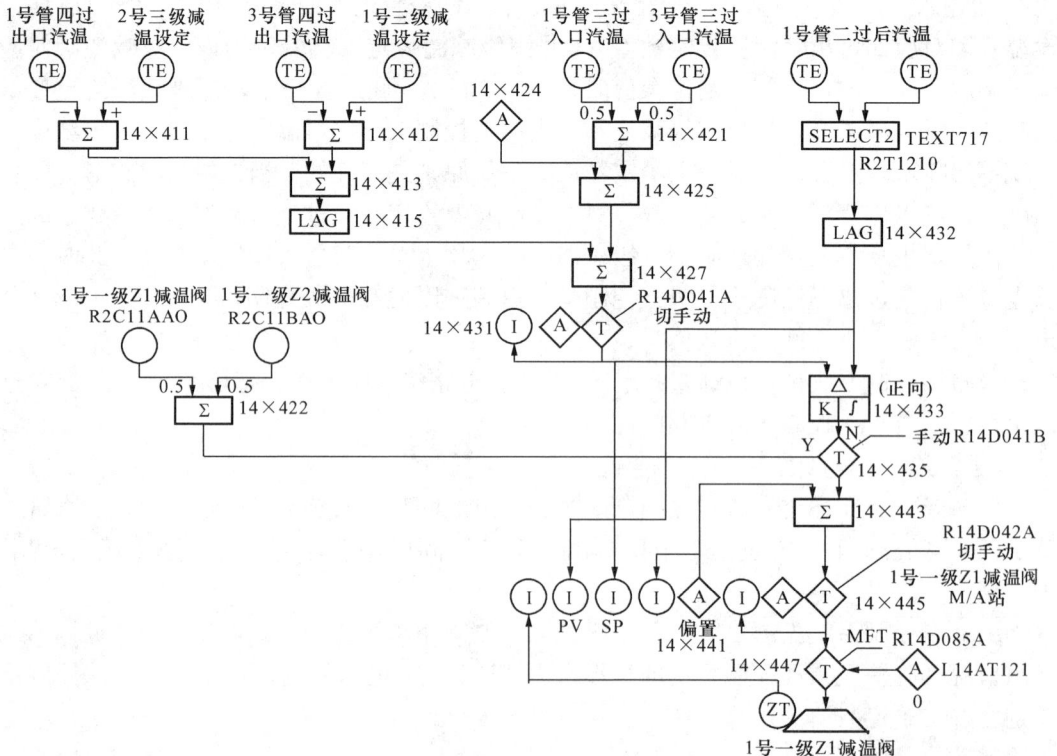

1号管四过出口汽温　2号三级减温设定　3号管四过出口汽温　1号三级减温设定

TE　TE　　　TE　TE

− ＋
Σ 14×411

− ＋
Σ 14×412

14×424
A

1号管三过入口汽温　3号管三过入口汽温

TE　TE

0.5　0.5
Σ 14×421

1号管二过后汽温

TE　TE

SELECT2 TEXT717
R2T1210

Σ 14×413

LAG 14×415

Σ 14×425

LAG 14×432

1号一级Z1减温阀　1号一级Z2减温阀
R2C11AAO　　　R2C11BAO

Σ 14×427
R14D041A
切手动

0.5　0.5
Σ 14×422

14×431　I　A　T

△ （正向）
K ∫ 14×433

Y　N　　手动R14D041B
T 14×435

Σ 14×443
R14D042A
切手动
1号一级Z1减温阀
M/A站 14×445

I　I　I　I　A　I　A　T
PV　SP　　偏置
14×441

MFT R14D085A
14×447　T　　　A　L14AT121
　　　　　　　　　　　0
ZT
1号一级Z1减温阀

图 10 - 31　一级减温控制系统

（1）对应的三过入口温度为给定数值，但由于一级减温一条管路对应两条二级减温管路，所以图 10-31 中取两条管路测量的平均数值，作为一级减温的给定数值。

（2）对应的四过出口温度与给定数值的偏差为一级减温的修正数值。同样原因，取两条管路上的偏差之和对给定数值进行修正。

总之，各级减温控制回路是各自独立的控制系统，但各控制系统之间又相互影响，这种现象在控制上称为各系统之间存在"耦合"。二级和一级减温通过给定数值的运算企图达到一定的解耦效果。

复 习 思 考 题

10-1 解释如下名词：CCS、MCS、Run Back、FCB、Run Up、Run Down、MFT、ETS、SCS 的含义。

10-2 协调控制一般有几种基本运行方式？在炉跟随运行方式中，汽轮机控制系统控制什么量？锅炉控制系统控制什么量？

10-3 图 10-5 协调主控中负荷运算回路中，当协调控制系统工作于机跟随状态时，主蒸汽压力的变化影响负荷运算回路的输出吗？在投入 AGC 后，机组负荷能由运行人员手动调节吗？

10-4 参见图 10-6 锅炉主控回路，当协调控制系统处于炉跟随状态时，来自负荷运算电路的负荷指令 LOADCMD 能影响该回路的输出信号 BMCMD 吗？

10-5 参见图 10-7 汽轮机主控回路，当协调主控处于机跟随状态时，DEH 阀门开度和主蒸汽压力、负荷指令 LOADCMD 哪个量相关？

10-6 参见图 10-8 燃料主控原理框图，说明该回路如何实现增负荷先增风，减负荷先减煤。

10-7 参见图 10-11 一次风压控制系统，一次风压主要使用哪些控制设备来控制？

10-8 简述给水系统中"段"的含义。

10-9 参见图 10-19 给水泵安全工作区域示意，分析给水泵出口压力过低时会产生什么结果。为什么给水泵流量越大，允许出口压力就越低？

10-10 主蒸汽温度控制系统为何要分成多级减温？控制过热器出口温度的目的是什么？

第十一章 炉膛安全监控系统

第一节 概　述

一、FSSS 地位

电厂锅炉需要控制数量众多的燃烧设备，如点火装置、油燃烧器、煤粉燃烧器、一次风挡板、二次风挡板等。燃烧设备的操作过程也趋于复杂化，如油枪的投运操作包括：点火油枪的推入、高能点火器的推入、开启雾化介质阀、吹扫油枪、点火、延时判断点火是否成功等过程。煤粉燃烧器的投运操作包括：一次风挡板和二次风挡板的开启、煤粉挡板的开启、给粉机的启动等。尤其在锅炉启停或事故状态下，燃烧器的操作将更加频繁，稍有不慎将会引起大事故。

锅炉运行中，尤其是启、停过程，低负荷或负荷变动运行中，常因进入炉膛的燃料量与风量控制不当而发生燃烧不稳乃至锅炉突然灭火。此时若继续让燃料进入炉膛，有可能引起炉膛内燃料的爆燃，造成锅炉炉膛外爆，这就是通常所说的"锅炉灭火放炮"。

随着机组容量的增加，不仅需要操作的数量在增加，而且控制难度也在提高。FSSS（furnace safeguard supervisory system）就是在这种需求下应运而生的。它可以替代运行人员，管理数量众多的燃烧设备，在将要出现安全事故时，FSSS 会采取果断措施，切断进入炉膛的燃料或进行其他类似的安全操作，以保证锅炉设备的安全。

由于 FSSS 还对气、油、煤燃烧器进行遥控/程控等管理，所以也称为燃烧管理系统，即 BMS（burner management system）。根据 FSSS 的锅炉保护功能和燃烧器的控制功能，又将 FSSS 分为两大部分：锅炉炉膛安全系统（furnace safeguard system，FSS）和燃烧器控制系统（burner control system，BCS）。FSSS 能在锅炉正常工作和启停等各种运行方式下，连续地监视燃烧系统的大量参数和状态，进行逻辑判断和运算，必要时发出动作指令，通过各种顺序控制及连锁装置，使燃烧系统中的有关设备严格按照一定的逻辑顺序进行操作，以保证锅炉燃烧系统的安全。FSSS 的燃烧器控制功能是对锅炉的各层燃烧器进行投切控制，以满足机组启停和负荷增减的需要，对锅炉的运行参数及状态进行连续监视，并自动完成各种操作和保护功能。

FSSS 没有连续量调节系统，也不直接参与负荷和风量的调节，仅完成锅炉及其辅机的启停监视和逻辑控制功能，但是它能行使超越运行人员和过程控制系统的作用，可靠地保证锅炉安全运行。锅炉的调节是由 CCS 完成的，FSSS 与 CCS 之间有一定的联系和制约，其中 FSSS 的安全连锁功能的等级是最高的。例如在锅炉启动后，只要出现风量低于启动允许的最低数值（例如 25%）情况，FSSS 会自动发出 MFT 信号，停止锅炉运行。同样，如果运行人员违反安全操作规程，FSSS 将停止相关设备的运行。如点火油枪过早撤出，也会引起有关主燃料的自动切除。FSSS 的具体连锁条件要根据各个机组的燃烧系统结构、特性和燃烧种类等因素决定。如今，FSSS 和 CCS 一起被视为火力发电机组锅炉控制系统的两大支柱。

二、FSSS 功能

目前 FSSS 的产品比较多，实现方式也有各不相同，不同的系统在设计思想和设计方法上不尽一致，但功能大同小异。FSSS 的主要功能大致可归纳为如下五项。

1. 炉膛吹扫

为了防止炉膛聚集的可燃物质在炉膛再次点火时发生爆燃，锅炉在点火前或停炉后都必须对炉膛进行一定时间且满足条件下的连续吹扫。吹扫条件往往多达几十个，所有条件都满足情况下，才能开始吹扫。在吹扫过程中任意一个条件发生变化，使吹扫条件不再满足时，吹扫立即停止并宣告吹扫失败。排除故障使吹扫条件重新成立后，重新开始吹扫。吹扫时间和使用的空气量相关，最小应在额定空气量的 25% 以上。一般吹扫空气量大时，吹扫的时间就短，反之吹扫的时间就长。

2. 油枪或油枪组程控

炉膛吹扫完成后就具备了点火条件，煤粉锅炉先点燃油枪，然后由油枪再引燃煤粉。锅炉在低负荷状态下运行时，为了防止锅炉灭火，也经常点燃油枪进行助燃。无论哪种情况，所有点燃油枪的过程类似。

点燃油枪需要一系列动作，先检查点火条件是否满足，然后按程序步骤逐步进行点火。目前点火方式有两种，一种是运行人员在 CRT 上对各油枪逐个进行点火操作，另一种就是启动油枪组程控，让计算机程序按步骤对油枪进行点火。

3. 炉膛火焰检测

炉膛火焰检测一般分为"火球"火焰检测和单个燃烧器（油枪或煤粉燃烧器）火焰检测两种。前者一般只检测火焰的强度，后者同时检测火焰的强度和火焰的脉动频率。对于四角切圆燃烧的 CE 锅炉，火球检测只是用于全炉膛监视，即在满足一定条件下，如锅炉负荷大于 20% 时，可以认为炉膛内的燃烧已形成火球。判断各煤层是否着火，以是否观察到火球为标准。在点火阶段仍以单个燃烧器为基础，并以火焰强度和脉动频率来综合判断。对于 B&W 锅炉、前后墙对冲、前墙喷燃或 W 形火焰等能量互不支持型火焰的锅炉，则以单个燃烧器火焰检测为主，并以火焰强度和脉动频率来综合判断。

4. 磨煤机组程序启停和给煤机、磨煤机保护逻辑

锅炉投煤粉条件满足时，运行人员可在 CRT 上按预定程序手动启停磨煤机组各有关设备，或按预定程序成组启停磨煤机组各有关设备。由于给煤机、磨煤机为锅炉的重要辅机，因此设计有给煤机、磨煤机的启动、运行许可条件和保护逻辑。

5. 主燃料跳闸和相关工况

主燃料跳闸是锅炉安全监控系统的主要组成部分，它连续地监视预先确定的各种安全运行条件是否满足，一旦出现可能危及锅炉安全运行的危险情况，就快速切断进入炉膛的燃料，以避免发生设备损坏事故，或者限制事故的进一步扩大。当机组在运行过程中出现某些影响机组正常运行的特殊工况时，如 RB 工况，需要快速降低负荷以保护锅炉设备的运行安全。

一般机组典型的 FSSS 包含的功能如图 11 - 1 所示。

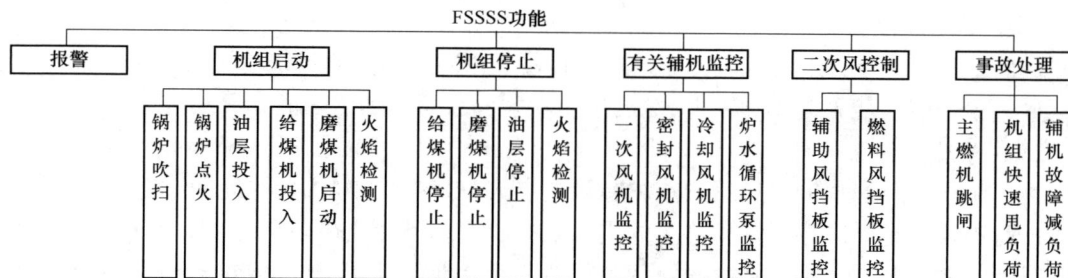

图 11-1　典型 FSSS 包含的功能

第二节　炉膛爆燃的原因及防止措施

炉膛爆燃是严重危及锅炉安全运行的重大事故之一，只有了解其产生过程，才能制订出有效的防止措施，以避免此类重大事故的发生。

一、炉膛爆燃过程理论分析

爆燃是指在锅炉的炉膛、烟道或煤粉管道中积存的可燃混合物瞬间同时被点燃，而使烟气侧压力急剧升高，造成炉膛、尾部烟道和煤粉管道结构严重破坏的现象，也称外爆。内爆是指由于炉膛内燃料燃烧不稳定或熄火，使烟气侧压力急剧降低，产生炉膛内外压差过大，外界气体大量涌入，造成锅炉结构损坏的现象。内爆同样具有非常大的破坏力，和外爆一样必须在运行过程中防止其发生。

爆燃是有条件的，并非燃料越多越容易产生爆燃，只有同时满足以下三个条件爆燃才可能发生：

（1）炉膛或烟道内燃料和助燃的空气按一定比例积存；

（2）积存的燃料和空气混合物是爆炸性的，如煤粉、燃油等可燃物；

（3）具有足够的点火能源。

每立方米空气中含有 0.05kg 煤粉，加上足够的点火能源，就可以满足爆燃条件。由于时间短暂，爆燃的混合物来不及和外界进行能量交换，或者说在短暂的时间内和外界交换的能量非常少。一般可以将爆燃看成是定容绝热过程，这样可以近似地用理想气体方程来分析爆燃过程。

混合物爆燃方程式为

$$\frac{p_2}{p_1} = \frac{T_2}{T_1} = \frac{T_1 + \Delta T}{T_1} = 1 + \frac{\Delta T}{T_1} \tag{11-1}$$

式中：p_1、T_1 为爆燃前炉膛介质的压力和绝对温度；p_2、T_2 为爆燃后炉膛介质的压力和绝对温度。

假设爆燃后产生的热量全部用于加热炉膛中的介质，则定容绝热过程中炉膛介质的温度升高 ΔT 为

$$\Delta T = \frac{V_r Q_r}{V c_V} \tag{11-2}$$

式中：V_r 为炉膛中积存的可燃混合物的容积；Q_r 为炉膛中积存的可燃混合物的容积发热量；V 为炉膛容积；c_V 为定容过程中炉膛介质的平均比热容。

由式（11-1）和式（11-2）可得

$$p_2 = p_1\left(1 + \frac{V_r}{V} \times \frac{Q_r}{c_V T_1}\right) \qquad (11-3)$$

式中：p_2 为混合物爆燃后产生的压力，该压力越大，产生的破坏作用就越强；p_1 为爆燃前炉膛压力，近似为常数，等于外界大气压力。

分析式（11-3）可知：

V_r、Q_r 越大，即炉膛内积存的可燃混合物越多，以及可燃物质发热量越大，爆燃后产生的 p_2 压力就越高。对于火力发电厂而言，可燃物质就是煤粉或燃油，决定爆燃后压力大小的主要因素，是进入炉膛可燃物的体积。当炉膛灭火后，进入炉膛的燃料不再燃烧，时间越长，积存的燃料就越多，所以，一旦炉膛灭火，必须快速切断进入炉膛的燃料。

体积一定的情况下，炉膛中积存的混合物中的可燃物质越少，该容积发热值就越低；混合物中的可燃物质越多时，该容积发热量就越高，此时发生爆燃危害就越大。当混合物中空气量达到理论最佳燃烧空气量时，燃烧火焰传播速度最快（爆燃是火焰传播速度最快的一种燃烧）。当空气量超过理论最佳数值后，混合物热值降低，过多空气的混合物将成为不可燃物。所以炉膛灭火后，首先切断燃料，然后使用大量空气进行炉膛吹扫。燃料与空气混合物中，燃料的浓度过高时，燃烧过程严重缺氧，同样限制火焰的传播速度，甚至成为不可燃物。但过量加煤绝不可以作为防止爆燃的手段，因为锅炉灭火后外界空气可能大量涌入，有可能达到混合物爆燃条件，此时发热量非常高，造成后果更加严重。

从式（11-3）可以看出，爆燃前炉膛介质的绝对温度 T_1 越低，爆燃后炉膛压力 p_2 就会越高，即破坏力越大。将式（11-1）变形后为

$$p_2 = p_1 \frac{T_2}{T_1} \qquad (11-4)$$

爆燃前炉膛压力 p_1 为常数，和大气压力基本相等。爆燃后炉膛温度 T_2（对于同类燃料）也基本为常数，即无论原来的混合物温度为多少，爆燃后温度都可以升高到 T_2。对实际的锅炉运行而言，在锅炉点火期间炉膛温度最低，所以炉膛在点火期间产生爆燃破坏力更大些。当炉膛温度比较高时，即使产生爆燃，破坏力也比较小。当炉膛温度超过可燃物质的着火温度时，可燃混合物一进入炉膛就立即被点燃，当然不会造成可燃物质的积存。矿物燃料的着火温度一般不超过 650℃，理论上当炉膛温度超过 650℃时就不会出现爆燃。但考虑到对进入炉膛燃料的加热过程，尤其当燃料突然增加，会使燃料局部乃至整个炉膛温度降低而导致灭火。正常情况下，一般认为当炉膛温度超过 750℃后，可保证不发生爆燃。

以上假定爆燃为定容过程，而实际烟气膨胀由炉膛出口排出起降压作用，炉膛出口和烟道阻力系数越小，排出的烟气就越多。炉膛出口和烟道阻力系数与排出烟气的流速二次方成正比，流速越高阻力越大。炉膛发生爆燃后，从炉膛出口排出的烟气流速很大，在炉膛出口产生很大的阻力，故爆燃期间炉膛出口的降压作用很有限，起不了防爆作用。锅炉防爆门也有类似情况，只能对局部能量不大的爆燃起到降压作用，对能量较大的爆燃，防爆门的作用是远远不够的。

二、炉膛危险工况及爆燃防止措施

（1）炉膛内可能发生可燃性混合物积存的几种危险工况如下：

1）燃料在停炉时积存或停炉后漏入炉膛内，未经吹扫，进行点火；

2）重复不成功的点火，未及时吹扫，造成大量爆燃性混合物聚集；

3）在多个燃烧器运行时，一个或几个燃烧器燃烧不良或失去火焰，从而造成可燃物积存；

4）运行中整个炉膛灭火，可燃物聚集，随后再次点火或有点火源存在时，使其爆燃。

由以上可知，可燃物质的聚集是关键，只要防止可燃物积存，就可以防止爆燃。

（2）运行过程中注意以下几个原则可以防止爆燃事故的发生：

1）在燃烧器出口处有足够的点火能量，并且能稳定地点燃燃料；

2）当有可燃物质在炉膛中积存时，应立即停炉进行吹扫；

3）当个别燃烧器突然熄火时，应立即切断该燃烧器的燃料供给，防止和减少燃料的积存；

4）加强燃烧器管理，使燃烧设备按正常的程序启停，避免可燃物积存；

5）加强火焰监视，以火焰信号作为判断燃烧状态的依据。

防止内爆的办法是，在 MFT 后通过函数发生器向炉膛压力控制系统发出前馈信号，使引风机在 MFT 后先关小到某数值（例如 25%），保持一段时间，然后再控制压力在许可范围。先关小引风机是为了防止过快的空气流动损坏布置在烟道中的设备。

第三节　炉　膛　吹　扫

炉膛吹扫是为使空气流过炉膛、烟井及与其相连的烟道，以有效地消除炉膛中积聚的可燃物，防止点火时炉膛内发生爆燃，这是基本的炉膛保护措施。锅炉冷启动前或 MFT 后必须进行炉膛吹扫，否则不允许再次点火。

炉膛吹扫逻辑监视吹扫条件是否满足。当所有吹扫条件都满足时，自动开始吹扫计时。吹扫过程中需要一定风量配合，风量比较小时，需要吹扫时间较长；风量比较大时，需要的吹扫时间较短。一般最少应有 25%～30% 额定空气量的通风量，吹扫时间不得小于 5min。吹扫过程中，任一吹扫条件失去，都认为吹扫失败，再次吹扫时应重新计时。吹扫完成后自动发出复位 MFT 继电器指令。

下面以太原一热 11 号机组的炉膛吹扫为例介绍炉膛吹扫过程。

该电厂 11 号机组为波兰拉法克公司制造的低倍率循环半塔式锅炉，最大出力为 1025t/h。炉膛燃烧方式为四角布置切圆燃烧。炉膛内布置有 20 个煤粉燃烧器、12 支油枪、4 支助燃油枪。20 个煤粉燃烧器分五层布置在炉膛的四个角上，12 支油枪分三层布置在炉膛的前后墙上，在第二层煤粉燃烧器的每个燃烧器位置上各装有一支助燃油枪。12 支油枪的具体布置如下：前墙三层从上至下依次为 1、2，3、4，5、6，后墙三层从上至下依次为 7、8，9、10，11、12。具体布局见图 11-2。

电厂炉膛吹扫功能见图 11-3。该功能组可以完成自动炉膛吹扫、停止炉膛吹扫、吹扫计时和发出炉膛吹扫完成信号等功能。

通过在 CRT 屏幕上点击"启动吹扫"按钮，可以启动炉膛吹扫，CRT 屏幕上按钮对应图 11-3 中"吹扫启动指令"。但点击"启动吹扫"按钮能否启动炉膛吹扫，还要受到一定条件限制，即吹扫条件是否成立。当吹扫条件成立且此时也没有点击吹扫停止按钮时，点击启动吹扫按钮就可以启动炉膛吹扫。炉膛吹扫启动后，图 11-3 电路会发出"吹扫正在进行"的信号且显示在 CRT 上。

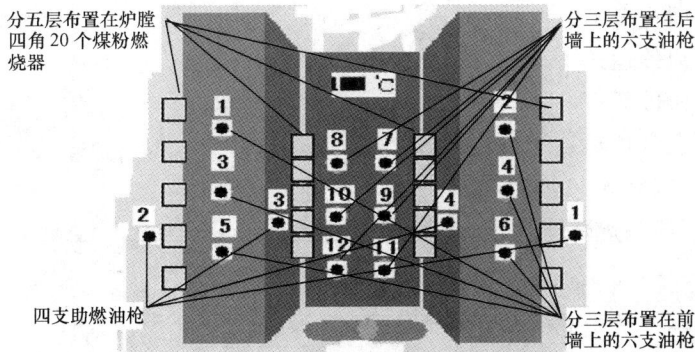

图 11-2 炉膛煤粉燃烧器布局示意

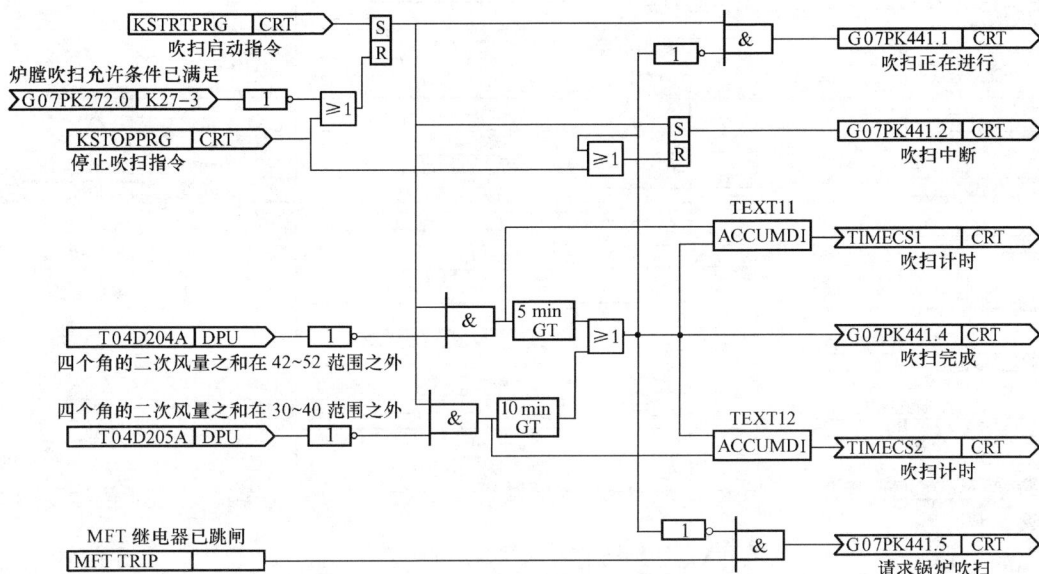

图 11-3 炉膛吹扫功能逻辑

锅炉在自动吹扫过程中，如果希望停止吹扫，点击"吹扫停止"按钮就可以停止炉膛吹扫。在吹扫过程中失去允许炉膛吹扫条件后，炉膛吹扫会自动停止。

锅炉吹扫开始后，"四个角的二次风量之和在30％～40％额定风量之间"和"四个角的二次风量之和在40％～50％额定风量之间"是吹扫计时的两个条件。以上两个条件将启动不同的"吹扫计时"，吹扫风量大者对应吹扫时间短（5min），吹扫风量小者对应吹扫时间长（10min）。当吹扫完成后会在CRT上显示"吹扫完成"信号。

锅炉吹扫过程中吹扫条件见图11-4，11个条件全部满足时，锅炉吹扫允许条件满足。

（1）MFT条件不存在；

（2）至少有一台送风机运行且挡板开；

（3）至少有一台引风机运行且挡板开；

（4）炉膛所有燃烧器均无火；

（5）所有油阀关闭（1～12号）；

（6）两台一次风机全停；

（7）所有给煤机停运；

（8）所有磨煤机停运；

（9）至少一台空气预热器运行；

（10）炉膛风量大于 30% 额定风量；

（11）所有二次风挡板在吹扫位。

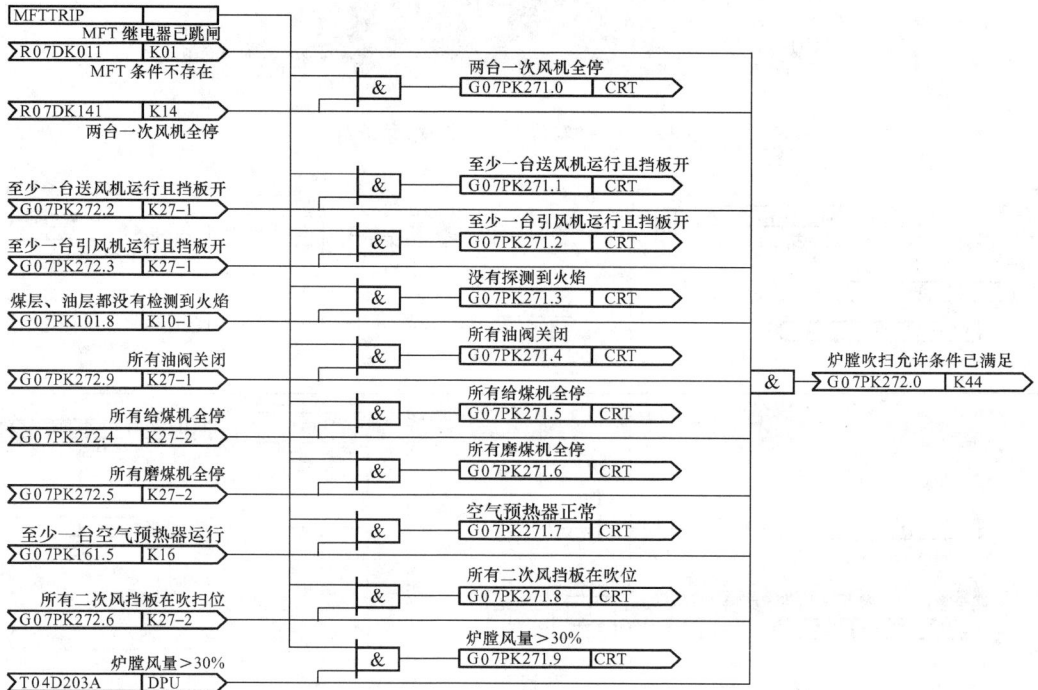

图 11 - 4　炉膛吹扫条件

不同的锅炉吹扫条件不完全相同，DLGJ 116—1993 规定的吹扫条件见表 11 - 1。

表 11 - 1　　　　　　锅炉炉膛吹扫条件（DLGJ 116—1993）

序号	吹扫条件	中间储仓式制粉系统/(t/h)		直吹式制粉系统/(t/h)	
		220～670	1000～2000	220～670	1000～2000
1	主燃料跳闸条件不存在	√	√	√	√
2	锅炉炉膛安全监控系统电源正常	√	√	√	√
3	至少有一台送风机在运行，且相应送风挡板打开	√	√	√	√
4	至少有一台引风机在运行，且相应引风挡板打开	√	√	√	√
5	至少有一台回转式空气预热器在运行，且相应挡板未关	√	√	√	√
6	锅炉通风量在 25%～30% 额定负荷风量的范围内	△	√	△	√

续表

序号	吹扫条件	中间储仓式制粉系统/(t/h)		直吹式制粉系统/(t/h)	
		220～670	1000～2000	220～670	1000～2000
7	总燃油（燃气）关断阀或快关阀关闭	√	√	√	√
8	全部油（气）枪关断阀或快关阀关闭	O	√	O	√
9	全部一次风机停运	√	√	√	√
10	全部排粉机停运	√	√		
11	全部给煤机停运	√	√		
12	汽包水位正常（达到点火规定的水位数值）		√		√
13	"吹扫"手动指令启动	√	√	√	√

注　√—应有；△—适宜；O—可选择。

表 11-1 中 2000t/h 容量的锅炉为 600MW 机组配套锅炉，即表 11-1 中 1000～2000t/h 容量锅炉所列各项吹扫条件适用于 600MW 机组的锅炉。

第四节　油枪组程序

一、锅炉点火的先决条件

锅炉吹扫完成后，可让主燃料跳闸复位，如果满足炉膛点火先决条件，即可进行点火。例如，安徽淮南平圩发电有限责任公司（简称平圩电厂）600MW 机组锅炉点火许可条件为以下 8 个：

（1）锅炉跳闸信号解除（吹扫完成）；

（2）燃油跳闸阀打开；

（3）燃油压力正常；

（4）燃油温度正常；

（5）雾化蒸汽压力正常；

（6）火焰检测器冷却风系统压力正常；

（7）燃烧器在水平位置（上下角度可以摆动的燃烧器）；

（8）空气量在 30%～40% 额定空气量之间。

在点火允许条件成立后，锅炉进入点火状态，FSSS 开始进入点火控制程序。

下面介绍四角燃烧（CE）锅炉和前后墙燃烧（B&W）锅炉的油枪程控程序。

二、四角燃烧锅炉油枪程控程序

1. 油层控制

在锅炉点火条件成立后，FSSS 将点火启动命令首先发送给油层管理程序。油层程控在接收到油层启动指令后，按规定的逻辑，进行时间和顺序的排列，向该层所属的四个油角控制系统发出控制信号，控制每个油角的控制系统，分别完成油枪的推进、吹扫、喷油、点火的全部过程。例如，整个油层启动时间设定为 85s，油层控制系统每隔 15s 向一个油角发出启动信号，油角启动顺序是 1、3、2、4 号，对角启动。停运顺序相同，但时间间隔较点火要长些，例如 30s，完成整个油层停运的限定时间为 400s。

2. 油角控制

油角控制系统能自动完成油枪的推进，高能点火器的推进及退出、高能点火器通电打火、雾化介质阀打开、油枪吹扫、油阀打开、喷油并点火以及点火效果监视和处理等功能。

油角控制系统接到启动信号后，在满足启动条件情况下，开始启动油角点火程序：

（1）油枪和高能点火器同时向炉膛推进；

（2）油枪和高能点火器到位后，雾化介质阀打开，进行油枪吹扫；

（3）向点火器发出点火信号，高能点火器产生高压火花；

（4）油枪吹扫时间结束，关闭雾化介质，开角油阀，向炉膛喷油；

（5）延时（例如 15s）后，高能点火器自动退出炉膛。

油角阀完成点火一定时间后（如 30s），检测油角火焰，如能检测到火焰表示点火成功；如在油角阀完成点火后一定时间内（如 30s）没有检测油角火焰，则说明点火失败，立即停止喷油，油角阀跳闸。

正常停运时，系统接受油层控制系统来的停运信号后，进行油枪吹扫，吹扫完成以后，才能将油枪退出炉膛。油枪吹扫前必须有高能点火器处于打火状态或相邻层在运行，这样不会造成残油在炉膛内聚集。通常油枪吹扫有三种方式：一是自动停油枪的吹扫；二是油枪检修前的手动吹扫，此时能否进行吹扫要受到安全条件的限制；三是油枪点火不成功时的自动吹扫。

三、前后墙燃烧锅炉的油枪程控程序

前后墙燃烧锅炉每只燃烧器都配有一只点火器（包括油枪和高能点火器），与一台磨煤机组有关的点火器，分为前后墙对应于两个燃烧器组的两个点火器组。点火器必须以组为单位进行启停，例如每组点火有 4 支点火器，则该 4 支点火器必须同步进行。启动点火器组的命令将产生以下程序：

（1）插入所有的（4 支）油枪；

（2）插入所有的（4 支）高能点火器；

（3）油枪插入到位后，打开雾化介质阀向油枪供给雾化介质；

（4）雾化介质阀打开到位后，打开吹扫阀，吹扫油枪；

（5）吹扫阀到位后，高能点火器通电打火；

（6）吹扫预定时间到后关闭吹扫阀，开油枪油阀；

（7）延时一定时间后，将高能点火器断电并缩回。

启动点火组命令执行完毕一定时间后，检测 4 支油枪火焰，只要有 1 支油枪未检测到火焰，则为点火失败。这时关闭 4 支油枪的油阀，并将 4 支油枪退出炉膛。

启动点火器组的程序按上述 7 个步骤进行，4 支油枪同步动作，程序每执行一步后，等待确认反馈信号，只有反馈信号确认后方可往下步进行。否则等待时间超过后，发出超时报警或发出点火失败指令。

四、机组油枪程控程序

太原一热油枪程控只有手动，没有设计油层、油角控制，需要投入油枪时在 CRT 上直接操作即可，但操作允许条件由程控电路产生。

该电厂油燃烧器分为四种类型。①A 型油枪。油枪可进可退，油阀和吹扫阀合为一体（称之为三联阀），此类油枪有 1、2、3、4，具体位置见图 11-2。②B 型油枪。B 型油枪为固定油枪，油阀和吹扫阀合为一体，此类型油枪有 7、8、9、10。③C 型油枪。C 型油枪为固定油枪，油阀和吹扫阀独立，此类型油枪有 5、6、11、12。④D 型油枪（助燃小油枪）。油枪可进可退，油阀和吹扫阀独立，4 支助燃油枪为此类型。

下面仅以 A 型阀为例，说明油枪程控原理。A 型阀共设计了投入油枪、停止油枪和油枪连锁三种程序。

1. 油枪投入程控程序

当点火条件成立后，A 型油枪接受运行人员的点火命令后，按图 11-5 所示的逻辑进行程控点火。A 型油枪启动条件为图上方电路的五个逻辑条件：①主油阀开；②1 号油枪接到远方传送来的启动命令；③油枪处于远方控制；④无油枪停命令；⑤三联阀不在开位。

当以上五个逻辑条件满足后，1 号油枪开始点火程序开始启动。

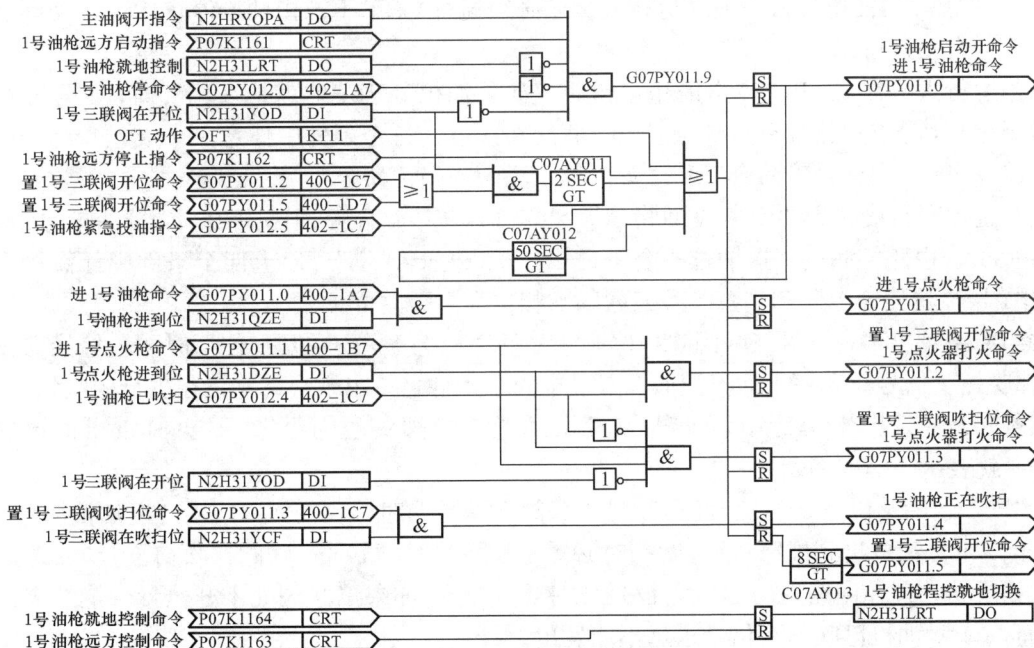

图 11-5 A 型油枪程控逻辑回路

当下列五个条件之一出现后，油枪点火程序自动退出，点火失败。

（1）油枪启动期间出现 OFT 油燃料跳闸信号；

（2）程控回路接受到来自远方的油枪点火停止命令；

（3）当三联阀已经处于开位置时，电路又接收到"置 1 号三联阀开位命令"，且该命令保持 2s 以上；

（4）回路接收到"1 号油枪紧急投油指令"；

（5）回路发出"进 1 号油枪命令"50s 后。

当电路发出"进 1 号油枪命令"且"1 号油枪进到位"后，电路发出"进 1 号点火枪命令"。

当"进 1 号点火枪命令""1 号点火枪进到位"以及"1 号油枪已吹扫"三个条件同时满足时，电路同时发出"置 1 号三联阀开位命令"和"1 号点火枪打火命令"。但当"进 1 号点火枪命令""1 号点火枪进到位"两个条件成立，而 1 号油枪还未吹扫、1 号三联阀还未打开，电路会启动"置 1 号三联阀吹扫位命令"，即启动三联阀吹扫。同时"1 号点火枪打火命令"也有效。即在启动三联阀吹扫的同时，点火枪就开始打火，以防止三联阀中残油进入炉膛。

当三联阀接收到"置 1 号三联阀吹扫位命令"后，三联阀驱动电路会将三联阀置位到吹扫位，此时程控电路会显示"1号油枪正在吹扫"，延时 8s"置1号三联阀开位命令"，油枪点火正式开始。如果中间出现意外，程控电路停止油枪点火。

　　总之，当运行人员在 CRT 上按了"投油枪"按钮后，油枪投入在以上程控电路控制之下，逐步进行操作直到最后点火。当油枪点火条件不满足时，"1号油枪启动开命令"和"进1号油枪命令"无效，油枪驱动电路将在油枪停止程控程序控制下进行工作。

　　2. 油枪停止程控程序

　　油枪停止点火程控回路见图 11-6。从图上可知，油枪停止点火命令仅能由运行人员从 CRT 上发出，当油枪投入失败后运行人员还必须通过 CRT 上点击油枪停止按钮，否则油枪停止不会自动进行。

　　当运行人员在 CRT 上点击停止按钮后，如果油枪处于"非就地"位置时，1号油枪没有退到位、1号点火枪没有退到位以及三联阀在开位，三个条件中任意一个成立，都会使程控回路发出"1号油枪停命令"和"置1号三联阀吹扫位命令"。

　　当程控回路接收到"紧急投油指令""OFT 动作"、程控回路发出"1号油枪停命令"超过135s、电路接收到"退油枪指令"且"1号油枪退到位"，以上四个条件中任意一个成立，"1号油枪停命令"和"置1号三联阀吹扫位命令"立即无效。

　　当回路发出"置1号三联阀吹扫位命令"且"1号三联阀在吹扫位"时，程控回路发出"正在吹扫"信号。和停止油枪类似，上段中四个条件之一出现会终止正在进行的吹扫。"正在吹扫"命令发出120s后，程控电路发出"置三联阀关位命令"，即吹扫如能正常进行120s，就表示吹扫成功。

　　"置三联阀关位命令"发出且"1号三联阀在关位"时，程控回路产生"退油枪命令"。

　　当"1号油枪进到位"（油枪吹扫时必需的位置）且"1号三联阀在吹扫位"，120s后表示吹扫成功，程控回路发出"1号油枪已吹扫"信号。如果三联阀处于开位置（继续向油枪喷油），"1号油枪已吹扫"信号永远不能发出。

　　当系统出现"紧急投油"或"保护投油"指令后，该程控回路会产生"1号油枪紧急投油"和"进1号油枪命令"，当"1号油枪进到位"后，程控回路发出"置三联阀开位命令"，三联阀打开表示开始点火。

　　当"OFT 动作""1号油枪远方停止指令""置三联阀开位命令"和"1号三联阀在开位"、发出"1号油枪紧急投油指令"后30s后，以上四个条件中任意一个成立，都会停止"1号油枪紧急投油指令"和"进1号油枪命令"。

　　3. A 型油枪紧急连锁投入程序

　　A 型油枪紧急连锁投入程序见图 11-7。当系统出现 OFT 燃油跳闸信号后，该程控回路"1号油枪紧急停油指令"和"置三联阀关位命令"。

　　其他信号产生和回路动作原理和以上电路分析过程类似，读者可自行分析。

　　三联阀置位（即带电），三联阀控制方式：

　　（1）三联阀到开位：三联阀线圈 2 和 3 同时带电。

　　（2）三联阀到吹扫位：三联阀线圈 1 和 4 同时带电。

　　（3）三联阀到关位：三联阀线圈 2 和 4 同时带电。

　　三联阀设置为确定位置，相应线圈只需带电若干秒（现定为 2s），然后三联阀自身能机械保持位置。

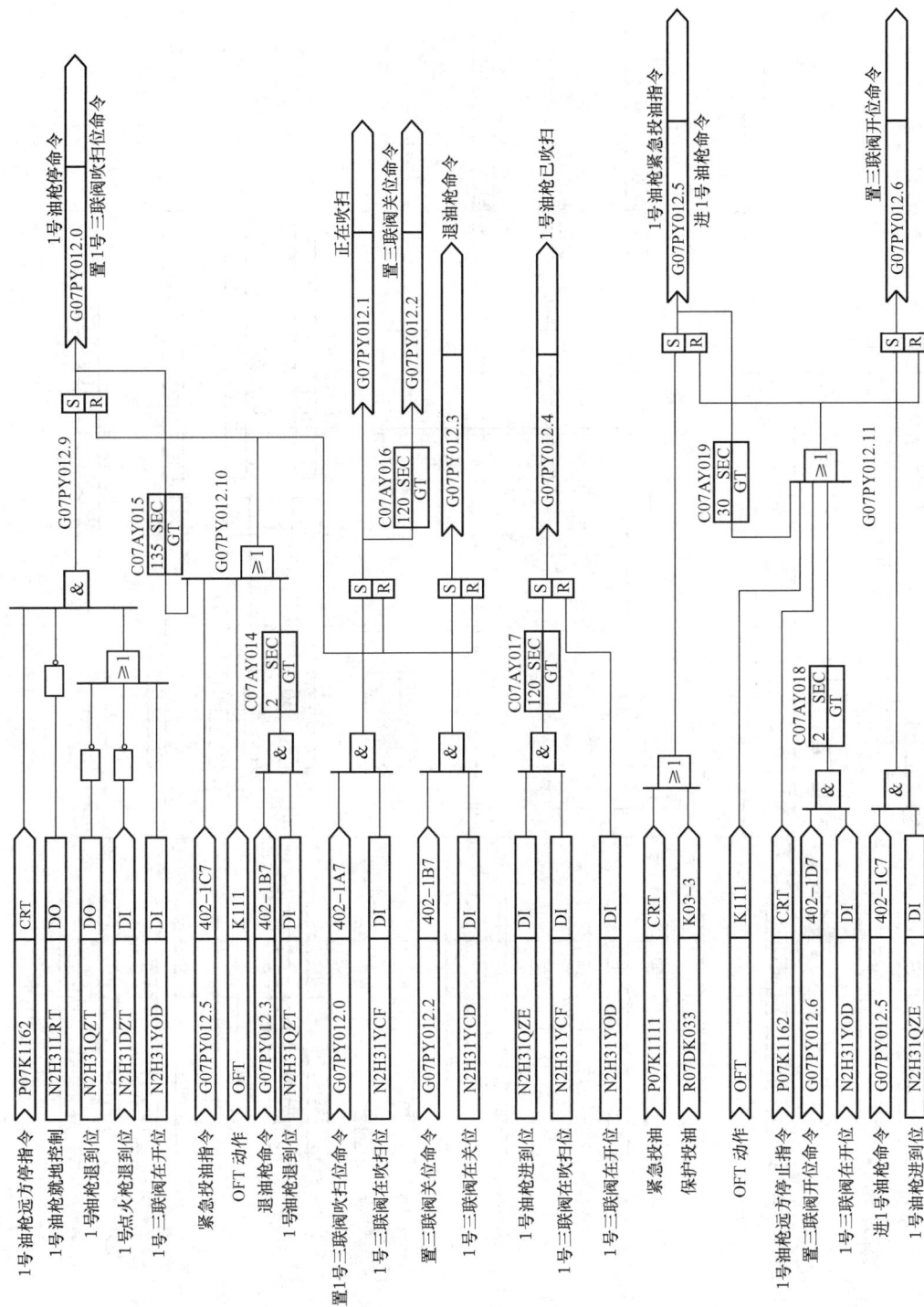

图 11-6 油枪停止点火程控回路

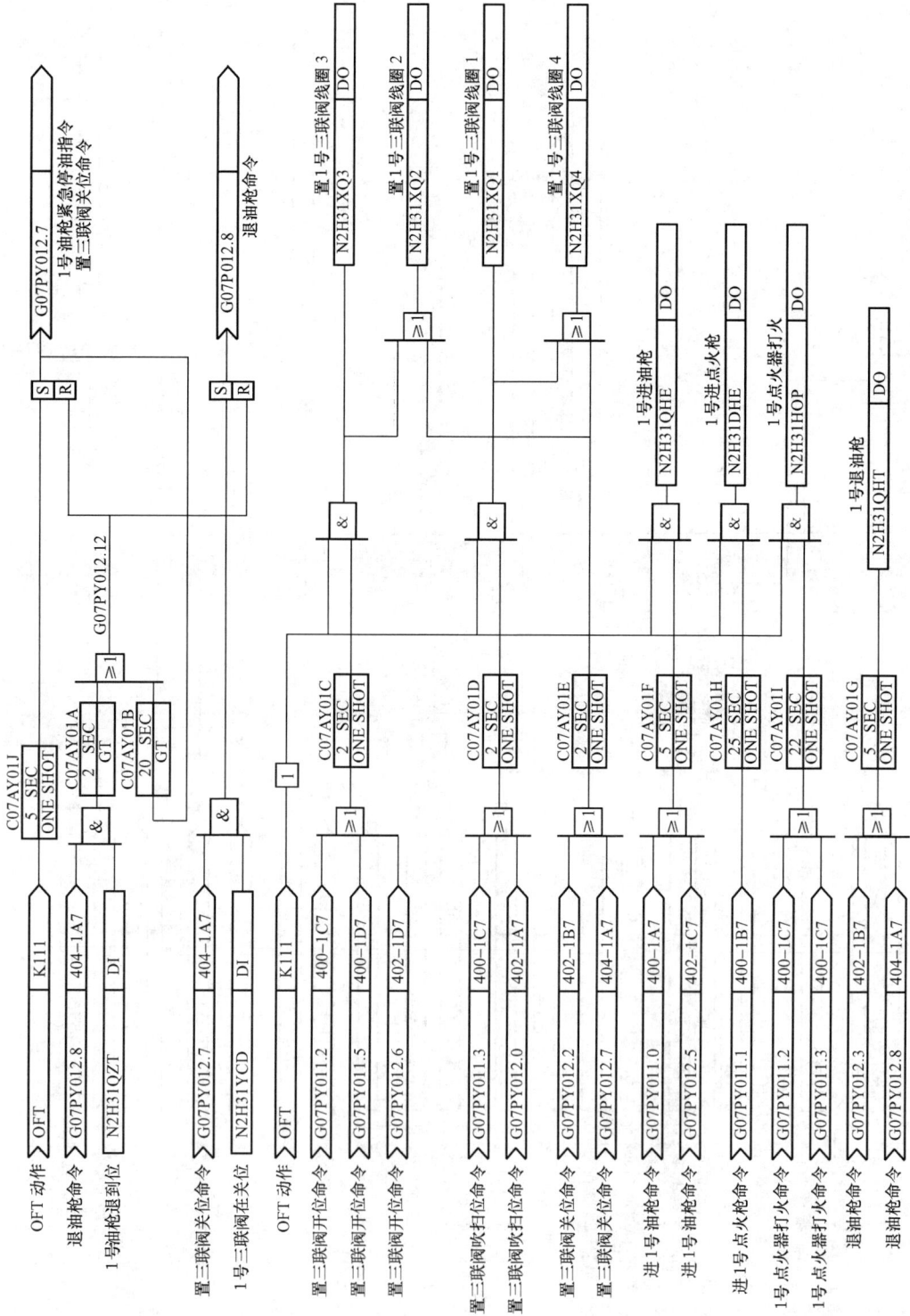

图 11-7　A型油枪紧急连锁投入程控

第五节　火　焰　检　测

一、概述

火焰监测是 FSSS 的重要组成部分，主要任务是监视和判断炉膛火焰的有无，FSSS 根据火焰检测信号再产生 MFT、OFT 等跳闸信号。FSSS 的 MFT、OFT 可靠性完全由火焰检测测量元件所决定。

火焰检测元件大致可分为以下几种。

(1) 紫外线（UV）火焰检测器。一般适用于检测可燃气体和轻油燃烧生成的火焰。

(2) 可见光火焰检测器。一般适用于检测重油和煤燃烧生成的火焰，也可以用于检测轻油燃烧的火焰。

(3) 红外线火焰检测器。和可见光火焰检测类似。

紫外线火焰检测器对物质燃烧所发出的紫外光线比较敏感，但由于紫外线波长较短，而波长较短的光线很容易被粉尘所吸收，所以紫外线检测器不容易在燃烧产生大量烟雾的情况下检测到燃烧产生的紫外线。日常生活中，交通路口为什么要使用红灯作为停止行进信号，正是利用红光波长比较长，穿透力强的特点。正是由于紫外光的以上特点，一般电厂锅炉火焰检测很少使用。目前电厂锅炉火焰检测使用较多的是可见光和红外线火焰检测器。表 11-2 列出这两种火焰检测器的型号和应用情况。

表 11-2 　　　　　　　　火焰检测器的型号和应用情况　　　　　　　　MW

型号	检测原理	适用于燃料的种类	制造厂	应用电厂/容量
SAFE-SCAN-Ⅰ	可见光	煤、重油、轻油	ABB-CE	平圩电厂/600
SAFE-SCAN-Ⅱ	可见光	煤、重油、轻油	ABB-CE	北仑港电厂①/600
SAFE-SCAN-Ⅱ	可见光	煤、重油、轻油	ABB-CE	石洞口二厂②/600
FLAMON	可见光	煤、重油、轻油	Bailey	南通电厂③/600
FLAMON	可见光	煤、重油、轻油	Bailey	利港电厂④/600
IDD-Ⅱ	红外光	煤、重油	FORNEY	谏壁发电厂⑤/600
DET-TRONICS	可见光	煤、重油	DETECTOR ELECTRONICS	彭城电厂⑥/300

①～⑥　的单位全称分别为国电浙江北仑第一发电有限公司、华能国际电力股份有限公司上海石洞口第二电厂、华能南通发电有限责任公司、江苏利港电力有限公司、国家能源集团谏壁发电厂、徐州华润电力有限公司。

由表 11-2 可见，多数电厂使用 SAFE-SCAN-I 和 SAFE-SCAN-Ⅱ可见光火焰检测器来检测炉膛火焰。下面以 SAFE-SCAN-Ⅰ为例介绍火焰检测器工作原理。

二、SAFE-SCAN-Ⅰ型火焰检测器原理

当锅炉炉膛冷态启动时，火焰检测器检测火焰的有无准确率比较高，但当炉膛工作较长时间后，即使炉膛没有火焰，由于炉膛温度很高，检测方法不当时，很可能会在炉膛失去火焰后，检测仪表没有相应灭火信号输出。因此一般 SAFE-SCAN-Ⅰ型火焰检测器不仅要检测燃料燃烧发出可见光的强度，而且要检测火焰的脉动频率，以此区别火焰和灼热的炉膛。

利用光导纤维将光信号引出炉膛，防止光敏元件直接接触高温，以延长其使用寿命。光

纤的一端是推进到炉膛的透镜，另一端是可见光敏感元件——光敏二极管。

　　光电二极管将光信号转换成电流信号，这个电流信号的大小和炉膛火焰强度成正比，由于炉膛火焰强弱变化，所以电流信号是脉动变化的信号。该脉动信号的平均数值，反映了炉膛火焰的强度。检测电流的变化周期，可以区别正常的炉膛火焰和灼热的炉膛内温度。如果不能检测火焰的脉动频率，而仅检测火焰强度，当炉膛刚灭火时，炉膛四壁温度很高，火焰检测装置会输出"有火焰"信号，这种情况不利于判断炉膛是否灭火。

　　火焰检测原理见图 11-8，检测得到的电流信号分别输送给频率检测电路、强度检测电路和故障检测电路。这三个通道电路分别对火焰的脉动频率、电平强度和电路故障进行检测。当三个电路同时发出"有火焰"信号时，表示火焰正常。

　　1. 光电转换原理

　　炉膛火焰的可见光通过镜头、光导纤维引出炉墙外（镜头倾斜为 3°～5°），光纤长度为 1.5～2m，将光信号传送到位于锅炉炉墙外的光电转换器。光纤传递来的火焰光线直接照射到光敏二极管上，光敏二极管将光强转换成电流信号。对电流信号放大、转换处理后，将代表火焰瞬时强度的电流信号通过电缆传送到相

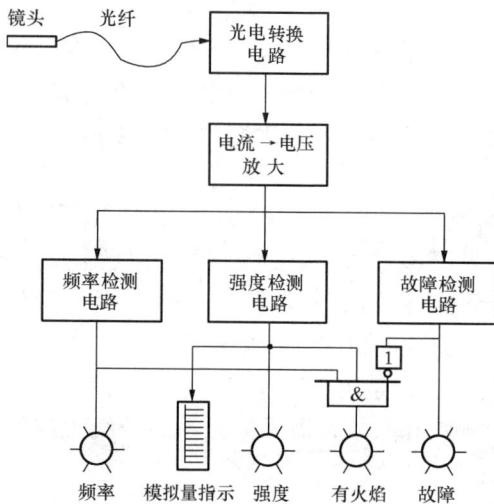

图 11-8　火焰检测原理框图

应的处理机柜中进行处理。

　　光电转换二极管和光导纤维的特性直接影响着火焰检测的准确程度。可见光的波长是 300～900nm，光电检测二极管应该主要检测这部分波长的光线。若可见光存在，肯定表示炉膛有火焰，但从图 11-9 中可知，光纤能传输光线的波长范围为 400～1200nm（实际为 1500nm），光导纤维不仅将可见光（火焰信号）传递给光敏二极管，而且将红外光信号（不可见光线，发热物体都可发出此种光线）也传递给光敏二极管，这对检测炉膛灭火非常不利。无红外线滤波的光敏二极管对波长为 700～1100nm 光线比较敏感，主要对红外光线区域敏感。加装红外线滤波后，强制滤除红外光线（降低红外线强度）后，对波长 300～700nm 光线比较敏感，这正是检测需要的可见光的区域范围。

　　从实际信号角度分析，如果不加装红外线滤波，由于对红外线比较敏感，当炉膛灭火后，由于炉膛温度仍很高，光敏二极管会接收到比较强的光线信号，而不会发出炉膛灭火信号。

　　2. 故障检测

　　通过光纤从现场来的火焰光线信号，首先进入光电信号处理机柜，在机柜中将电流信号放大后转换成电压

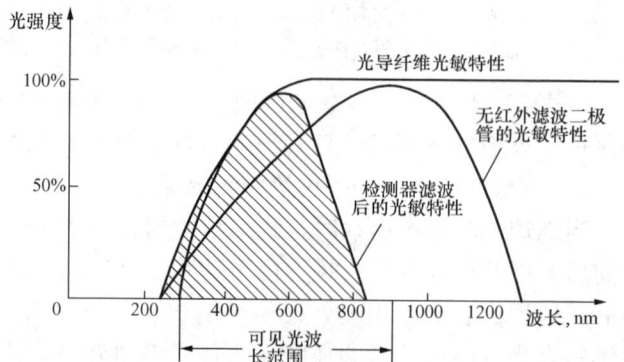

图 11-9　光导纤维和光电二极管及检测器的光敏特性

信号，然后分别传送给频率检测、强度检测和故障检测电路。故障检测电路是将代表火焰信号强弱的电压信号，与事先设定的上下限数值进行比较，当代表火焰强度的电压信号在上下限范围内时，表示工作正常，否则电路出现故障。例如，当检测回路开路后，传送的电压信号势必非常小，可以据此判断电路损坏，故障检测电路会发出电路损坏报警信号。代表光线强度的电压信号正常时，故障检测输出低电平，经过取反电路变成高电平后，表示检测电路正常。

3. 频率检测

燃料在燃烧过程中属于剧烈的化学反应过程，燃烧过程很不稳定，反应速度时快时慢，因此产生的火焰波动很大，即光线强弱变化剧烈，而光电二极管是将光线转变成电信号，所以代表火焰的光电信号必然幅值波动很大。研究表明，不同燃料燃烧时，其火焰的脉动频率是不相同的。煤粉燃烧时火焰脉动频率大约为 10Hz；油燃烧火焰脉动频率大约为 30Hz，越容易燃烧的物质，火焰脉动频率就越高（化学反应越剧烈）。由于燃料的这种特性，在多种燃料同时燃烧时（例如煤粉和油同时燃烧），就可以检测出不同燃料的燃烧状态。例如，锅炉启动过程或低负荷运行状态下，为了稳定锅炉的燃烧，往往投油帮助燃烧，即使将火焰检测探头对准油喷燃器，但炉膛中燃烧煤粉的火焰光线肯定也可以进入探头，由于两种火焰脉动频率存在明显差别，只要在处理电路中加入高通滤波（频率高的信号可以通过）器，就可以顺利检测出油枪的燃烧情况。为了防止火焰脉动频率瞬时波动造成检测的误报，一般采取延时处理，例如检测电路发现炉膛灭火，若此信号能保持 2s 时间，就可以发出炉膛灭火信号。

4. 强度检测

强度检测是对火焰的直流分量进行检测，直流分量反映的是火焰强度（亮度），火焰越亮时对应的直流分量就越大，检测得到的直流分量能反映炉膛内的燃烧情况。其实，检测的主要目的是判断炉膛内是否有火焰，即电压数值大于设定数值时，表示炉膛存在火焰，电压小于设定数值表示炉膛灭火。检测电路使用"置入"和"置出"数值来处理此类矛盾。

将检测探头对准被检测的火焰中心，正常燃烧情况下可以得到一个代表燃烧强度的电压信号，在此信号基础上根据经验略减小一定数值后，该数值称为"置入"数值。当要检测的燃烧器正常燃烧时，检测得到的火焰肯定大于"置入"数值，即大于"置入"数值表示燃烧器正常燃烧。

"置出"数值的设定要根据使用目的而定。如果使用"置出"数值来检测整个炉膛中有无火焰，将检测器对准炉膛中的火球，当炉膛燃烧强度最低时（低负荷等工况下）的数值，再适当减小一定数值后称为"置出"，即"置出"数值对应炉膛燃烧时最低的火焰强度，一旦检测得到的强度数值小于"置出"表示炉膛肯定灭火。如果使用"置出"仅检测某个燃烧器的火焰强度，略小于"置入"一定数值设定为"置出"。这样，当检测的燃烧器灭火后，尽管炉膛内仍存在火焰，但检测得到的火焰强度已小于"置出"，所以表示燃烧器灭火。

"置入""置出"数值的调整要经过实践检验来确定，数值过高可能造成误报（有火焰时错误报告无火焰），数值过低会造成漏报（无火焰时没有报警），无论是误报或漏报都会造成巨大损失，甚至酿成大的事故。

5. 层火焰检测原理

对于四角布置、切圆燃烧的锅炉来讲，检测器也是四角布置，一个角布置一个检测器。一般来讲，炉膛火焰监视都是以层为单位的，"层火焰"的概念通常设计为层火焰显示和层故障报警。

（1）层火焰显示。接受四个检测器的火焰信号，进行四取二逻辑判断，当四个检测器中两个显示有火焰时，则输出"本层有火焰"信号。当三个或三个以上检测器显示无火焰时，则输出"本层无火焰"信号，并跳闸相关设备。

（2）层故障报警。四个检测器中任何一个出现故障，则发出"本层火焰检测器故障"信号，进行声光报警，并将层火焰信号闭锁，以免造成误动。

第六节　主燃料跳闸

一、主燃料跳闸条件

主燃料跳闸是 FSSS 的重要组成部分，它连续地监视预先确定的各种安全运行条件是否满足，一旦出现可能危及锅炉安全运行的危险情况，就快速切断进入炉膛的燃料，以防止锅炉灭火后爆燃，避免发生设备损坏和人身伤亡事故，或者限制事故的进一步扩大。DLGJ 116—1993 规定 MFT 至少应满足表 11-3 所列条件。表 11-4 列出了平圩电厂、北仑港电厂、石洞口二厂、扬州第二发电有限责任公司（简称扬州二厂）600MW 机组触发主燃料跳闸的条件。

表 11-3　　　　　　　　主燃料跳闸条件（DLGJ 116—1993）

序号	主燃料跳闸条件	中间储仓式制粉系统		直吹式制粉系统	
		全炉膛灭火保护	单燃烧器灭火保护	全炉膛灭火保护	单燃烧器灭火保护
1	全炉膛火焰丧失	√	√	√	√
2	炉膛压力过高	√	√	√	√
3	炉膛压力过低	√	√	√	√
4	汽包水位过高	√	√	√	√
5	汽包水位过低	√	√	√	√
6	全部送风机跳闸	√	√	√	√
7	全部引风机跳闸	√	√	√	√
8	全部一次风机跳闸	√	√	√	√
9	全部锅炉循环水泵跳闸	√	√	√	√
10	给水丧失（直流锅炉）	√	√	√	√
11	单元机组汽轮机主汽阀关闭	√	√	√	√
12	手动停炉指令	√	√	√	√
13	全部磨煤机跳闸，且总燃油（燃气）阀或全部燃油（燃气）支阀关闭			√	√

续表

序号	主燃料跳闸条件	中间储仓式制粉系统		直吹式制粉系统	
		全炉膛灭火保护	单燃烧器灭火保护	全炉膛灭火保护	单燃烧器灭火保护
14	全部给煤机跳闸，且总燃油（燃气）阀或全部燃油（燃气）支阀关闭			√	√
15	全部给粉机跳闸，且总燃油（燃气）阀或全部燃油（燃气）支阀关闭	√	√		
16	全部排粉机跳闸，且总燃油（燃气）阀或全部燃油（燃气）支阀关闭	√	√		
17	再热器超温	○	○	○	○
18	风量小于额定负荷风量的 25%～30%	○	△	○	△
19	角火焰丧失		○		○

注　√—应有；△—适宜；○—可选择。

表 11 - 4　　平圩电厂、北仑港电厂、石洞口二厂、扬州二厂 600MW 机组 MFT 条件

电厂	平圩电厂	北仑港电厂	石洞口二厂	扬州二厂
MFT 条件	两台送风机全停	两台送风机全停	两台送风机全停	汽包水位高
	两台引风机全停	两台引风机全停	两台引风机全停	汽包水位低
	锅炉水冷壁循环不正常（无循环水泵运行大于 5s）	水冷壁循环不良	过热器出口压力高	炉膛压力低
	汽轮机跳闸	汽轮机跳闸	汽轮机跳闸和汽轮机旁路系统任何 SF<FR	炉膛压力大于 1.7kPa（5s）
	汽包水位低	汽包水位低（5s）		炉膛压力大于 3.7kPa（2s）
	运行人员手动跳闸	运行人员手动跳闸		二次风箱压力高
	协调控制系统失电	协调控制系统失电	运行人员手动跳闸	炉膛吹扫空气量低

由表 11 - 4 可见，各电厂机组的 MFT 的触发条件大致相同，且基本符合 DLGJ 116—1993 所规定的条件。石洞口二厂 600MW 机组为超临界压力直流锅炉，没有汽包，故无汽包水位高/低的 MFT 跳闸条件。

二、主燃料跳闸条件组成分析

主燃料跳闸条件一旦形成，就会触发 MFT 而紧急停炉，虽然 MFT 能保护锅炉设备的安全，避免重大事故的发生，但紧急停炉会对电网造成一定冲击，当再次启动时，又会增加经济方面的开支。因此 MFT 的可靠性成为 MFT 的关键，当需要跳闸时必须准确、及时、快速地完成跳闸，而不必要跳闸时，要求系统不能误动。

分析 MFT 条件组成，避免不必要的跳闸发生。触发 MFT 的条件大致可分为两类：一

类为单一条件触发；另一类为复合条件触发。例如，两台送风机全停、两台引风机全停、炉膛压力高/低、汽包水位高/低等属于单一条件。全炉膛灭火、失去全部燃料等属于复合条件。单一条件往往是由一个输出信号引发 MFT 动作，而复合条件则可能是多个信号中的任一个引发 MFT 动作。

（1）两台送风机全停、两台引风机全停。送风机或引风机的停止运行信号来自风机电动机开关的辅助接点，即来自马达控制中心（MCC），俗称 6kV 开关室；不要使用中间继电器的扩充接点，以提高可靠性。

（2）汽包水位高/低。包括 600MW 及以上机组，汽包水位高/低跳闸信号应采用三取二逻辑，汽包水位信号应有三路独立测量通道。三路测量的模拟信号在 FSSS 装置中（如 DCS）被转换成数字量，且与设定数值进行比较，经三取二逻辑运算后形成汽包水位高/低的 MFT 条件。为了避免由于汽包水位瞬间波动而引发 MFT，一般采用延时 5～20s 的方法来形成 MFT。

（3）炉膛压力高/低。一般采用检测压力开关接点的状态来判断炉膛压力的高/低，通常是炉膛正/负压力开关各取三个，采用三取二逻辑构成 MFT 条件。炉膛压力波动也比较大，为了防止误动，一般采用延时 2～5s 后才发 MFT 信号的方法。

（4）失去重要电源。当 CCS 电源或 FSSS 电源全部失去后，一般由于失去交流电源所致，就表示重要电源停止供电，此时 FSSS 会发出 MFT 信号。一般 CCS 或 FSSS 都采用不间断电源系统进行供电，但当两个电源切换时间过长（超过 5ms 时），认为系统失去电源。

（5）锅炉空气流量小于最小设定数值（例如小于 25%）。600MW 机组锅炉一般采用中速直吹式系统，进入锅炉的空气量应是一次风量和二次风量的总和。一次风量又是各台磨煤机一次风量的总和；二次风量通常在锅炉左右侧风道分别测得后再累加。一次风量、二次风量通常采用差压法测量，并经温度补偿以降低误差。进入炉膛的空气量 Q 可用下式表示：

$$Q = \sum_{i=1}^{n} Q_{1i} + \sum_{j=1}^{m} Q_{2j}$$

式中：Q_{1i} 为各台磨煤机的一次风量，$i=1,2\cdots$，一般 $n=2$；Q_{2j} 为各侧二次风量，$j=1,2\cdots$，一般 $m=2$。

（6）失去燃料。这里指失去全部燃料，跳闸信号构成如下：所有磨煤机停止，且燃油母管跳闸阀（快关阀）关闭或所有油枪油阀开关关闭。

（7）全炉膛熄火。对四角喷燃的 CE 锅炉来说，一般层火焰检测至少有三个以上火焰检测器未检测到火焰，表示该层灭火，各层均发出"层失去火焰"信号为全炉膛熄火。

三、MFT 逻辑图

太原一热主燃料跳闸条件共 12 个，见图 11-10。分别为"高压旁路打不开保护""锅炉灭火保护"（来自火焰检测信号）、……"MFT 按钮"等 12 个条件，任何一个条件满足都会引发 MFT 动作，通过图中右侧的两个"跳闸 MFT 继电器"信号形成 MFT 动作，其他逻辑读者可自行分析。

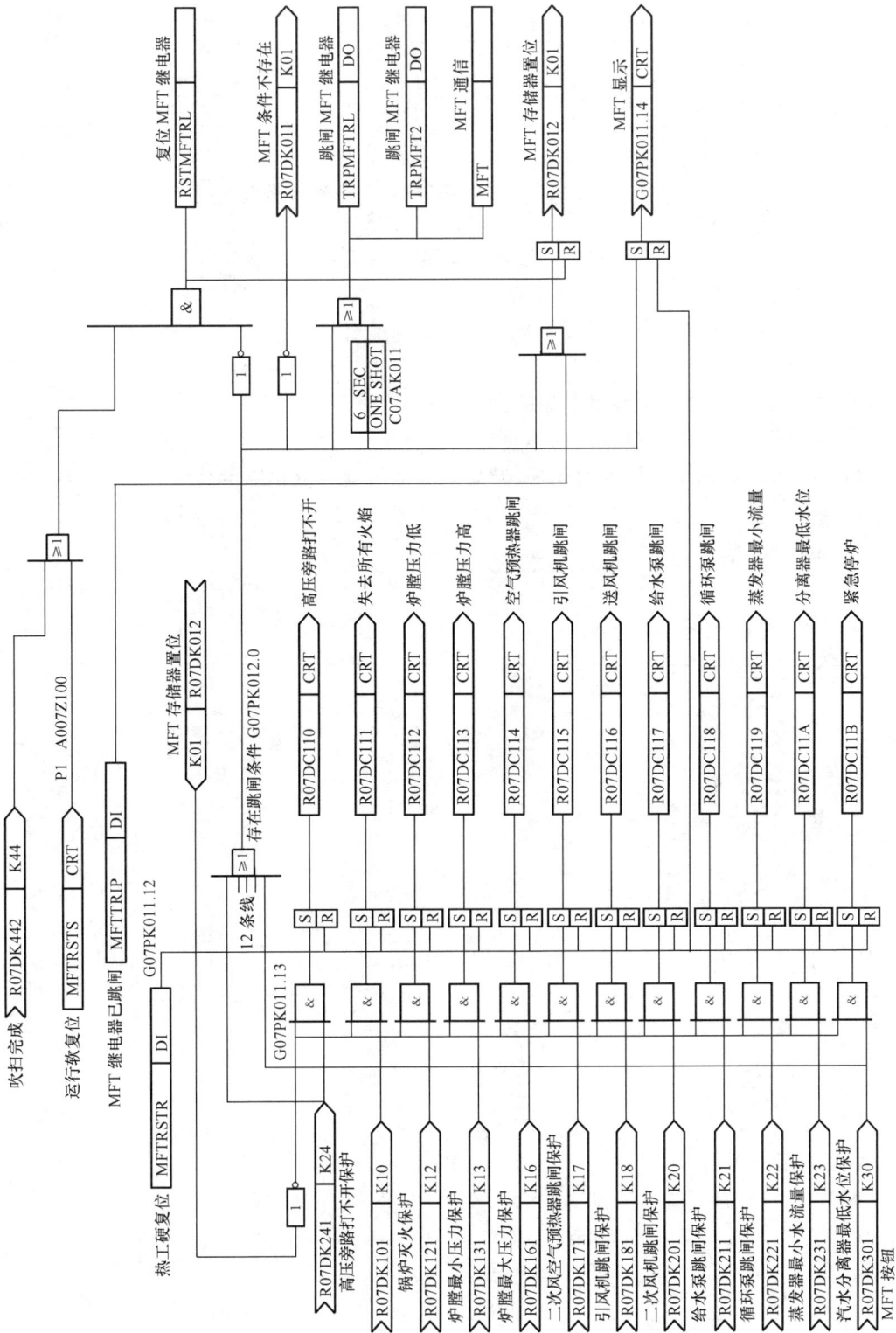

图 11-10　MFT 逻辑原理

复 习 思 考 题

11-1　什么叫 FSSS?

11-2　FSSS 有哪些主要功能?

11-3　简述炉膛发生爆燃的过程。炉膛中煤粉越多就越容易爆燃吗?

11-4　炉膛发生爆燃后，炉膛中的煤粉越多危害就越大吗? 为什么?

11-5　解释为什么炉膛爆燃前的温度越低，爆燃后危害就越大。

11-6　可能发生爆燃的几种危险工况是什么?

11-7　在运行过程中，防止炉膛爆燃的几个原则是什么?

11-8　炉膛点火前或炉膛点火失败后，为什么要进行炉膛吹扫?

11-9　火焰检测装置上加装红色滤镜的作用是什么?

11-10　火焰检测中的频率检测的作用是什么?

11-11　简述检测单个燃烧器火焰时，"置入"数值和"置出"数值如何设置。

第十二章 顺序控制系统

顺序控制系统（sequence control system，SCS）是电厂另外一种重要类型的控制系统。和模拟量控制系统（MCS）相比，MCS中控制器的输入和输出都是模拟量信号，而SCS输入输出全部是开关量信号，故也称为开关量控制系统；MCS控制目标是被控量等于给定数值，而SCS则按预先设定好的步序进行工作。

SCS的主要功能是对机组的热力系统和辅机，包括电动机、阀门、挡板的启/停和开/关进行自动控制。随着机组容量的增加和参数的提高，辅机数量和热力系统的复杂程度随之增加，一台600MW机组约有辅机、电动/气动门、电动/气动执行器300余台套。例如石洞口二厂600MW机组，顺序控制系统按工艺系统特点分成40个顺序控制功能组，控制机、炉辅机约93台、阀门约139只、主要挡板约20台（不包括BMS系统中的顺序控制部分）。顺序控制涉及的面很广，有大量的输入/输出信号和逻辑判断功能。一台600MW机组的顺序控制系统有2000~3000个输入信号、1000多个输出信号、800多个操作项目。对如此多而相互间存在复杂联系的热力系统和辅机设备，依靠运行人员进行手工操作是不可能的，只有依靠安全可靠的自动控制系统方能胜任。热工控制系统的发展，特别是可编程控制器（PLC）和DCS的出现，为实现完善的热力系统和辅机顺序控制创造了条件。

目前电厂的顺序控制多数已融合到DCS中，部分顺序控制用可编程控制器（PLC）来实现。

第一节 PLC结构组成

PLC由于自身的特点，在工业生产的各个领域得到了越来越广泛的应用。而作为PLC的使用者，要正确地使用PLC去完成各类控制任务，首先需要了解PLC的基本工作原理。

PLC源于用计算机控制来取代继电接触器，故PLC的工作原理与计算机的工作原理基本上是一致的。两者都是在系统程序的管理下，通过用户程序来完成控制任务

一个完整的PLC系统包括控制器主机、输入模块和输出模块三部分，主机由CPU、存储器、总线和电源等部件组成。存储器用来存放管理程序、应用程序和数据，管理程序由制造厂编制，应用程序由用户根据控制系统的要求编写而成。

PLC系统由便于拆装的插件模块所组成，实质上是应用了计算机技术的一种专用计算机，组成它的各类模块借助于带有数据——地址总线的安装支架而紧密相连。

下面简单介绍可编程序控制器的组成模块。

1. 电源模块

电源模块用于提供所用控制器的内部电源，一般有三种形式，即220V（AC）、48V（AC/DC）、24V（DC）等。

2. CPU模块

CPU模块是PC机的核心组成部分，在PC机系统中的作用类似于人体的神经中枢。它

用扫描方式接收输入信息、解读用户程序、通过输出结果等。不同的 PC 机采用的芯片不相同，常用的 CPU 主要采用通用微处理器、单片机或双极型位片式微处理器。一般来讲，小型的，多采用 8 位 CPU；中型的，多采用 16 位 CPU；大型的，则用高速位片机。对不同种类的芯片，有的不需外加掉电保护，有的需外加程序掉电保护。

3. 程序存储模块

PC 机的存储系统配有两种存储器，即系统程序存储器和用户程序存储器。

（1）系统程序存储器。它用于存放系统工作程序（监控程序）、模块化应用功能子程序、命令解释、功能子程序的调用管理程序以及按对应定义（包括输入/输出、内部继电器、计时/计数器、位移寄存器等）存储各种系统参数。

（2）用户程序存储器。它主要用来存储通过编程器输入的用户编制程序。PC 机的用户存储器通常以字（16 位/字）为单位来表示存储容量。PC 机产品资料中所指的存储器型式或存储方式及容量是指用户程序存储器。

常用的存储器型式或存储方式有 CMOSRAM、EPROM 和 EEPROM。CMOSRAM 是一种高密度、低功耗、价格低廉的半导体存储器，可用锂电池作备用电源；EPROM 是可擦除可编程只读存储器，写入加高电平，擦除时用紫外线照射；EEPROM 是可编程及电可擦除的新型只读存储器，它可保持数据 20 年以上不丢失，而且存储速度快。

4. 输入/输出模块

输入/输出模块是 CPU 与现场输入/输出装置或其他外部设备之间的连接的部件。PC 机有各种操作电平与驱动能力的输入/输出模块和各种用途的输入/输出组件。如输入/输出电平转换、电气隔离、串/并行转换、模/数或数/模变换以及其他功能模块等。输入/输出模块将外部输入信号变换成 CPU 能接收的信号，或将 CPU 的输出信号变换成需要的控制信号去驱动控制对象，以确保系统正常工作。

5. 定时模块

定时模块是专用模块，可根据系统的实际需要配置。

第二节　PLC 的编程与控制原理

PLC 系统在硬件的支持下，通过执行反映控制要求的用户程序来实现对工艺系统设备的控制。PLC 系统采用循环扫描的工作方式，其工作过程如图 12-1 所示，包括内部处理与自诊断、与外设进行通信处理、输入采样、用户程序执行和输出刷新五个阶段。

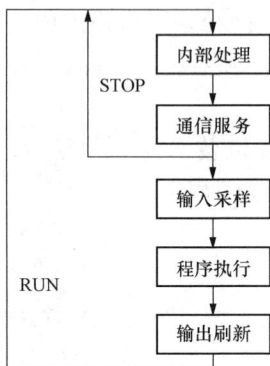

图 12-1　PLC 循环扫描的工作过程

PLC 有两种基本的工作模式：运行（RUN）和停止（STOP）。当处于 STOP 工作模式时，只执行前两个阶段：内部处理与自诊断，以及与外部设备进行通信处理。PLC 系统上电复位后，PLC 首先进行内部初始化处理，清除 I/O 映像区里的内容；接着进行自诊断，检测存储器、CPU 及 I/O 部件的状态，确认是否正常；然后进行通信处理，完成与各外设（编程器、打印机等）的通信连接；同时进行着是否有中断请求的检测，若有，则作相应的中断处理。

上述阶段完成，确认系统正常后，并且 PLC 方式开关置于 RUN 位置时，PLC 才进行独特的循环方式扫描，即周而复始地执行上面介绍的所有阶段。为了能够使 PLC 的输出及时响应随时都可能变化的输入信号，用户程序不是只执行一次，而是不断地重复循环执行，直至 PLC 停机或切换到 STOP 运行模式。由于 PLC 系统执行指令的速度极快，从外部输入/输出关系来看，处理的过程几乎是同时完成的。

1. 输入采样阶段

在 PLC 的存储器中，设置了一片区域用来存放输入信号和输出信号的状态，分别称为输入映像寄存器和输出映像寄存器。PLC 梯形图中的软元件也有对应的映像存储区，统称为元件映像存储器。

在输入采样阶段，PLC 的 CPU 顺序扫描每个输入端，顺序读取每个输入端的状态，并将其存入输入映像寄存器单元中。采样结束后，输入映像区被刷新，其内容将被锁存并保持着，并将作为程序执行时的条件。PLC 在运行过程中，所需的输入信号不是实时取输入端子上的信息，而是取输入映像寄存器中的信息。

当进入程序执行阶段后，输入映像区相应单元保存的信息被输入锁存器隔离，而不会随着输入端发生变化，因此不会造成运算结果的混乱，保证了本周期内用户程序的正确执行。在下一个扫描周期的输入采样阶段，输入端信号才会被输入锁存器再次送入输入映像寄存器的单元中，而进行输入数据的刷新。因此为了保证输入脉冲信号能被正确读入，要求输入信号的脉宽必须大于 PLC 的一个扫描周期。

2. 程序执行阶段

PLC 完成输入采样后，进入程序执行阶段，PLC 从用户程序的第 0 步开始，按先上后下、先左后右的顺序逐条扫描用户梯形图程序，对由接点构成的控制线路进行逻辑运算。这里的接点就是 I/O 映像存储器中存储的输入端状态，或称为软触点。PLC 以接点数据为依据，根据用户程序进行逻辑运算，并把运算结果存入输出映像存储器中。

PLC 并非并行工作，因此在程序的执行过程中，上面逻辑行中线圈状态的改变，会对下面的逻辑行中对应的接点状态起作用；反之，排在下面的逻辑行中线圈状态的改变，只能等到下一个扫描周期才能对其上面逻辑行中对应此线圈的接点状态起作用。因此，对于每一个元件而言，元件映像存储器中所存储的内容（除输入存储器）会随着程序执行过程的变化而变化。当所有指令都扫描处理完后，即转入输出刷新阶段。

3. 输出刷新阶段

在输出刷新阶段，PLC 将输出映像寄存器中的状态信息转存到输出锁存器中，刷新其内容，改变输出端子上的状态，然后通过输出驱动电路驱动被控外设（负载）。这才是 PLC 的实际输出。

PLC 采取集中输入采样、集中输出刷新的扫描方式。PLC 输入/输出处理的特点：

（1）在映像存储区中设置 I/O 映像区，分别存放执行程序之前采样的各输入状态和执行程序后各元件的状态。

（2）输入点在 I/O 映像存储器中的数据，取决于输入端子在本扫描周期输入采样阶段所刷新的状态，而在程序执行和输出刷新阶段，其内容不会发生改变。

（3）输出点在 I/O 映像存储器中的数据，取决于程序中输出指令的执行结果，而在输入采样和输出刷新阶段，其内容不会发生改变。

（4）输出锁存电路中的数据，取决于上一个扫描周期输出刷新阶段存入的内容，而在输入采样和程序执行阶段，其内容不会发生改变。

（5）直接与外部负载连接的输出端子的状态，取决于输出锁存电路输出的数据。

（6）程序执行中所需要的输入/输出状态，取决于由 I/O 映像存储器中的数据。

PLC 全过程扫描一次所需的时间定为一个扫描周期。在 PLC 上电复位后，首先要进行初始化工作，如自诊断、与外设（如编辑器、上位计算机）通信等处理；当 PLC 方式开关置于 RUN 位置时，它才进入输入采样、程序执行、输出刷新。一个完整的扫描周期应包含上述三个阶段。

一个完整的扫描周期可由自诊断时间、通信时间、扫描 I/O 时间和扫描用户程序时间相加得到，其典型值为 1～100ms。①自诊断时间：同型号的 PLC 的自诊断时间通常是相同的，如三菱 FX2 系列机自诊断时间为 0.96ms。②通信时间：取决于连接的外部设备数量，若连接外部设备为零，则通信时间为 0。③扫描 I/O 时间：等于扫描的 I/O 总点数与每点扫描速度的乘积。④扫描用户程序时间：等于基本指令扫描速度与所有基本指令步数的乘积。对于扫描功能指令的时间，也同样计算。当 PLC 控制系统固定后，扫描周期将随着用户程序的长短而增减。

传统的继电控制系统采用硬逻辑并行工作方式，线圈控制其所属触点同时动作。而 PLC 控制系统则采用顺序扫描工作方式，软线圈控制其所属触点串行动作。这样，PLC 的扫描周期越长，响应速度就越慢，会产生输入、输出的滞后。FX 系列小型 PLC 的扫描周期一般为毫秒级，而继电器、接触器触点的动作时间在 100ms 左右，相对而言，PLC 的扫描过程几乎是同时完成的。PLC 因扫描引起的响应滞后非但无害，反而可增强系统的抗干扰能力，避免了在同一时刻因有几个电器同时动作而产生的触点动作时序竞争现象，避免了执行机构频繁动作而引起的工艺过程波动。但对响应时间要求较高的设备，应选用高速 CPU、快速响应模块、高速计数模块，直至采用中断传输方式。

第三节　SCS 的实现手段

在 SCS 中，PLC 系统根据开关量变送器提供的信息和运行人员发出的操作指令，经过逻辑运算，然后根据运算结果驱动执行机构，从而完成特定的控制任务。顺序控制系统的现场设备是提供现场信息的检测变送器以接受并执行开关量命令的执行机构及其控制电路。

一、现场变送器

开关量变送器检测的是压力、温度等物理量，输出是开关量电平信号，开关量变送器就是一种受控于压力或温度等参数的开关，因而也称为压力开关、温度开关等。

开关量变送器的基本工作原理是，将被测参数的限定值转换为触点信号，并按顺序控制系统的要求给出规定电平（也可由顺序控制装置的输入部分转换为规定电平），其电源通常由顺序控制装置供给。开关量变送器指的是直接把热工参量或机械量转化为开关量电信号输出的测量设备。它为顺序控制装置提供操作条件和回报信号。

开关量变送器主要的品种有位置开关、压力开关和压差开关、流量开关、液位开关、温度开关等。它们被接到 PLC 或 DCS 的数字量输入卡，作为状态输入。

1. 位置开关

位置开关用于测量机械运动部件行程的极限位置，并送出开关量信号，也称为行程开关、终端开关等。

当被测机械运动部件的行程达极限位置时（如锅炉油枪推进到位），按照一定方式连接的滚轮和传动杆发生联动，使微动开关内部的动触点动作，转换至与静触点的接通位置。动、静触点的引脚由导线引到位置开关外部，因此动作信号可以转换成电平信号，作为机械运动部件行程的开关量信号发送到顺序控制装置。当机械运动部件后退时，通过复位弹簧的作用，装置恢复原位，微动开关内部的动触点释放复位。

2. 压力开关

压力开关用来将被测压力转换为开关量电信号，被测压力送入测量元件，与弹簧元件相互作用产生位移，触点发生接通和断开。压力开关有高、中、低和微压开关等多种，测力机构多采用力平衡原理，测量元件有单膜片、双膜盒、波纹管、弹簧管和大圆形橡胶膜等，可根据被测压力的高低选用合适的测量元件。

压差开关实际上是压力开关的一个品种，它和压力开关的区别仅是测量元件为双室的。

3. 流量开关

利用孔板和喷嘴等已经标准化了的节流装置将流量值转换为压差值，再利用一个压差开关，就可以得到流量的开关信号。此类流量开关主要用于精确度要求较高的场合。

工业现场还有许多液体流动的工况不需要用准确的流量值来反映，如磨煤机的断煤信号、冷却水管道的断流信号、润滑油泵启动后回油的信号等。这些流量的开关量信号可以采用更简单和更直接的方法取得。磨煤机的断煤信号是由装在给煤机上的断煤开关提供的。断煤开关由一个可以绕轴摆动的挡板、连在轴端部的一块压板以及可由压板按压的微动开关组成。当存在煤流时，挡板被煤推起，带动轴和压板转动，这时微动开关不被压而断开；当煤断流时，挡板靠重力返回，带动压板按压微动开关，送出断煤信号。在要区别管道中水或油的流量有无的场合，可以采用挡板式或浮子式流量开关，也称为液流信号器。流体通过流量开关时，推动挡板或浮子。它们的位移通过杠杆带动外部的微动开关动作，或者通过磁钢使外部舌簧管的触点动作，从而发出开关量信号，用以判断管道中的液流是否存在。

4. 液位开关

的液位开关有两类，一类是浮子式的，另一类是电极式的。

浮子式液位开关是利用液体对浮子的浮力来测量液位的。当液位变动达到一定数值时，浮子带动的磁钢使外部的舌簧管触点动作，触点闭合后可送出开关量信号。

电极式液位开关是利用液体的导电性来测量液位的。开关是一对上下安置的电极，当容器内的液体没有触及上部电极时，电极之间的电阻极大，中间继电器线圈的电路不通，继电器处于释放状态，当液体的液位上升并触及上部电极时，液体的导电性使两个电极之间的电阻急剧降低，中间继电器线圈的电路导通，继电器吸合，它的触点送出液位的开关量信号。

利用平衡容器输出的压差值配合压差开关，可用来测量高温高压容器内的液位，输出开关量信号。

5. 温度开关

对于不同的温度测量范围，应选用结构不同的温度开关，在 0～100℃ 的温度范围内，通常采用固体膨胀式的温度开关；在 100～250℃ 的温度范围内，大多采用气体膨胀式温度开关；对于 250℃ 以上的温度范围，只能采用热电偶或热电阻温度计，经过测量变送器转换为模拟量电信号，再将电信号转换为开关量信号。

固体膨胀式温度开关的工作原理是，利用不同固体受热后长度变化的差别而产生位移，从而使触点动作，输出温度的开关量信号。例如，有一种温度开关是用双金属片（黄铜片叠在铟钢片上）构成的，由于黄铜片的线膨胀系数较铟钢片大，在受热后，双金属片就会发生弯曲。当达到规定温度时双金属片自由端（温度开关的动触点）产生足够的位移，与固定的静触点断开，送出开关量信号。

气体膨胀式温度开关是按气体压力式温度计的原理工作的。它有一个测温包，内充氮气，通过密封毛细管接到压力开关的测量元件中。当被测温度达到规定值时，温包内的充气压力使压力开关动作。

二、执行机构

火电厂中实现最后动作的设备有电动执行器、电动机、气动执行器、液压油动设备等。下面介绍前两种。

1. 电动执行器

使用最为广泛的执行部件是电动执行器。在顺序控制系统中，控制装置输出的开关量操作命令有相当大一部分是通过电动执行器去控制各种开闭式阀门的。能够接受开关量信号的控制，直接操作阀门自动开闭的执行器称为阀门电动装置，或称为电动头。

在火电厂中，由电动装置进行操作的阀门种类主要有闸阀、截止阀、蝶阀和球阀等。闸阀的启闭件是闸板形的，闸板沿着与流体流向相垂直的方向做直线运动，截断或开启流体流动的通道。截止阀的启闭件是塞形的阀瓣，阀瓣上下做直线运动，去截断或开启流体流动的通路。它是火电厂中使用得较多的一种阀门。蝶阀的启闭件是一个圆盘形的蝶板，它通过围绕座内的轴旋转来开启与关闭阀门，蝶板从全开到全关的旋转角度通常小于 90 度，蝶阀不适用于高温高压介质。球阀是一种较新型的阀门，它的启闭件是一个有孔的球体，球体以阀体中心线为轴做旋转运动，来截断或开启流体流动的通道。阀门从全开到全关，阀杆的旋转角为 90°。球阀适用于高压介质，但工作温度有一定限制。各类阀门开启和关闭位置的定位方式（即开启到位和关闭到位）对于阀门电动装置的选用以及控制电路的功能设计有很大影响。通常，开启位置的定位全部采用行程整定。对于关闭位置的定位，采用转矩整定的阀门有强制密封闸阀、截止阀和密封式蝶阀；采用行程整定的阀门有自动密封闸阀、球阀和非密封式蝶阀。

电动阀门的种类、系列很多，它的结构和主要组成部分随其本身各个部件的不同而有差别。它的主要组成部分功能如下：

（1）电动机：采用专门设计的三相异步电动机，它的启动力矩较大，按 10～15min 短时工作制设计，电动机的功率一般为 40W～10kW。

（2）主传动机构：电动机通过主传动机构减速后带动阀门的启闭件，最常见的是正齿轮传动和蜗轮传动相结合的结构形式。

（3）转矩推力转换：对于启闭件做直线运动的阀门（闸阀或截止阀），主传动机构输出转矩通过阀杆螺母转换为推力，带动启闭件动作，通常阀杆螺母都作为阀门的一个部件。

（4）二次减速器：对于启闭件做旋转运动的阀门（蝶阀和球阀），转动角度仅有 90°，因此以主传动机构的输出轴还要加装机械传动二次减速器才能去带动阀门启闭件动作。

（5）行程控制机构：用来整定阀门的启闭位置。当阀门开度达到行程控制机构的整定值时，它将推动位置开关动作。阀门电动装置中位置开关的结构形式有多种。位置开关动作后即可发出信号给控制电路去切断电动机的电源。同时，它还可以发出信号供给其他自动装置，例如供顺序控制装置使用。

（6）转矩限制机构：用来限制阀门电动装置的输出转矩。当阀门关严，转矩增大达到转矩限制机构的整定值时，它将推动转矩开关，把转矩转换为微动开关的动作，发出信号给控制电路去切断电动机电源。

（7）阀位测量机构：阀位测量机构以模拟量的形式提供阀门的开度信号，在阀门电动装置本体上有机械式指示信号，也可利用电位器远传电气信号。

（8）手动－电动切换机构：常见的机构是一种机械离合器。当人工把切换机构切到手动侧时，主传动机构与手轮结合，同时脱离或切断电动回路，就可以使用手轮操作电动门；电动时，电动机一开始旋转，切换机构自动切回电动侧，这种为半自动切换方式；仍需要通过手动电动切换机构人工切回电动侧的称为手动切换方式。此外，对于双向均为自动切换的则称为全自动切方式，但由于机构复杂，使用较少。

（9）操作手轮：电动操作发生故障时，用操作手轮进行手动操作，对于手动切换和半自动切换方式的电动阀门必须先由运行人员将手动电动切换机构从"电动"侧切到"手动"，对于全自动切换方式的电动阀门则不需要这步操作。

（10）控制电路：阀门电动装置的电气控制箱内装有电气控制电路，用于接收运行人员从中央操作盘发来的操作命令或顺序控制装置发出的操作命令，自动地操作阀门的开闭。也可利用电气控制箱上的按钮，就地操作阀门的开闭，在现场对电动阀门进行调整。

当阀门开闭到位时，控制电路能接受行程控制机构或转矩限制机构送来的信号，切断电动机的电源，停止阀门电动装置的工作。另外，控制电路具有保护功能，当电动机发生过载短路或断相等故障时，能自动切断电源。

2. 电动机

生产过程中有大量的转动机械，例如各种水泵、油泵、风机等，这些转动机械的驱动力主要来自电动机。在顺序控制系统中，必然有大量的转动机械需要纳入控制范围，而对于转动机械的控制实际上就是使驱动电动机合闸或分闸，从而投入或切除转动机械。厂用电动机一般分为两类：一类是功率较大的高压厂用电动机，电源电压为6000V，控制电动机合分闸的电器主要为油断路器，驱动的转动机械有给水泵、磨煤机、送风机、引风机等；另一类是功率较小的低压厂用电动机，电源电压380V，控制电动机合分闸的电器通常为接触器和自动空气断路器，驱动的转动机械有润滑油泵、冷却风机等。图12-2为电动机电源电路。

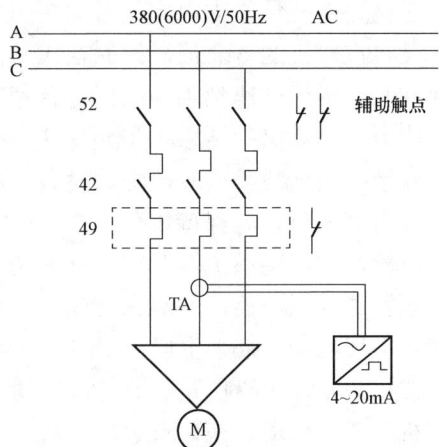

图12-2　电动机电源电路
52—常开触点；42—断路；
49—自保持继电器；TA—电流变送器

三、顺序控制系统的控制范围与功能组

顺序控制系统的控制范围包括与机、炉、电

主设备运行关系密切的所有辅机，以及阀门、挡板等。顺序控制系统按热力系统将辅机划分为若干功能组（function group），功能组就是将属于同一系统的相关联的设备组合在一起，一般以某一台重要辅机为中心。如引风机功能组，包括引风机和轴承冷却风机、风机和电动机的润滑油泵、引风机进/出口烟道挡板、除尘器进口烟道挡板等。对于一些相对独立的程控系统，如输煤、除灰、化学补充水处理、凝结水泵处理、锅炉吹灰、锅炉定期排污等系统，一般为独立的顺序控制系统，使用 PLC 来实现控制。对于复杂的具有功能组顺序控制特点的系统往往放置在 DCS 中来实现。

目前单元火电机组的顺序控制系统，一般分为三级，即机组级、功能组级和设备级。

机组级是最高一级的顺序控制，也称为机组自启停系统，它能在少量人工干预下自动地完成整台机组的启停。SCS 机组级启停程序在接受机组启动指令后，将机组从起始状态逐步过渡到带负荷、直到 100％负荷，中间只有少量断点，由操作人员人工按下确定按钮后，SCS 程序继续往下运行。

功能组级是操作人员发出启动功能组指令后，同一功能组的相关设备将按预先规定的操作顺序和时间间隔自动启动。有些机组将功能组的控制分为两级：子组级 SGC（subgroup control）和子回路级 SLC（subloop control）。子组级 SGC，如空气和烟气系统；子回路级 SLC，如空气预热器、引风机、送风机等。锅炉定期排污系统就是典型的功能组级顺序控制系统。

设备级是 SCS 的基础级，操作人员通过 CRT 键盘或鼠标对各台设备分别进行操作，实现单台设备的启停，如第十一章中提到的油枪启动操作，只要在 CRT 上点击启动油枪按钮，油枪点火程序会自动按顺序对油枪实行推进、吹扫、油枪点火的自动操作。

四、汽轮机（机组级）顺序控制系统

汽轮机自启动是指汽轮机在启动过程中的各操作步骤都自动完成，即从暖阀到目标负荷，包括选择目标转速、升速率、高低速暖机时间、初负荷保持时间、目标负荷、升负荷速率等。汽轮机在启动过程中要测定和控制转子的热应力、汽缸及主要阀门的有关温差，使其在允许条件下以最快速度升速，以缩短启动时间；在给机组增加或减小负荷时，应根据热应力是否在允许范围之内决定增加或减小负荷的速率，尽可能地提高机组响应外界负荷的能力，又将汽轮机的寿命消耗控制在正常范围；还要控制汽轮机各辅助系统和辅机的运行。在升速期间，机组升速到第一次保持转速时，一方面进行速度保持，另一方面定时计算转子最大热应力，计算出的结果小于允许热应力时便中断速度保持，将速度提升到下一个高度并保持。在给机组增减负荷时，随着设备热应力的增大，负荷增加速度会自动降低，如果超过了允许应力水平时，就保持负荷不变。

汽轮机自启动系统（TAS）又称为自动汽轮机控制（ATC），由于其包含极其复杂的测量、运算和控制功能，一般只有通过计算机方能实现。600MW 机组通常配备汽轮机自启动功能。平圩电厂、北仑港电厂的 600MW 机组汽轮机自动启动功能是由 DEH 来实现的。石洞口二厂 600MW 超临界机组的自启动系统功能扩大到整个单元机组的自启动，从锅炉点火前的机炉辅机启动、锅炉点火、升温升压、制粉系统的投运等，直到带满负荷，均由机组自动管理系统（UAM），即机组自动启动系统发出指令，在运行人员少量干预下自动完成。例如，磨煤机组启动台数需要运行人员预先手动设置后自动完成启动。其机组 UAM 由 DCS 的硬件和软件来实现。

五、锅炉定期排污系统

随着锅炉中循环给水的不断蒸发，水中的含盐量不断增加，因此，锅炉在运行一段时间后就应该定期进行排污，以降低给水中含盐量，提高蒸汽品质。图 12-3 是锅炉定期排污系统示意。

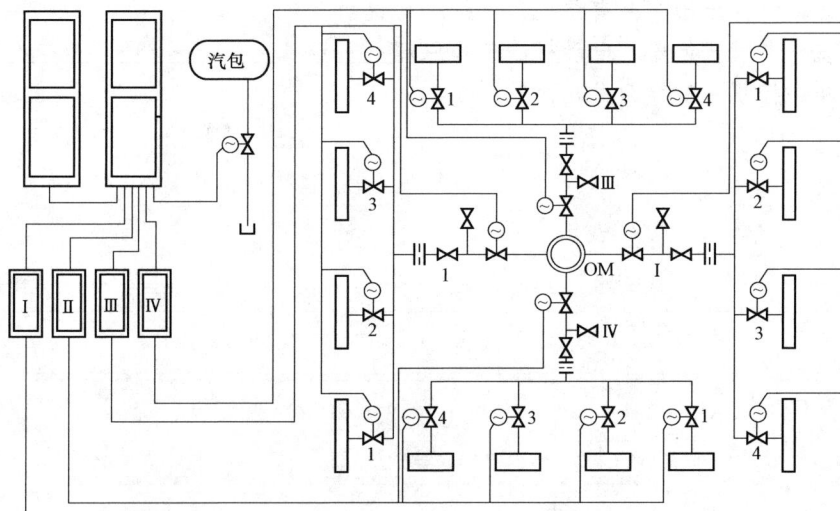

图 12-3　锅炉定期排污系统示意

由于锅炉定期排污是在锅炉正常运行情况下进行的，排污会损失大量给水，不加节制地进行排污，有可能影响水位或给水系统的安全，严重的给水流失会引发较大的运行事故。因此定期排污将按照布置在炉底四周的排污阀门按顺序打开，严格按时间进行排污，这就是典型的顺序控制系统。

定期排污系统中的控制对象（阀门）的数量很多，它取决于锅炉的下联箱数量和锅炉的容量，通常达 20 个左右。由图 12-3 可知，锅炉水冷壁分为前、后、左、右四个部分，整个排污系统由 16 个子系统组成，每个子系统由一个排污阀门控制，对应图中四周的"1、2、3、4"共 16 个排污阀门。每四个子系统对应一个电动总控制阀门，当四个子系统任意一个排污阀门开启准备排污时，对应总控制阀门必须首先打开。

整个排污过程是先打开某组总控制阀门，然后顺序打开每个子排污系统，进行一定时间排污后，关闭该子系统，打开相邻的下一个排污子系统。当总控制阀门对应的四个子系统全部排污后，关闭总排污阀门，打开另一个排污总控制阀门，按类似顺序直到对所有子系统完成一次排污。

由于排污阀门一般安装在锅炉底部附近，那里环境条件较差，运行过程中通常每班需要顺序地全部操作一遍排污阀门，人工操作时间长，劳动强度大，因此适合采用顺序控制。采用顺序控制后，运行人员只需在 DCS 的 CRT 上点击顺序排污按钮，顺序排污由计算机程序控制来进行，直到将所有排污阀门开启一次，完成排污为止。在排污过程中如果检测到水位异常，顺序控制会自动终止。

复 习 思 考 题

12-1　解释 PLC 的含义及控制原理。

12-2　开关量变送器主要有哪些？分别进行说明。

12-3　说明电动执行器、电动机的工作原理。

12-4　顺序控制一般分为哪几级？

第十三章 汽轮机数字式电 - 液控制系统

汽轮机是将热能转变成机械能的设备，一方面接受锅炉供给的能量，另一方面将机械能传递给发电机。实际生产中应控制汽轮机的能量输出，保证机组的能量平衡，以便机组各设备正常运行。

如何控制供给汽轮机的能量，成为控制的关键。一般控制手段有三种：电动控制阀门、气动控制阀门、液动控制阀门。电动控制阀门结构比较简单，由于使用电信号进行控制，而电信号可以实现复杂的运算，能进行复杂的信号运算是电动控制最突出的优点，但电动阀门不允许频繁动作，且转动力矩也比较小；气动控制机构可以连续不断地进行调节，即允许执行机构频繁动作，且输出的功率比电动的大，但利用气压传递信号，准确度太差，所以目前气动执行机构的调节运算部分增加了电气转换部件，以便实现和电动执行机构一样的运算，提高气动执行机构的准确度；液动执行机构输出的功率是三者中最大的，尽管液动执行机构是三者中最复杂的一种，但由于蒸汽阀门控制需要较大功率，另外，液动和气动一样，执行机构可以连续动作，所以目前几乎所有大型汽轮机蒸汽阀门的控制都无一例外地采用液动执行机构来控制。

从输出功率角度来看，液动执行机构虽能满足要求，但它和气动执行机构一样，同样存在不能满足复杂计算的要求，例如，不能使用液动调节器来完成复杂的汽轮机调节。目前多数汽轮机调节，采用数字信号实现复杂的控制运算，将运算结果变成电信号传递给液动执行机构，而液动执行机构不可能直接接受电信号，所以必须将电信号转变成液动信号。这就是数字式电液控制系统的大致工作原理，也是汽轮机功率控制系统之所以使用液动控制的原因。

第一节 概 述

汽轮机数字式电 - 液控制系统是经历了长期发展后的结果。从汽轮机诞生起就有机械液压式控制系统控制其转速，控制系统的给定数值由运行人员通过机械装置手动操作给出。一旦给定数值确定后，汽轮机转速会在机械液压控制系统控制下，保持转速为一定数值。机械式液压控制系统通常称为 MHC。

随着大容量机组的出现、蒸汽参数的提高以及电网容量的增大，要求大机组参与电网的调频和调峰，这就要求汽轮机控制系统必须具有复杂控制运算的能力，显然机械装置除了能产生一个不太精确的给定数值外，完成哪怕是简单的数学运算也是绝对不可能的。在 20 世纪 60 年代初出现了电气液压式控制系统，称为 EHC。这种系统使用具有一定数学计算能力（如 PID 运算等）的电气系统替代原来的机械给定装置，这样既保留了原来液动控制功率大的特点，又引入了可以完成一定数学计算的电气控制回路，使得 EHC 控制系统的控制准确度大为提高，同时控制功能增加了很多。一般 EHC 控制系统具有对汽轮机发电机组的启动、升速、并网、负荷增/减等进行监视、操作、控制、调节、保护等功能。

EHC虽然能完成一定量的数学运算，但由于其使用的电信号是模拟量信号，例如，将两个输入的电流相乘（假设两个输入电流都等于2mA），结果输出电流等于4mA，所以计算结果准确度也不会太高，更不可能实现复杂的控制算法。

随着计算机控制技术进入电厂控制领域，可以将所有的电信号转换成数字信号，然后保存在计算机中，而计算机程序可以完成非常复杂的数学运算。将电气液压控制系统中的电气运算部分更换成数字运算系统，就变成了目前常见的数字式电－液控制系统，称为DEH。DEH一般具有数据处理、CRT显示、应力计算、汽轮机寿命消耗管理和自动汽轮机控制（ATC）等功能。

汽轮机数字式电－液控制系统（turbine digital electro－hydraulic control system，DEH），DEH是采用数字计算机作为控制器，电液转换器、高压抗燃油系统和油动机作为执行器。DEH是的简称。多数DEH在电厂是独立于DCS之外的控制系统，这是由于DEH往往随汽轮机一起供货而形成的结果，为了能和DCS进行通信，多数DEH都留有和其他仪表通信接口，以便对整个机组进行协调控制。随着DCS的发展，DEH的功能将逐渐融入DCS中。

DEH机组保护功能和汽轮机管道结构密切相关。高压蒸汽流动示意见图13－4。高压蒸汽首先通过布置在汽轮机两侧的两个高压主汽门；然后通过圆周布置在高压缸端面上的四个高压调节阀门；高压蒸汽经过高压缸做功后进入再热器进行再热后，通过两个中压开关型蒸汽阀门；最后通过四个中压调节阀后，再通过汽轮机的中、低压缸。

第二节　DEH 的 基 本 功 能

数字式电－液控制系统应具有控制、保护、监视和数据通信功能。

一、DEH 对机组的控制功能

系统应具有汽轮机转速和负荷的全面控制功能，能实现机组的启动、升速、暖机、并网、负荷控制、停机等各种工况的有关控制，并能根据操作人员的要求和机组应力条件控制其升速和负荷变化率；能适应机组在不同条件下的启动（即冷态、温态、热态、极热态启动）；能适应定压和滑压下的运行方式；系统具有阀门管理功能，可实现单阀控制和多阀控制，并能做到两种阀门控制方式的相互无扰切换；具有阀位限制和阀门实验功能，以满足在不同运行条件下对安全经济的需求；系统能与DCS结合实现协调控制；系统应能实现汽轮机全自动控制、操作员自动、远方控制和手动控制等控制方式。

1. 汽轮机控制的静态特性和控制策略

汽轮机的静态特性是指汽轮机运行进入稳定状态后，汽轮机转速和对外负荷之间的数学关系。汽轮机的静态特性可用下式来描述：

$$\frac{\Delta n}{n_0} = -\delta \frac{\Delta P}{P_0} \qquad (13-1)$$

式中：n_0 为汽轮机额定转速；P_0 为汽轮机额定功率；Δn、ΔP 为汽轮机转速变化和汽轮机功率变化；δ 为汽轮机静态特性系数。

当汽轮机对外的负荷增加 ΔP 后，汽轮机转速会减小 Δn。汽轮机正常运行时，转速必须为额定转速（3000r/min），只有如此方能和电网同频率。当汽轮机转速发生变化后，增加或减小汽轮机负荷，以调整汽轮机转速。

对非再热机组，由于机组的蒸汽容积较小，当进入汽轮机的蒸汽流量发生变化后，机组的输出功率立即发生变化，因此可以认为汽轮机输出功率和汽轮机阀门开度成正比，这样式（13-1）可改写为

$$\frac{\Delta n}{n_0} = -\delta \frac{\Delta Z}{Z_0} \qquad (13-2)$$

式中：Z_0 为汽轮机在额定工况下对应的阀门开度；ΔZ 为汽轮机阀门开度变化数值。

在额定工况下，对于非再热机组，可以将汽轮机输出功率和阀门开度对应起来，阀门开度越大，代表汽轮机输出功率就越大。

对于中间再热式机组，由于中间存在较大的蒸汽容积，尽管汽轮机进入静态后，阀门开度依然可以代表进入汽轮机的功率，但在阀门变化后，汽轮机的对外做功并非立即和阀门开度对应。如果使用式（13-2）对汽轮机进行控制，会造成汽轮机较长时间偏离正常工况，甚至引起系统振荡。例如，在汽轮机转速为额定转速情况下，希望增加 5% 负荷，假设汽轮机进汽阀门只要开大 3% 就可以满足负荷要求。但由于再热式机组中间容积的存在，阀门开大后蒸汽首先填充再热器容积，3% 的阀门开度在开始一段时间内，不能产生需求的 5% 负荷，这样肯定会使汽轮机转速在一段时间内偏离额定转速。正确的调节过程应该是首先将汽轮机阀门开度的开大数量超过 3%，然后根据转速缓慢回调，最终阀门开度等于 3%，这样就保证汽轮机在动态调节过程中不会偏离额定工况太远。

总而言之，改变进入汽轮机的蒸汽功率，就可以改变汽轮机的转速，改变进入汽轮机的蒸汽功率就是汽轮机转速控制系统的控制手段。

2. 汽轮机启动升速过程的转速控制

汽轮机启动升速过程的转速控制是根据转速设定数值和升速率的限制，对调节阀门的开度进行调节。一般将转速设定数值分为多个挡，例如："阀门关""400r/min""800r/min""2500r/min""3000r/min"；升速率分"保持""慢""中""快"四挡（如"0r/min/min""100r/min/min""150r/min/min""300r/min/min""800r/min/min"）。汽轮机手动启动时由运行人员根据汽轮机启动状态选择转速设定和升速率，汽轮机自启动时，由自启动程序自动选择。西屋公司的控制系统，在汽轮机冲转到 3000r/min 过程中，采用不同的阀门控制。启动阶段使用高压主汽阀控制转速，当转速达到 2900r/min 时切换到调节汽阀进行转速控制。具体启动过程分不带旁路系统和带旁路系统两种。

不带旁路系统使用高压主汽门启动，转速在 0～2900r/min 之间时，使用主汽阀对转速实施控制。此时高压调节阀、中压调节阀全开。当转速达到 2900r/min 时，使用鼠标按动高压调节阀按钮，转速交由高压调节阀进行控制，此时，主汽阀全开。

带旁路系统启动时，利用旁路管路将高压缸短路，转速在 0～2600r/min 之间时，使用中压调节阀对转速实施控制，此时，高压主汽阀、高压调节阀全关；转速等于 2600r/min 时，系统自动将转速控制切换到高压主汽阀，高压调节阀、中压主汽阀全开；当汽轮机转速达到 2900r/min 后，转速控制切换到高压调节阀进行调节，其他阀门全开。

3. 汽轮机负荷控制

汽轮机负荷控制系统见图 13-1，图中符号意义如下：

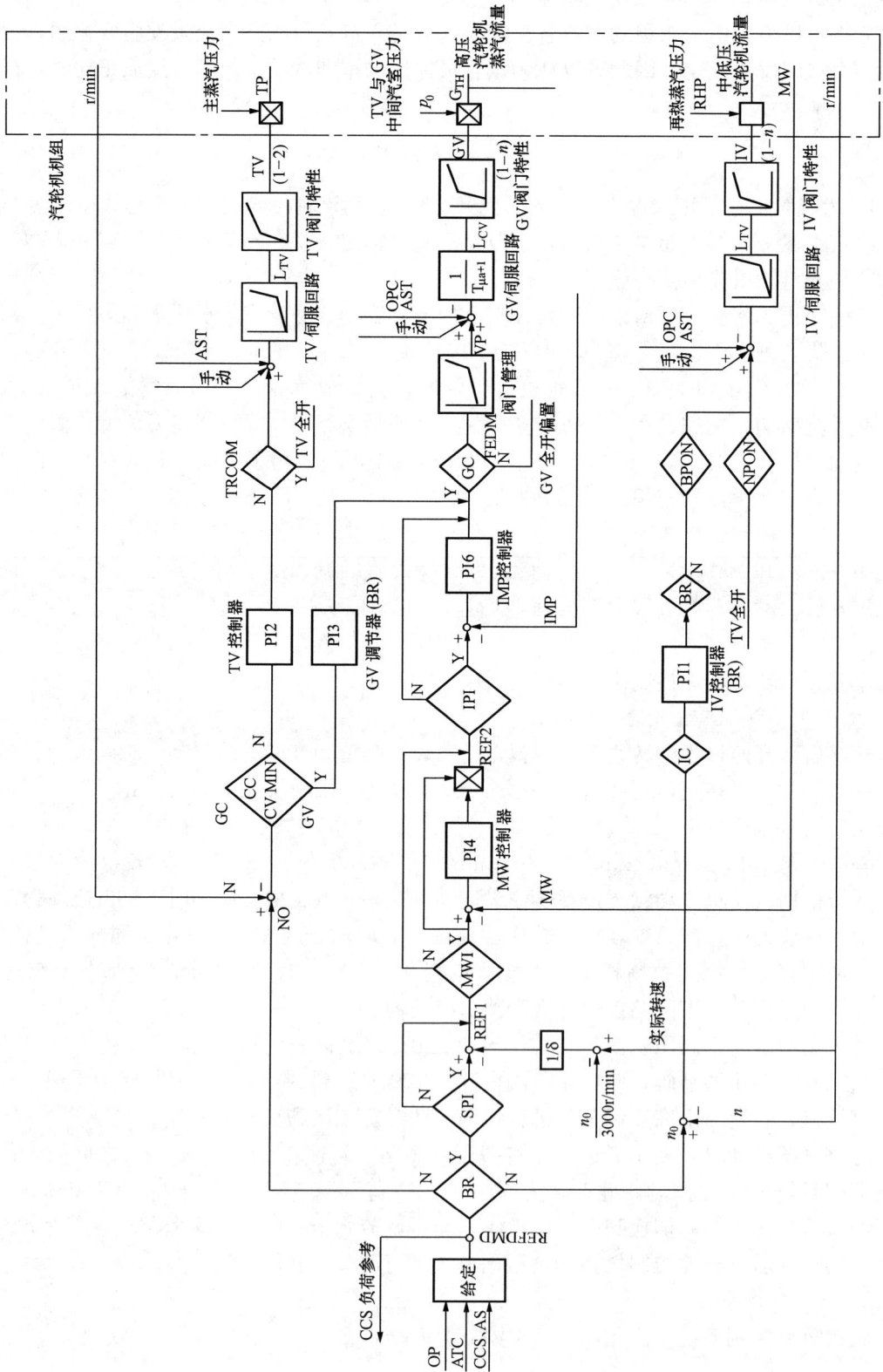

图 13 - 1　汽轮机负荷控制系统

BR——发电机并网油开关。当汽轮发电机组进入正常运行状态后，此油开关闭合，发电机带负荷。当出现异常情况时，发电机跳闸就意味着将该开关打开，甩掉外界负荷（与电网分开），以确保机组的安全。当油开关 BR 闭合后，表示 BR 的切换单元将输入信号经由 Y 侧输出，否则将输入信号由 N 侧输出。BR 切换存在两个 N 侧。利用高压旁路启动机组时，控制指令经由 BR 下方 N 侧，以控制中压调节阀开度；当转速达到一定数值后，控制指令经由 BR 上方 N 侧，以控制高压主汽阀开度。

DEH 共有三个控制回路可通过切换环节选择投入或切除。三种控制回路的不同组合，代表机组不同的控制方式，具体内容见表 13 - 1。

表 13 - 1　　　　　　　　　三个调节回路组成的各种控制方式

序号	控制方式	转速控制回路 /WS	功率控制回路 /MW	调节级压力控制回路（IMP）	说明
1	阀位控制	切除	切除	切除	阀门位置给定控制
2	定功率运行	切除	投入	切除	
3	功频运行	投入	投入	投入	参与电网一次调频
4	纯转速控制	投入	切除	切除	

SPI——一次调频回路切换环节。当运行人员将转速控制回路（一次调频回路）投入运行后，该切换环节将输入信号经由 Y 侧向后传送，即和下侧的比例环节输出叠加后，作为 MWI 切换单元的输入信号。其中比例控制系统的控制作用就是一次调频。当 SPI 没有投入运行时，切换环节的输入信号直接传送给 MWI 单元，即将转速控制回路（一次调频回路）短路，使一次调频回路失效。

MWI——功率控制回路切换环节。当运行人员将功率控制回路投入运行后，该切换环节将输入信号经由 Y 侧输出信号，即该环节的输出作为 MW 控制器 PI4 的给定数值使用。当功率控制回路被切除后，切换环节的输入信号经由"N"侧输出，即将 PI4MW 控制回路短路。

IPI——调节级压力控制回路切换环节。当运行人员将调节级压力控制回路投入运行后，该切换环节将输入信号经由 Y 侧输出，即该环节的输出作为 IMP 控制器（PI6）的给定数值使用。当调节级压力控制回路被切除后，IPI 切换环节将 IMP 控制器短路。

CC——高压阀门控制切换环节。汽轮机转速大于 2900r/min 时，转换条件成立，信号经由 Y 侧，否则信号经由 N 侧。图 13 - 1 上部的 CC 环节有两个输入信号，切换环节输出选择其一作为环节的输出。当汽轮机转速低于 2900r/min 时，汽轮机转速应该使用高压主汽阀进行调节。控制回路上部的 CC 环节输出经由 N 侧，以控制高压主汽阀；图 13 - 1 控制回路中间部分的 CC 经由 N 侧将"GV 全开偏置"数值输出到高压调节阀，使其全开。汽轮机转速大于 2900r/min 后，转速应该切换到高压调节阀对汽轮机转速进行调节。此时图 13 - 1 控制回路上部的 CC 经由 Y 侧以控制高压调节阀；控制回路中间部分的 CC 经由 Y 侧以接通上部来的控制信号。仅当汽轮机转速等于 3000r/min 且机组带负荷后，图 13 - 1 中间部分的控制回路才起作用对汽轮机进行控制。

IC——中压调阀切换环节。中压调节阀虽然也是调节型阀门，但在正常运行过程中是全开状态，不参与蒸汽流量调节。只有存在高压旁路系统且汽轮机处于启动状态时，使用中压调节阀控制进汽量来启动机组。中压调节阀控制逻辑成立时，IC 切换接通，在 IV 控制器和其后部的 BR、BPON 共同作用下控制中压调节阀的开度。中压调节阀控制逻辑无效时，IC 切换环节断开，IV 控制器失去控制作用。

BPON——旁路投入切换环节。当旁路系统投入时，该环节接通，否则该环节断开。例如，汽轮机转速在低于 2600r/min 时，投入高压旁路系统，该环节接通，使用中压调节阀对汽轮机转速进行调节。转速超过 2600r/min 关闭旁路系统，该环节断开且由"NPON"环节将 IV 全开输出到中压调节阀，使其全开。

TRCOM——TV（高压主汽阀）向 GV（高压调节阀）切换环节。当 TV 向 GV 切换完成后，该环节选择 Y 侧信号作为环节的输出，即将"TV 全开"信号经由该环节输出使高压主汽阀全开。切换没有完成前，该环节选择 N 侧信号作为环节输出，即使用 TV 控制器 PI2 控制高压主汽阀的开度。

REFDMD——给定数值。DEH 控制系统的给定数值，可能是来自 CCS、AS（自动同步）、ATC（自动汽轮机控制方式）等控制信号。当保护系统动作后也会改变此给定数值以配合保护进行相应机组功率调节。

REF1——功率指令。

REF2——调节级压力指令。

FEDM——蒸汽流量（或阀门开度）指令。

OP——操作员指令。当汽轮机处于操作员自动模式时，运行人员在 CRT 上设置的汽轮机负荷数值就是 OP 信号。

ATC——自动汽轮机程序控制方式。当 ATC 方式成立后，ATC 根据机组的状态，控制汽轮机自动完成冲转、升速、同步并网、带初始负荷等启动过程。ATC 来自自动汽轮机程序控制回路的 DEH 给定数值信号。

AS——自动同步方式。在发电机并网前，自动同步控制回路通过对电网频率和发电机频率偏差的比较，自动校正汽轮机转速设定数值，使发电机频率始终随电网频率变化且保持大于电网频率 0.05Hz，直到并网完成。AS 来自自动同步控制回路的 DEH 给定数值信号。

CCS——协调控制方式给定数值。当机组处于协调控制方式时，DEH 将 CCS 的信号作为控制系统的给定数值使用，即 DEH 在 CCS 控制下进行工作，此时，可以将 DEH 看成是 CCS 的一个执行机构。

图 13-1 对应的机组为再热和带有高压旁路系统的 600MW 机组。控制系统电路分上、中、下三部分。上下两部分往往用于汽轮机启动状态的控制，中间部分完成汽轮机正常运行状态下的控制任务。

由于高压缸对蒸汽参数的要求比中压缸要高，所以一般带有旁路系统启动汽轮机时，往往选择中压缸启动模式，即利用高压旁路系统短路高压缸，使用中压调节阀启动汽轮机。图 13-1 下边就是控制中压缸进汽量以控制汽轮机转速的回路。给定数值通过 BR 油开关（启动阶段没有带负荷，油开关没有动作）下侧，作为 IV 控制器 PI1 的给定数值。BRON 在旁路投入时，该环节相当于导通，串接在 TV 控制器后面的 BR 切换环节，在 BR 没有动作时也处于接通状态。因此在启动阶段汽轮机使用中压缸控制进汽量，以控制汽轮机转速（转速控制范围 0～2600r/min）。高压旁路切除后，NPON 切换环节接通，将"TV 全开"信号传送给中压阀门伺服回路，即一旦旁路系统退出，利用中压调节阀的启动过程结束，所以中压调节应全部打开。

利用中压调节阀将汽轮机转速升高到一定程度后（例如 2600r/min），启动过程转交高压主汽阀进行控制，即利用图 13 - 1 中上部电路控制高压主汽阀进汽量，以控制汽轮机转速（转速控制范围 2600～2900r/min）。汽轮机转速在 2600～2900r/min 范围内时，CC 切换电路转化条件不成立，上部的 CC 切换环节经由 N 侧输出以控制高压主汽阀；中部的 CC 经由 N 侧将高压调节阀全部打开。

当汽轮机转速大于 2900r/min 后，控制回路中"CC"高压调节阀切换逻辑成立，切换环节的输入信号经由 Y 侧输出。上部的 CC 切换环节将控制信号经由 Y 侧输出给 PI3，以控制高压调节阀。中部的 CC 经由 Y 侧作为输入，以使用 PI3 对高压调节阀进行控制，即汽轮机转速在 2900～3000r/min 之间时，利用高压调节阀进行调节，准备向机组带负荷状态过渡。

当机组频率和电网同频后（相位还需相等），BR 动作机组带负荷，此时，BR 将输入的给定数值信号，经由 Y 侧输出，通过中间回路控制汽轮机转速。

中间控制由内环压力控制回路、中环功率控制回路、外环转速校正（一次调频）回路组成。三个回路分别对应"IPI""MWI""SPI"三个切换环节，以决定三个回路的投入与切除。

4. 阀门控制

为了提高热效率且不至于造成汽轮机应力过大，采用了高压缸全周进汽（FA）和部分进汽（PA）两种方式。西屋公司生产的 600MW 汽轮机有 4 只高压调节阀，每只高压调节阀有一个独立的伺服控制回路。全周进汽 FA 模式是指所有高压调节阀开启方式相同，如同一只阀门，故称为单阀控制；部分进汽模式 PA 是指各高压调节阀按预先设定的开启顺序依次开启，在阀门受控期间，多数情况下，各阀门开度均不相同，故称为多阀控制。汽轮机启动时采用全周进汽方式（单阀控制），对汽轮机均匀加热，减少热应力；当汽轮机带到一定负荷后，为了提高经济性，减小节流损失，再转至部分进汽方式（多阀控制）。两种控制方式能在保持功率不变情况下进行无扰切换。汽轮机自启动时，全周进汽（单阀控制）向部分进汽（多阀控制）的转换，只要转换条件满足，即自动进行。转换条件一般为：汽轮机负荷大于某设定数值；不在负荷限制状态；不在机前压力控制状态。

5. 机前压力控制

机前压力控制用来防止主蒸汽压力变化过快时，湿蒸汽进入汽轮机。当主蒸汽压力下降速度达到某一数值（例如 7.4%/min）时，控制回路的输出将取代阀门流量指令，阀门开度即由机前压力控制系统进行控制，其控制数值的大小取决于主蒸汽压力与设定数值之间的偏差大小，偏差越大，阀门开度就越小，阀门开度与主蒸汽压力偏差的关系见图 13 - 2。

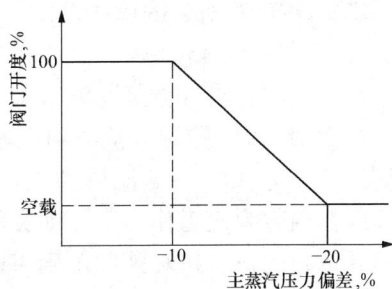

图 13 - 2　阀门开度与主蒸汽压力偏差的关系曲线

6. 自动同步

在发电机并网前，自动同步控制回路通过对电网频率和发电机频率的偏差比较，自动校正汽轮机转速设定数值，使发电机频率始终随电网频率变化且保持大于电网频率某个数值，直至并网完成。

7. 手动控制系统

手动控制系统是设置在控制现场的阀门控制系统，往往在现场调试时使用。手动控制系统原理见图 13-3，该图是图 13-1 中 GV 伺服回路前圆点对应的控制逻辑图，自动控制信号就是来自"阀门管理"环节的输出。

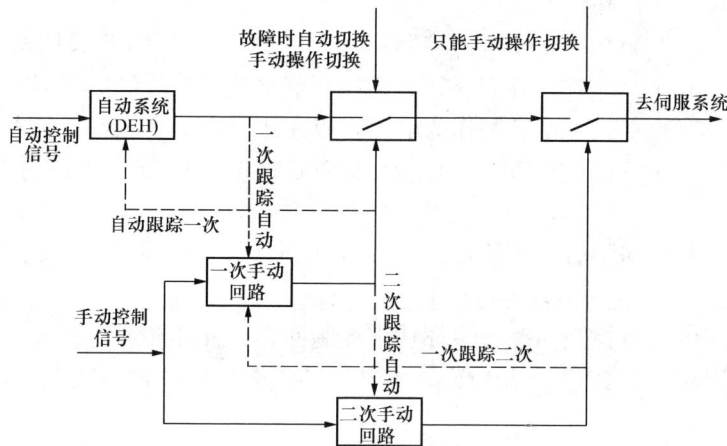

图 13-3　DEH 手动控制系统原理

手动有一次手动和二次手动两种方式。一次手动和二次手动的区别在于：一次手动在控制阀门时有条件限制，即在控制系统监视下的手动控制，正确的手动操作可以对阀门开度进行控制，错误的操作会被控制系统所拒绝；二次手动是 DEH 最末级的备用手操，可以通过就地操作台上的增/减按钮，对每个阀门进行增/减操作，无任何逻辑条件的限制。另外，一次手动操作精确度高于二次手动操作，因而一般情况下只需使用一次手动。当自动系统故障时，控制系统会自动将控制切换到一次手动，一次手动故障时由操作人员切换到二次手动。自动、一次手动、二次手动任何一路工作时，其他两路自动进行阀位跟踪，一旦需要便可无扰进行回切。

二、DEH 对机组的保护功能

1. 汽轮机超速保护

汽轮机超速有超速 103%（即 3090r/min）和超速 110%（即 3300r/min）两种保护功能。当 DEH 基本控制卡检测到汽轮机转速超过 103% 时，基本控制卡发出 OPC 超速保护信号到图 13-4 中的 OPC 泄放油阀，将供给高压、中压调节阀的高压油泄放掉，高压、中压调节阀在内部弹簧力作用下自动关闭。系统首先打开 OPC 泄放油阀一定时间，然后检测汽轮机转速，当汽轮机转速回落到正常数值后，关闭 OPC 泄放油阀，使高压、中压调节阀正常工作。当 OPC 动作后，汽轮机转速不能进入正常数值范围转速仍然较高，且转速超过 110%（即 3300r/min）时，会触发汽轮机紧急跳闸硬件保护系统，使汽轮机跳闸。

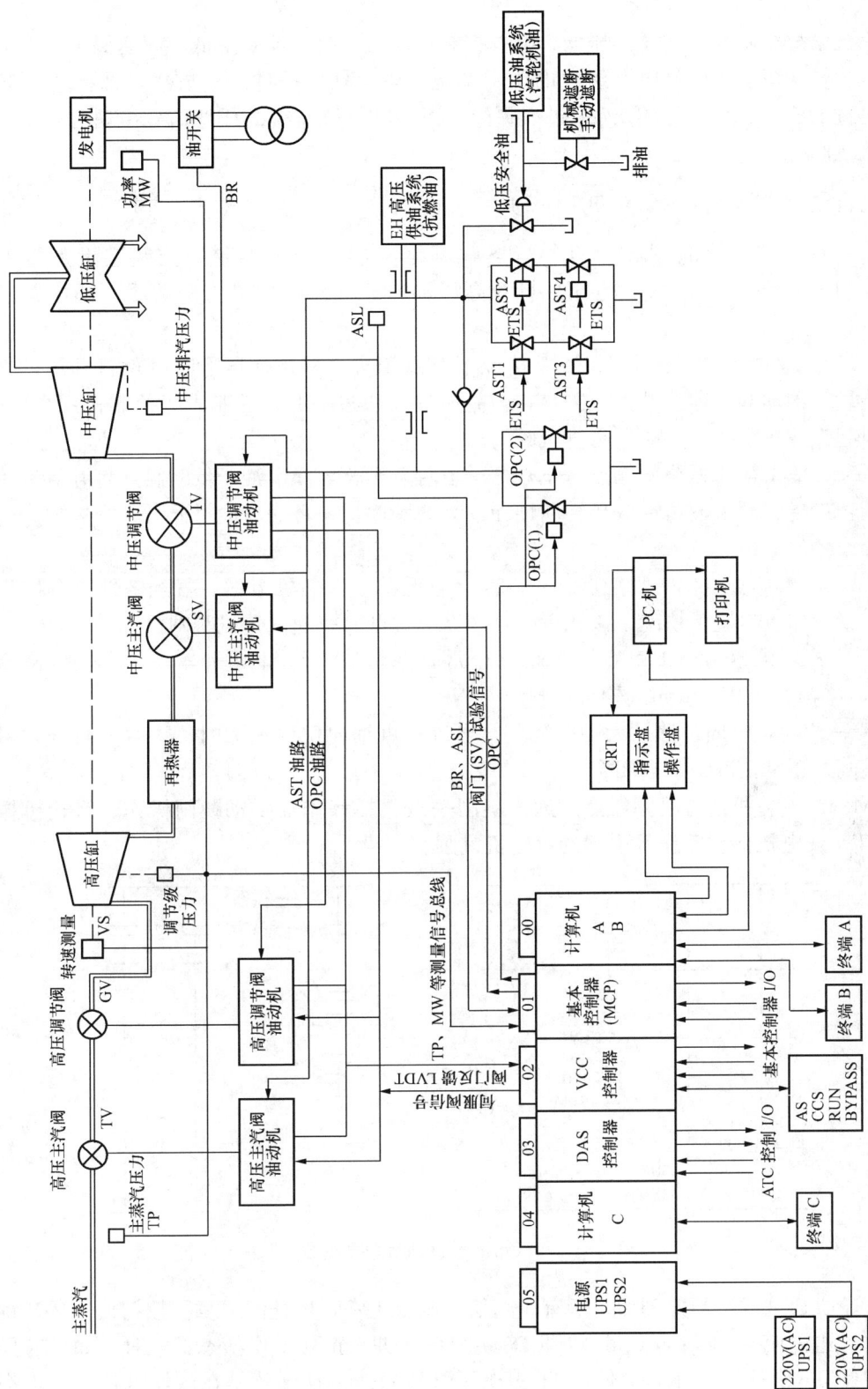

图 13 - 4　DEH 简化框图

2. 汽轮机紧急跳闸

汽轮机紧急跳闸是由润滑油压低、电调控制油压低、凝汽器真空低、超速保护、推力轴承温度高、轴向窜动等硬件电路组成的跳闸系统。以上任意条件之一成立，都会产生 ETS 信号，通过 DEH 使汽轮机关闭所有进汽阀门。当跳闸系统监视的任意信号出现时，都会引发汽轮机跳闸。

汽轮机紧急跳闸触点示意如图 13-5 所示。图中 $\frac{20\text{-}1}{\text{AST}}$、$\frac{20\text{-}2}{\text{AST}}$、$\frac{20\text{-}3}{\text{AST}}$、$\frac{20\text{-}4}{\text{AST}}$ 对应图 13-4 中 AST1、AST2、AST3、AST4 四个 ETS 跳闸继电器。AST 电磁阀控制逻辑是带电关闭、失电打开，即当 AST 失去电压后打开高压油泄放回路，使进汽门关闭。图中符号含义如下：

LP——调速油压低跳闸触点。正常情况下触点闭合，调速油压低时触点打开。依靠高压油的能量，油动阀门才能开大或关小，当高压油油压过低时，控制系统控制作用会失灵，此时会引起汽轮机跳闸，关闭所有进汽阀门。

LBO——润滑油压低跳闸触点。正常情况下触点闭合，润滑油压低时触点打开。汽轮机是高速旋转设备，润滑油可以减小转动轴和轴承的摩擦，一旦润滑油过低时，摩擦加大会烧坏轴瓦等设备。

LV——凝汽器真空低跳闸触点。凝汽器真空低，会影响机组的运行经济性以及损坏相关设备。凝汽器真空正常情况下该触点闭合，真空过低时引起汽轮机跳闸。

OS——汽轮机超速保护触点。汽轮机正常转速情况下该触点闭合，汽轮机转速超过 110% 后，该触点断开，引起汽轮机跳闸。

TB——汽轮机轴向位移过大保护触点。当汽轮机轴向位移太大时，该触点打开，引发汽轮机跳闸，正常情况该触点闭合。

REM——汽轮机远方跳闸触点。远方跳闸一般包括操作盘手动跳闸操作、汽轮机振动大、MFT、发电机保护动作等引起的汽轮机跳闸。

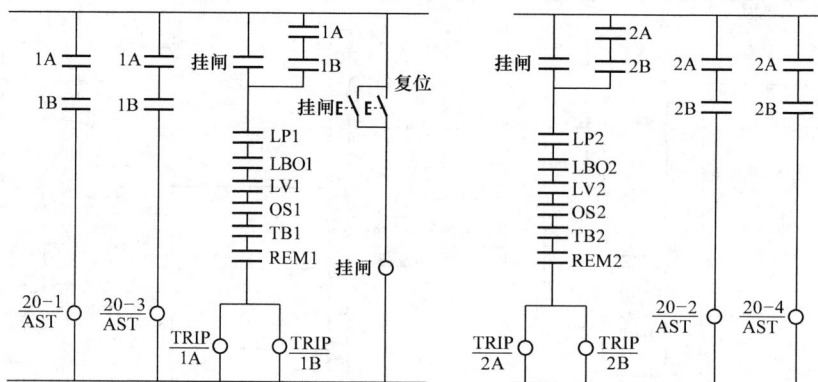

图 13-5　汽轮机紧急跳闸触点示意

当汽轮机启动或跳闸处理后，所有跳闸信号恢复正常，按挂闸或复位按钮使 TRIP 跳闸线圈带电，进而使 AST 继电器带电，ETS 跳闸系统进入正常工作状态，此时，如果有异常情况发生使 TRIP 失去电压，会使 AST 失电而引起 ETS。挂闸就是在汽轮机各种保护都恢复正常后，给 TRIP 或 AST 带电的过程。过去现场 DEH 操作盘见图 13-6，目前 DEH 操作均放置在 CRT 上进行操作。

图 13-5 TRIP 跳闸继电器支路中存在的 LP1、LBO1 等就是引起汽轮机跳闸（ETS）的各种继电器触点。正常情况下各继电器触点均闭合，给 TRIP 跳闸继电器提供电源，一旦某个触点断开就会引发 ETS 保护。

ETS 中 AST 继电器共设置了 4 个，具体泄放油路见图 13-4 AST1～AST4，分别和图 13-5 中的 20-1～20-4 的 AST 相对应。这种布局的作用有两个：一是防止误动，当某个 AST 误动后，仅打开 4 个阀门中的一个，不至于泄放高压供油；二是防止拒动，当汽轮机出现某个保护信号后，会通过图 13-5 中的左右侧支路中的保护触点引发 TRIP 动作，即使有一侧的两个 TRIP 拒动，另一侧的 TRIP 照样可以使对应侧的 AST 动作，即 AST1、AST3 或 AST2、AST4 动作，无论哪组动作都可以引发 ETS 保护动作。

图 13-6　DEH 现场操作盘

ETS 动作过程如下：

LP1、LBO1 等保护触点支路中某个触点动作（断开）→ 对应支路中 TRIP 失去电压→ AST 支路中对应 TRIP 的触点 1A、1B 打开→ AST 失电→ 对应图 13-4 中的 AST 泄放油开关打开→ 所有汽轮机进汽阀门关闭。OPC、AST 泄放油阀现场照片见图 13-7。

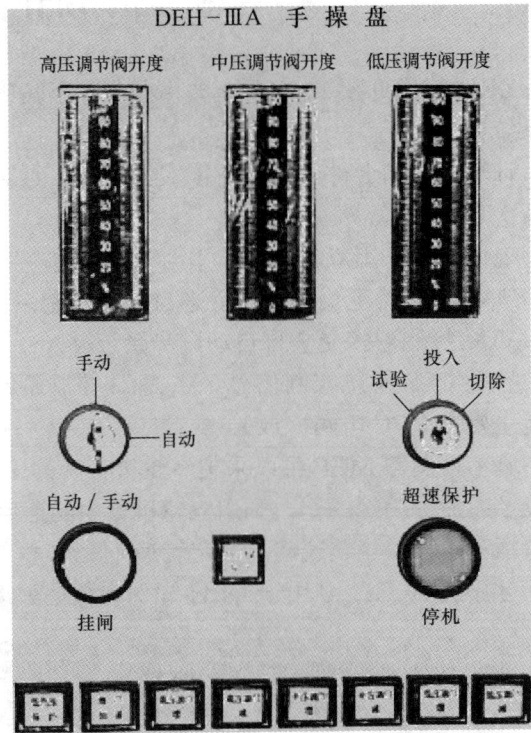

两个 OPC 和四个 AST 泄放油阀侧面照片。旁边是各自对应的泄放油路

两个 OPC 高压油泄放油阀。其余为 ETS 的四个 AST 高压油泄放油阀

图 13-7　现场 OPC、AST 泄放油阀

第三节　DEH 的基本组成

DEH 组成见图 13 - 4，主要由图中左下角的计算机控制卡件和图中间的高压主汽阀的伺服系统构成。

计算机控制卡件从左向右依次为电源、计算机 C、DAS 控制器、VCC 控制器、基本控制器 MCP 和计算机 AB。

电源卡件采用双备份型，平时一个工作一个备用。

DAS 控制器主要负责接受来自顺序控制系统的 ATC 信号，以控制汽轮机的自动启动。

VCC 控制器接受来自自动同步系统（AS）的信号，以控制汽轮机转速实现自动同步操作；接受 CCS 系统控制信号，在 CCS 控制下实现机炉的协调控制等。DEH 中的阀门控制功能主要靠 VCC 电路完成。

基本控制器 MCP 可以采集汽轮机各处的压力、汽轮机转速等信号，完成汽轮机阀门试验以及超速保护等动作。利用汽轮机专用的速度测量仪表传送来的速度信号，在 MCP 中完成监视和运算，当转速超过额定转速 103% 时，发出 OPC 信号，以关闭高压、中压调节阀。

计算机 A、B、C 用于 DEH 操作和数据处理。现场 DEH 卡件见图 13 - 8。

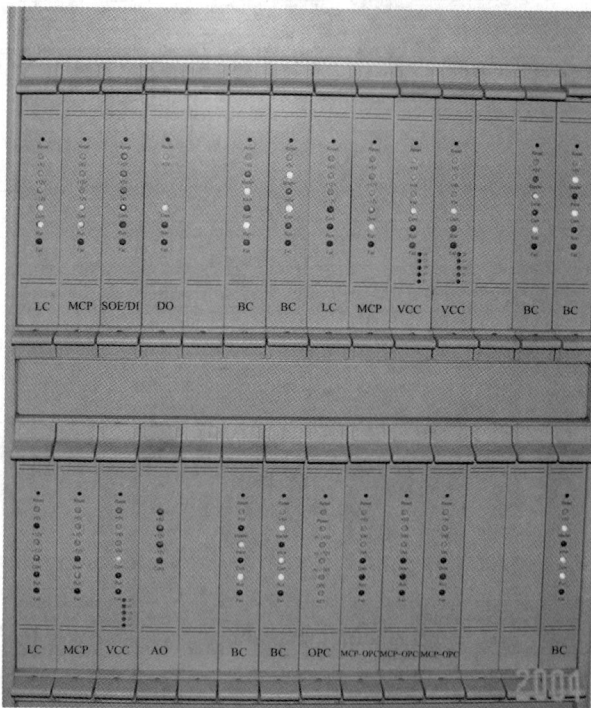

图 13 - 8　现场 DEH 卡件

DEH 液压伺服系统包括供油系统、执行机构和危急遮断系统。供油系统的功能是保证抗燃油油压为固定常数，并启动伺服执行机构。执行机构在来自电 - 液转换器的电指令信号作用下，调节各种蒸汽阀门的开度。危急遮断系统由汽轮机众多的遮断参数所控制（见图 13 - 5），当这些参数超过其运行所允许的数值后，该系统产生汽轮机跳闸信号，关闭所有进汽阀门或仅关闭调节阀，以防止汽轮机超速损坏。下面介绍西屋公司的 DEH 系统结构。

一、供油系统

供油系统由供油装置、抗燃油与再生装置、高压蓄能器、低压蓄能器以及油管路上一些其他部件构成。

1. 供油装置

DEH 进汽阀门控制使用的抗燃油由供油装置提供，供油系统在供给一定油压的同时还要保证供油质量。供油系统一般由油箱、油泵、控制块、滤油器、磁性过滤器、液压卸荷阀、溢流阀、蓄能器、冷油器、端子箱和一些对油压、油温、油位报警、指示和控制的标准设备组成。

供油装置工作原理如下：

交流电机驱动高压叶片泵或柱塞泵通过油泵的吸入滤网将油箱中的抗燃油吸入，高压叶片泵出口的高压油经由压力滤油器、单向阀后流入高压蓄能器，各阀门执行机构和危急遮断系统的用油均来自此高压蓄能器。当蓄能器充油压力达到上限数值（例如 14.7MPa）时，单向阀后的油压信号使液控卸荷阀动作，使油泵卸油，油泵出口的压力油和单向阀前的液压油直接流入油箱，使油泵在无负荷下运行；当蓄能器油压下降到下限数值（例如 12.2MPa）时，卸荷阀复位，从而油泵重新向蓄能器充油。当高压油母管压力过高时（例如 16.8～17.2MPa）时，溢流阀开启通向油箱的窗口，起到过压保护作用。各执行机构的回油通过压力回油管先经过了油滤器，然后通过冷油器回到油箱。高压母管上压力开关能自动启动备用泵和对油压偏离正常数值时进行报警。冷油器出口管道上装有油温控制器，油箱内也装有油温和油位报警测点，当油温过高或油位过低时发出报警信号。为了提高供油系统的可靠性，采用双泵系统，一台供油泵工作，另一台备用。两台泵布置在油箱下方，以保证油泵入口存在一定压力。

2. 抗燃油与再生装置

随着汽轮机容量的不断增大，蒸汽参数不断提高，控制系统为了提高动态响应而采用高压控制油，同时电厂为了防止火灾而采用高压抗燃油作为控制系统介质。

抗燃油再生装置是一种用来储存吸附剂和使抗燃油得到再生的装置。用来使抗燃油保持中性、去除水分等。该装置主要由硅藻土过滤器和精密过滤器等组成。

3. 高压蓄能器和低压蓄能器

高压蓄能器和低压蓄能器是供油系统中的重要部件。高压油泵虽然输出油压很高，但由于受到高压油管道面积的限制，直接利用高压油驱动执行机构，驱动功率不能满足控制系统要求。高压蓄能器储蓄高压油泵平时的能量，当执行机构需要动作时，能瞬时输出较大的功率。高压蓄能器外形见图 13 - 9。

低压蓄能器安装在压力油回油管道上，当执行机构快速卸载时吸收回油。

二、执行机构

油动执行机构是 DEH 的重要组成部分。DEH 之所以选择油动执行机构，主要在于油动执行机构有输出功率大、调节精确度高等电动、

图 13 - 9　高压蓄能器外形

气动执行机构不可比拟的优点。一般 600MW 再热机组中的汽轮机设置有 12 个调节阀：2 个高压主汽阀、4 个高压调节阀、2 个中压主汽阀和 4 个中压调节阀。虽然调节汽阀个数比较多，但按结构一般可以分为三类：高压主汽阀、高压调节阀、再热主汽阀和再热调节阀。

为了利于保护时执行机构的快速动作，调节阀都设计成开启时由高压抗燃油的压力推动，关闭时靠弹簧力，属单侧进油的油缸。液压油缸与一个控制块连接，在这个控制块上装有隔离阀、快速卸荷阀和止回阀，加上不同的附加组件，可组成两种基本类型的执行机构，即控制型和开关型。

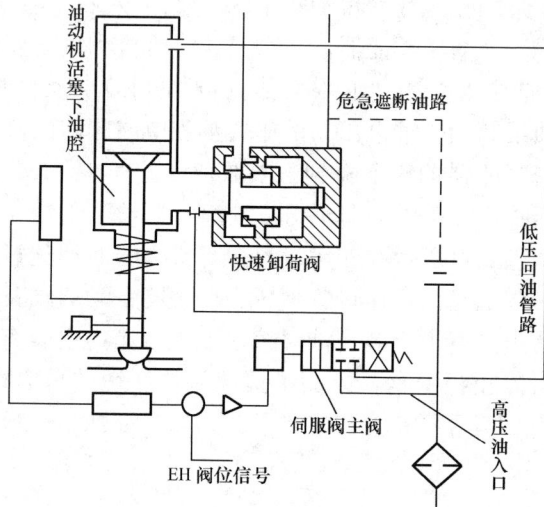

图 13 - 10　液动执行机构及管线结构

1. 控制型液动执行机构

控制型液动执行机构及管线结构如图 13 - 10 所示。执行机构管路分三类：一是高压油供油管路，给液动执行机构提供高压油以驱动活塞移动；二是低压回油管路，接收来自液动执行机构下腔或上腔的回油；三是危急遮断油路，平时遮断油路中存在一定油压，当汽轮机出现危急情况后，遮断油路中失去油压，导致快速卸荷阀将活塞下腔中的油泄放，进而打开活塞下腔和低压回油管路的通道，阀门靠弹簧力自动关闭。

液动执行机构主要硬件由油动机、伺服阀、EH 阀位反馈和快速卸荷阀四部分构成。

液动执行机构工作原理如下：

来自其他电路的阀位控制信号（阀门开度给定数值），可以使伺服阀主阀左右移动。例如，阀位控制信号增大，希望活塞上移（对应阀门开大）时，伺服阀主阀向左移动。这样，活塞下腔导管和高压油入口管路连通（图 13 - 10 中对应就是此位置），高压油进入活塞下油腔，活塞上移，对应的蒸汽阀门开大。活塞的上移使 EH 阀位信号增加，迫使伺服阀主阀向右移动。阀位控制信号和 EH 阀位信号施加在伺服阀主阀上的作用力相反，反馈信号（EH 阀位信号）使伺服阀向右移动，结果高压油入口管路和活塞下腔管路的通路，随着伺服阀主阀的向右移动，逐渐被封堵。当阀位反馈信号和阀位指令相等时，伺服阀主阀处于中间位置，活塞下腔和高压油管路被完全隔离，阀位位置不再变化，直到阀位控制信号的再次改变。

当阀位控制信号减小时，该信号使伺服阀主阀向右移动，活塞下油腔和低压回油管路连通，活塞下油腔中的高压油经由低压回油管路流入低压蓄能器。活塞靠弹簧力向下移动，同时使阀位反馈信号 EH 阀位信号减小，减小的阀位信号使伺服阀主阀向左移动，该动作逐渐切断活塞下油腔和低压回油管路的通路。当阀位反馈信号和阀位控制信号相等时，伺服阀主阀到达中间位置，阀位不再变化。

当汽轮机出现危及汽轮机运行安全的情况后，危急遮断设备泄放危急遮断油路中的油压，使快速卸荷阀中的阀芯移动，从而将活塞下油腔和低压回油管路连通，将活塞下油腔中的油全部、快速泄放，使阀门快速关闭，以保护汽轮机设备的安全。

高压主汽阀和高压调节阀以及中压调节阀都属于控制型，其结构原理和工作原理类似。

2. 开关型执行机构

再热主汽阀一般选择开关型执行机构，阀门只有全开或全关两个位置。该执行机构的活塞杆与再热主汽阀活塞杆直接连接。活塞向上运动开启阀门，向下运动关闭阀门。油动机也是单侧作用，开启时靠高压油压的作用力，关闭时靠弹簧作用力。

三、危急遮断系统

当将要出现危及汽轮机设备安全运行的情况时，危急遮断系统会自动快速关闭所有汽轮机进汽阀门，保证汽轮机设备在异常工况下的安全。

危急遮断系统一般由汽轮机超速保护系统（OPC）和参数越限自动停机遮断两个保护系统组成。

1. 汽轮机超速保护系统

OPC 动作原理参见图 13-4。OPC 的执行机构是两个并联的电磁阀，见图 13-7，一般和四个 AST 电磁阀一起布置在汽轮机附近。正常运行时，两个 OPC 电磁阀是常闭的，封闭了 OPC 总管（危急遮断油路）高压油的泄放通道，使快速卸荷阀中建立起一定油压，从而使活塞下油腔中的高压油不至于和低压回油管路连通而被泄放。在阀位控制信号作用下，调节阀可以自由开大或关小。当汽轮机超速后，OPC 电磁阀打开，将 OPC 总管路中的高压油泄放，快速卸荷阀由于失去油压而将活塞下油腔和低压回油管路连通，致使活塞下油腔中的高压油快速被泄放，靠弹簧力作用阀门自动关闭。

2. 自动停机遮断系统

自动停机主要通过四个并串联的 AST 电磁阀组成，动作原理参见图 13-4。正常运行时，4 个 AST 电磁阀带电常闭，从而封闭了自动停机危急遮断母管上的抗燃油泄放通道，使所有蒸汽阀执行机构活塞下的油压建立，所有开关型蒸汽阀门全部打开。当危急遮断系统所监视的汽轮机某些重要参数如推力轴承磨损、轴承油压过低、凝汽器真空过低、抗燃油油压过低危急遮断信号产生时，AST 电磁阀打开，AST 总管泄油，使 AST 供油的蒸汽阀门（高压主汽阀和中压主汽阀）关闭。而 AST 管路和 OPC 管路之间的单向油阀连通，将 OPC 管路高压油泄放，从而使汽轮机所有阀门关闭，汽轮机停机。

复 习 思 考 题

13-1　汽轮机启动升速过程中，一般将转速设定数值、升速率各分为哪几挡？

13-2　参照图 13-1 汽轮机负荷控制系统图，简述再热机组汽轮机的启动过程。

13-3　汽轮机负荷控制系统中，转速控制回路、功率控制回路、调节级压力控制回路的投入与切除，共可以组成汽轮机的几种运行模式？转速控制回路和其他两个控制回路有何区别？

13-4　汽轮机机前压力控制回路的作用是什么？

13-5　DEH 手动控制系统一般安装在现场的什么位置？作用是什么？

13-6　参照图 13-4 简述 OPC 超速保护过程。

13-7　参照图 13-4 简述 AST 汽轮机跳闸保护过程。

13-8　参照图 13-5 说明汽轮机超速的跳闸过程。

13-9　参照图 13-10 说明：①阀门开大或管小的动作过程；②危急遮断系统动作后阀门的动作过程。

第十四章 再热机组的旁路控制系统

第一节 再热机组旁路系统及其作用

目前，绝大多数机组的蒸汽中间再热多采用烟气加热的方式。由于在机组启、停和甩负荷情况下，汽轮机会部分或全部停止使用蒸汽，这样和汽轮机串接在一条管道上的再热器，因为失去再热蒸汽的冷却，会被再热烟气烧坏。另外，在机组的启动的开始或停机的末尾阶段，由于蒸汽参数不符合汽轮机使用要求，在不设旁路系统时只能对空排放。为适应再热机组启停和事故工况下的特殊要求，以及需要再热机组有较好的负荷适应性，一般再热机组都设置一套旁路系统。

如图 14-1 所示，汽轮机的旁路系统是指蒸汽绕过汽轮机，经过与汽轮机并联的减温减压装置，到参数较低的蒸汽管道或凝汽器中的连接系统。

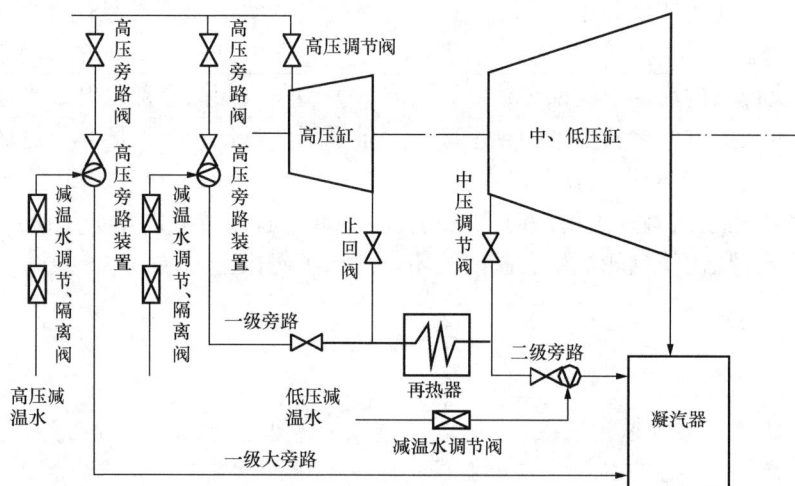

图 14-1 再热机组旁路系统示意

一、旁路系统分类

1. 一级旁路（也称为高压旁路）

在图 14-1 中，一级旁路由紧靠高压缸左侧的高压旁路阀和高压旁路装置组成。主蒸汽绕过汽轮机的高压缸，经高压旁路阀（使用高压旁路时该阀打开），在高压旁路装置中和高压减温水混合，高压蒸汽减温减压后进入再热器的连接管道，被减温减压后的蒸汽对再热器有冷却保护作用。

一般在事故状态下要启动高压旁路，以保证再热器设备的安全。另外，由于中压缸对蒸汽参数要求比较低，目前多数机组经常利用打开高压旁路，使用中压缸启动汽轮机。这样有利于机组的快速启动。

2. 二级旁路（也称为低压旁路）

二级旁路是指再热后的蒸汽绕过中、低压缸，在二级旁路中减温减压后进入凝汽器。

在事故工况下（机组甩负荷），利用开启高压旁路和低压旁路系统，将经过减温减压后蒸汽直接排入凝汽器。如果机组没有旁路系统，事故状态只能将高温高压蒸汽直接对空排放，以确保锅炉设备的安全。

3. 一级大旁路

在图 14-1，一级大旁路中由最左侧的高压旁路阀和高压旁路装置组成。主蒸汽绕过汽轮机的高压缸、中压缸、低压缸，经过高压减温水的减温减压后，直接进入凝汽器。

一级大旁路系统在事故状态下，可以将高温高压蒸汽进行减温减压后直接排入凝汽器。目前，这种一级大旁路系统已较少使用。

二、再热机组的旁路系统作用

1. 保护再热器

机组正常运行时，汽轮机高压缸排汽进入再热器，再热器可以得到充分冷却。但在启动过程中、汽轮机冲转前，或在机组甩负荷，高压缸无排汽时，再热器因无蒸汽流过或蒸汽流量不够时，就有超温被烧坏的危险。设置旁路系统，可以使蒸汽流过再热器，达到冷却和保护再热器的目的。

2. 改善启动条件、加快启动速度

单元机组普遍采用滑参数启动方式，为适应汽轮机启动过程中在不同阶段（暖管、冲转、升速、带负荷）对蒸汽参数的要求，锅炉要不断地调整汽压、汽温和蒸汽流量。若单纯调整锅炉的燃烧率，很难满足上述要求。采用旁路系统后，可以将锅炉的燃烧率分阶段地固定在某个数值，然后利用旁路系统调节蒸汽压力以满足上述要求。尤其在机组热态启动时，利用旁路系统能很快地提高新蒸汽参数和再热蒸汽温度，缩短启动时间，延长汽轮机使用寿命。

对于大容量机组，当发电机负荷减小、解列或只带厂用电负荷时，旁路系统可以在数秒内完全打开，以保证锅炉的压力在安全范围之内，使锅炉有充分的时间调节负荷，保持锅炉在最低负荷下稳定运行。否则，汽轮机甩负荷时，锅炉只能紧急停炉，这样再次启动锅炉，不仅需要时间而且由于锅炉点火需要耗费大量燃油也不经济。可见，旁路系统可以减少锅炉的停机次数和缩短机组的启动时间，有利于系统的稳定运行。

3. 回收工质、消除噪声

若不存在旁路系统，机组在启、停过程中，锅炉的蒸发量大于汽轮机的蒸汽消耗量，在机组负荷突然变化时，汽轮机可以在数秒内改变负荷，而由于锅炉的燃烧惯性很大，不可能在短时间内适应汽轮机的负荷变化，不采取措施会使锅炉压力急剧升高，威胁锅炉的安全运行。此时，锅炉在没有旁路系统时，只能将大量蒸汽对空排放，以便减低蒸汽压力保证锅炉设备的安全。多余的蒸汽排入大气，不仅损失了昂贵的工质（水要经过多道化学处理工序后方能作为工质），而且还会造成严重的噪声污染。可见，旁路系统不仅可以回收工质，而且可以消除噪声污染。

三、旁路系统结构

旁路系统的容量，国内设计一般可以达到锅炉额定蒸发量的 30%～50%。国外有些中压启动的机组，如法国阿尔斯通公司的大型机组，旁路容量可达锅炉额定蒸发量的 100%。

旁路系统的执行机构，大多采用液压执行机构，电动执行机构由于动作时间长达 6～8s，现场基本不再使用。国内旁路控制系统主要有国产的或引进的瑞士苏尔寿公司和德国西门子公司的系统。

再热机组旁路电 - 液控制系统结构示意如图 14 - 2 所示，其组成包括：控制装置、供油装置、电液伺服阀统、油动机和控制阀等。

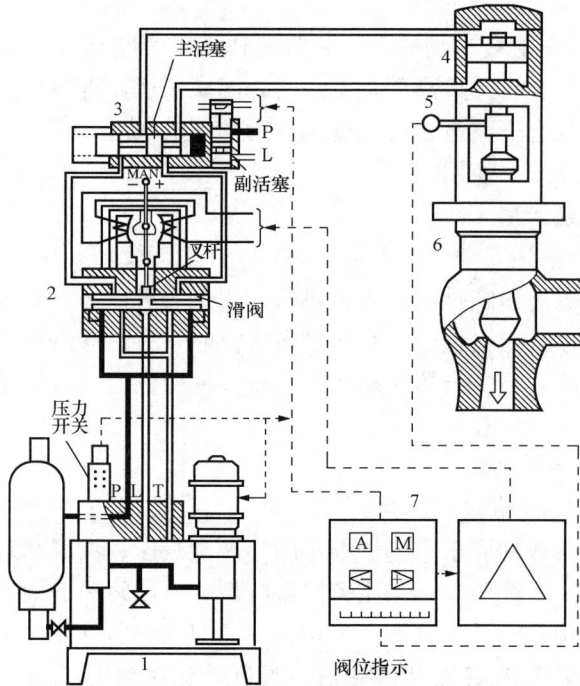

图 14 - 2　再热机组旁路电 - 液控制系统结构示意
1—供油装置；2—电液伺服阀；3—闭锁装置；4—油动机；
5—位置变送器；6—控制阀；7—控制装置

第二节　旁 路 控 制 系 统

一、概述

为了使旁路系统能达到设计要求，配合锅炉完成启动、停机、甩负荷等任务，专门设计了旁路控制系统。旁路控制系统是一套用于控制旁路系统完成其功能的控制回路，目前多数由计算机程序和相应硬件设备来完成。旁路控制系统一般可以完成下列操作。

1. 旁路控制系统的任务

（1）在机组启动时，蒸汽必须流经过热器和再热器以保护设备安全，旁路控制系统控制相应旁路阀的开关，将不符合参数要求的蒸汽排入凝汽器，尽快地使锅炉出口蒸汽温度与汽轮机冲转时要求的温度相匹配，从而缩短机组启动过程所需时间，减少启动过程中的工质损失。

（2）在汽轮机跳闸、锅炉带最低负荷运行工况下，控制相应旁路阀的开关，由旁路系统为再热器提供冷却蒸汽，避免干烧，以保护再热器设备。

（3）锅炉汽压过高时，启动旁路系统使高压蒸汽直接进入低压蒸汽管道或凝汽器，减少蒸汽的对空排放，既降低了锅炉蒸汽压力，又回收了宝贵的工质。

（4）配合汽轮机实现中压缸启动和带负荷，减小转子在启动过程中的热应力。

（5）在发电机甩负荷时，维持汽轮机空载运行或带厂用电运行，通过旁路将多余蒸汽排入凝汽器，维持锅炉在最低负荷下运行，以便外界故障消失后能及时带上负荷。

（6）在汽轮机跳闸后，将锅炉产生的多余蒸汽导入凝汽器，锅炉维持在最低负荷下稳定运行，以便汽轮机重新快速启动，实现停机不停炉的运行方式。

2．旁路控制系统的功能

旁路控制系统的任务就是在旁路系统上实现上述功能时，能有效地控制主蒸汽压力、高压旁路出口蒸汽和低压旁路出口蒸汽压力和温度。

为了完成以上任务，旁路控制系统应具备以下两方面功能：

（1）在机组正常运行情况下（如正常机组启动），机组所需的自动调节功能。如能按固定数值或随工况变化的可变数值，调节旁路系统蒸汽压力和温度；

（2）在机组异常情况下（发电机甩负荷等）能实现机组所需的保护功能。如发电机甩负荷后，能快速开启旁路阀，维持蒸汽压力、旁路阀蒸汽温度和压力在安全范围之内。

为了实现旁路系统的各项功能，配置了旁路控制系统。对于高压旁路控制系统，应具有过热器出口蒸汽压力控制、高压旁路至再热器进口的汽温控制、高压旁路的蒸汽流量控制；对于低压旁路控制系统，应具有再热器出口汽压控制、低压旁路出口蒸汽温度控制。还要根据旁路系统在机组运行的各阶段、各种运行工况的要求，对旁路系统的温度、压力进行相应的控制。

表14-1列出了几个电厂300～600MW机组旁路控制系统运行情况。旁路控制系统的设备通常分为两大类：电子电动和电子液动。由表14-1可见，大型机组特别是进口的大型机组绝大多数采用电子液动，和DEH一样，控制器（包括数据采集处理、逻辑运算、PID控制运算）由电子部件（多数采用微处理器）组成。这样，既可以发挥微处理器高效的数据综合处理和强大多样的控制功能，又可以利用液压执行机构快速、大动力、安全可靠的特点。

表 14-1   **300～600MW 机组旁路控制系统运行情况**

电厂名	机组容量	旁路控制设备型号	功能			主要问题
			启动	中压缸启动	甩负荷	
石洞口一厂①	4×300	AV5 液动	√	/	×	凝汽器不适应
南通电厂	2×350	苏尔寿液动	√	/	△	甩负荷未正式试用过
望亭电厂②	1×300	AV6 液动	√	/	×	甩负荷未正式试用过
汉川电厂③	1×300	西门子电动	△	×	×	只能远控
邹县电厂④	4×300	东锅液动	△	/	×	伺服阀堵，凝汽器不适应
大连电厂⑤	2×350	三菱液动	√	/	△	甩 100%负荷时安全门开
平圩电厂	2×600	AV5 苏尔寿液动（瑞士）	√	/	×	
北仑港电厂	1×600	AV6 液动	√	/	△	
石洞口二厂	2×600	AV6 液动（HP）、ABB(LP)	√	/	△	
邹县电厂	2×600	Fisher 液动（美）	√	/	△	
元宝山电厂⑥	1×600	AV5 液动	√	√	△	

    注   √—能正常投入运行；△—功能可实现，但未投入正常运行；×—功能不能实现；/—无此功能。

    ①～⑥ 单位全称分别为华能国际电力股份有限公司上海石洞口第一电厂、上海华电电力发展有限公司望亭发电分公司、国能长源汉川发电有限公司、华电国际电力股份有限公司邹县发电厂、大连发电有限责任公司、元宝山发电有限责任公司。

二、高低压旁路控制系统

旁路系统的控制对象有高压旁路调节阀、高压旁路减温水喷水阀、高压旁路减温水截止阀、低压旁路调节阀、低压旁路减温水喷水阀。根据旁路系统的设计功能不同，旁路控制系统的控制策略也有所不同，下面以平圩电厂 600MW 机组为例介绍旁路控制系统的功能。

平圩电厂 1 号机组（600MW）的旁路系统由高压旁路和低压旁路两级串联而成。高压旁路（HP）为过热器出口蒸汽经减温减压后到再热器进口；低压旁路（LP）为再热器出口蒸汽经减温减压进入凝汽器。两级旁路的通流量相同，为锅炉额定蒸发量的 30%。旁路控制设备采用苏尔寿 AV5 模拟组装控制仪表、液动执行机构。该旁路系统的设计要求在控制系统配合下完成以下任务：

（1）在机组启动时，通过旁路将不符合参数要求的蒸汽排入凝汽器，建立锅炉的启动负荷，直到蒸汽参数满足汽轮机冲转要求，从而缩短机组（热态）启动时间，减少启动期的工质损失。

（2）在汽轮机跳闸后，将锅炉产生的多余蒸汽导入凝汽器，维持锅炉在最低负荷下稳定运行，以便汽轮机重新快速启动，实现停机不停炉。

（3）在电气主开关跳闸后，汽轮机带厂用电［（7%～8%）MCR］，通过旁路将锅炉的多余蒸汽排入凝汽器，维持锅炉在最低负荷下稳定运行。

（4）在机组部分甩负荷情况下，起超压保护作用。

（5）在锅炉点火至汽轮机冲转前或汽轮机跳闸锅炉带最低负荷下稳定运行时，由旁路系统为再热器提供一通流回路，使再热器得到足够的冷却，避免干烧以达到保护再热器的目的。

（一）高压旁路控制系统

1. 正常启动过程中旁路系统对过热器出口蒸汽压力的控制

图 14-3 反映了利用高压旁路调节阀开度控制锅炉出口汽压，以及锅炉蒸发量、汽轮机进汽量和控制系统压力给定数值（RIB）随启动过程的变化情况。其中（a）是高压旁路调节阀开度随时间变化图形；（b）是锅炉出口汽压随时间变化曲线图；（c）是锅炉蒸发量随时间变化曲线图；（d）是汽轮机用汽量随时间变化曲线图；（e）是控制系统给定数值随时间变化图。

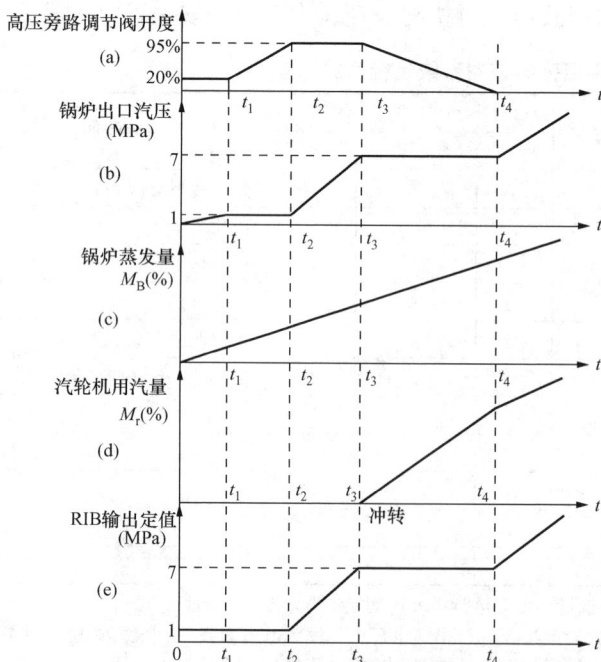

图 14-3　高压调节阀位及相关参数变化曲线

（1）启动的初始阶段为 $0\sim t_1$，称为第一阶段。考虑到锅炉刚启动，产生的蒸汽参数不能满足汽轮机启动要求，所以由图 14-3（e）对应的 RIB 输出定值等于常数 1，即蒸汽压力给定设置在 1MPa。不过控制器并没有采用控制蒸汽等于给定值的控制方法，而是将高压旁路阀开度设定在固定数值上，以等待压力的回升。因此与其说这一阶段为压力控制，不如说是高压旁路阀阀位控制。

在高压旁路为固定20%开度情况下，随着锅炉负荷的不断增加，图14‐3（b）对应曲线反映了蒸汽压力不断升高的情况。图14‐3（c）反映的锅炉蒸发量也由于锅炉负荷的增加而随时间线性增加。图14‐3（b）、（c）两曲线说明随锅炉启动过程（燃料的增加），锅炉的蒸汽压力和蒸发量不断加大。

在此阶段，由于蒸汽参数不满足汽轮机启动时的要求，所以汽轮机没有进汽量。从图14‐3（d）中可以看出，在$0\sim t_1$阶段，进汽量为零，其实此阶段锅炉产生的蒸汽量通过旁路系统和再热器，将不符合要求的蒸汽经过减温减压后送入凝汽器，既回收了工质，又冷却了再热器。

（2）随着锅炉负荷不断加大，当蒸汽压力等于控制系统设定压力（1MPa）时，控制系统进入压力控制阶段，即通过调节高压旁路调节阀开度，保证锅炉蒸汽压力等于给定数值。此阶段对应时间为$t_1\sim t_2$，称为第二阶段。

第二阶段控制系统给定数值和第一阶段给定数值相等，从图14‐3（e）可知，第二阶段给定数值为常数1MPa。但由于锅炉不断增加燃料，使得锅炉蒸汽压力在没有控制时会超出1MPa，所以此时控制系统随时间增加而开大高压旁路调节阀开度，以保证锅炉蒸汽压力维持在给定数值1MPa。由图14‐3（a）可见，第二阶段高压旁路调节阀随时间不断开大；由图14‐3（b）可见，在高压旁路调节阀的调节作用下，锅炉蒸汽压力等于给定数值1MPa；由图14‐3（c）可见，随着锅炉负荷增加，蒸发量也在不断增加。

由于第二阶段锅炉产生的蒸汽仍不能满足汽轮机启动要求，所以此阶段汽轮机进汽量仍为零，不随时间而变化，即蒸汽仍然通过旁路系统和再热器流入凝汽器。

（3）$t_2\sim t_3$为第三阶段。随着锅炉蒸发量不断增加，高压旁路调节阀开度不断开大，当高压旁路调节阀开度达到95%后，控制系统进入第三阶段。

此阶段控制策略是，高压旁路调节阀开度不变（95%），任蒸汽压力自由增长。所以由图14‐3（b）、（c）两图可见，锅炉的蒸汽压力和蒸发量在不断增加。由于蒸汽参数不断增大，和汽轮机启动需要的蒸汽参数越来越接近，这阶段结束会进入汽轮机启动阶段。

此阶段也为控制系统的阀位控制阶段。

（4）$t_3\sim t_4$为汽轮机启动阶段，称为第四阶段。随着第三阶段的进行，锅炉蒸汽压力不断提高，当蒸汽压力达到7MPa时，蒸汽参数满足汽轮机启动要求。

第四阶段中，控制系统给定数值为常数7MPa，即在保持锅炉蒸汽压力情况下进行冲转。随着汽轮机冲转用汽量的增加，控制系统不断关小高压旁路调节阀开度，以便满足汽轮机用汽的需求。由图14‐3（a）可见，高压旁路调节阀开度随时间增加而逐渐关闭。这也是旁路系统逐渐退出的过程，一旦汽轮机正常启动后，旁路系统就退出控制，旁路因此而关闭。

2. 高压旁路阀在异常情况下的动作

（1）当高压旁路调节阀在阀位控制下，如遇锅炉点火不成功或自动切换到手动时，系统自动转换到定压控制，以免蒸汽压力失控给设备造成损坏。

（2）若在机组正常运行期间发生汽轮机跳闸（ETS），且高压旁路排汽温度不高时，控制系统会快速打开高压旁路调节阀，以确保锅炉蒸汽压力在安全范围之内，且闭锁调节器控制作用以保证高压旁路阀全开。

3. 高压旁路至再热器进口的汽温控制

旁路系统汽温控制系统见图 14-4。控制系统为单级 PI 控制器组成的单回路控制系统。由于蒸汽温度具有一定惯性，为了加快温度控制速度，在温度采样信号中增加了导前微分（PD）处理。导前微分信号可以提前反映温度信号的变化信息，从而可以加快整个控制回路的控制速度，以缩短控制时间。除此之外，控制回路还增加了蒸汽流量（D）的导前信号（图 14-4 中 R 环节为导前信号支路），以对付蒸汽流量变化后对控制系统的影响。如果没有蒸汽导前信号，蒸汽流量变化后，只能等到再热器进口的蒸汽温度变化后，控制系统方才开始控制，此时控制已经远远落后干扰，所以控制效果不佳。而引入蒸汽流量信号（D），当蒸汽流量开始变化时，没等其影响系统的被控制量（再热器进口蒸汽温度）时，系统就开始控制，这样控制系统的精确度会有很大提高，控制时间也会明显缩短。

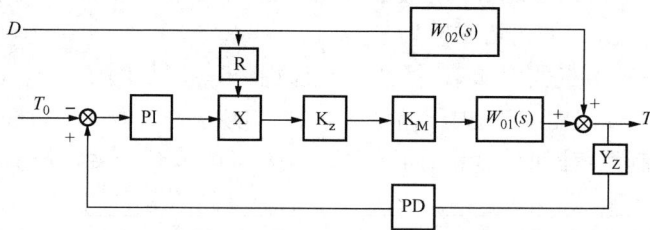

图 14-4　高压旁路汽温控制系统

（二）低压旁路控制系统

1. 再热器出口汽压控制

再热器出口汽压控制系统为单回路控制系统，系统中还包含有凝汽器保护。

（1）在锅炉点火以后，中压缸冲转前后至高压缸进汽前，再热器出口汽压维持在最小压力定值 p_{min}（0.86MPa）上，并且在锅炉燃烧率不变的情况下，低压旁路控制阀关小以保持汽压，使之不因中压缸用汽而变化。高压缸进汽后，低压旁路汽压定值等于汽轮机首级压力与设定的压力阈值 Δp 之差，且大于 p_{min}，并随着首级压力的增加而增加。再热器出口汽压随之上升，同时低压旁路控制阀进一步关小。

（2）凝汽器保护作用。

1）凝汽器过流量保护见图14-5。该项目保护的目的在于确保凝汽器真空不因低压旁路投运而过分下跌。进入凝汽器的低压旁路蒸汽流量用低压旁路减温器后的压力来代表。进入凝汽器的蒸汽流量和最大流量给定数值 G_{max} 比较后形成的控制器误差信号，再和再热器出口压力和给定数值之差进行小选处理，即控制器 PI 选择最小的一路误差信号来进行系统调节。控制系统调节与否有两个目标可供选择，一是低压旁路的蒸汽流量等给定数值（不大于 G_{max}），系统可以不再调节；二是再热器出口压力和给定

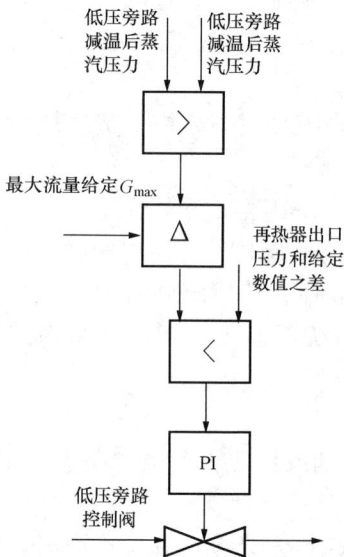

图 14-5　低压旁路蒸汽流量控制系统

数值之差已经很小，即使不进行调节，经过低压旁路减温阀减温减压，低压旁路流量会减小的。

2）与凝汽器有关的其他保护。当发生下列任意一种情况时：凝汽器压力高、凝汽器温度高、减温水压力低、主燃料跳闸，立即关闭低压旁路截止阀（在图 14-1 中没有画出，截止阀是串接在二级旁路上的一个阀门）和低压旁路控制阀。

（3）低压旁路截止阀的控制。低压旁路截止阀为开关型。当该阀投入自动运行状态时，由相应控制回路的逻辑运算来控制该阀的开关。在自动状态下，运行人员也可以手动控制该阀的开关。

（4）汽轮机跳闸控制。汽轮机跳闸后，控制系统会发出一脉冲信号给低压旁路控制系统，迅速打开低压旁路控制阀，以便排出再热器中的剩余蒸汽，同时将低压旁路系统自动转换为手动，由运行人员对低压旁路系统进行操作。

2. 低压旁路汽温控制

低压旁路汽温控制为单回路控制系统，用来控制进入凝汽器的汽温不超过某一设定温度。因为是将要进入凝汽器的蒸汽经过减温减压后为饱和蒸汽，所以可以用进入凝汽器前的蒸汽压力来代表温度，以避免因喷水雾化不良而造成温度测量的误差。在低压旁路控制阀全关之前，该温度控制应在自动位置。

三、旁路及其控制系统的运行情况和技术性能探讨

高低压两级旁路系统是大容量再热机组的重要辅助系统，但并不是大容量再热机组必须具备的系统。国际上有两种做法：一种是不配备旁路系统的大机组，像美国西屋公司、GE公司、英国的 GEC 公司等生产的大机组，就属于这种类型；另一种做法是在机组的设计过程就考虑了旁路系统，旁路系统是机组不可分割的部分，属于这种类型机组的代表有：ABB公司和阿尔斯通·大西洋公司等。

我国在 20 世纪 70 年代后期和 80 年代中期进口的元宝山电厂 1 号机组是由 ABB（原瑞士 BBC）公司生产的 300MW 机组；元宝山电厂 2 号机组（600MW）和姚孟电厂（平顶山姚孟发电有限责任公司）的 3 号和 4 号机组（300MW），全部由法国阿尔斯通·大西洋公司生产，均为原设计配置有 100%MCR 容量（额定汽温和汽压下的通流能力）的两级串联旁路系统。因为机组是原设计就考虑配备旁路系统的，所以机组各个局部性能均与旁路系统的工作相协调。如凝汽器具有接受旁路系统的全部排汽量的能力，机组能滑压运行，锅炉不设安全门，锅炉具有合适的不投油稳燃负荷，汽轮机能适应长时间低负荷运行和中压缸启动工况等。这些机组在旁路控制系统的控制下，可以实现本章中所列旁路系统的诸功能，概括起来说，机组可以实现"启动、溢流、安全"三大功能。

（1）启动功能。启动功能指的是利用旁路系统改善机组的启动条件。用旁路系统控制锅炉蒸汽温度可以使汽轮机的进汽温度与汽缸温度的匹配过程更加合理和更加快速。旁路系统还可以配合有条件的汽轮机实现中压缸启动并带低负荷，在较低的热应力和寿命消耗条件下缩短机组的启动时间。

（2）溢流功能。在事故情况下，旁路系统可以排放机组在负荷突降的过渡过程中的剩余蒸汽，从而保证在汽轮机低负荷运行（带厂用电运行或空载运行）或停止运行的情况下，维持锅炉在不投油的最低稳燃负荷下运行。其目的是当事故排除后，机组可以最快的速度恢复带负荷。

（3）安全功能。当汽压过高时，旁路系统可以快速开启，将多余蒸汽排入凝汽器，以代替锅炉安全门的功能，且不会产生工质的损失和噪声。

显然，上述"启动、溢流、安全"功能如果能全部实现，必然会将大机组的运行水平提高到一个新的高度。因此，人们普遍对旁路系统产生了浓厚的兴趣，要求为新建的大容量机组配备旁路系统及控制系统，并期望这些机组能实现上述功能。甚至在成套进口大机组时，也要求原设计不配旁路系统的机组增设旁路系统，并希望上述功能能在这些机组上实现。如宝钢电厂、大连电厂、福州电厂的 350MW 机组（日本三菱公司生产），上安电厂、南通电厂的 350MW 机组（美国 GE 公司生产），大港电厂 3 号和 4 号机组、利港电厂的 350MW 机组［意大利的安萨尔多（Ansaldo）公司生产］和石横电厂 300MW 机组、平圩电厂 600MW 机组（引进美国西屋公司技术生产），都是在原设计不配旁路系统的机组上增设了旁路系统。然而旁路系统实现的"启动、溢流、安全"三大功能并不是由旁路系统本身完成的，而是由旁路系统配合主机共同完成的。如果主机不具备实现这些功能的条件，这些功能还是无法实现。例如美国西屋公司、GE 公司（现并入 ABB 公司）制造的或引进其技术国内制造的 300、600MW 的汽轮机、锅炉，这些机组虽都增设了旁路系统，部分机组的运行特征有所改善，但总的来说并没有达到预期的要求。例如由于西屋公司的汽轮机启动时的特殊要求和程序，它根本无法实现中压缸启动。

在事故情况下，要求机组带厂用电运行或停机不停炉运行，除了要为机组配置旁路系统外，更重要的是机组本身必须具备适应这一工况的能力：包括锅炉的最低不投油稳燃负荷、汽轮机低负荷时排汽室温度的升高以及凝汽器容量等。

总之，对于那些原设计不配旁路系统的锅炉、汽轮机组，增设旁路系统后，其功能是有限的，一般只在机组启动时，通过旁路将不符合参数要求的蒸汽排入凝汽器，建立锅炉的启动负荷，直到蒸汽参数满足汽轮机冲转要求，从而缩短机组的启动时间（尤其是热态启动），减少启动期的工质损失。这类机组，有些在控制上设计了 FCB 功能，即机组甩负荷后带厂用电或空载运行，实际上也是无法实现的。从投运的旁路系统运行情况来看，绝大多数旁路控制系统能实现机组启动工况下的压力和温度的自动调节或远方操作功能，在机组启停过程中发挥了作用，对于那些不具备中压缸启动功能的机组（如西屋机组），虽设置了旁路及其控制系统，中压缸启动的功能仍无法实现；容许中压缸启动的机组（如 GE 机组），增设了旁路及其控制系统后可以实现中压缸启动的功能。至于 FCB 功能，除与旁路系统的容量有关外（除元宝山电厂 600MW 机组的高、低压旁路系统和石洞口二厂 600MW 机组高压旁路系统的容量为 100% 的 MCR 外），大多数机组旁路系统的容量一般为（30%～40%）MCR，还应具备以下条件：即锅炉的不投油稳燃负荷应该比较低，并应与旁路系统容量相适应；给水泵等辅机应具有快速启动及带负荷能力；汽轮机高压缸止回阀能关闭严密；汽轮机凝汽器的容量应与旁路系统的排汽量相适应；热力管道的选择及合理布置等。甩负荷带厂用电运行功能，仅在有此项功能的机组上做过局部试验。由于对那些原设计就不考虑设置旁路系统的机组，增设旁路及其控制系统后，能实现的功能是很有限的，因此是否要增设旁路系统及其控制系统，目前已引起争论，达到的共识是：对那些原计划就不考虑设计旁路系统的机组，今后如要增加旁路及其控制系统应当简化，根本就不能实现的功能（如 FCB）就不应考虑。

复 习 思 考 题

14-1 再热机组旁路控制系统有哪些主要作用？

14-2 简述利用高压旁路控制系统启动汽轮机的过程。

附录 A　分度表

附表 1　　　　**铂铑₁₀-铂热电偶分度表（参考端温度为 0℃）**　　　　分度号：S

测量端温度/℃	0	10	20	30	40	50	60	70	80	90
	热 电 势 /mV									
0	0.000	0.056	0.113	0.173	0.235	0.299	0.364	0.431	0.500	0.571
100	0.643	0.717	0.792	0.869	0.946	1.025	1.106	1.187	1.269	1.352
200	1.436	1.521	1.607	1.693	1.780	1.867	1.955	2.044	2.134	2.224
300	2.315	2.407	2.498	2.591	2.684	2.777	2.871	2.965	3.060	3.155
400	3.250	3.346	3.441	3.538	3.634	3.731	3.828	3.925	4.023	4.121
500	4.220	4.318	4.418	4.517	4.617	4.717	4.817	4.918	5.019	5.121
600	5.222	5.321	5.427	5.530	5.633	5.735	5.839	5.943	6.046	6.151
700	6.256	6.361	6.466	6.572	6.677	6.784	6.891	6.999	7.105	7.213
800	7.322	7.430	7.539	7.648	7.757	7.867	7.978	8.088	8.199	8.310
900	8.421	8.534	8.646	8.758	8.871	8.985	9.098	9.212	9.326	9.441
1000	9.556	9.671	9.787	9.902	10.02	10.14	10.26	10.38	10.18	10.61
1100	10.72	10.84	10.96	11.08	11.20	11.32	11.44	11.56	44.68	11.78
1200	11.92	12.04	12.15	12.28	12.40	12.52	12.64	12.76	12.88	13.00
1300	13.16	13.24	13.36	13.48	13.60	13.72	13.84	13.96	14.08	14.20
1400	14.31	14.43	14.55	14.67	14.79	14.92	15.03	15.15	15.27	15.39
1500	15.50	15.63	15.74	15.86	15.98	16.10	16.55	16.33	16.45	16.57
1600	16.69									

附表 2　　　　**铂铑₃₀-铂铑₆热电偶分度表（参考端温度为 0℃）**　　　　分度号：B

测量端温度/℃	0	10	20	30	40	50	60	70	80	90
	热 电 势 /mV									
0	0.000	−0.001	−0.002	−0.002	0.000	0.003	0.007	0.012	0.018	0.025
100	0.034	0.043	0.054	0.065	0.078	0.092	0.107	0.123	0.141	0.159
200	0.178	0.199	0.220	0.243	0.267	0.291	0.317	0.344	0.372	0.401
300	0.431	0.462	0.494	0.527	0.561	0.596	0.632	0.670	0.708	0.747
400	0.787	0.828	0.870	0.913	0.957	1.002	1.048	1.093	1.143	1.192
500	1.242	1.293	1.345	1.397	1.451	1.505	1.560	1.617	1.674	1.732
600	1.791	1.851	0.912	1..973	2.036	2.099	2.164	2.229	2.295	2.362
700	2.429	2.498	2.567	2.638	2.709	2.781	2.853	2.927	3.001	3.076
800	3.152	3.229	3.307	3.385	3.464	3.544	3.624	3.706	3.788	3.871
900	3.955	4.039	4.124	4.211	4.297	4.385	4.473	4.562	4.651	4.741
1000	4.832	4.924	5.016	5.109	5.203	5.297	5.393	5.488	5.585	5.638
1100	5.780	5.879	5.978	6.078	6.178	6.279	6.380	6.482	6.585	6.688
1200	6.792	6.896	7.001	7.106	7.212	7.319	7.426	7.533	7.641	7.749
1300	7.858	7.967	8.076	8.186	8.297	8.408	8.519	8.63	8.742	8.854
1400	8.967	9.080	9.193	9.307	9.420	9.534	9.649	9.763	9.878	9.993
1500	10.11	10.22	10.34	10.46	10.57	10.69	10.80	10.92	11.04	11.15
1600	11.27	11.38	11.50	11.62	11.73	11.85	11.97	12.08	12.20	12.31
1700	12.43	12.55	12.66	12.78	12.89	13.01	13.12	13.24	13.36	12.47
1800	13.58									

附表 3　　　　镍铬 - 镍硅（镍铝）热电偶分度表（参考端温度为 0℃）　　　　分度号：K

测量端温度/℃	0	10	20	30	40	50	60	70	80	90
	热 电 势 /mV									
−0	−0.00	−0.39	−0.77	−1.14	−1.5	−1.186				
+0	0.00	0.40	0.80	1.20	1.61	2.02	2.43	2.85	3.26	3.68
100	4.10	4.51	4.92	5.33	5.73	6.13	6.53	6.93	7.33	7.73
200	8.13	8.53	8.93	9.34	9.74	10.15	10.56	10.97	11.38	11.80
300	12.21	12.62	13.04	13.45	13.87	14.30	14.72	15.14	15.56	15.99
400	16.40	16.83	17.25	17.67	18.09	18.51	18.92	19.37	19.79	20.22
500	20.65	21.08	21.50	21.93	22.35	22.78	23.21	23.63	24.05	24.48
600	24.90	25.32	25.75	26.18	26.60	27.03	27.45	27.87	28.29	28.71
700	29.13	29.55	29.97	30.39	30.81	31.22	31.64	32.06	32.46	32.87
800	33.29	33.69	34.10	34.51	34.91	35.32	35.72	36.13	36.53	36.93
900	37.33	37.73	38.13	38.53	38.93	39.32	39.72	40.10	40.49	40.88
1000	41.27	41.66	42.04	42.43	42.83	43.21	43.59	43.97	44.34	44.72
1100	45.10	45.48	56.85	46.23	46.60	46.97	47.34	47.71	48.08	48.44
1200	48.81	49.17	49.53	49.89	50.25	50.61	50.96	51.32	51.67	52.02
1300	52.37									

附表 4　　　　镍铬 - 考铜热电偶分度表（参考端温度为 0℃）　　　　分度号：EA - 2

测量端温度/℃	0	10	20	30	40	50	60	70	80	90
	热 电 势 /mV									
−0	−0.00	−0.64	−1.27	−1.89	−2.50	−3.11				
+0	0.00	0.65	1.31	1.98	2.66	3.35	4.06	4.76	5.48	6.21
100	6.92	7.69	8.43	9.18	9.9	10.69	11.46	12.14	13.03	13.84
200	14.66	15.48	16.30	17.12	17.95	18.76	49.59	20.42	21.24	22.07
300	22.90	23.74	24.59	25.44	26.30	27.15	28.01	28.88	29.75	30.61
400	31.48	32.34	33.21	34.07	34.94	35.81	36.67	37.54	38.41	39.28
500	40.15	41.02	41.90	42.78	43.67	44.55	45.44	46.33	47.20	48.11
600	49.01	49.89	50.76	51.64	52.51	53.39	54.26	55.12	56.00	56.87
700	57.74	58.57	59.47	60.33	61.20	62.06	62.92	63.78	64.64	65.50
800	66.36									

附表 5　　　　铜 - 康铜热电偶分度表（参考端温度为 0℃）　　　　分度号：T

测量端温度/℃	0	10	20	30	40	50	60	70	80	90
	热 电 势 /mV									
−200	−5.603	−5.753	−5.89	−6.01	−6.105	−6.181	−6.232	−6.258		
−100	−3.378	−3.656	−3.923	−4.17	−4.419	−4.648	−4.865	−5.069	−5.261	−5.439
−0	0.000	−0.38	−0.76	−1.42	−1.475	−1.819	−2.152	−2.475	−2.788	−3.089
+0	0.000	0.391	0.789	1.196	1.611	2.035	2.467	2.908	3.357	3.813
100	4.277	4.749	5.227	5.712	6.121	6.702	7.207	7.718	8.235	8.757
200	9.286	9.820	10.36	10.91	11.45	12.01	12.57	13.14	13.71	14.28
300	14.86	15.44	16.03	16.62	17.22	17.82	18.42	19.03	19.64	20.25
400	20.86									

附表 6　　　　　　铂热电阻分度表（$R_0 = 100.00$）　　　　　　分度号：Pt100

测量端温度/℃	0	10	20	30	40	50	60	70	80	90
	热 电 阻 阻 值 /Ω									
−200	17.28									
−100	59.65	55.52	51.38	47.21	43.02	38.8	34.56	30.29	25.98	21.65
−0	100	96.03	92.04	88.04	81.03	80	75.96	71.91	67.84	63.75
+0	100	103.96	107.91	111.85	115.78	119.7	123.6	127.49	131.37	135.24
100	139.1	142.95	146.78	150.6	154.41	158.21	162	165.78	169.54	173.29
200	177.03	180.76	181.18	188.18	191.88	195.56	199.23	202.89	206.53	210.17
300	213.79	217.4	221	224.59	228.17	231.73	235.29	238.83	242.36	245.88
400	249.38	252.88	256.36	259.83	263.29	266.74	270.18	273.6	277.01	280.14
500	283.8	287.18	290.55	293.91	297.25	300.58	303.9	307.21	310.5	313.79
600	317.06	320.32	323.57	326.8	330.03	333.25				

附表 7　　　　　　铂热电阻分度表（$R_0 = 50.00$）　　　　　　分度号：Pt50

测量端温度/℃	0	10	20	30	40	50	60	70	80	90
	热 电 阻 阻 值 /Ω									
−200	8.64									
−100	29.83	27.76	25.69	23.61	21.51	19.40	17.28	15.15	12.99	10.83
−0	50.00	48.02	46.02	44.02	40.52	40.00	37.98	35.96	33.92	31.88
+0	50.00	51.98	53.96	55.93	57.89	59.85	61.80	63.75	65.69	67.62
100	69.55	71.48	73.39	75.30	77.21	79.11	81.00	82.89	84.77	86.65
200	88.52	90.38	90.59	94.09	95.94	97.78	99.62	101.45	103.27	105.09
300	106.90	108.70	110.50	112.30	114.09	115.87	117.65	119.42	121.18	122.94
400	124.69	126.44	128.18	129.92	131.65	133.37	135.09	136.80	138.51	140.07
500	141.90	143.59	145.28	146.96	148.63	150.29	151.95	153.61	155.25	156.90
600	158.53	160.16	161.79	163.40	165.02	166.63				

附表 8　　　　　　铜热电阻分度表（$R_0 = 100.00$）　　　　　　分度号：Cu100

测量端温度/℃	0	10	20	30	40	50	60	70	80	90
	热 电 阻 阻 值 /Ω									
−0	100.00	95.70	91.4	87.1	82.8	78.49				
+0	100.00	104.28	108.56	112.84	117.12	121.40	125.68	129.96	134.24	138.52
100	112.80	147.08	151.36	155.66	159.96	164.27				

附表 9　　　　　　　　　　**铜热电阻分度表 ($R_0 = 50.00$)**　　　　　　分度号：Cu50

测量端温度/℃	0	10	20	30	40	50	60	70	80	90
	热 电 阻 阻 值 /Ω									
−0	50.00	47.85	45.70	43.55	41.40	39.25				
+0	50.00	52.14	54.28	56.42	58.56	60.70	62.84	64.98	67.12	69.26
100	56.40	73.54	75.68	77.83	79.98	82.14				

参 考 文 献

［1］华东六省一市电机工程学会. 热工自动化. 北京：中国电力出版社，2002 .

［2］韩璞. 自动化专业概论. 北京：中国电力出版社，2007.

［3］潘笑. 热工控制系统. 北京：中国电力出版社，2004.

［4］邵裕森. 过程控制及仪表. 修订版. 上海：上海交通大学出版社，1995.

［5］向婉成. 控制仪表与装置. 北京：机械工业出版社，1999.

［6］吴文德. 热工测量及仪表. 北京：中国电力出版社，2000.

［7］赵恒侠，李玉云. 热工仪表与自动调节. 北京：中国建筑工业出版社，1995.

［8］黄忠霖. 控制系统 MATLAB 计算及仿真. 北京：国防工业出版社，2001.

［9］边立秀，周俊霞，赵劲松，等. 热工控制系统. 北京：中国电力出版社，2002.

［10］殷树德. 自动控制原理. 北京：水利电力出版社，1994.

［11］赵祥生，林文孚. 热力过程自动化. 北京：中国电力出版社，1996.

［12］陈勤奇，康伦定. 热力过程自动化. 北京：水利电力出版社，1985.

［13］孙吉星，冯雅琴. 热工测量及显示仪表. 北京：水利电力出版社，1984.

［14］李遵基. 热工自动控制系统. 北京：中国电力出版社，1997.

［15］张玉铎，王满稼. 热工自动控制系统. 北京：水利电力出版社，1984.

［16］孔元发. 热工自动控制设备. 北京：水利电力出版社，1993.

［17］饶纪杭. 热工开关量控制系统. 北京：水利电力出版社，1985.

［18］殷树德. 自动调节原理. 北京：水利电力出版社，1985.

［19］齐志才，刘红丽. 自动化仪表. 北京：中国林业出版社，2006.